西门子运动控制系列教材

西门子 S120 变频器应用与实践

梁 岩 王泓潇 曹 丹 等编著

机 械 工 业 出 版 社

本书从基础和兼顾实用的角度出发，系统地介绍了西门子 SINAMICS S120 这款很有特色的变频/伺服驱动器。本书共有 10 章，分别阐述了 SINAMICS S120 系统的基础知识、硬件组成、调试基础、变频调速应用、伺服控制应用、多种特殊功能应用、DCC 功能应用、PROFIdrive 通信、使用博途软件调试及维护与故障诊断等。

本书不仅可供工程技术人员自学和作为培训教材，而且非常适合电气自动化相关专业的学生学习之用。

本书配有电子课件等教学资源，可在机工教育网（www.cmpedu.com）上免费注册、审核通过后登录下载，也可联系编辑获取（微信：18515977506，电话：010-88379753）。

图书在版编目（CIP）数据

西门子 S120 变频器应用与实践/梁岩等编著．—北京：机械工业出版社，2024.5

西门子运动控制系列教材

ISBN 978-7-111-75057-4

Ⅰ.①西…　Ⅱ.①梁…　Ⅲ.①变频器-教材　Ⅳ.①TN773

中国国家版本馆 CIP 数据核字（2024）第 046089 号

机械工业出版社（北京市百万庄大街 22 号　邮政编码 100037）
策划编辑：李馨馨　　　　责任编辑：李馨馨　尚　晨
责任校对：高凯月　李　婷　　责任印制：李　昂
北京捷迅佳彩印刷有限公司印刷
2024 年 5 月第 1 版第 1 次印刷
184mm×260mm · 18 印张 · 445 千字
标准书号：ISBN 978-7-111-75057-4
定价：69.00 元

电话服务	网络服务
客服电话：010-88361066	机　工　官　网：www.cmpbook.com
010-88379833	机　工　官　博：weibo.com/cmp1952
010-68326294	金　　书　　网：www.golden-book.com
封底无防伪标均为盗版	机工教育服务网：www.cmpedu.com

前　　言

SINAMICS S120 是西门子公司推出的一款功能强大的驱动产品，它可以广泛应用于各种需要调速或需要进行位置控制的场合。本书除了硬件介绍外，还通过功能描述及多个案例的操作过程描述，对 SINAMICS S120 的选型、调试基础、变频调速应用、伺服控制应用、DCC 功能、通信及维护与诊断等做了深入细致的介绍，部分章节中还穿插了知识拓展环节。需要说明的是，不同版本 STARTER 的部分窗口可能与本书中略有不同，敬请谅解。

本书提供了调试软件 STARTER V5.5、选型软件 SIZER V3.33、几十本中文用户手册和与正文配套的部分项目文件，读者可通过扫描封底的二维码查找下载资源。

本书注重实际、强调应用，可供工程技术人员自学和作为培训教材，对 SINAMICS S120 的用户也有很大的参考价值。

本书第 1 章系统概述由张羽编写；第 2 章 S120 的系统组件介绍及选型由王泓潇、梁岩编写；第 3 章 S120 系统的调试基础由曹丹、梁岩编写；第 4 章 S120 系统的变频调速应用由王彦婷编写；第 5 章 S120 系统的伺服控制应用由周俊编写；第 6 章 S120 系统的其他基本功能由司维、贾旭编写；第 7 章 DCC 功能由梁雪编写；第 8 章 S120 系统的 PROFIdrive 通信由梁岩编写；第 9 章 S120 系统的博途软件调试由梁岩编写；第 10 章维护与故障诊断由梁岩编写。

很多西门子产品的行业应用专家为本书提供了大量的素材工作，他们是：陈磊（国电南瑞科技股份有限公司）、陈泽（中钢设备有限公司）、陈泽望（长江勘测规划设计研究有限责任公司）、郭宇（北京京诚鼎宇管理系统有限公司）、郭思聪（鞍钢股份线材厂）、韩鹏（沈阳远大智能工业集团股份有限公司）、刘闯（山东科泰能源科技有限公司）、刘恒（中冶北方（大连）工程技术有限公司）、任彦东（驻疆某基地水暖电管理站）、任军杰（江苏镇钛化工有限公司）、魏成巍（中国洛阳电子装备试验中心）、余道挺（宁波海天精工股份有限公司）、郑自链（中铝瑞闽股份有限公司）。他们为本书的出版付出了辛勤的汗水，在此一并表示感谢！

因作者水平有限，书中难免有错漏之处，恳请广大读者批评指正。

作者 E-mail：liangyan@ise.neu.edu.cn。

东北大学　梁岩

目　　录

第 1 章

系统概述

1.1 SINAMICS 驱动系统

1.1.1 SINAMICS 产品概述

SINAMICS 系列驱动器是西门子公司推出的新型驱动产品，它应用范围很广，适用于工业领域的机械和设备制造。SINAMICS 系列驱动产品提供的解决方案可以应对下列驱动应用：

- 流程工业中泵和风机等的基本应用。
- 离心机、挤出机、升降机、传送带和运输等设备中的单轴驱动应用。
- 纺织机械、塑料机械和造纸机械以及轧钢等设备中的多轴驱动系统应用。
- 机床、包装机械和印刷机械等的高动态伺服驱动系统应用。

SINAMICS 系列驱动产品主要分为 V 系列、G 系列、S 系列以及 DCM 系列，如图 1-1 所示。

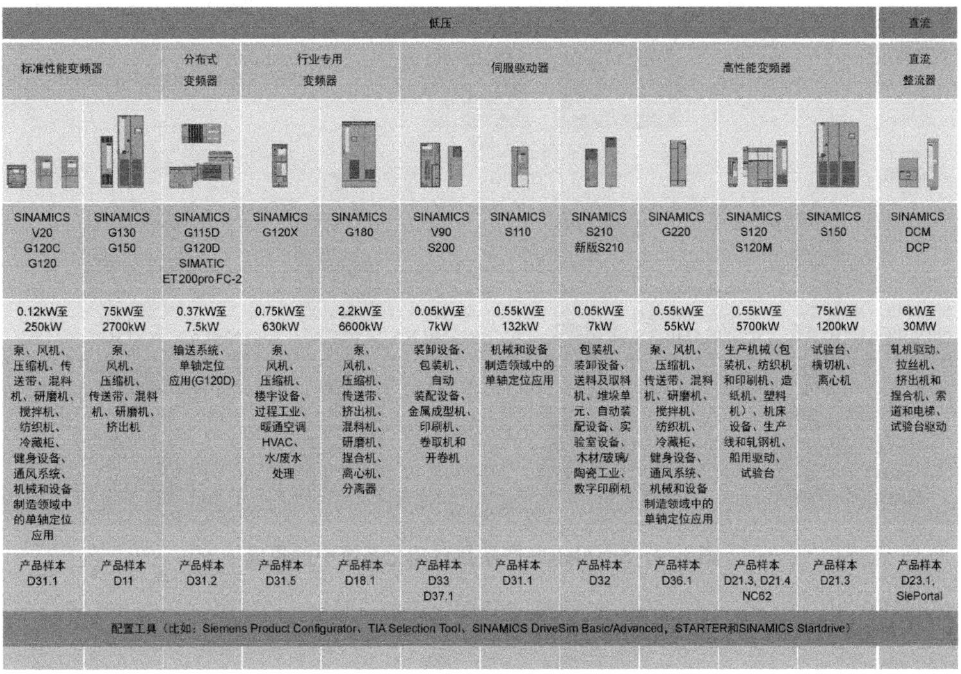

图 1-1 SINAMICS 系列驱动产品

SINAMICS V 系列是基础性能的驱动产品，它的特点是易于安装、易于使用，并且投入成本与运行成本都较低，操作简便，应用环境简单。

SINAMICS G 系列是标准性能的驱动产品，它的特点是能够拖动感应电动机实现各种标准应用，这些应用对电动机的转速的动态性能要求不太高，应用环境较复杂。

SINAMICS S 系列是高性能的驱动产品，它的特点是能够拖动感应电动机和同步电动机完成难度系数更高的应用，这些应用有着高动态性能和高精度要求，应用环境最为复杂。

SINAMICS DCM 是新一代的直流调速器，是一款既可用于基本应用、也可用于要求苛刻的直流应用的调速器系统。它不但保留了上一代 SIMOREG DC MASTER 的优点，而且将许多以交流技术而知名的 SINAMICS 工具和组件用在了直流技术中，与以往产品相比更具有通用性和可扩展性。

1.1.2 SINAMICS 产品与全集成自动化（TIA）

SINAMICS 系列驱动产品是西门子公司“全集成自动化（TIA）”的核心组成部分。SINAMICS 产品在组态、数据管理以及与上层自动化系统通信等方面的集成性，可确保其与 SIMATIC、SIMOTION 和 SINUMERIK 控制系统组合使用时成本低廉，SINAMICS 产品在自动化系统中的集成如图 1-2 所示。

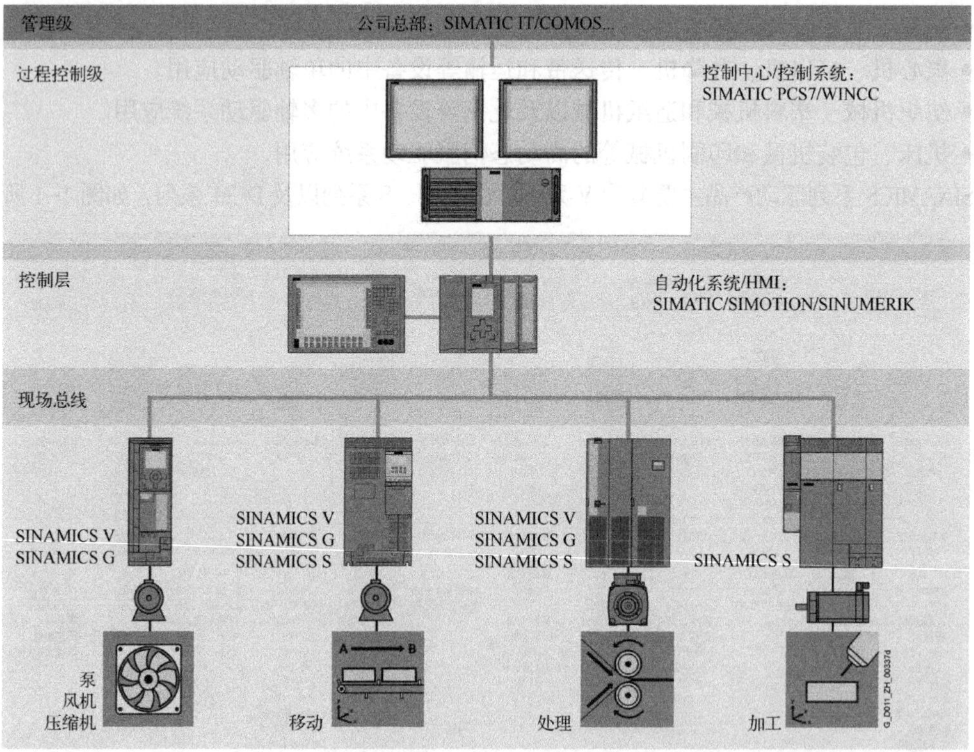

图 1-2　SINAMICS 产品在自动化系统中的集成

1.1.3 SINAMICS S120 驱动系统简介

SINAMICS S120 产品分类如图 1-3 所示。

图 1-3　SINAMICS S120 产品分类

SINAMICS S120 是一种带有 V/f 控制、矢量控制和伺服控制功能的模块化传动系统，可用于实现单机或多机变频调速的传动应用，也可用于实现单轴或多轴的运动控制。

SINAMICS S120 还可对所有的传动轴进行转速和转矩控制，并执行其他智能驱动功能。

图 1-4 所示为 SINAMICS S120 系统组成示意图。

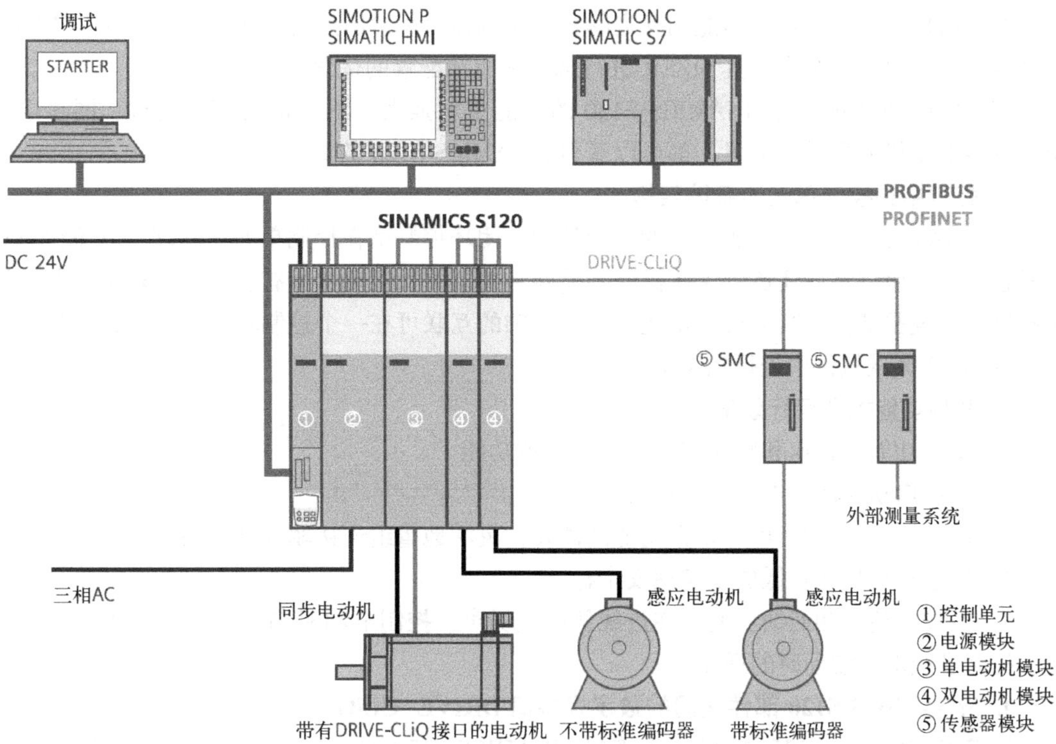

图 1-4　SINAMICS S120 系统组成示意图

SINAMICS S120 可以使用 STARTER、SCOUT 软件进行调试，其中 SCOUT 软件还可用来调试 SIMOTION，而 STARTER 软件相当于 SCOUT 软件的一部分，STARTER 软件不能用来调试 SIMOTION。现在也可以使用 V15 及以上版本的博途软件对 SINAMICS S120 进行调试，但本书涉及的调试以 STARTER 软件为主。

SINAMICS S120 的上位控制器可以是 SIMOTION P、SIMOTION C、SIMATIC HMI、数控系统以及 PLC 等。

SINAMICS S120 的通信方式可以是 PROFIBUS-DP 或 PROFINET（这里可以统称为 PROFIdrive）。

SINAMICS S120 产品功率覆盖范围大，可实现几乎所有控制要求苛刻的驱动应用。

SINAMICS S120 可以用于驱动西门子整个低压电动机系列的传动产品，也可以用于驱动第三方的电动机。

SINAMICS S120 变频调速柜组配备的专业机柜组非常适合安装于各个生产环节。通过标准化的接口，可快速地将这些变频调速装置随意连接，组成应对多电动机复杂驱动的各种解决方案。

1.1.4 SINAMICS S120 驱动系统的特点

1. 模块化系统，适用于要求苛刻的驱动任务

SINAMICS S120 可以胜任各个工业应用领域中要求苛刻的驱动任务，并因此设计为模块化的系统组件。大量部件和功能相互之间具有协调性，用户因此可以进行组合使用，以构成最佳方案。可以使用组态工具 SIZER 进行选型和驱动配置的优化计算。

丰富的电动机型号使 SINAMICS S120 的功能更加强大。不管是扭矩电动机、同步电动机、异步电动机或直线电动机，都可以获得 SINAMICS S120 的最佳支持。

2. 配有中央控制单元的系统架构

在 SINAMICS S120 上，驱动器的智能控制、闭环控制都在控制单元中实现，它不仅负责矢量控制、伺服控制，还负责 V/f 控制。另外，控制单元还负责所有驱动轴的转速控制、转矩控制，以及驱动器的其他智能功能。各驱动轴的互联可在一个控制单元内实现，并且只需在 STARTER 调试软件中进行组态即可。

3. 多种功能提升运行效率

1）基本功能：转速和转矩控制、伺服定位功能。

2）智能启动功能：电源中断后自动重启。

3）BICO 互联技术：可以根据功能的需要，灵活地重组连接驱动器的各种参数。

4）安全集成功能：低成本实现安全标准。

5）可控的整流和回馈：避免在进线侧产生噪声、控制电动机制动时产生的再生回馈能量，提高进线电压波动时的适用性。

4. SINAMICS S120 部件之间的数字式接口 DRIVE-CLiQ

DRIVE-CLiQ 通用串行接口用于连接 SINAMICS S120 的主要组件，包含电动机和编码器。统一的电缆和连接器规格，可减少零件的种类和仓储成本。对于其他厂商的电动机，可使用转换模块将常规编码器信号转换成 DRIVE-CLiQ。DRIVE-CLiQ 电缆建议使用官方专用电缆，不推荐自行制作。

5. 所有组件都具有电子铭牌

每个组件都有一个电子铭牌，在进行 SINAMICS S120 驱动系统的组态时会起到非常重要的作用。它使得驱动系统的组件可以通过 DRIVE-CLiQ 电缆被自动识别。因此，在进行系统调试或系统组件更换时，就可以省掉数据的手动输入，使调试与维护变得更加安全、便捷。

该电子铭牌包含了相应组件的全部重要技术数据，例如：等效电路的参数和电动机集成编码器的参数。

除了技术数据之外，在电子铭牌中还包含物流数据，如订货号和识别码。由于这些数据既可以在现场获取，也能够通过远程诊断获取，所以在机器内使用的组件可以随时被精确检测，使得维护工作得到了简化。

1.1.5 SINAMICS S120 驱动系统的应用

SINAMICS S120 驱动系统可广泛应用于各种需要调速或需要进行位置控制的场合。

SINAMICS S120 AC/AC 单轴驱动系统，如控制单元 CU310-2DP+功率模块 PM340+编码器模块 SMC20 的架构，可应用于转炉炼钢工艺中的转炉倾动及氧枪升降的控制，使得转炉控制更加快速、平稳、可靠；也可应用于电梯中永磁同步电动机的驱动控制，使产品性能和电梯乘坐舒适度满足客户要求，同时，DCC 编程和 BICO 互联功能的加入也大大提高了系统功能的灵活性和可扩展性。

SINAMICS S120 DC/AC 多轴驱动系统，如智能型电源模块（SLM）+电动机模块⊖的架构，可应用于高炉炼铁工艺中高炉上料主卷扬机的控制，使得主卷扬机能够频繁起动、制动、停车、反向，调速范围广，运行快速平稳，系统工作可靠；也可应用于热轧生产过程中的横切机组控制，电动机模块均配置编码器模块 SMC30，大大减少了柜体的数量，通过控制单元 CU320 通信减少了 DP 从站的数量，从而减少了故障率；还可应用于热轧生产过程中的钢卷托盘运输控制，采用矢量控制，模块之间通过 DRIVE-CLiQ 电缆连接，使得控制系统的控制方式更灵活、投资更少、维护更容易。

SINAMICS S120 集成了基本定位功能，可使设备通过内部预先编写好的程序步或外部控制系统来实现复杂的定位。SINAMICS S120 支持动态伺服控制功能（DSC），其位置环在驱动器中（速度值由驱动器而不是上级控制器生成），使得位置控制的快速性和稳定性更好。

SINAMICS S120 还集成了安全功能，可实现安全扭矩关断、安全抱闸、安全停止、安全操作停止、安全方向监控、安全速度监控及安全限位等功能。

除此之外，SINAMICS S120 的主动型电源模块（ALM）还可以作为光伏并网的逆变装置应用于光伏行业等。由于篇幅所限，本小节仅列出 SINAMICS S120 的部分应用，敬请谅解。

⊖ 本书为了前后叙述更准确、一致，采用了“电动机模块”的说法。在西门子公司中文版官方手册及样本图片上都称“电机模块”。

1.2 西门子其他运动控制系统

1.2.1 SIMOTION

SIMOTION 是一个以 SINAMICS S120 为基础的全新的运动控制器，它集逻辑控制、工艺 PID 控制、运动控制于一体。既能实现逻辑和运算控制功能，又能实现 PID、角同步、电子齿轮、电子凸轮等复杂的运动控制功能，使 PLC 逻辑控制、PID 功能及运动控制功能完美地集成在一个系统中，大大简化了编程工作，缩短了系统响应时间，也使系统的诊断更加容易。

SIMOTION 的编程调试软件是 SCOUT，它提供了丰富的控制指令和系统诊断功能。SIMOTION 硬件平台有 SIMOTION P、SIMOTION C 和 SIMOTION D 三种，分别适用于不同的应用场合。三种硬件平台可以单独工作，也可以在一个设备中互相配合。

SIMOTION C 是基于 SIMATIC S7-300 设计的运动控制器。可以使用 SIMATIC S7-300 系列模块对 SIMOTION C 进行模块扩展。

SIMOTION P 是一个基于 PC 的运动控制系统。PLC、运动控制和 HMI 功能与标准 PC 应用程序在同一平台上执行。

SIMOTION D 是 SIMOTION 的一个紧凑的、基于驱动的版本。

图 1-5~图 1-7 是 SIMOTION 的典型配置。

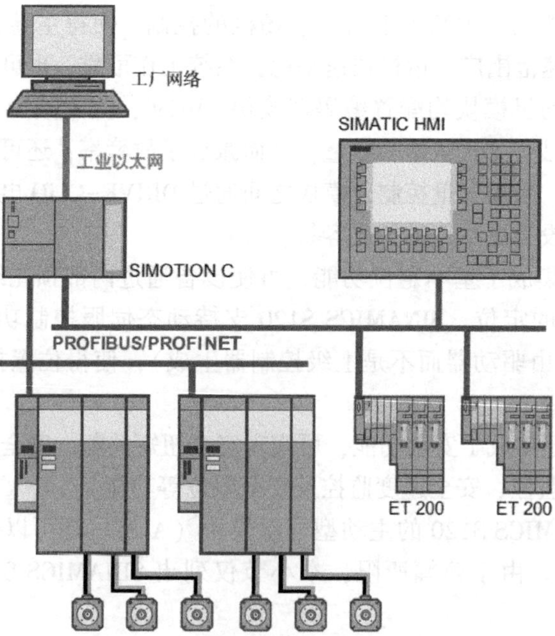

图 1-5　SIMOTION C 的典型配置

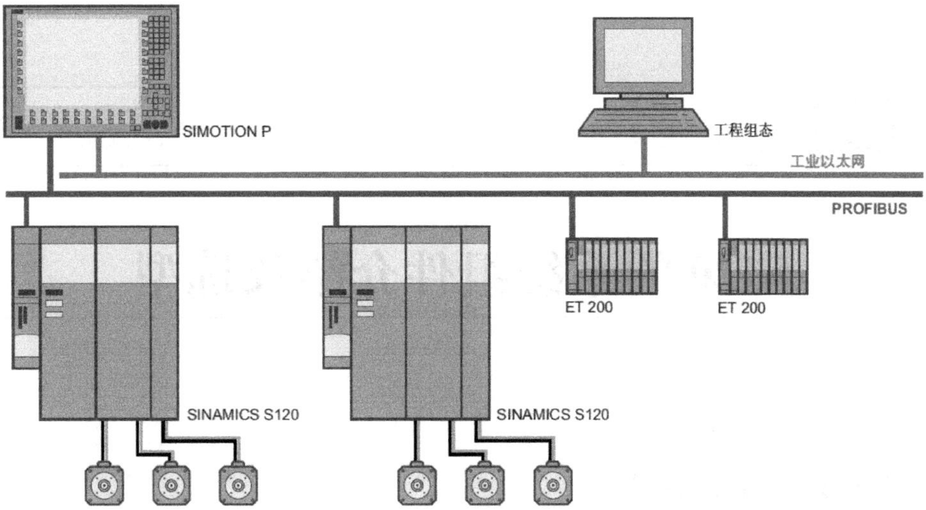

图 1-6　SIMOTION P 的典型配置

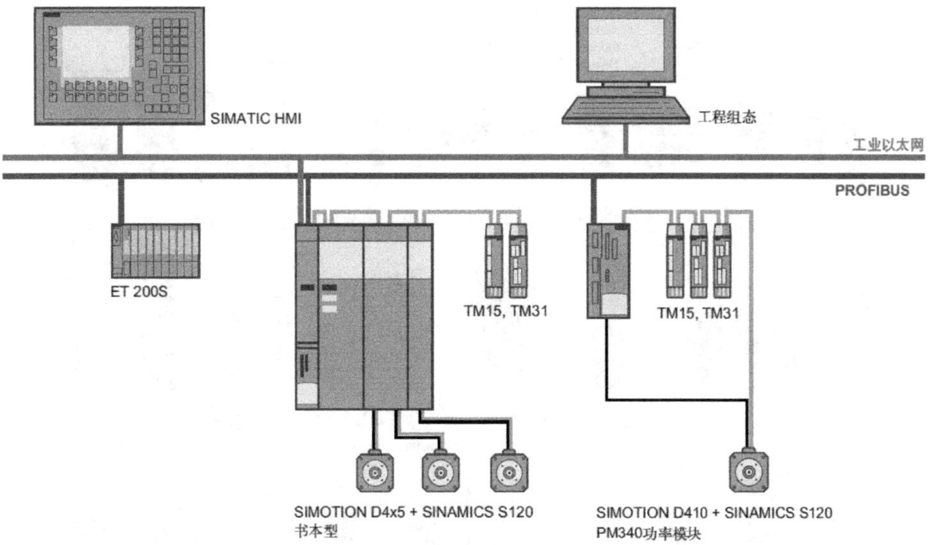

图 1-7　SIMOTION D 的典型配置

1.2.2　MasterDrives

MasterDrives 系列（6SE7 系列）包含 VC 和 MC 两种变频器。VC 用于矢量控制，应用于需要高度精确转矩和动态响应的情况；MC 用于运动控制，实现定位控制，可使用 DriveMonitor 软件进行调试。

第 2 章

S120 的系统组件介绍及选型

2.1　S120 系统组件组成

SINAMICS S120 系统组件如图 2-1 所示。

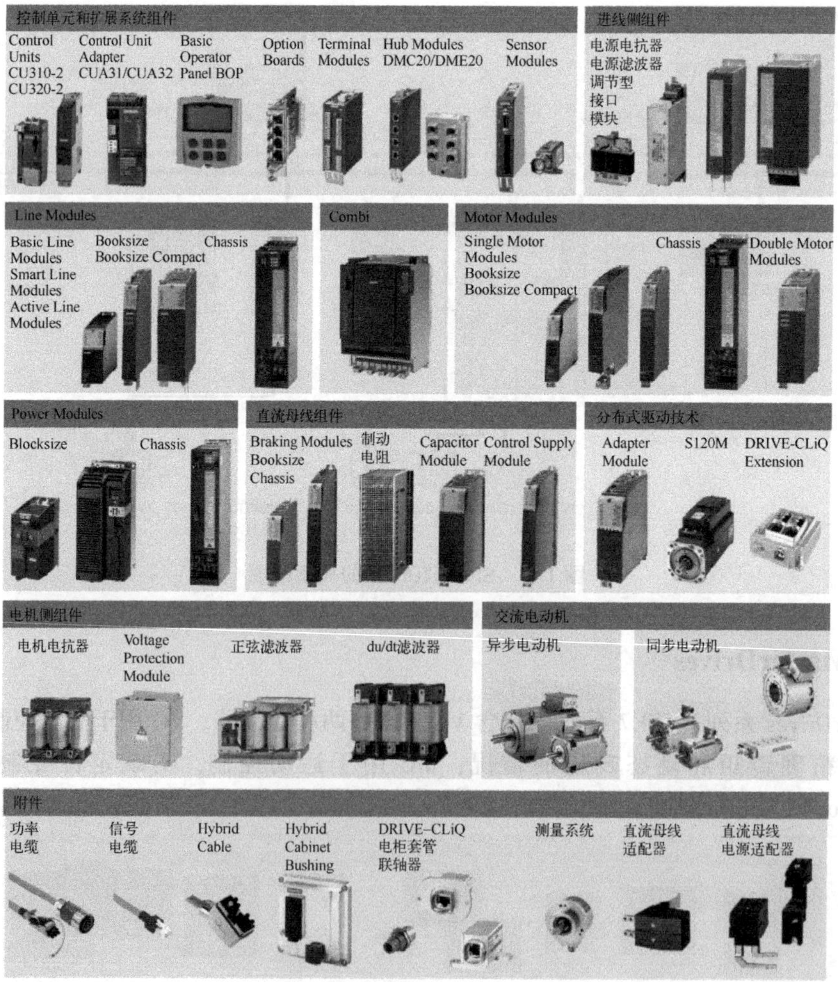

图 2-1　SINAMICS S120 系统组件

SINAMICS S120 驱动控制系统最基本的功能是实现转速电流双闭环控制，还可以实现基本的位置转速电流三闭环控制。其控制结构如图 2-2 所示，包括给定环节（位置设定值）、偏差比较（如位置设定值与位置实际值做差）、控制器（位置控制器、速度控制器、电流控制器）、执行机构（PWM 脉宽调制方式的交直交变频器）、被控对象（电动机）、检测反馈（电流检测、编码器速度检测、编码器位置检测），还包括速度预控制和转矩预控制环节。

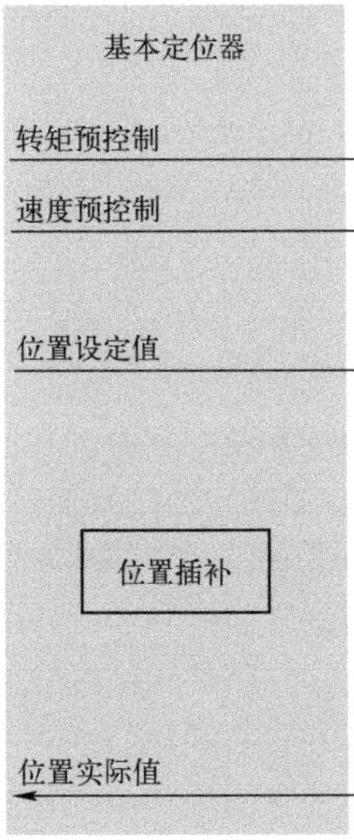

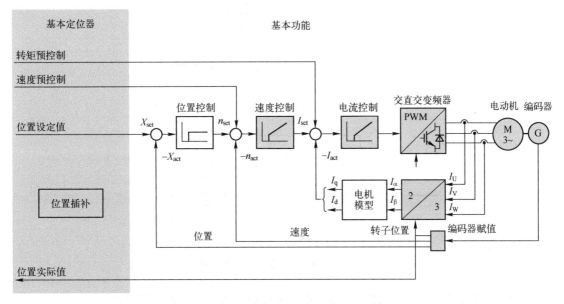

图 2-2　SINAMICS S120 驱动控制系统结构图

SINAMICS S120 驱动控制系统主要由控制回路和主回路组成。控制回路主要用于实现电流控制、速度控制和基本位置控制的功能，该部分功能由 S120 的控制系统组件实现；更复杂的位置控制则需要 SIMOTION 控制单元或高端 PLC 控制器实现。

主回路主要为变频器。西门子变频器均为电压型交直交变频器，由整流单元、直流部分和逆变单元构成。整流单元用于将固定频率和幅值的交流电（如 AC 220 V、AC 380 V）变成直流电；直流部分用于能量储存、提供制动和母线电压检测；逆变单元用于将直流电变为频率和幅值均可变的三相交流电（通过控制回路产生的 IGBT 导通信号实现），从而实现电机调速控制，该部分功能由 S120 的功率部分组件实现。

本章将按照功率部分组件和控制系统组件两类介绍 SINAMICS S120 驱动系统的组件。

SINAMICS S120 驱动系统按照驱动轴数，可分为 AC/AC 单轴驱动系统和 DC/AC 多轴驱动系统。两类驱动系统的组件结构主要差异在于变频器的部分，下面分别介绍这两类驱动系统组件结构。

SINAMICS S120 AC/AC 单轴驱动系统是将整流单元和逆变单元集成在一起，适用于单轴的模块化驱动系统，如图 2-3 所示，由一个控制单元（CU）或控制单元适配器（CUA）、一个功率模块（PM）构成，其系统组件结构如下：

1）电源：用于提供驱动系统中各模块用到的 24 V 直流电。

2）控制单元：为驱动系统的核心，完成转速电流双闭环（或位置转速电流三闭环）控制，与功率模块通过 DRIVE-CLiQ 电缆连接，并传递控制信息和状态信息；附加系统组件中

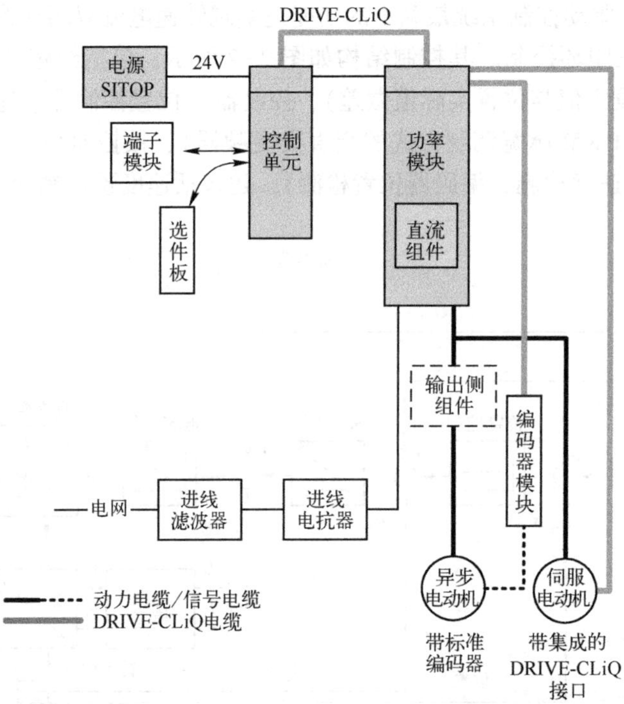

图 2-3　AC/AC 单轴驱动系统组件结构

的端子模块可用于 CU 的 I/O 端子扩展，通信选件板卡可用于扩展通信接口。

3）电源端组件：由电网供电（三相/单相交流电），在进线侧按电气顺序依次连接开关/刀闸、熔断器/断路器、接触器（电气隔离时需要）、进线滤波器（可选）、进线电抗器（可选），将符合 EMC 要求的交流电送入功率模块。

4）功率模块：为集成的整流和逆变单元，可实现交直交变换，为电动机提供动力，可以带或不带内置进线滤波器（EMC 滤波器）和内置的制动斩波器（制动单元和制动电阻）。

5）编码器模块（SM）：将编码器信号转换成 DRIVE-CLiQ 可识别的信号，所有电动机必须通过编码器模块才能与功率模块相连，若电动机含有 DRIVE-CLiQ 接口（内含 SMI 编码器模块），则不需要此模块。

SINAMICS S120 DC/AC 多轴驱动系统中整流单元（电源模块）和逆变单元（电动机模块）分开，这样可将多个逆变单元连接到直流母线上，实现多轴控制，多个逆变单元之间也可以实现能量交换。

DC/AC 多轴驱动系统如图 2-4 所示，根据功率不同，可分为书本型和装机装柜型，其系统组件结构略有不同：

1）电源：用于提供驱动系统中各模块用到的 24 V 直流电。

2）控制单元：为驱动系统的核心，完成转速电流双闭环（或位置转速电流三闭环）控制，与功率模块通过 DRIVE-CLiQ 电缆连接，传递控制信息和状态信息；附加系统组件中的端子模块可用于 CU 的 I/O 端子扩展，通信选件板卡可用于扩展通信接口。

3）电源模块：由电网供电（三相/单相交流电），在进线侧按电气顺序依次连接开关/刀闸、熔断器/断路器、接触器（电气隔离时需要）、进线滤波器（可选）、进线电抗器（必

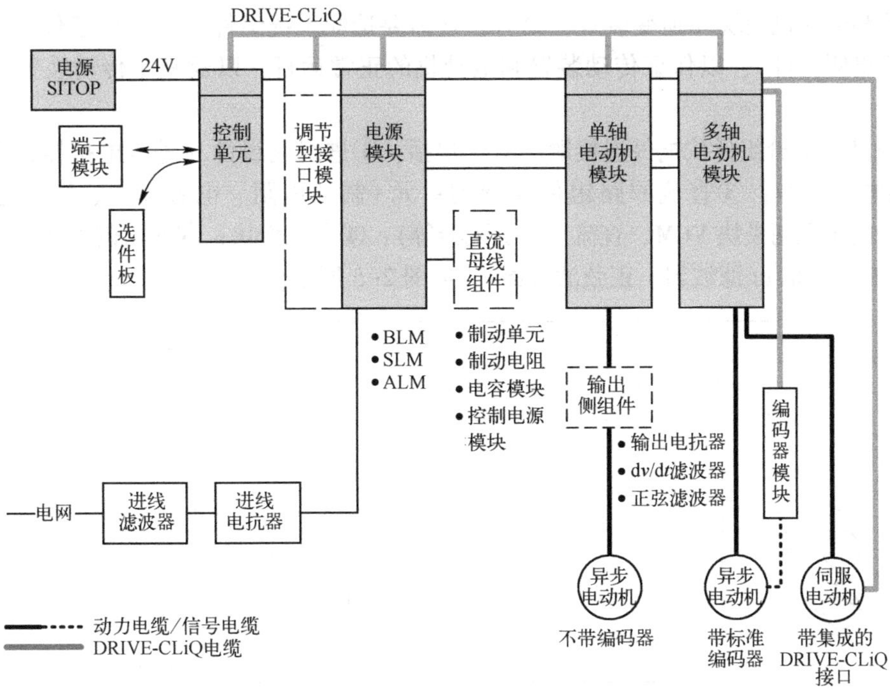

图 2-4　DC/AC 多轴驱动系统组件结构

选)，将符合 EMC 要求的交流电送入电源模块。

4）调节型接口模块（AIM）：与电源模块 ALM 配合使用，内含滤波器、电抗器、预充电回路、电源电压检测模块等。

5）电源模块：是一个整流器，可将三相交流电变为直流电，也可将能量回馈电网，可以根据再生回馈能力和能量回馈要求来选择整流单元。

6）直流母线组件（选件）：用于稳定直流母线电压，包括制动单元和制动电阻、电容模块和控制电源模块等。

7）电动机模块：是一个逆变器，通过 PWM 脉宽调制方式将直流母线电压变为频率幅值均可调的交流电，为电动机供电。

8）编码器模块（SM）：将编码器信号转换成 DRIVE-CLiQ 可识别的信号，所有电动机必须通过编码器模块才能与电动机模块（MM）相连，若电动机含有 DRIVE-CLiQ 接口，则不需要此模块（内含 SMI 模块）。

9）输出侧组件（用于装机装柜型）：能够在变频器向电动机供电时减小线路中的谐波成分，保护机电系统安全运行，包括输出电抗器、dv/dt 滤波器、正弦滤波器。书本型 S120 驱动系统中仅含输出电抗器，装机装柜型 S120 驱动系统中还可包括 dv/dt 滤波器和正弦滤波器。另外，由于输出侧组件会影响系统响应速度，对于高动态性能要求的伺服控制，输出侧组件不宜接入系统。

2.2　S120 功率部分组件

SINAMICS S120 功率部分组件除了实现基本交直交变频功能的电源模块（整流装置）、

直流回路和电动机模块（逆变装置）之外，还需要选配系统组件（进线侧组件、直流回路组件和输出侧组件），以保证传动装置和电动机的正常运行，以及减小传动装置对电源的影响。

S120 功率部分组件按电气连接顺序依次包括：①进线侧组件（进线电抗器、进线滤波器）；②电源模块；③直流回路组件（制动单元+制动电阻、电容模块、控制电压模块（CSM）、电压限制模块 VCM、直流母线适配器等）；④电机模块；⑤输出侧组件（输出电抗器、带 VPL 的 dv/dt 滤波器、正弦滤波器），如图 2-5 所示。

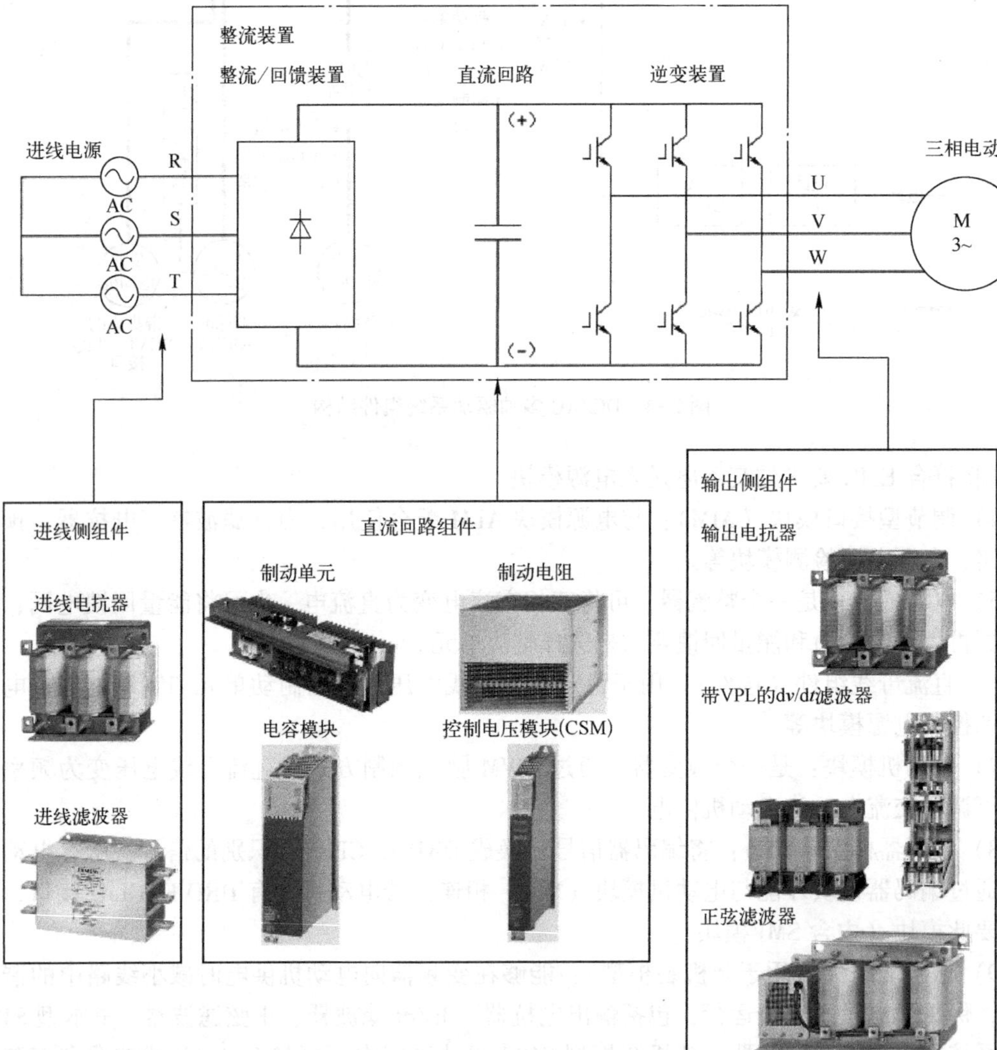

图 2-5　S120 功率部分组件连接图

2.2.1　进线电抗器

进线电抗器通常串联在电源和变频器进线端之间，依靠线圈的感抗来阻碍电流变化，具体有以下几方面作用。

1. 减少电源浪涌对变频器的冲击

变频器连接到大短路容量的电网（强电网）时，合闸瞬间会产生很大的冲击电流（浪涌电流），会损坏变频器，影响其使用寿命。在变频器前加装进线电抗器，可以抑制浪涌电流（合闸瞬间，电抗器呈高阻态，相当于开路），并限制电网电压突变引起的电流冲击，有效保护变频器，还能够减小电源模块的功率器件和直流回路电容的热负荷。

2. 降低变频器产生的谐波电流对电网的干扰

变频器会产生高次谐波，影响设备正常使用，加装进线电抗器，可以改善变频器的功率因数，抑制变频器回馈电网中的谐波电流，减小对电网质量的影响。但是进线电抗器对谐波电流的滤波能力较弱，6 脉动整流中产生的 5、7 次谐波分量较大，进线电抗器可减小 5%~10%的 5 次谐波、2%~4%的 7 次谐波，对于更高次谐波，电抗器作用更小，与进线滤波器配合使用可以得到更好的滤波效果。

在变频器配置了 RFI（Radio Frequency Interference）进线滤波器的情况下，必须安装进线电抗器以减小谐波对电网的影响，且进线电抗器必须安装在进线滤波器与变频器输入侧之间。原因在于没有进线电抗器时，此类滤波器无法 100%达到滤波效果。

3. 实现变频器与电网解耦

当多个变频器连接至同一电网公共接入点时，为抑制电网电压（因其他负荷变化）产生扰动影响变频器工作，以及各变频器之间谐波相互干扰，需在每台变频器之前配置各自的进线电抗器，不允许多台变频器共用一个进线电抗器。

4. 实现变频器并联时的电流平衡

当设备容量比较大时，需要通过变频器并联运行来提高输出功率。每台变频器前都需要加进线电抗器，以保证并联装置之间的电流平衡，以防止由于不平衡电流造成的某个整流过载。

进线电抗器的选取和连接需要注意以下几点：

1）进线电抗器的选取需与电源模块（SLM、BLM、ALM）相匹配，使用不配套的进线电抗器可能损坏电源模块。如果选用 BLM，则需要在进线侧（BLM 与电网之间）加装与其功率相对应的相对短路容量为 2%的进线电抗器。如果选用 SLM，则需要在进线侧加装与其功率相对应的相对短路容量为 4%的进线电抗器。

对于书本型非调节型电源模块（SLM）的正常运行要求使用进线电抗器，但如果使用第三方进线电抗器可能会导致故障或设备损坏。对于装机装柜型，在电源进线电感较低的情况下，需要加装一个进线电抗器。

2）进线电抗器和电源模块、进线滤波器之间的连接电缆要尽可能短（最长 10 m），且应使用屏蔽电缆，电缆的屏蔽层必须两端接地。但是在低频情况下，进线电抗器与变频器的连接可不必就近，但仍不能超过 100 m。注意：对于变频器配置了符合 EN 61800-3 的 C2 类别的进线滤波器，进线电抗器必须就近安装。

2.2.2　进线滤波器

为了保证驱动系统既不影响其他设备也能保证自身运行不受影响，即设备间在同一个电磁环境下，只有采用规范的电磁兼容安装标准才能确保设备运行的可靠与稳定。而作为确保电磁兼容性的一个重要手段和方法就是安装进线滤波器。进线滤波器安装在电网和进线电抗器之间，用于限制由变频调速系统产生的 150 kHz~30 MHz 的高频干扰。

变频器驱动系统中主要存在两种干扰：低频干扰和高频干扰。

1. 低频干扰（频率范围为 0~9000 Hz）

低频干扰是由于驱动系统中的非线性元件产生的。整流单元、直流环节、逆变单元中含有大量非线性元件，正弦交流电作用于非线性电路，基波电流会发生畸变从而产生谐波。

减小低频干扰的手段有：①加 LHF 进线谐波滤波器：主要吸收 6 脉波整流器的 5、7 次谐波电流；②加进线电抗器：增加回路阻抗；③改变电路拓扑结构：6 脉动整流改成 12 脉动整流。

滤波效果比较：进线电抗器<LHF 滤波器<12 脉动整流。

2. 高频干扰（频率范围为 150 kHz~30 MHz）

由于逆变器 IGBT 高速导通和关断会在调速柜的 PE 母排上产生高频漏电流，进线滤波器能够提供使高频噪声电流回流到变频器的通路。否则噪声电流将通过网侧 PE 线叠加在电源上，从而影响连接到公共接入点的所有设备。

降低高频干扰的手段有：①加进线滤波器（无线频率干扰 RFI 抑制滤波器或 EMC 滤波器）；②屏蔽良好接地。上述两种手段要都做好，才能确保驱动设备产生的干扰大部分限制在驱动系统内部（干扰源），仅很少一部分传播到电网中去，从而改善整个系统的电磁兼容性。

知识拓展 1——【S120 驱动系统中的进线滤波器（标配及选件）的工作原理】

逆变器 IGBT 导通和关断会产生很高的电压变换率 dv/dt，将在逆变器输出端产生很大的高频漏电流，如果电动机电缆不带屏蔽层，漏电流就会随电缆进入电动机内部，在电动机内部形成轴电流，破坏电动机绝缘。最终，这些高频漏电流会通过电动机电缆和电动机绕组中的分布电容对地泄漏，电流流动方向是按阻抗最低的路径流动，接地线的阻抗越高，使用者面临的安全风险越大，如果一个人碰触了具有破损接地线的设备，漏电流会因人体阻抗小于接地线阻抗而流经人体到达大地，从而危害人身安全。电流总是在闭合回路中流动，因此高频漏电流绝不是在大地中消失，而是流回源端。所以，必须提供一个有效的路径，使漏电流回到干扰源——逆变器（或者变频器）。使用带屏蔽的电动机电缆，电缆屏蔽层连接变频柜的 PE 母排，变压器二次侧及变频柜内各设备均连接到 PE 母排，从而形成通路，如图 2-6 所示。

若变频器输入侧没有安装 EMC 滤波器（没有为高频漏电流提供一个低阻抗的回流通路），那么所有的高频漏电流将通过公共地回路流到变压器的中性点 PCC（公共电源接入点），通过三相电源返回变频器（电磁干扰源）。这样，由高频漏电流造成的高频电压将会叠加到公共电源接入点 PCC，从而影响甚至损坏连接到此公共电源的其他设备和变频器本身。

为减少高频漏电流对电网电压的干扰，西门子 SINAMICS 系列变频器在电网侧提供标配进线滤波器（EMC 或 RFI 滤波器），为高频噪声电流提供了一个低阻抗路径使其返回到干扰源。这样绝大部分的高频漏电流通过滤波器流回变频器内，而电源中的高频干扰就会大大减小。

除标准配置进线滤波器外，变频器电源模块（整流单元）中也内含 EMC 滤波器，可以使高频漏电流在电源模块位置就流回变频器，使电源受到的高频干扰进一步减小。

变压器一次侧不接地，也是为了防止电磁干扰。如果变压器一次侧也接地，高频漏电流会流入变压器一次侧的中性点，从而影响连接到此变压器二次侧的系统和设备。

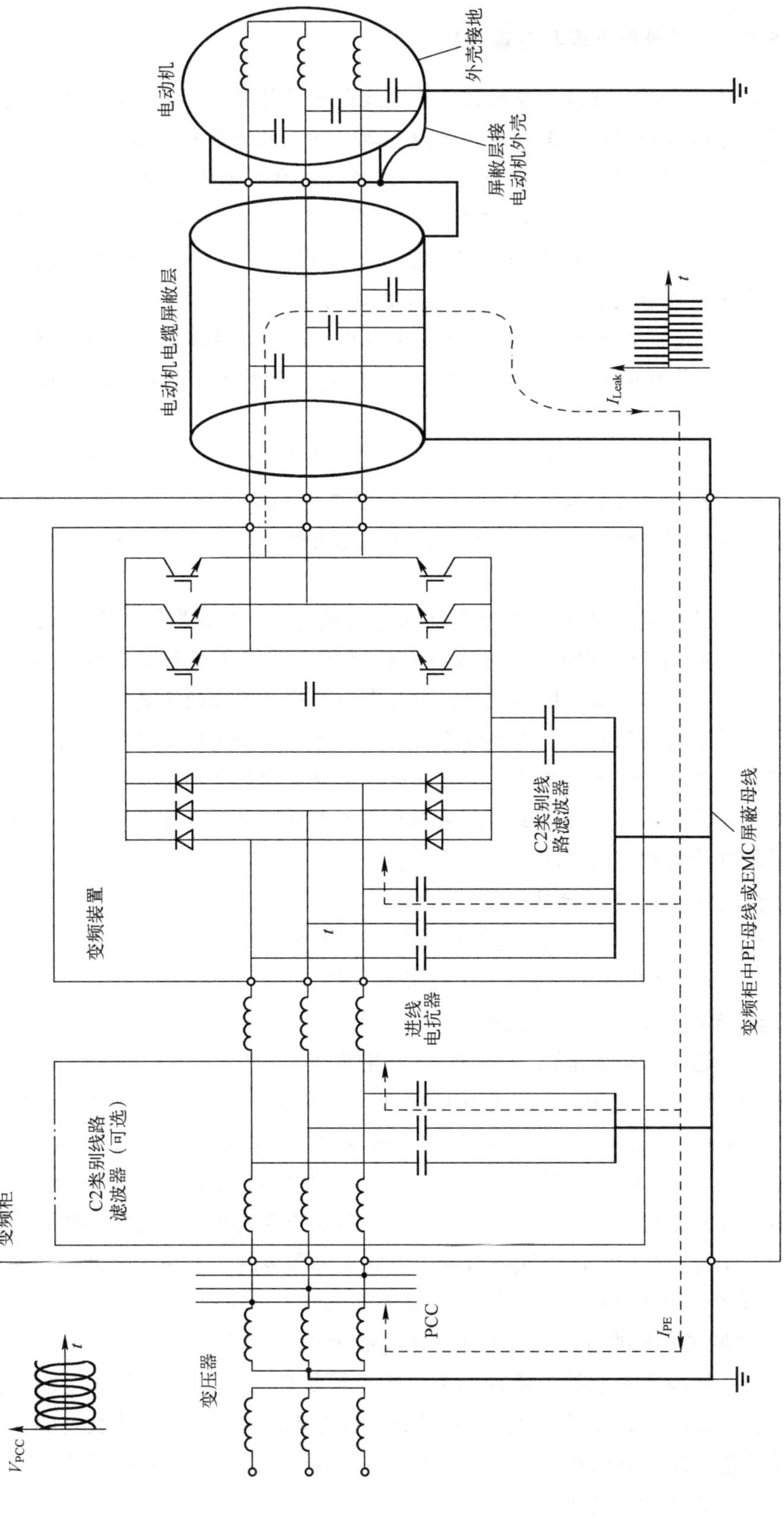

图2-6　高频漏电流I_{Leak}的传导路径

知识拓展 2——【屏蔽电缆和屏蔽接地】

屏蔽电缆是使用金属网状编织层把信号线包裹起来的传输线，编织层材料一般是红铜或者镀锡铜。屏蔽电缆在使用时，金属网状编织层要接地，称为屏蔽接地。

如图 2-6 所示，在电动机和变频器之间，双端屏蔽良好的屏蔽电缆保证了高频漏电流可以容易地流回变频柜中。屏蔽层与信号线之间有分布电容，分布电容对高频漏电流（高频干扰信号）就相当于导线，利用金属对电磁波的反射、吸收和趋肤效应原理（趋肤效应指当导体中有交流电或者交变电磁场时，导体内部的电流分布不均匀，电流集中在导体的“皮肤”部分，也就是说电流集中在导体外表的薄层，越靠近导体表面，电流密度越大，导体内部电流越小），高频漏电流会直接从内部信号线到表面屏蔽层，再通过 EMC 屏蔽母线和进线滤波器流回变频柜。

如果电动机电缆为非屏蔽电缆，那么高频漏电流将通过电动机电缆和电动机绕组中的分布电容流入大地，然后通过不确定的路径（比如供电电缆及变压器中线点接地线）进入到三相电源，最终返回到变频器内。在这种情况下，很大部分的高频漏电流没有通过进线滤波器，从而导致滤波器无效。

另外，为确保高频漏电流可靠流回干扰源（变频器），驱动装置与电动机需要良好接地。SINAMICS 设备外壳与柜内的 PE 母线和 EMC 屏蔽母线必须低阻抗连接。为此必须使用柜子的金属结构件来保证大面积低感连接，连接表面必须是裸露的金属而且每个接触点必须保证最小几平方厘米的接触面，或用大截面的短接地导线。必须使用扁平或圆的铜编织线为宽频率范围的噪声信号提供返回回路。与此同时也需要考虑到电动机的可靠接地，对电动机接地的目的是需要设备间形成等电位体，确保为高频漏电流提供可靠的低阻抗回路。

进线滤波器的使用和连接需注意以下几点：

1. 进线滤波器和进线电抗器协同使用

SINAMICS S120 的进线滤波器和进线电抗器协同工作可将电源模块和功率模块产生的传导性干扰限制在 EN 61800-3 定义的 C2 类极限值之内。

2. 不同驱动系统中的进线滤波器选择

进线滤波器仅适用于接地系统（TN 或 TT 供电系统）。

SINAMICS S120 AC/AC 单轴驱动系统中的功率模块 PM240-2 可以集成或外置进线滤波器。SINAMICS S120 DC/AC 多轴驱动系统中，书本型电源模块均可选配外置进线滤波器，装机装柜型设备预装有标配滤波器，装机装柜型仅有 BLM 可选配外置进线滤波器以提高滤波效果。进线滤波器要与电源模块相匹配，使用不匹配的进线滤波器可能导致系统损坏，另外，可以选择功率等级相匹配的进线滤波器，不同功率等级的区别在于降低传导性干扰放射的频率范围（或者说降低公共接入点 PCC 的高频漏电流大小的程度）。

3. 不同整流装置对应的进线滤波器允许电缆最大长度限制

由于流过进线滤波器的干扰电流或漏电流随电缆长度的增加而增大（电缆越长，电缆分布电容越大，$i=C\mathrm{d}v/\mathrm{d}t$ 漏电流越大），所以随电缆长度的增加，进线滤波器的干扰抑制能力下降。在采用进线滤波器选件时，为保证干扰等级在 C2 类别所定义的限值内，电动机电缆长度必须满足表 2-1 中的要求。

表 2-1　为保证干扰等级在 C2 类别，S120 最大允许的电动机电缆/屏蔽长度

SINAMICS S120 变频器或整流装置	最大允许的电动机电缆/屏蔽长度/m
基本整流装置 BLM	100
回馈整流装置 SLM	300
有源整流装置 ALM	300

在 SINAMICS S120 AC/AC 单轴驱动系统中，一台电动机由一台变频器或一台整流+逆变单元供电，电动机总电缆长度为电动机与变频器或逆变单元之间的走线的长度，同时对于较高功率输出的驱动装置需要考虑多根电缆并行走线。

在 SINAMICS S120 DC/AC 多轴驱动系统中，由整流装置供电的直流母线连接多台逆变单元，电动机总电缆长度为每个逆变单元与对应电动机之间的电缆长度总和。同时对于较高功率输出的驱动装置需要考虑多个电缆并行走线。

4. 进线滤波器要靠近电源模块连接

进线滤波器和电源模块的连接电缆要尽可能短（最长 10 m），且应使用屏蔽电缆，电缆的屏蔽层必须两端接地。

2.2.3　功率模块（AC/AC 变频装置）

SINAMICS S120 功率模块适用于工业设备中的单轴应用，例如：传送带、离心机、电梯和搅拌机等，其产品有模块型功率模块 PM340（0.12～75 kW）以及装机装柜型功率模块（90～200 kW）两种。PM340 全线已于 2019 年进入产品取消阶段，仅作为备件提供，替代产品为 PM240-2，如表 2-2 所示；装机装柜型功率模块仍是正常生产供货阶段，暂无退市计划，也未规定替代产品。

表 2-2　PM340 与 PM240-2 产品对应关系图

逐步淘汰模块：功率模块 PM340			正在使用模块：功率模块 PM240-2		
	订货号	基本负载功率/kW		订货号	基本负载功率/kW
PM340 1AC 200～240V FSA	6SL3210-1SB11-0AA0	0.12	PM240-2 1AC/3AC 200～240V FSA	6SL3210-1PB13-0AL0	0.37
	6SL3210-1SB11-0UA0	0.12		6SL3210-1PB13-0UL0	0.37
	6SL3210-1SB12-3AA0	0.37		6SL3210-1PB13-0AL0	0.37
	6SL3210-1SB12-3UA0	0.37		6SL3210-1PB13-0UL0	0.37
	6SL3210-1SB14-0AA0	0.75		6SL3210-1PB15-5AL0	0.75
	6SL3210-1SB14-0UA0	0.75		6SL3210-1PB15-5UL0	0.75
PM340 3AC 380～480V FSA～FSC	6SL3210-1SE11-3UA0	0.37	PM240-2 3AC 380～480V FSA～FSC	6SL3210-1PE11-8UL1	0.37
	6SL3210-1SE11-7UA0	0.55		6SL3210-1PE12-3UL1	0.55
	6SL3210-1SE12-2UA0	0.75		6SL3210-1PE13-2UL1	0.75
	6SL3210-1SE13-1UA0	1.1		6SL3210-1PE14-3UL1	1.1
	6SL3210-1SE14-1UA0	1.5		6SL3210-1PE16-1UL1	1.5
	6SL3210-1SE16-0AA0	2.2		6SL3210-1PE18-0AL1	2.2
	6SL3210-1SE16-0UA0	2.2		6SL3210-1PE18-0UL1	2.2
	6SL3210-1SE17-7AA0	3		6SL3210-1PE21-1AL0	3
	6SL3210-1SE17-7UA0	3		6SL3210-1PE21-1UL0	3
	6SL3210-1SE21-0AA0	4		6SL3210-1PE21-4AL0	4
	6SL3210-1SE21-0UA0	4		6SL3210-1PE21-4UL0	4
	6SL3210-1SE21-8AA0	5.5		6SL3210-1PE21-8AL0	5.5
	6SL3210-1SE21-8UA0	5.5		6SL3210-1PE21-8UL0	5.5
	6SL3210-1SE22-5AA0	7.5		6SL3210-1PE22-7AL0	7.5
	6SL3210-1SE22-5UA0	7.5		6SL3210-1PE22-7UL0	7.5
	6SL3210-1SE23-2AA0	11		6SL3210-1PE23-3AL0	11
	6SL3210-1SE23-2UA0	11		6SL3210-1PE23-3UL0	11

（续）

逐步淘汰模块：功率模块 PM340			正在使用模块：功率模块 PM240-2		
	订货号	基本负载功率/kW		订货号	基本负载功率/kW
PM340 3AC 380~480V FSD~FSF	6SL3210-1SE23-8AA0	15	PM240-2 3AC 380~480V FSD~FSF	6SL3210-1PE23-8AL0	15
	6SL3210-1SE23-8UA0	15		6SL3210-1PE23-8UL0	15
	6SL3210-1SE24-5AA0	18.5		6SL3210-1PE24-5AL0	18.5
	6SL3210-1SE24-5UA0	18.5		6SL3210-1PE24-5UL0	18.5
	6SL3210-1SE26-0AA0	22		6SL3210-1PE26-0AL0	22
	6SL3210-1SE26-0UA0	22		6SL3210-1PE26-0UL0	22
	6SL3210-1SE27-5AA0	30		6SL3210-1PE27-5AL0	30
	6SL3210-1SE27-5UA0	30		6SL3210-1PE27-5UL0	30
	6SL3210-1SE31-0AA0	37		6SL3210-1PE28-8AL0	37
	6SL3210-1SE31-0UA0	37		6SL3210-1PE28-8UL0	37
	6SL3210-1SE31-1AA0	45		6SL3210-1PE31-1AL0	45
	6SL3210-1SE31-1UA0	45		6SL3210-1PE31-1UL0	45
	6SL3210-1SE31-5AA0	55		6SL3210-1PE31-5AL0	55
	6SL3210-1SE31-5UA0	55		6SL3210-1PE31-5UL0	55
	6SL3210-1SE31-8AA0	75		6SL3210-1PE31-8AL0	75
	6SL3210-1SE31-8UA0	75		6SL3210-1PE31-8UL0	75

PM240-2 功率模块为 SINAMICS G120 系列中的一个功率组件，它既可以和 G120 的控制单元配套使用，也可以通过适配器模块和 S120 的控制单元配套使用。S120 需要具备 V4.7 及以上版本的固件，才可以使用 PM240-2 功率模块。

对于单轴应用，可以使用控制单元（CU310-2）配合功率模块来执行控制功能。对于多轴应用，在已经有控制单元（如 CU320-2）实现多轴控制的情况下，可以使用一个适配器，通过 DRVIE-CLiQ 网络将功率模块连接到控制单元，增加一个单轴控制功能，见图 2-7。

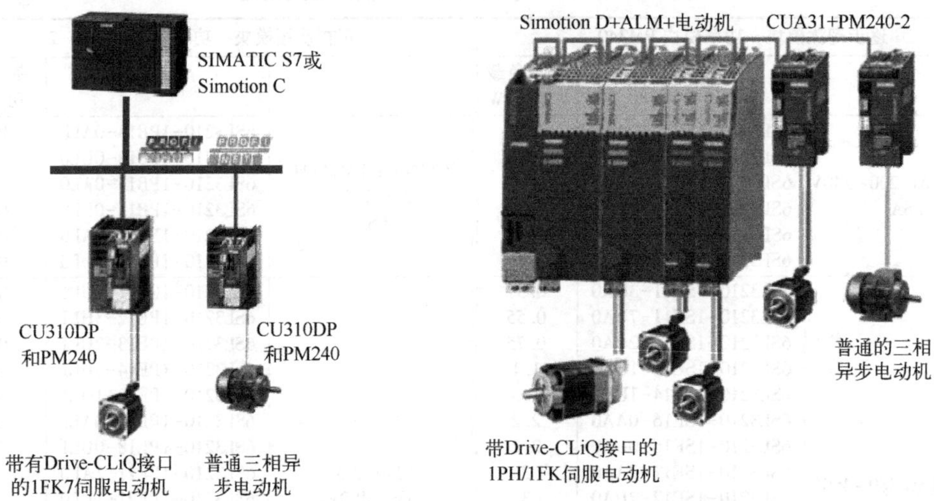

a) 单轴应用　　b) 多轴应用

图 2-7　功率模块在单轴和多轴系统中的连接

PM240-2 根据其功率大小的不同，分成 FSA~FSG 共 7 个型号，如表 2-3 所示，其中的功率模块前均带有控制单元和 BOP-20 控制面板。FS 是“Frame size”的缩写，即“结构尺寸”，A~G 表示具体的尺寸大小。PM240-2 具有以下标准连接和接口：

1）线路电源连接端子 L1、L2、L3。

2）PM-IF 接口：用于将 PM240-2 电源模块连接到控制单元。PM240-2 电源模块还能够使用集成电源为控制单元供电。

3）DCP/R1 和 R2 端子用于连接外部制动电阻器。

4）用于连接电动机的螺钉端子或双头螺栓 U2、V2、W2。

5）用于控制抱闸的安全制动继电器（Brake Relay）的控制电路，FSD～FSG 型功率模块可实现安全功能“Safe Torque Off”（STO）。

6）2 个 PE/保护导体连接。

PM240-2 将整流和逆变集成在一起，但是没有回馈功能，不能把电动机产生的再生能量回馈电网（适用于无再生反馈的驱动系统），因此必须配合制动电阻使用，产生的制动能量可通过制动电阻耗散掉。PM240-2 内含制动单元可以通过外接制动电阻实现动态制动。

表 2-3　PM240-2 不同结构尺寸接口示意图

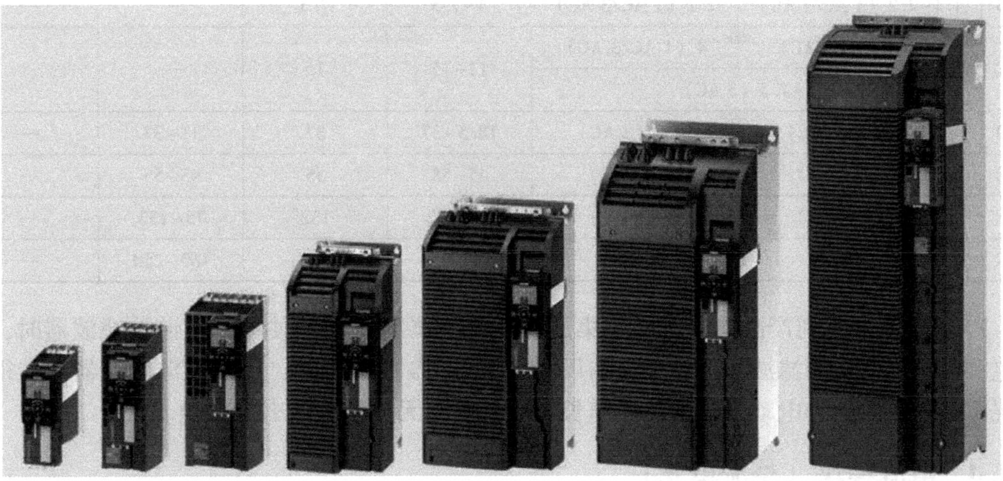

FSA　FSB　FSC　FSD　FSE　FSF　FSG

FSA～FSC 接口示意图

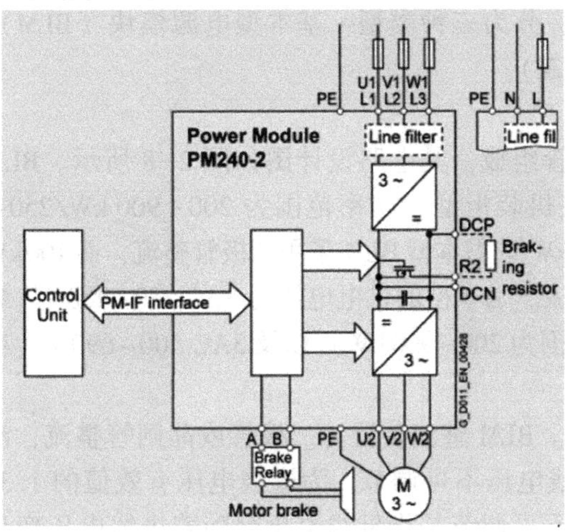

FSD～FSG 接口示意图

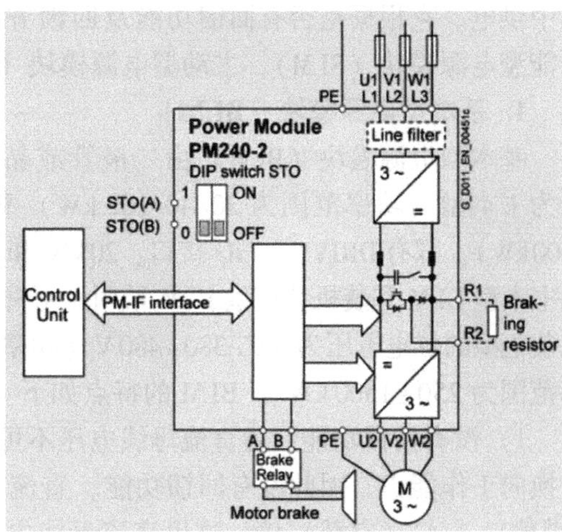

PM240-2 有标准型和穿墙式安装型（PT），不同结构尺寸的产品，具有不同的功率和进线电压。FSA~FSF 有 1AC/3AC 200~240 V、3AC 380~480 V 和 3AC 500~690 V 三种进线电压规格，其功率范围为 0.55~132 kW，包括集成电源滤波器和不带电源滤波器两种类型。FSG 具有 3AC 380~480 V 和 3AC 500~690 V 两种进线电压，其功率范围为 160~250 kW，具有可选电源滤波器。其中 380~480 V 类型可选 C2 或 C3 滤波器，500~690 V 类型可选 C3 滤波器。

PM240-2 不同结构尺寸的产品其功率和进线电压的关系如表 2-4 所示。

表 2-4　PM240-2 不同结构尺寸的产品功率和进线电压关系表

结构尺寸	功率/kW					
	单相/三相		三相			
	200~240 V	200~240 V PT	380~480 V	380~480 V PT	500~690 V	500~690 V PT
FSA	0.55~0.75（1 AC/3 AC）	0.75（1 AC/3 AC）	0.55~3	3	—	—
FSB	1.1~2.2（1 AC/3 AC）	2.2（1 AC/3 AC）	4~7.5	7.5	—	—
FSC	3~4（1 AC/3 AC）	4（1 AC/3 AC）	11~15	15	—	—
	5.5~7.5（3 AC）					
FSD	11~18.5（3 AC）	18.5（3 AC）	18.5~37	37	11~37	—
FSE	22~30（3 AC）	30（3 AC）	45~55	55	45~55	—
FSF	37~55（3 AC）	55（3 AC）	75~132	132	75~132	—
FSG	—	—	160~250	—	160~250	—

PM240-2 全系列产品均可选择带集成的 A 级电源滤波器。使用输入谐波滤波器时，无须电源电抗器和电源滤波器。对于结构尺寸 FSD~FSG 的变频器，无须电源电抗器；在很多情况下由于变频器和电动机之间的电缆长度很长，也无须使用输出电抗器。

2.2.4　电源模块（整流单元）

电源模块（Line Module）又称整流单元，是一个整流器，由主电源供电，为直流母线集中供电。它根据是否有回馈功能及回馈方式，分为三种类型：基本型电源模块（BLM）、智能型电源模块（SLM）、主动型电源模块（ALM）。

1. 基本型电源模块（BLM）

基本型电源模块（BLM）由二极管或晶闸管组成，其电路设计图如图 2-8 所示。BLM 分为书本型（功率范围为 20/40/100 kW）和装机装柜型（功率范围为 200~900 kW/250~1500 kW），都有 DRIVE-CLiQ 接口。20 kW 和 40 kW 的书本型 BLM 采用二极管整流，而 100 kW 的书本型 BLM 和装机装柜型 BLM 采用晶闸管整流。书本型的供电电压为 3AC 380~480 V，装机装柜型的供电电压为 3AC 380~480 V（功率范围为 200~900 kW）以及 3AC 500~690 V（功率范围为 250~1500 kW）。BLM 的特点如下：

1）没有回馈功能，且直流母线电压不可调。BLM 整流装置为二极管或晶闸管整流，没有换向工作能力，因此没有回馈功能。直流母线电压不可调节，为进线电压有效值的 1.32（满载）~1.41（空载）倍。这里直流母线电压不可调节是指母线电压会随着进线电压变化而变化，不能将直流母线电压控制在某一稳定值。

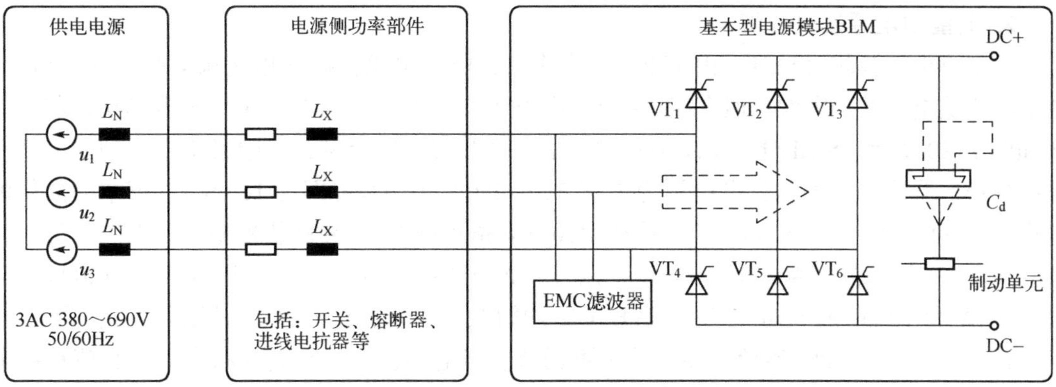

图 2-8　100 kW 书本型/装机装柜型 BLM 电路设计（晶闸管整流）

2）可选预充电回路。在合闸瞬间，电网电压冲击会直接加在电容上，电容越大，容抗越小，会出现电容瞬间短路现象。为避免瞬间冲击电流对功率器件造成损坏，需要通过预充电回路对电容充电，逐步建立直流母线电压，充电完成后再将预充电电阻旁路，预充电回路电路图如图 2-9 所示。

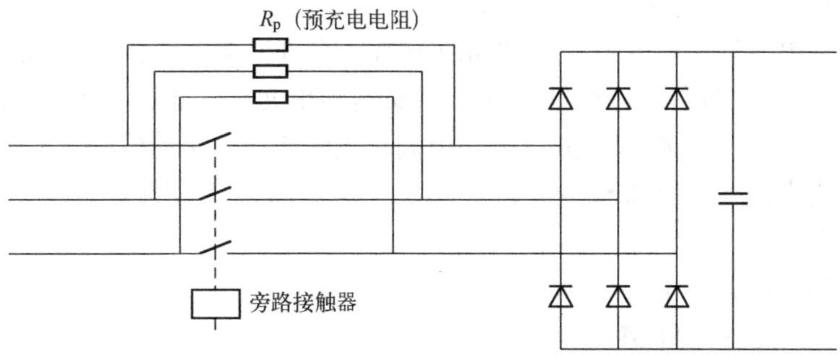

图 2-9　预充电回路（由预充电电阻和旁路接触器组成）

20 kW 和 40 kW 的书本型 BLM 内部集成了预充电回路，通过充电电阻对直流母线充电，充电过程中，预充电电阻以热能方式消耗能量，因此不能频繁地分合闸，应间隔 3 min 以上，以避免预充电电阻过热损坏。100 kW 的书本型 BLM 和装机装柜型 BLM 可通过改变晶闸管导通角对直流母线电容充电，因此不需要预充电电阻和旁路接触器。

3）必选制动单元和制动电阻。BLM 整流装置不能回馈能量，电动机处于发电状态产生的再生制动能量，必须通过制动单元和制动电阻消耗掉。20 kW 和 40 kW 书本型 BLM 内置了制动单元（具有温度监控功能），100 kW 书本型 BLM 需要外接制动模块和制动电阻，只能使用 100/170 kW 的 MasterDrives 系列的制动单元。装机装柜型 BLM 无内置制动单元，如果需要快速制动，需要在外部加装制动模块，并且需要将制动电阻连接至制动模块。

4）实际应用中，在电网和 BLM 之间必须装配与 BLM 功率相匹配的相对短路容量 u_k 为 2%的进线电抗器。

5）装机装柜型可最多 4 个 BLM 并联使用。

6）书本型 BLM 整流模块既可以用于中性点接地的 TN、TT 系统，也可以用于中性点不接地的 IT 供电系统。

2. 智能型电源模块（SLM）

智能型电源模块（SLM）由 IGBT 及反并联二极管组成，将三相交流电整流成直流电，并能将直流电回馈到电网，但直流母线电压不能调节，所以又称非调节型电源模块，其结构图如图 2-10 所示。SLM 分为紧凑书本型、书本型和装机装柜型，其中紧凑书本型的高度和深度更小。紧凑书本型的供电电压为 3AC 380~480 V（功率范围为 16 kW），书本型的供电电压也为 3AC 380~480 V（功率范围为 5/10/16/36/55 kW），装机装柜型的供电电压为 3AC 380~480 V（功率范围为 250~800 kW）以及 3AC 500~690 V（功率范围为 450~1400 kW）。只有 5 kW 和 10 kW 的 SLM 没有 DRIVE-CLiQ 接口，其余都有。回馈整流装置特点如下：

1）具有回馈功能，直流母线电压不可调节。当电动机运行在制动状态时，直流母线电压升高，整流装置中 IGBT 工作，实现将能量 100%回馈电网（相当于逆变器），但回馈的时刻不能人为控制（IGBT 是在每个自然换相点导通，120°之后关闭）。5 kW 和 10 kW 的 SLM 只可通过端子 X22：2 信号选择是否允许回馈，其余 SLM 可通过参数选择是否允许回馈。直流母线电压不可调节，为进线电压有效值的 1. 32~1. 41 倍。（注意：空载时不允许回馈，带负载时才允许回馈）

2）内含预充电回路。SLM 通过二极管整流桥进行整流，具有内部集成的预充电回路，同样不能频繁地分合闸，应间隔 3 min 以上。

3）可选制动单元和制动电阻。如果 SLM 选择不允许回馈电网，可以选配外置制动单元和制动电阻进行制动；如果允许回馈，则不需要制动单元。SLM 的所有类型如果需要快速制动，需要在外部加装制动模块，并且需要将制动电阻连接至制动模块。

4）实际应用中，在电网和 SLM 之间必须装配与 SLM 功率相匹配的相对短路容量 u_k 为 4%的进线电抗器。

5）装机装柜型可最多 4 个 SLM 并联使用。

3. 主动型电源模块（ALM）

主动型电源模块（ALM）是由 IGBT 及反并联二极管组成，将三相交流电整流成直流电，并能将直流电回馈到电网，且对直流母线电压进行闭环控制，所以又称调节型电源模块，其结构图如图 2-11 所示。与 BLM 和 SLM 相比，由于 ALM 能够对直流母线电压进行调节，所以即使电网电压波动，ALM 也能保持直流母线电压的稳定。对于不允许回馈的供电电网，也可以接制动单元和制动电阻来实现制动。

ALM 分为书本型和装机装柜型，都有 DRIVE-CLiQ 接口。书本型的供电电压与 SLM 一样，也为 3AC 380~480 V（功率范围为 16/36/55/80/120 kW）。装机装柜型的供电电压为 3AC 380~480 V（功率范围为 132~900 kW）以及 3AC 500~690 V（功率范围为 560~1400 kW）。ALM 的特点如下：

1）具有回馈功能，可以对直流母线电压进行控制。整流装置中 IGBT 工作，实现将能量 100%回馈电网。ALM 模块在一定范围的输入电压内，可以把母线电压调节为某一固定值，即使电网电压有小幅波动，直流母线电压也能保持稳定。

书本型 ALM 的直流母线电压值如下：

当进线电压为 380~400 V 时，直流母线电压为 600 V（ALM 模式）；

当进线电压为 400~415 V 时，直流母线电压为 625 V（ALM 模式）；

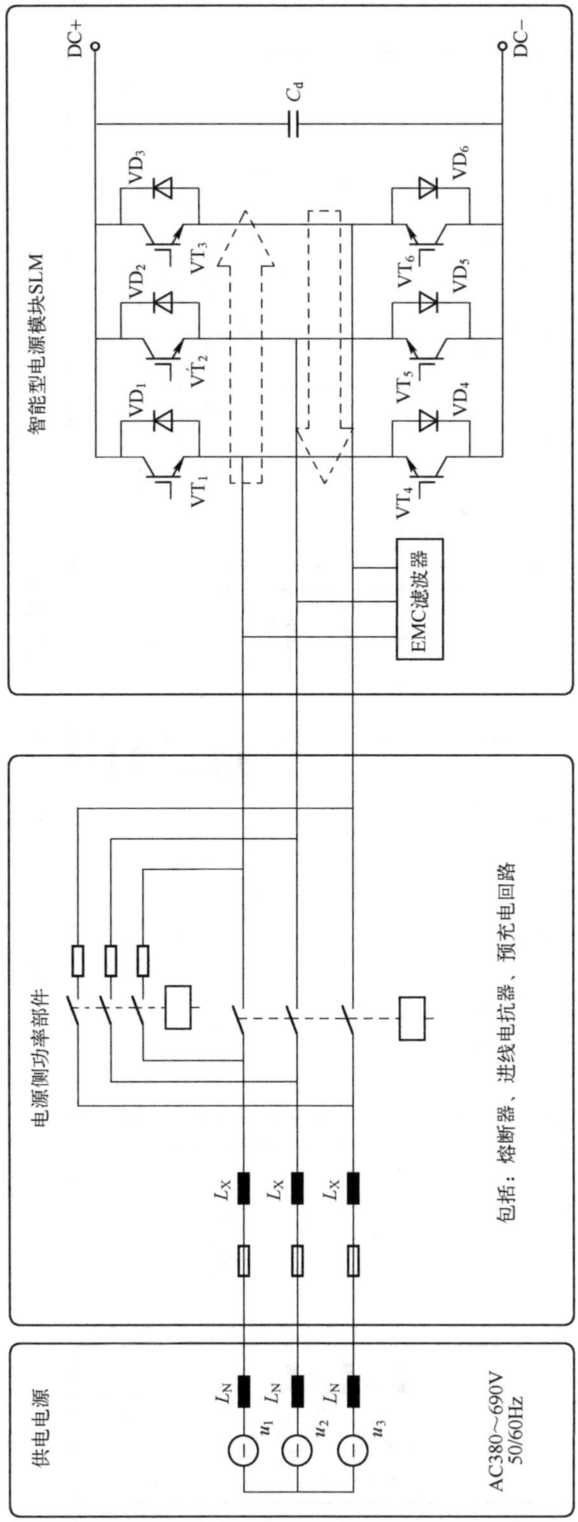

图2-10　智能型电源模块SLM电路设计

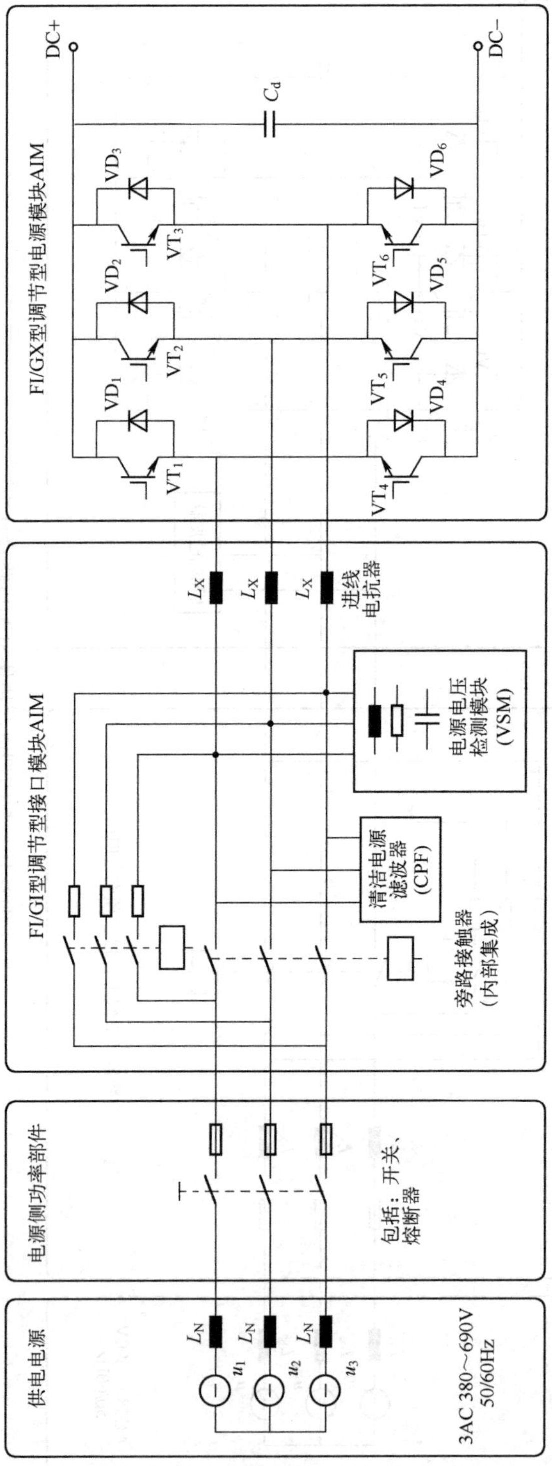

图2-11　主动型电源模块ALM电路设计

当进线电压为 416~480 V 时，直流母线电压为进线电压有效值的 1.35 倍（SLM 模式）。

装机装柜型 ALM 的直流母线电压默认为进线电压有效值的 1.5 倍。

2）内含预充电回路。与 SLM 一样，供电时通过二极管整流桥进行整流，因此内含预充电回路，同样不能频繁地分合闸，应间隔 3 min 以上。

3）可选制动单元和制动电阻。在不允许回馈的电网，可以选配外置制动单元和制动电阻进行制动。ALM 的所有类型如果需要快速制动，需要在外部加装制动模块，并且需要将制动电阻连接至制动模块。

4）实际应用中，在电网和 ALM 之间需装配与 ALM 功率相匹配的电源接口模块 AIM。AIM 包含：清洁电源滤波器 CPF（抑制进线谐波）、进线电抗器、预充电回路、旁路接触器（FI 和 GI 型是 AIM 内集成的，HI 和 JI 型需外接）、电源电压检测模块 VSM、风扇。

AIM 中的进线电抗器具有升压功能，可以提升直流母线电压至进线电压的 1.5~2.0 倍。

AIM 中的 VSM 电压检测模块，可以实现回馈电压的相位控制（功率因数可调），实现功率因数为 1。

AIM 中已集成了滤波器和电抗器，对于一般的工业场合，用了 AIM 模块就不需要再用滤波器；对特殊的场合，还需要加装滤波器。

5）实际应用中，在电网和 ALM 之间必须装配与其功率相匹配的电抗器。对于大于或等于 36kW 的 ALM，必须使用与其相匹配的滤波器。

6）装机装柜型可最多 4 个 ALM 并联使用。

各紧凑书本型和书本型电源模块的详细接口、技术数据和连接示例见《S120 书本型功率单元设备手册》。

2.2.5　制动单元和制动电阻

直流母线组件中包含制动单元和制动电阻、电容模块、控制电源模块 CSM、电压限制模块 VCM、直流母线适配器、24 V 端子适配器等。

制动单元包括功率电子器件和其控制回路，且总是连接一个外接的制动电阻并联在直流回路上。其主要有两方面作用：

1）当 S120 驱动系统中的电动机工作于发电状态产生再生制动能量，而这一能量无法通过其他运行在电动机状态的电机消耗掉，或者无法回馈电网（或回馈能力不够）时，为控制直流母线的电压，可以进行短时间的制动运行，通过 S120 的制动单元和外接的制动电阻将这部分能量消耗掉（当电源模块使用 BLM 时）。

2）当电源出现故障掉电时，制动单元和制动电阻能够使传动装置可控停车（当电源模块使用 SLM 或 ALM 时）。

工作方式：当直流母线电压上升至激活阈值时，制动单元被开启，接入制动电阻至直流母线，将直流回路的能量转化为热能消耗掉。

制动单元相对独立运行。如需较大的制动功率，可以最多 4 个制动单元并行连接，但每个制动单元必须连接各自的制动电阻。

制动单元可分为以下几种：①模块型（内置式）；②书本型；③装机装柜型；④中央制动柜（S120 柜机使用）；⑤电动机模块作为三相制动单元。每种制动单元有对应的制动电阻。

模块型 PM240-2 内置制动单元，不同结构尺寸和不同功率的 PM240-2 均有适配的制动电阻，电阻参数如表 2-5 所示。

表 2-5　模块型 PM240-2 不同结构尺寸的产品制动电阻参数表

结构尺寸	200~240V（1 AC/3 AC）		200~240V（3 AC）		380~480V（3 AC）		500~690V（3 AC）	
	制动电阻/Ω	P_{DB}/P_{max}/kW	制动电阻/Ω	P_{DB}/P_{max}/kW	制动电阻/Ω	P_{DB}/P_{max}/kW	制动电阻/Ω	P_{DB}/P_{max}/kW
FSA	200	0.0375/0.75	—	—	370	0.075/1.5	—	—
					140	0.2/4	—	—
FSB	68	0.11/2.2	—	—	75	0.375/7.5	—	—
FSC	37	0.2/4	20	0.375/7.5	30	0.925/18.5	—	—
FSD	—	—	7.5	0.93/18.5	25	1.1/22	31	1.85/37
					15	1.85/37		
FSE	—	—	4.5	1.5/30	10	2.75/55	21	2.75/55
FSF	—	—	2.5	2.75/55	7.1	3.85/77	10.5	5.5/110
					5	5.5/110		
FSG	—	—	—	—	2.2	1.5/250	4.9	12.5/250

FSA-FSF 型变频器的制动电阻为本安型制动电阻并可在过热时断开，可以监控电阻温度，无电网接触器控制，接线图如图 2-12 所示，可通过如下步骤实现：

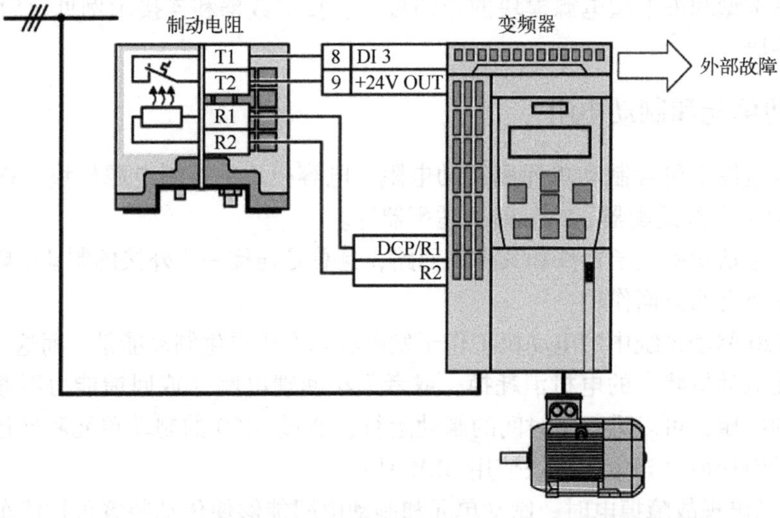

图 2-12　连接制动电阻与通过数字量输入 DI 3 的温度监控

1）将制动电阻的温度监控端子（制动电阻上的端子 T1 和 T2）连接至变频器控制单元上空闲的数字量输入。

2）在调试驱动时通过 p2106 将所使用数字量输入的功能设为外部故障报警。以通过数字量输入 DI3 进行温度监控为例：p2106＝722.3。

对于 FSG 型变频器，除了对制动电阻进行温度监控以外，还应确保在制动电阻过载时将变频器从电网断开。为此，需要通过变频器的一个数字量输出来激活电网接触器控制。接线图如图 2-13 所示，可通过如下步骤实现：

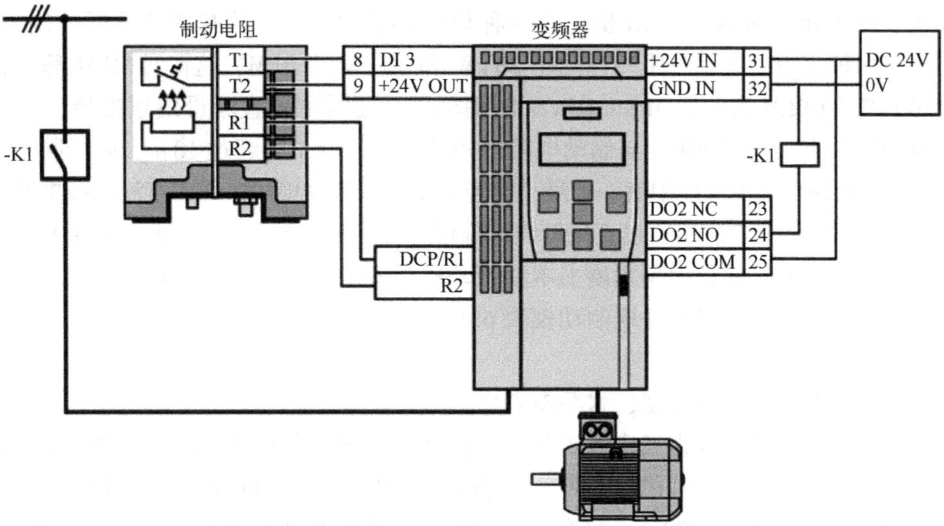

图 2-13　连接制动电阻，通过数字量输入 DI 3 激活温度监控
以及通过数字量输出 DO 2 激活电网接触器控制（-K1）

1）将制动电阻的温度监控端子（制动电阻上的端子 T1 和 T2）连接至变频器控制单元上空闲的数字量输入。

2）在调试驱动时通过 p2106 将所使用数字量输入的功能设为外部故障报警。以通过数字量输入 DI3 进行温度监控为例：p2106＝722.3。

3）互联数字量输出和信号 r0863.1（控制电网接触器），例如为 DO2 设置 P0732＝863.1。

紧凑书本型 S120 仅有一种规格的制动单元，需选配书本型的制动电阻来使用，如表 2-6 所示。选型时要注意，直流母线电容的每个满载单位 500 μF，最多使用一个紧凑书本型制动模块，最大制动模块数量表如 2-7 所示。

表 2-6　紧凑书本型和书本型 S120 的制动单元和制动电阻参数表

结构形式	直流母线电压	制动单元	制动电阻		
		P_{DB}/P_{max}/kW	阻值/Ω	P_{DB}/P_{max}/kW	T_a/T/s
紧凑书本型	DC 510～750 V	5/100	—	—	—
书本型	DC 510～750 V	1.5/100	17	0.3/25	0.1/11.5 或 0.4/210
			5.7	1.5/100	1/68 或 2/460
		20 kW BLM 内置	20	5/30	15/90
		40 kW BLM 内置	8	12.5/75	15/90

表 2-7　直流母线电容下的最大制动模块数量

直流母线电容/μF	制动模块最多数量
900	1
2400	4
9800	19

如表 2-6 所示，书本型 S120 也仅有一种规格的制动单元，共有两种适配的制动电阻。另外，还有两种书本型制动电阻专门用于 20 kW 和 40 kW 的 BLM，这两种 BLM 都内置制动单元。100 kW 的 BLM 需配置 MasterDrives 制动单元，还需配置直流母线适配器，且连接电缆要尽可能短。书本型制动单元与制动电阻之间的电缆长度不得超过 10 m。运行制动单元需要在每个制动模块的直流母线中有一个最小电容 440 μF。制动模块内部的直流母线电容 110 μF 也一同计入总电容（只有直接通过直流母线母排相连的组件，才会计入总电容之中）。

并联制动模块时，建议使用紧凑书本型制动模块 6SL3400-1AE31-0AA。由于无法保证模块间的电气均衡，需要避免并联制动模块 6SL3100-1AE31-0AA。

注意：

制动单元和制动电阻的选型，需要参考它们的负载曲线。

装机装柜型制动单元分为三个电压等级，直流母线电压分别为 DC 510~750 V（对应电网电压 3AC 380~480 V）、DC 675~900 V（对应电网电压 3AC 500~600 V）、DC 890~1035 V（对应电网电压 3AC 660~690 V），每个电压等级下，都有两种功率规格，每种功率规格下，都有一种适配的制动电阻，见表 2-8。制动单元可以安装在与其尺寸规格相匹配的电源模块或电动机模块之中，制动电阻则安装在控制柜外部或控制室外通风良好的地面上。

注意：

装机装柜型的制动单元和制动电阻的选型，需要参考它们的负载曲线。其中它们的工作周期都为 90 s。

表 2-8　装机装柜型的制动单元和制动电阻参数

直流母线电压	制动单元	制动电阻	

	$P_{DB}/P_{15}/P_{20}/P_{40}$/kW	阻值/Ω	$P_{DB}/P_{15}/P_{20}/P_{40}$/kW
DC 510~750 V	25/125/100/50	4.4	同制动单元
	50/250/200/100	2.2	
DC 675~900 V	25/125/100/50	6.8	
	50/250/200/100	3.4	
DC 890~1035 V	25/125/100/50	9.8	
	50/250/200/100	4.9	

中央制动柜为 S120 柜机的制动单元，它与装机装柜型制动单元类似，分为三个电压等级。每个电压等级下，都有两种功率规格，每种功率规格下，都有一种适配的制动电阻，见表 2-9。中央制动柜放置于 S120 柜机传动组织中，制动电阻则安装在柜机外部或配电设备区域之外通风良好的区域。装机装柜型制动单元和中央制动柜有两个激活阈值可调，工厂设

定为高阈值。

注意：

中央制动柜制动电阻的选型，需要参考它们的负载曲线。中央制动柜的工作周期都为 600 s。制动电阻在 20 min 内只允许执行一次制动为 15 s 的负载循环。

表 2-9　中央制动柜的制动单元和制动电阻参数

直流母线电压	中央制动柜	制动电阻	

	$P_{DB}/P_{15}/P_{150}/P_{270}$/kW	阻值/Ω	P_{DB}/kW
DC 510~750 V	200/730/500 /300	4.4	同制动柜 P_{150}
	370/1380/1000 /580	2.2	
DC 675~900 V	220/830/550 /340	6.8	
	420/1580/1100 /650	3.4	
DC 890~1035 V	240/920/630 /380	9.8	
	480/1700/1200 /720	4.9	

当需要更大的峰值制动功率或高持续制动功率，且无高动态响应要求时，可将电动机模块作为制动斩波器（即三相制动单元）来使用，这种配置的制动响应时间为普通制动单元的两倍，只适合于对动态响应要求低的场合。电动机模块作为三相制动单元有两个激活阈值可调，工厂设定为高阈值。

电动机模块作为三相制动单元使用时，连接直流母线的方式同普通电动机模块，如图 2-14 所示。同时可以并联运行，负载侧需要接三个相同的制动电阻，星形联结或三角形联结均可，每个电阻承担 1/3 的总制动功率。电动机模块与电阻之间的电缆长度至少为 10 m。

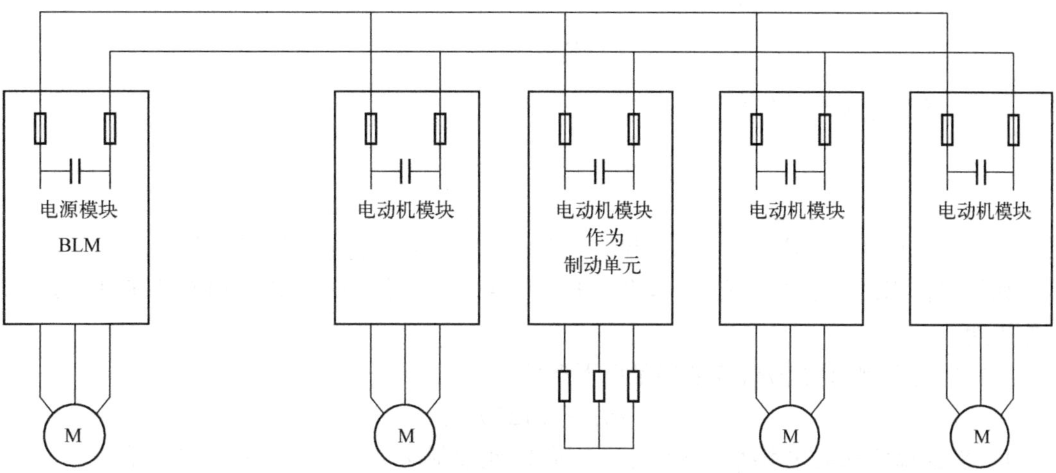

图 2-14　电动机模块作为三相制动单元接线图

可作为制动斩波器（制动单元的工作原理相当于斩波器）的电动机模块有：S120 逆变柜、500~690 V 进线的装机装柜型电动机模块和 250 kW 以上的 380~480 V 进线的装机装柜型电动机模块。选择制动电阻时需要考虑，每个电阻承担 1/3 的总制动功率，且电阻值不得低于峰值制动功率的电阻值。

下面对制动单元使用及选型需要注意的问题进行简要总结：

（1）制动电阻阻值选配不合适

若制动电阻阻值选择过大，则制动效果较差；若制动电阻阻值选择过小，则会导致流过制动单元的电流过大，可能导致制动单元损坏。

（2）制动电阻功率选配不合适

若制动电阻功率选择过小，电阻可能烧毁。最合理的功率选配，要根据电动机回馈时的峰值功率和平均功率计算。

（3）制动电阻连接不合适

制动电阻实际上是斩波工作的，如果接线错误，比如直接将制动电阻连接到了直流母线上，则可能导致电阻红热甚至烧毁、整流桥损坏及前级开关跳闸等。

（4）制动电阻需要增设温度保护回路

温度保护回路要联锁到进线开关。当制动回路异常时，能够及时断开主回路，防止问题扩大化。

（5）制动电阻选型需考虑峰值功率、平均功率以及 90 s 的重复周期

通常变频器选型样本上提供了制动电阻参数，详细的选型信息请参见 S120 功能手册第 6.11.2 章中的电阻表。制动电阻的阻值需要严格一致，功率要根据实际回馈功率选择，需要考虑制动时的峰值功率、平均功率以及 90 s 的重复周期。

下面以装机装柜型为例介绍具体如何选型：

1）计算制动转矩M_b：

$$M=J\frac{d\omega}{dt}\longrightarrow M_b=J\frac{n\times 2\pi}{60\,t_b}$$

式中，J 为总转动惯量；n 为转速；t_b为制动时间。

2）计算制动功率P_b：

$$P_b=\frac{M_b n}{9550}$$

3）计算平均制动功率P_{mean}：

$$P_{mean}=\int_0^{2\pi}\frac{P_b(t)\,dt}{\sum t}$$

如果工作周期小于或等于 90 s，制动功率的平均值要在这个工作周期内定义；

如果工作周期大于 90 s 或制动操作不规则，要选择其间制动功率平均值最高的 90 s 作为工作周期。

需要的连续制动功率P_{DB}需要满足以下条件：

$$P_{DB}\geqslant 1.125\,P_{mean}$$

4）检验峰值制动功率P_{peak}是否大于 $5k$ 倍的连续制动功率P_{DB}，如图 2-15 所示。

如果$P_{peak}\leqslant 5k$ 倍的连续制动功率P_{DB}，则平均制动功率P_{mean}作为选型的决定因素；

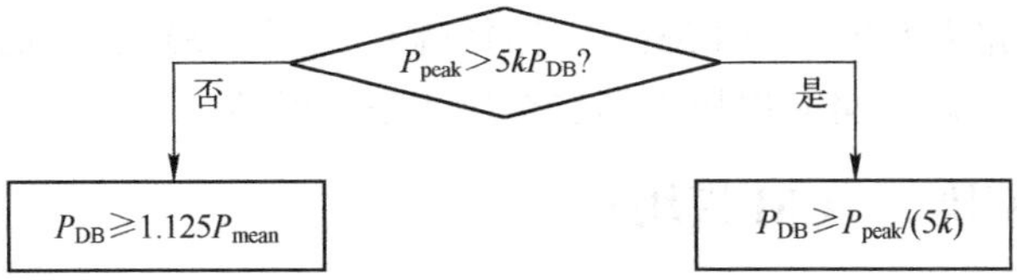

图 2-15　检验峰值制动功率P_{peak}是否大于 5k 倍的连续制动功率P_{DB}

如果P_{peak}>5k 倍的连续制动功率P_{DB}，则峰值制动功率P_{peak}作为选型的决定因素。

其中，装机装柜型制动单元的额定功率为持续制动功率；k 为与制动单元电压等级和激活阈值有关的衰减系数。

（6）配置项目时如何配置制动电阻

在配置项目时，驱动对象需要选为“VECTOR”，控制结构选为 V/f control，控制方式选为 15—Operation with braking resistor（带制动电阻运行）。另外，需配置斩波器的动作阈值和制动电阻阻值。

2.2.6　书本型电容模块与控制电源模块

电容模块用于提高直流母线电容，在主电源失电情况下能够实现短时间供电，实现能量缓冲，以抵抗电源的瞬时故障。电容模块通过直流母线适配器，直接并联在集成的直流母线母排上，会通过电源模块自动进行预充电，单个容量为 4000 μF，也可以多个并联使用，选取时注意不能超过电源模块允许的最大直流母线电容。

控制电源模块（CSM）可以提供 24～28.8 V 直流电压输出，为控制回路提供辅助的电源，输出电压可以由集成的电位器调节。CSM 通过直流母线适配器并联在直流母线和电网上，正常运行时 CSM 由电网供电，在电源断电时，模块自动切换到由直流母线供电，以便执行所需的回程运动。CSM 常与电容模块共同使用，以便在电源断电后为回程运动提供足够的能量。

CSM 和电网电压、直流母线电压之间安全电气隔离，以确保直流母线不会意外放电。因此，即使电源模块通过接触器从电网上电气断开，CSM 仍可以连在电网上。

CSM 内部有温度监控和电压监控功能：

（1）温度监控

一旦控制电源模块温度过高，便会通过一个反馈触点发出温度预警信息。如果在预警时间内，温度下降到极限值以下，则模块保持运行，反馈触点失电。但是如果温度持续过高，模块会跳机并重新启动。

（2）电压监控

如果输出电压超出阈值 32 V 长达 20 ms，模块会被关闭，在 10 s 后自动启动。除此以外，还有过电压限制硬件元件，它可以防止在出现故障时，输出电压高于 35 V。

CSM 可以单独运行，也可最多 10 个并联在一起。在断电状态下，通过模块上方的 DIP 开关可以切换单独运行或并联运行模式。并联运行时，CSM 上的 DIP 开关必须设为“并联运行”，且在调节电位器上，必须将所有 CSM 模块设置相同的输出电压。并联时，不要使用 24 V 连接器，每个 CSM 应该用 24 V 端子适配器连接 24 V 直流电。另外，推荐在并联时使用 SITOP 冗余模块（6EP1961-3BA20），每两个 CSM 使用一个 SITOP 冗余模块。也可以选择一个带外部二极管的回路来实现每个 CSM 之间的解耦。一个 CSM 失效时，会生成报警信息，并通过反馈触点 X21 报告。24 V 电压由第二个模块安全保持。

2.2.7 电压限制模块（VCM 模块）

VCM 模块可以扩展总电动机的电缆长度。书本型装置不加 VCM 模块时，总电动机电缆长度不能超过 350 m（屏蔽）/560 m（非屏蔽），选配 VCM 模块，电缆总长度可以延长到 630 m/850 m，但必须要考虑降容，降容曲线如图 2-16 所示。

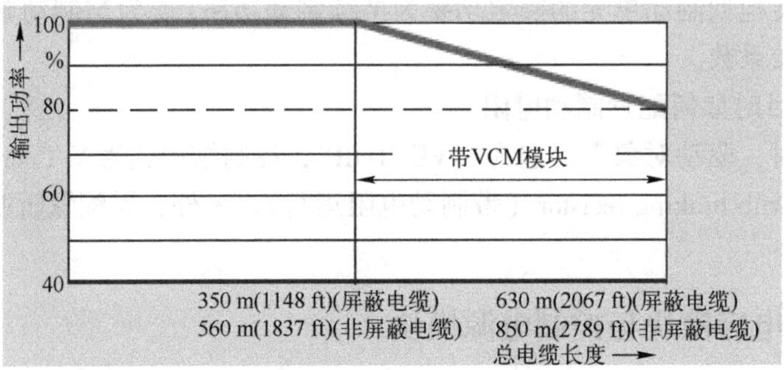

图 2-16 带 VCM 模块下输出功率与总电缆长度的关系曲线

注：1 ft = 0.3048 m，后同。

VCM 电压限制模块只能用于 TN 电网。

VCM 模块要紧挨着整流模块放置，通过集成的母线端子连接到直流母线上。

2.2.8 书本型直流回路连接组件

书本型的 S120 电源模块和电动机模块采用模块化设计，它们的直流母线排和 24 V 电源排都位于装置背面的上部。电源模块和电动机模块之间的连接方式有三种：典型连接、模块并行连接、模块组并行连接，见表 2-10。

表 2-10 电源模块和电动机模块的三种连接方式

典 型 连 接	模块并行连接	模块组并行连接
	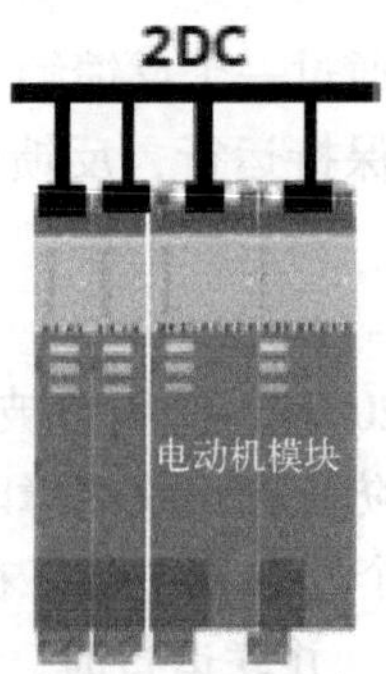	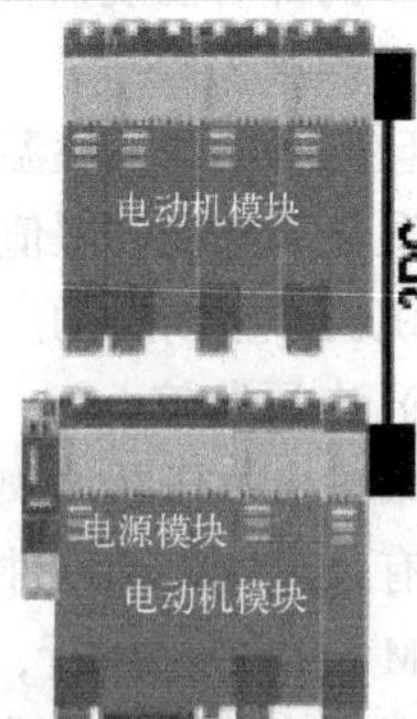

1. 典型连接

直流回路由电源模块提供稳定的直流母线电压，直流母线排通过母线连接器进行桥接。24 V 端子适配器用于获取外部 24 V 电源的控制电路电压，24 V 母线排通过跳线连接器进行桥接。通过以上两种连接器，可将邻近模块的 24 V 电源排和直流母线排进行并联，相邻的模块可以紧密地安装在一起，使得整个驱动系统结构更加紧凑，典型连接中各组件示意图如图 2-17 所示。

图 2-17　典型连接中各组件示意图

24 V 端子适配器是用于线缆与 24 V 母线之间的转换。当两个电动机模块远距离或并行连接时，或 24 V 母线的电流超过母线允许的最大容量（通常为 20 A）时，必须使用 24 V 端子适配器，其图片和型号见表 2-11。

24 V 短接器是连接两书本型电动机模块之间 24 V 母线的连接器，是电源模块和电动机模块的标配附件，通常是不需要单独订货的，其图片和型号见表 2-11。

表 2-11　24 V 端子适配器和 24 V 短接器的图片和型号

型　号	图　片
24 V 端子适配器 6SL3162-2AA00-0AA0	
24 V 短接器（只能作为备件） 6SL3162-2AA01-0AA0	

2. 模块并行连接

电动机模块通过直流母线适配器连接到母线上。

3. 模块组并行连接

两组电动机模块之间通过直流母线适配器相连接。

直流母线适配器用于装机装柜型电源模块（或电动机模块）与书本型电动机模块之间的连接，或两书本型电动机模块之间远距离或多个电动机模块并行连接，可实现线缆和铜排母线之间的转换，其图片和特征见表 2-12。

表 2-12　直流母线适配器的图片和特征

订　货　号	特　　征	图　　片
6SL3162-2BD00-0AA0	1）用于线缆连接的母线端子与≤30 A 的电动机模块之间连接 2）0.5~10 mm²的电缆	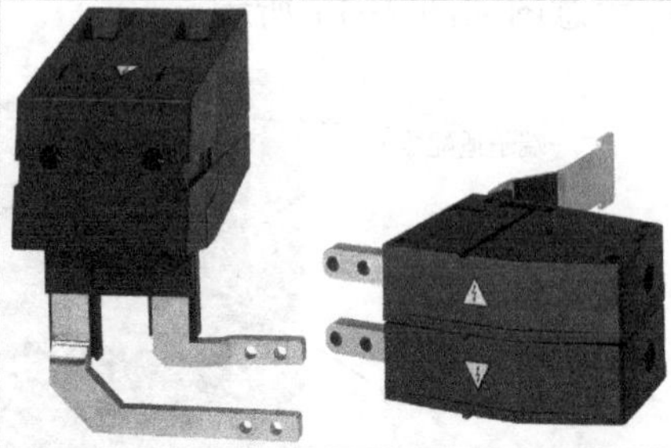
6SL3162-2BM00-0AA0	1）用于线缆连接的母线端子与>30 A 的电动机模块之间连接 2）35~95 mm²的电缆	
6SL3162-2BM01-0AA0	1）用于两书本型电动机模块之间远距离或并行连接 2）35~95 mm²的电缆	

因为书本型的电动机模块的母排容量为 100 A 或 200 A，在配置时一定要注意电动机母排上通过的电流不能超过其容量范围，必要时必须加直流母线适配器，使其并行连接。

2.2.9　电动机模块（逆变装置）

电动机模块（Power Unit/Motor Module）又叫逆变装置，是一个逆变器，将直流母线电压通过 IGBT 逆变桥转换成频率和大小可变的交流电，拖动电动机运行。直流母线电压由电源模块（整流单元）提供，直流母线可并联多个逆变单元，各逆变单元都共享直流母线，互相之间可以进行能量交换，如图 2-18 所示。也就是说，一台电动机工作在发电状态下产生的能量，可以通过逆变单元回馈给直流母线，又通过其他逆变单元供运行于电动状态的电动机使用。电动机模块与控制单元之间通过 DRIVE-CLiQ 接口进行快速数据交换。

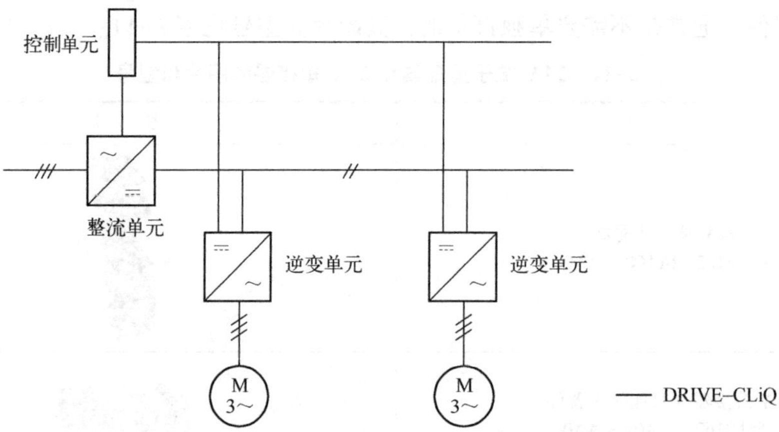

图 2-18　直流母线并联多个逆变器结构图

电动机模块分为紧凑书本型、书本型及装机装柜型三种，紧凑书本型和书本型又分为单轴电动机模块（可连接并运行 1 台电动机）和双轴电动机模块（可连接并运行 2 台电动机）。

紧凑书本型单轴电动机模块的直流母线电压为 DC 510~720 V（电网电压 3AC 380~480 V），功率范围为 1.6~9.7 kW。紧凑书本型双轴电动机模块的直流母线电压为 DC 510~720 V，功率范围为 2×(0.9~2.7) kW。如果选择了紧凑型电动机模块，则电源模块也必须选择紧凑型，否则会因安装尺寸不同而无法安装。

书本型单轴电动机模块的直流母线电压为 DC 510~720 V，功率范围为 1.6~107 kW。书本型双轴电动机模块的直流母线电压为 DC 510~720 V，功率范围为 2×(1.6~9.7) kW，其中，小功率下的双轴电动机模块相比同功率的两个单轴电动机模块体积更为紧凑。书本型电动机模块按冷却方式不同可分为内部风冷、外部风冷和冷却板冷却三种主要方式。书本型电动机模块的输出频率范围为 0~550 Hz。

详细的产品型号和选型可见《SINAMICS S120 简易选型》手册，表 2-13 给出了书本型电动机模块的型号及其最大脉冲频率。

表 2-13 书本型电动机模块的型号及其最大脉冲频率

	额定功率 P_N/kW	额定电流 I_N/A	最大电流 I_m/A	内部风冷 6SL3120-	外部风冷 6SL3121-	冷却板 6SL3126-	水冷式 6SL3125-	最大脉冲频率 无降容/有降容
单轴电动机模块	1.6	3	6	1TE13-0AA3	1TE13-0AA3	1TE13-0AA3		4 kHz/16 kHz
	2.7	5	10	1TE15-0AA3	1TE15-0AA3	1TE15-0AA3		
	4.8	9	18	1TE21-0AA3	1TE21-0AA3	1TE21-0AA3		
	9.7	18	36	1TE21-8AA3	1TE21-8AA3	1TE21-8AA3		
	16	30	56	1TE23-0AA3	1TE23-0AA3	1TE23-0AA3		
	24	45	85	1TE24-5AA3	1TE24-5AA3	1TE24-5AA3		
	32	60	113	1TE26-0AA3	1TE26-0AA3	1TE26-0AA3		
	46	85	141	1TE28-5AA3	1TE28-5AA3	1TE28-5AA3		
	71	132	210	1TE31-3AA3	1TE31-3AA3	1TE31-3AA3		
	107	200	282	1TE32-0AA4	1TE32-0AA4	1TE32-0AA4	1TE32-0AA4	
双轴电动机模块	2×1.6	2×3	2×6	2TE13-0AA3	2TE13-0AA3	2TE13-0AA3		
	2×2.7	2×5	2×10	2TE15-0AA3	2TE15-0AA3	2TE15-0AA3		
	2×4.8	2×9	2×18	2TE21-0AA3	2TE21-0AA3	2TE21-0AA3		
	2×9.7	2×18	2×36	2TE21-8AA3	2TE21-8AA3	2TE21-8AA3		

装机装柜型电动机模块支持的直流母线电压有两种：第一种为 DC 510~720 V（电网电压 3AC 380~480 V），功率范围为 110~800 kW；另一种为 DC 675~1035 V（电网电压 3AC 500~690 V），功率范围为 75~1200 kW。装机装柜型按冷却方式不同可分为内部风冷和水冷两种方式，其功率等级、外形和应用场合都不同。装机装柜型电动机模块的输出频率范围为 0~300 Hz。

不同类型的电动机模块可以工作在同一条直流母线上。装机装柜型最多可允许 4 个电动机模块并联使用（矢量控制方式）。允许并联的电动机模块数量主要由电源模块的直流电容值（驱动组合的最大直流母线电容）和所带电动机模块的直流电容值决定：并联在直流母线上的组件都带有一个直流母线电容（电容值大小分别代表所能提供的能量或消耗的能量），各电动机模块的直流母线电容之和（消耗的能量）不能超过电源模块的电容值大小（提供的能量）。

各紧凑书本型和书本型电动机模块的详细接口、技术数据和连接示例见《SINAMICS S120 书本型功率单元设备手册》。

电动机模块参数中有几个重要的参数会影响变频器的输出，需要重点理解。

知识拓展 3——【电动机模块几个会影响变频器输出的重要参数】

1. 脉冲频率（对变频器输出电压和输出电流的影响）（参考《常用变频器功能手册》张燕宾编著）

脉冲频率，即 IGBT 器件的开关频率或载波频率，是主动型电源模块和电动机模块中的重要参数。脉冲频率对输出电压和输出电流都有影响。

（1）脉冲频率对输出电压的影响

变频器的输出电压的波形，都是经过 PWM 调制后的系列脉冲波。PWM 调制的基本方法是：各脉冲的上升沿和下降沿都是由正弦波和三角波的交点决定的。在这里，正弦波称为调制波，三角波称为载波。三角波的频率就称为载波频率。输出电压脉冲序列的频率必等于载波频率，也就对应着 IGBT 的开关频率，即变频器的脉冲频率，如图 2-19 所示。

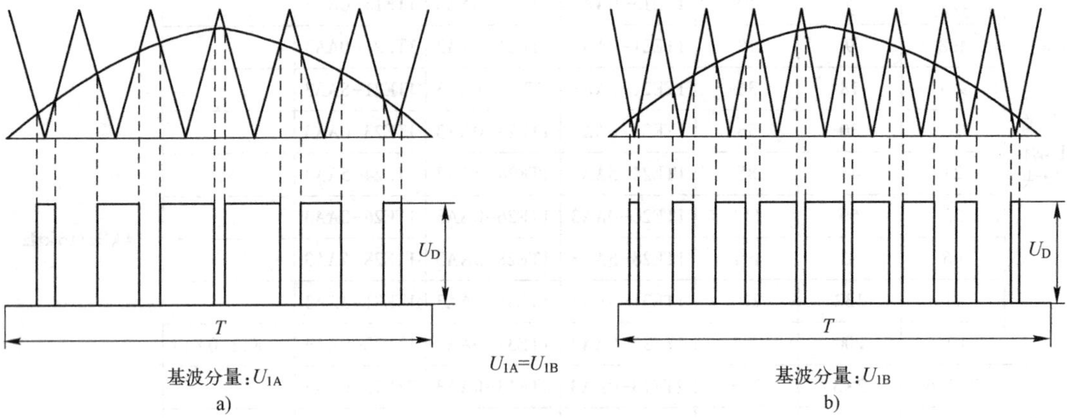

图 2-19　载波频率的含义

a）载波频率低　b）载波频率高

IGBT 的通断都有一个时间，死区 δ_t 是不工作的时间，死区大了，必将减小变频器的输出电压。载波频率越大，则每个周期内交替导通的次数越多，总的死区（$\sum\delta_t$）越大，变频器的输出电压就越小，如图 2-20 所示。

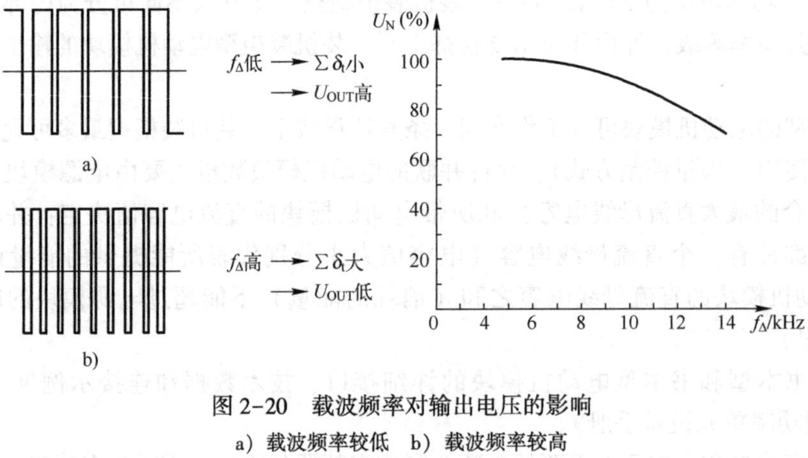

图 2-20　载波频率对输出电压的影响

a）载波频率较低　b）载波频率较高

(2) 脉冲频率对输出电流的影响

绕组的线匝之间、输出线的导线之间都存在分布电容。载波频率越高，分布电容的容抗越小，通过分布电容的漏电流就越大，增加了IGBT的负担，削弱了IGBT的负载能力。另外，IGBT每开关一次都有开关损耗，载波频率越高，总的开关损耗就越大，也会削弱IGBT的负载能力。所以，载波频率（脉冲频率）越高，电流连续采样的时间越短，虽然变频器的动态性能会提高，但总的开关损耗会增大，允许的输出电流会越小。若脉冲频率过高，则变频器需要降低输出电流，即电流降容，如图2-21所示。

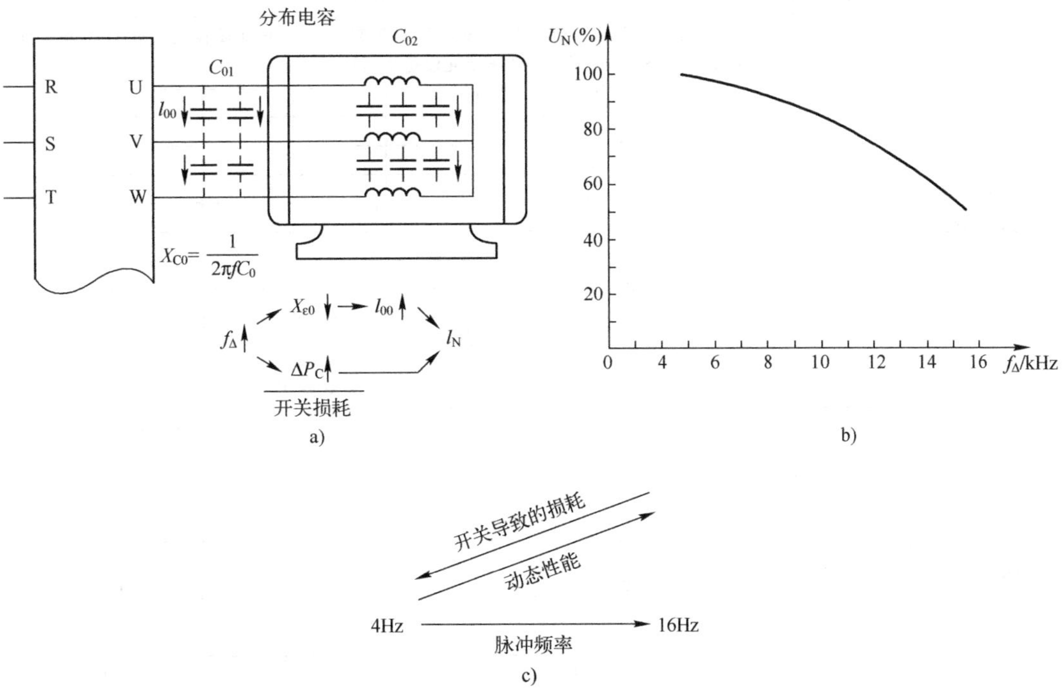

图2-21　载波频率对输出电流的影响

a）分布电容与电抗　b）输出电流与载波频率的关系　c）脉冲频率与开关损耗和动态性能的关系

从表2-13中可以看到，书本型电动机模块（单双轴）在无降容情况下的额定脉冲频率为4kHz，降容情况下的最大脉冲频率可达到16kHz，脉冲频率可在p1800参数中进行设置。而书本型电源模块ALM的额定脉冲频率为8kHz。

2. 降容特性

在某些情况下，需要降低变频器的负荷，或负荷不变选择更高功率的变频器，这就是降容。降容分为两种：电流降容和电压降容。

(1) 电流降容

需要电流降容的情况有四种：①脉冲频率过高；②环境温度过高；③模块安装海拔过高；④输出频率过低接近0。

(2) 电压降容

需要电压降容的情况有一种：模块安装海拔过高。

前文提到的脉冲频率过高需要电流降容就是其中一种情况，脉冲频率变大时，动态性能虽提高，但开关损耗加大，使用寿命降低。如果脉冲频率设置在额定脉冲频率以下，设备还可以达到 100%带载；如果超过额定脉冲频率，带载能力会降低。允许输出电流变为额定电流×降容系数，降容系数从降容曲线图中可得到。

不仅电动机模块存在降容问题，电源模块同样存在降容问题，电动机模块与电源模块的环境温度与输出电流降容曲线、安装海拔与输出电流降容曲线、安装海拔与电压降容曲线关系相同。电动机模块还涉及脉冲频率与输出电流降容的问题，见表 2-14。

表 2-14　电源模块与电动机模块的降容曲线比较表

电动机模块	电 源 模 块	降 容 曲 线
脉冲频率与输出电流降容关系	无	不同类型的书本型电动机模块脉冲频率和输出电流降容曲线各有不同，详见《SINAMICS S120 书本型功率单元设备手册》 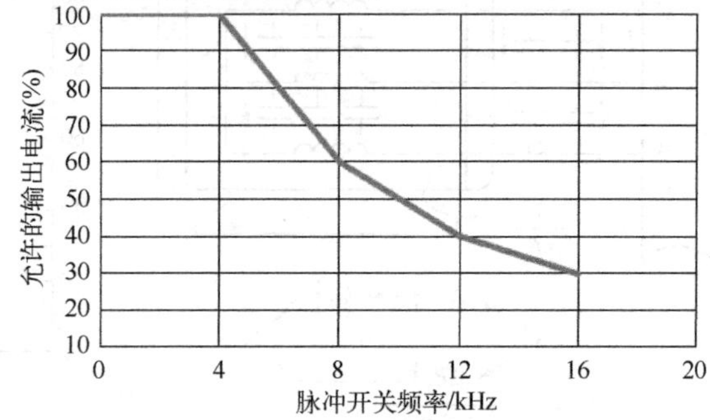
输出频率与输出电流降容关系	无	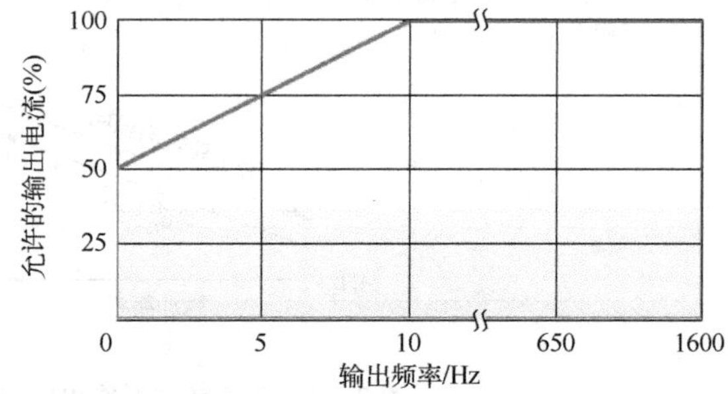
环境温度与输出电流降容关系	无	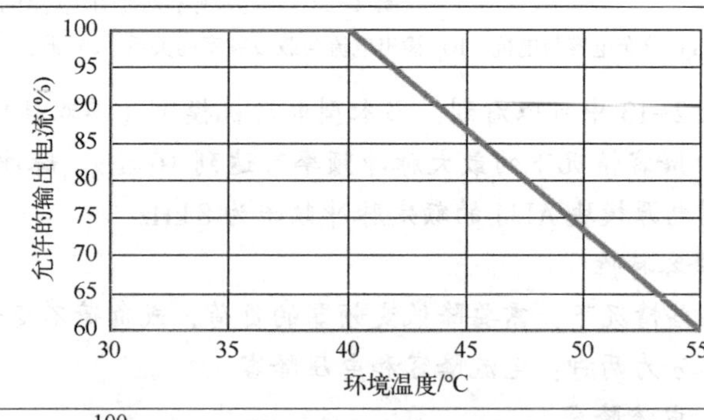
安装海拔与输出电流降容关系	无	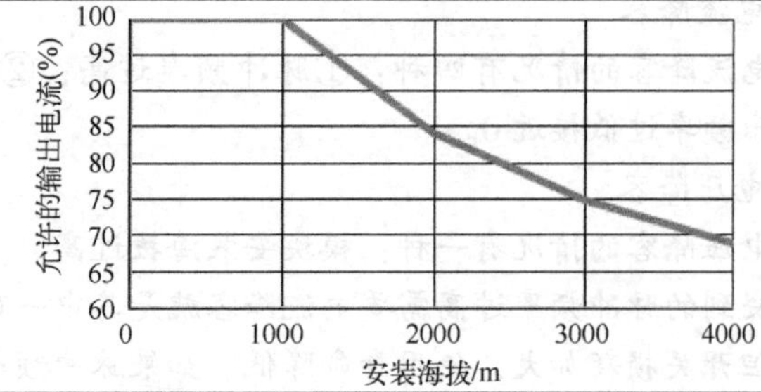

（续）

<table>
<tr><th>电动机模块</th><th>电 源 模 块</th><th>降 容 曲 线</th></tr>
<tr><td>安装海拔与
电压降容关系</td><td>无</td><td>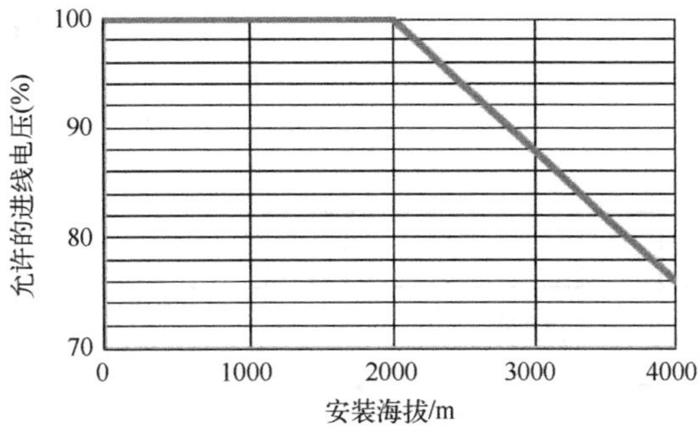
</td></tr>
</table>

输出频率与输出电流的降容曲线中需要注意以下四点：

1）只有在输出频率<10 Hz 时需要电流降容。

2）当频率<10 Hz 时运行的时间分量超出实际总时间的 2%时，需要注意电流降容。

3）在工作周期中也不能超过图中给出的电流大小。

4）频率快速从 0 变为 10 Hz 时无须注意降容（例如：定位应用中）。

从环境温度与输出电流的降容曲线可以看出，环境温度在 0～40℃时，无须降容；环境温度从 40～55℃时，每增加 1℃，输出电流就降低 2.67%。

当环境温度和安装海拔都增大时，要同时考虑环境温度、安装海拔与输出电流降容曲线，修正降容系数。例如：电动机模块在环境温度为 55℃（降容系数为 60%）和安装海拔为 3000 m（降容系数为 75%）情况下使用，则修正后的降容系数为 100×(0.6×0.75)= 45%。

3. 过载能力（工作周期曲线）

SINAMICS S120 逆变装置具有应对颠覆转矩的过载能力。如果出现较大的浪涌负载，那么在选型时就必须将其考虑在内。因此，在对过载有要求的场合，必须选择相应的基准负载电流作为所需负载的工作电流。了解了电动机模块的过载能力，可以根据实际设备的过载特点进行选型。下面给出了书本型电动机模块的三种过载曲线和装机装柜型电动机模块的轻过载和重过载曲线。

（1）书本型电动机模块的过载曲线

1）具有初始负载的工作周期（用于伺服驱动）。

电动机运行在额定电流 I_N 下，电流为 I_{max} 的时间只能是 0.25 s，之后必须回到额定电流，距离下一次过载必须超过 10 s（由硬件参数决定），如图 2-22 所示。

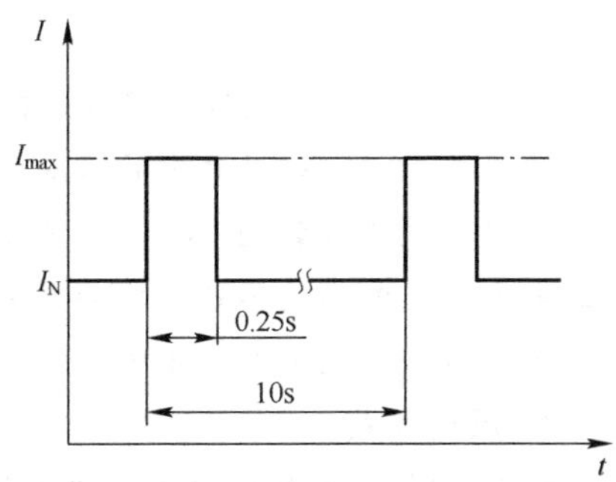

图 2-22　具有初始负载的工作周期（用于伺服驱动）

2）具有初始负载的 S6 工作周期（工作周期 600 s，用于伺服驱动）。

设备不工作在额定电流下，而是工作在 0.7 倍额定电流下（不满载），过载的话可以过载到 I_{S6} 最长 4 min，之后要回到 0.7 倍额定电流下，下一次过载要 10 min 之后，如图 2-23 所示。

3）不具有初始负载的工作周期（用于伺服驱动）。

平时不工作，一工作就过载，过载最长 2.65 s，下一次在 10 s 之后，如图 2-24 所示。

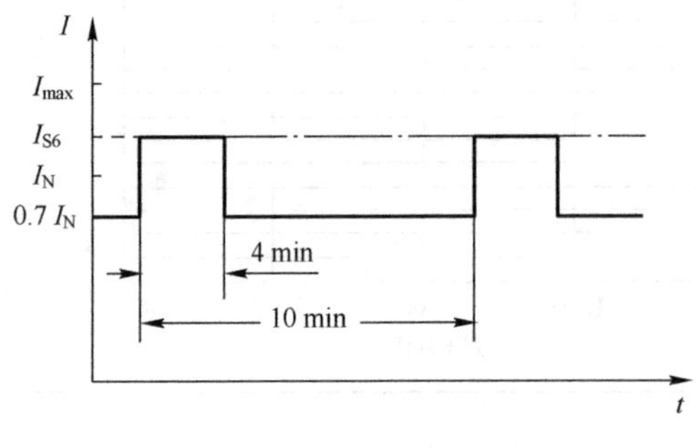

图 2-23　具有初始负载的 S6 工作周期，工作周期 600 s（用于伺服驱动）

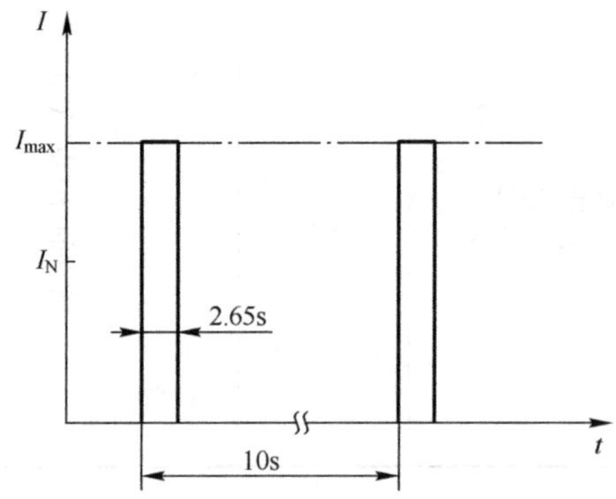

图 2-24　不具有初始负载的工作周期（用于伺服驱动）

其中 I_N、I_{S6}、I_{max} 分别对应产品参数中的额定电流、间歇工作电流、峰值电流，见表 2-15。

表 2-15　书本型电动机模块工作周期相关参数

书本型电动机模块（内部风冷）	6SL3120-	1TE13-0AA3	1TE15-0AA3
额定电流（I_N）	A_{AC}	3	5
基本负载电流（I_H）	A	2.6	4.3
间歇工作电流（I_{S6}）40%	A_{AC}	3.5	6
峰值电流（I_{max}）	A_{AC}	6	10

（2）装机装柜型电动机模块的过载曲线

装机装柜型电动机模块的过载分为轻过载和重过载（过载曲线可查询《装机装柜型功率部件》）。

1）轻过载定义：以基准负载电流 I_L 为准，允许持续 60 s 的 110%过载或持续 10 s 的 150%过载，如图 2-25 所示。

2）重过载定义：以基准负载电流 I_H 为准，允许持续 60 s 的 150%过载或持续 10 s 的 160%过载，如图 2-26 所示。

图中 I_{rated} 是额定电流，实线是在额定电流以下的基本负载电流。假设额定电流为 10 A，最大电流为 18 A，轻过载中的基本负载电流为 9 A，重过载中的基本负载电流为 6 A。轻过载和重过载如果都过载到 18 A 时，轻过载是过载 18/9=2 倍。重过载是过载 18/6=3 倍。所以轻过载和重过载指的不是能提供的最大电流变了，而是重过载的基本负载电流比轻过载更小，使得过载倍数更大（不是以额定电流判断，而是以基本负载电流判断）。

4. 调制方式

S120 中的主动型电源模块由 IGBT 及反并联二极管组成，具有回馈能力，只需对电压进行控制，因此采用的是 PWM 脉冲宽度调制这种电压调制方式。电动机模块的调制方式有两种：

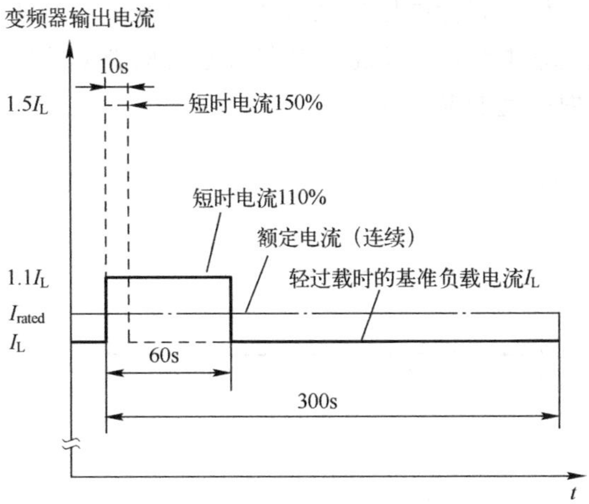

图 2-25　轻过载工作周期

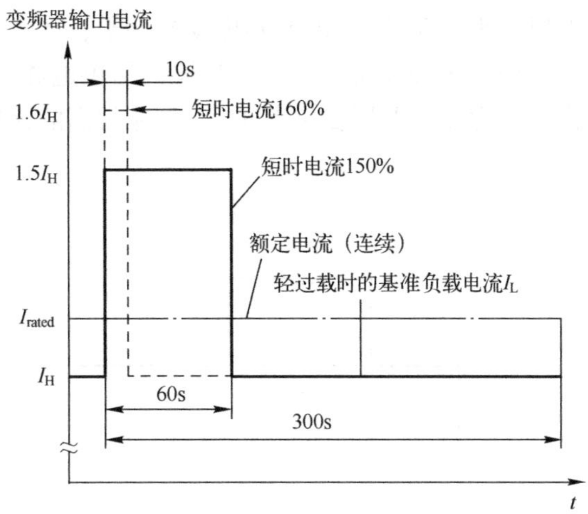

图 2-26　重过载工作周期

1）脉冲边沿调制：只在上升沿和下降沿进行调制，中间部分不调制（IGBT 不关断），变频器的输出电压相对高，如图 2-27 所示。

2）空间矢量调制：在整个波形范围内都进行调制，变频器的输出电压相对低，如图 2-28 所示。

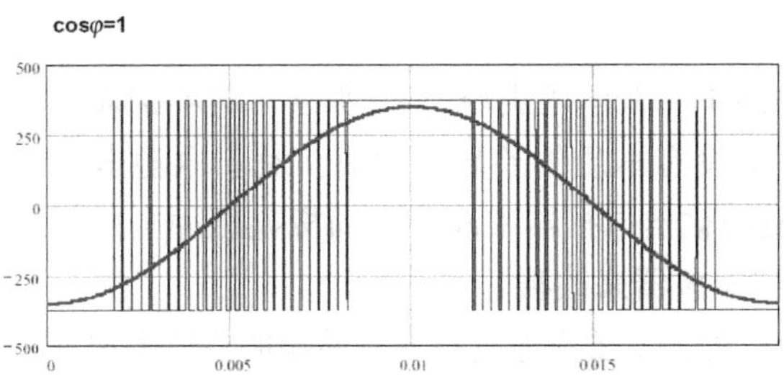

图 2-27　脉冲宽度调制/主动型电源模块

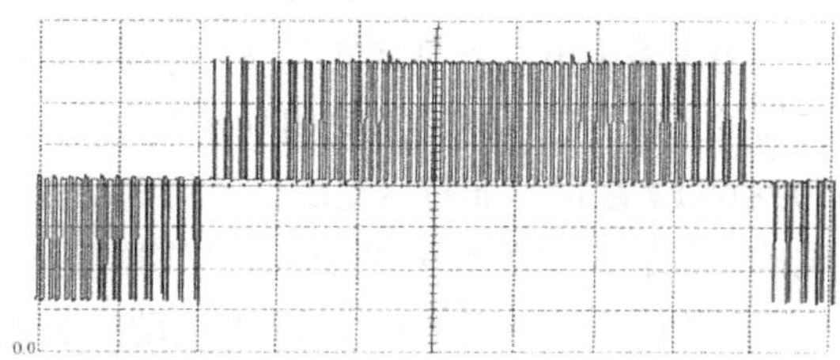

图 2-28　脉冲宽度调制/电动机模块（2 kHz/500 μs）

当工作于空间矢量调制方式时：最高输出电压 = 0.70 倍的直流母线电压；当工作于脉冲边沿调制方式时：最高输出电压 = 0.74 倍的直流母线电压。

2.2.10　输出电抗器

在讲进线滤波器时提到过电动机模块中的快速开关器件 IGBT 迅速导通、关断会产生高 d*v*/d*t* 的共模电压，从而产生高频传导性干扰，对系统内的其他设备都会产生影响。不仅如此，高 d*v*/d*t* 的共模电压还会在电动机上产生轴电流和过电压现象，导致电动机绝缘失败，降低电动机使用寿命。因此，输出侧组件（输出电抗器、d*v*/d*t* 滤波器、正弦滤波器）都是从不同方面降低变频器高开关频率导致的电压和电流尖峰对电动机绝缘的损伤。

输出电抗器主要起到抑制电动机端电压变化率 d*v*/d*t* 和减小长电动机电缆引起的额外电流峰值两方面作用。

1. 抑制电动机端电压变化率 d*v*/d*t*

不带输出电抗器的系统中，逆变器输出电压的 d*v*/d*t* 典型值为（3~6 kV）/μs，它沿着电

缆以几乎不变的 dv/dt 到达电动机端子，产生的电压反射使电压尖峰可达直流母线电压的两倍，如图 2-29a 所示。与正弦波电网供电相比，此时的电动机绕组要在两方面承受电压冲击，非常陡的电压变化率 dv/dt 和非常高的因反射引起的电压尖峰 V_{PP}。

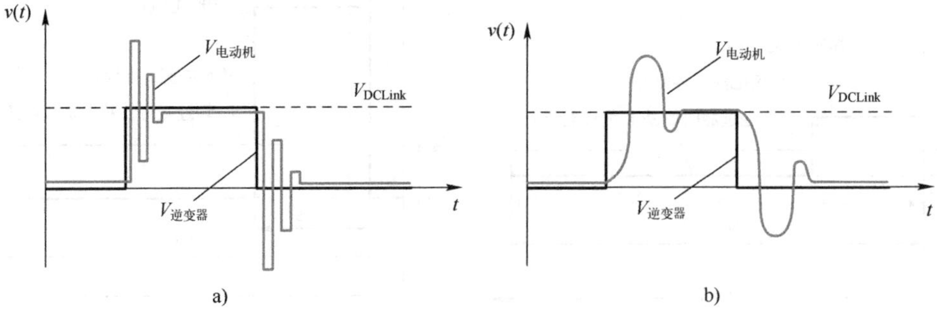

图 2-29 逆变器输出端和电动机端子处的电压 $v(t)$

a）不带输出电抗器 b）带输出电抗器

安装输出电抗器后，电抗器的电感和电缆的电容形成的振荡电路可将逆变器输出电压的 dv/dt 典型值降至 1 kV/μs。电缆电容越大（即电缆越长），电压变化率就降低得越多。对于长屏蔽电缆，电压变化率可降到仅几百伏/μs，如图 2-29b 所示。但是，电抗器的电感和电缆的电容形成的振荡电路只有很小的阻尼，仍会出现严重的电压过冲，因此电抗器对电动机端子处由反射产生的电压尖峰 V_{PP} 的作用很小。

由于输出电抗器只降低电压变化率 dv/dt，而不降低电压尖峰 V_{PP}，所以，与不带输出电抗器的系统相比，电动机绕组所承受的电压冲击没有本质的差异。因而，对于电源电压在 500~690 V 之间、非特殊绝缘设计的电动机，使用输出电抗器来改善电动机电压冲击是不合适的，只能通过带 VPL 的 dv/dt 滤波器或正弦波滤波器来改善。

尽管降低电压变化率可以减小电动机轴电流，但仍需要在电动机非驱动端加装绝缘轴承。

2. 减小长电动机电缆引起的额外电流峰值

电动机电缆存在分布电容。所谓分布电容，就是指由非电容形态形成的一种分布参数，实际上任何两个绝缘导体之间都存在电容，例如导线之间、导线与大地之间，都是被绝缘层和空气介质隔开的，所以都存在着分布电容。分布电容的数值不仅会因为电缆的不同而存在差异，也会因为电缆的敷设方式、工作状态和外界环境因素而不同，这需要在设计时综合考虑。通常情况下，电缆单位长度的电容值很小。

电缆长度较短时，分布电容的实际影响可以忽略不计，如果电缆很长时，就必须考虑它的不利影响。较长的电动机电缆其分布电容明显增大，在 IGBT 每次通断时都会在电动机电缆的分布电容上产生充放电，从而在变频器实际输出的电动机负载电流上又附加了充放电电流尖峰。这些电流尖峰的幅值与电缆的分布电容以及变频器输出的电压上升率 dv/dt 成正比，对应关系为：$I_{peak}=C_{cable}dv/dt$。变频器规定了不同型号的最大电动机电缆长度，如果超出了允许的最大电动机电缆长度，将可能造成变频器的过电流故障。

安装输出电抗器后，电抗器的电感减缓了电缆分布电容改变极性的速度，从而减小了电流峰值。因此，合理选用输出电抗器或两个输出电抗器串联可使允许的电缆电容值更大，从而允许连接更长的电动机电缆。

SINAMICS S120 书本型及装机装柜型装置基本配置时所允许的最大电动机电缆长度见表 2-16 和表 2-17。

表 2-16　书本型装置基本配置时允许的最大电动机电缆长度（无输出电抗器或滤波器）

输入电源电压/V	输出功率/kW	额定输出电流/A	结构类型	容许电动机电缆的最大长度	
				屏蔽电缆/m	非屏蔽电缆/m
3AC 380~480	1.6~4.8	3~9	单	50	75
	2×1.6~2×9.7	2×3~2×18	双	50	75
	9.7	18	单	70	100
	16~107	30~200	单	100	150

表 2-17　装机装柜型装置基本配置时允许的最大电动机电缆长度

电源电压/V	基本配置允许的最大电动机电缆长度	
	屏蔽电缆/m 例如：Protudur NYCWY	非屏蔽电缆/m 例如：Protudur NYY
3AC 380~480	300	450
3AC 500~600	300	450
3AC 660~690	300	450

SINAMICS S120 书本型及装机装柜型装置带输出电抗器时所允许的最大电动机电缆长度见表 2-18 和表 2-19。

表 2-18　书本型装置带一台输出电抗器时允许的最大电动机电缆长度

输入电源电压/V	输出功率/kW	额定输出电流/A	容许电动机电缆的最大长度	
			屏蔽电缆/m	非屏蔽电缆/m
3AC 380~480	1.6~2.7	3~5	100	150
	4.8	9	135	200
	9.7	18	160	240
	16	30	190	280
	24~107	45~200	200	300

表 2-19　装机装柜型装置带输出电抗器时允许的最大电动机电缆长度

电源电压/V	带输出电抗器允许的最大电动机电缆长度			
	带 1 台输出电抗器		带 2 台输出电抗器	
	屏蔽电缆/m	非屏蔽电缆/m	屏蔽电缆/m	非屏蔽电缆/m
3AC 380~480	300	450	525	787
3AC 500~600				
3AC 660~690				

3. 使用输出电抗器时的注意事项

对于书本型逆变单元，使用输出电抗器时需注意：

1）最高环境温度为 40℃。

2）考虑散热问题，安装输出电抗器就必须限制脉冲频率和输出频率。允许使用的最高脉冲频率为 4 kHz。最大允许输出频率为 120 Hz。

3）使用输出电抗器只可采用“矢量”和“V/f 控制”模式。

4）最大电流限值为 2 倍的额定电流。

5）输出电抗器应紧邻变频器或逆变器。输出电抗器和变频器或逆变器的输出端之间的电缆长度不应超过 5 m。

对于装机装柜型逆变单元，使用输出电抗器时需要注意：

1）如果将两个电抗器串联，可能需要一个附加柜。

2）最高脉冲频率限制为出厂值的 2 倍，即出厂值为 2 kHz 时，最高脉冲频率为 4 kHz；出厂值为 1.25 kHz 时，最高脉冲频率为 2.5 kHz。最高输出频率被限制为 150 Hz。

3）输出电抗器的压降约为 1%。

4）输出电抗器和变频器或逆变器的输出端之间的电缆长度不应超过 5 m。

5）调试时，应设置参数 p0230=1 选择输出电抗器类型，并在参数 p0233 中输入电抗器的电感值，以确保在矢量控制模式下对电抗器影响的最佳补偿。

6）输出电抗器可以用于接地系统（TN/TT）和非接地系统（IT）中。

2.2.11 带 VPL 的 d*v*/d*t* 滤波器

1. 带 VPL 的 d*v*/d*t* 滤波器的结构和分类

带 VPL 的 d*v*/d*t* 滤波器用于装机装柜型 S120 驱动系统。带 VPL（Voltage Peak Limiter）电压峰值限制器的 d*v*/d*t* 滤波器由两部分组成，即 d*v*/d*t* 电抗器和峰值电压抑制器。其结构框图如图 2-30 所示。其中，d*v*/d*t* 电抗器可达到与输出电抗器相同的效果。带 VPL 的 d*v*/d*t* 滤波器包括标准型和紧凑型两种结构，其中紧凑型结构非常紧凑，但是滤波效果稍差。

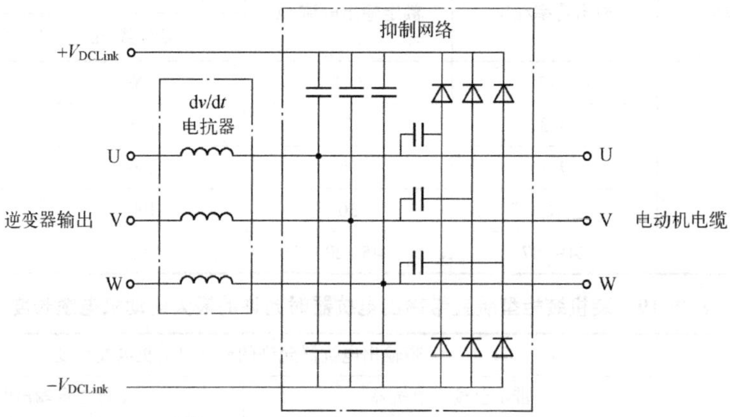

图 2-30　d*v*/d*t* 滤波器+VPL 结构框图

带 VPL 的滤波器可以将电压变化率和峰值电压限制为以下范围：

（1）标准型 VPL 的 d*v*/d*t* 滤波器

电压变化率 d*v*/d*t*<500 V/μs；

对于 V_{Line}<575 V，电压峰值 V_{PP}(典型值)<1000 V；

对于 660 V<V_{Line}<690 V，电压峰值 V_{PP}(典型值)<1250 V。

（2）紧凑型 VPL 的 d*v*/d*t* 滤波器

电压变化率 d*v*/d*t*<1600 V/μs；

对于V_{Line}<575 V，电压峰值V_{PP}(典型值)<1150 V；

对于 660 V<V_{Line}<690 V，电压峰值V_{PP}(典型值)<1400 V。

逆变器输出端和电动机端子处的电压 $v(t)$ 如图 2-31 所示。

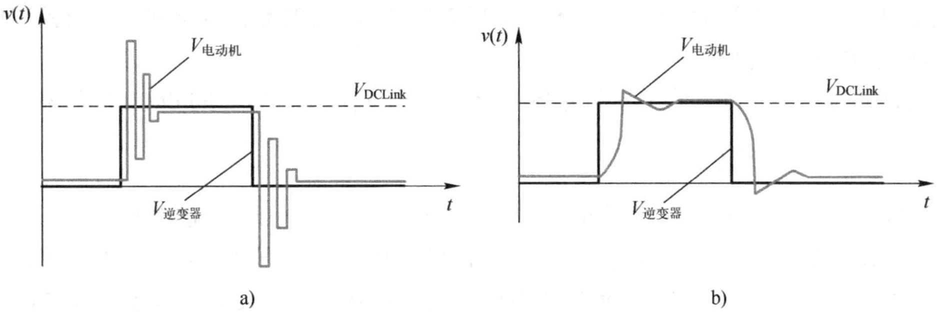

图 2-31　逆变器输出端和电动机端子处的电压 $v(t)$ 示意图

a）不带 dv/dt 滤波器　b）带 dv/dt 滤波器和 VPL

因此，对于电源电压为 500~690 V 的电动机，使用 dv/dt 滤波器加 VPL 是减少电动机绕组电压应力的合适方法，此时可以不采取特殊绝缘措施，轴电流也会显著减小。使用该滤波器，SINAMICS 变频器可以接入 690 V 电网驱动标准绝缘且不带绝缘轴承的标准电动机。这适用于西门子电动机和第三方电动机。

SINAMICS S120 装机装柜型设备配带 VPL 的 dv/dt 滤波器时所允许的最大电动机电缆长度见表 2-20。

表 2-20　装机装柜型设备配带 VPL 的 dv/dt 滤波器时允许的最大电动机电缆长度

电源电压/V	带 VPL 的 dv/dt 滤波器时允许的最大电动机电缆长度	
	屏蔽电缆/m 例如：Protudur NYCWY	非屏蔽电缆/m 例如：Protudur NYY
3AC 380~480 3AC 500~600 3AC 660~690	300	450

2. 使用带 VPL 的 dv/dt 滤波器的注意事项

在确定额定功率后，使用带 VPL 的滤波器需要增加柜子，柜子尺寸见样本。

带紧凑 VPL 型的 dv/dt 滤波器不需要增加柜子。

S120 装机装柜型安装带 VPL 的 dv/dt 滤波器或带紧凑 VPL 的 dv/dt 滤波器时需要靠近变频器或者逆变器的输出，电缆不允许超过 5 m。

考虑散热问题，安装带 VPL 的 dv/dt 滤波器就必须限制脉冲频率和输出频率：

1）最大脉冲频率限制为出厂值的 2 倍，即出厂值为 2 kHz 时，最大脉冲频率为 4 kHz；出厂值为 1.25 kHz 时，最大脉冲频率为 2.5 kHz。

2）最大输出频率被限制为 150 Hz。

3）最小连续输出被限制为下列值：

① 使用带 VPL 的 dv/dt 滤波器是 0 Hz；

② 使用带紧凑 VPL 的 dv/dt 滤波器是 10 Hz（允许输出频率<10 Hz 最长 5 min，随后>10 Hz 运行周期最少 5 min）；

③ 使用带 VPL 的 dv/dt 滤波器对设备的调制模式没有限制，即可使用脉冲边缘调制，输出电压能达到输入电压值。

带 VPL 的 dv/dt 滤波器的压降约为 1%。

调试时，应设置参数 p0230=2，选择带 VPL 的 dv/dt 滤波器，以确保在矢量控制模式下实现对滤波器的最佳补偿。

在接地系统（TN/TT）和非接地系统（IT）中均可使用带 VPL 的 dv/dt 滤波器。

2.2.12 正弦波滤波器

正弦波滤波器用于装机装柜型 S120 驱动系统。它是一种 LC 低通滤波器，是最为复杂的滤波器解决方案。在降低电压上升速率 dv/dt 和峰值电压V_{PP}方面，正弦波滤波器比带 VPL 的 dv/dt 滤波器更为有效。但是，使用正弦波滤波器对脉冲频率设置以及逆变器的电流和电压都有比较苛刻的约束。正弦波滤波器原理图如图 2-32 所示。

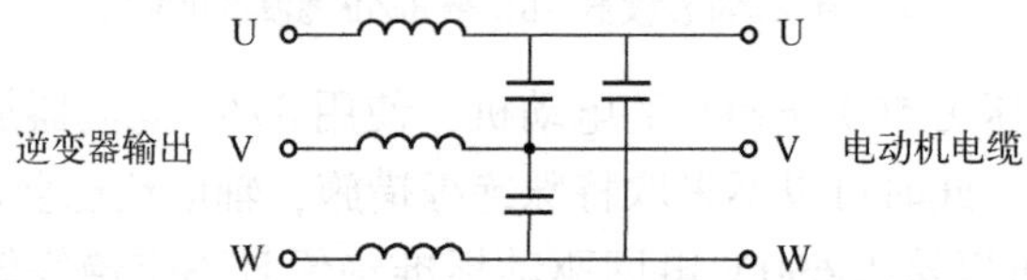

图 2-32　正弦波滤波器原理图

正弦波滤波器仅允许逆变器输出的基波分量通过，因此，施加到电动机端的电压近似为正弦波，仅带有极小的谐波含量。使用正弦波滤波器时逆变器输出端和电动机端子处的电压 $v(t)$示意图如图 2-33 所示。

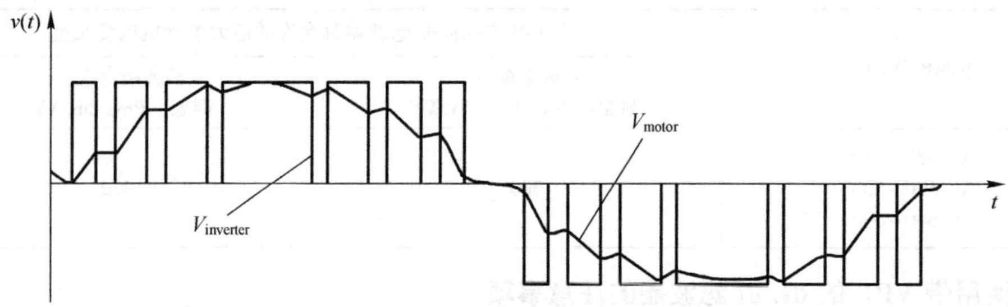

图 2-33　使用正弦波滤波器时逆变器输出端和电动机端子处的电压 $v(t)$示意图

正弦波滤波器可以非常有效地将电动机绕组上的电压变化率 dv/dt 和峰值电压V_{PP}限制为下列值：

1）电压变化率 dv/dt≪50 V/μs。

2）电压峰值$V_{PP}<1.1\times\sqrt{2}\ V_{Line}$。

因此，电动机绕组承受的电压冲击实际上与直接连接到电网的情况相同，并可显著减少轴承电流。因此，使用这种滤波器时，SINAMICS 变频器可驱动标准绝缘和不带绝缘轴承的标准电动机。这既适用于西门子电动机也适用于第三方电动机。

由于电动机电缆上的电压变化率非常低，正弦波滤波器能有效地改善其电磁兼容性，无须通过使用屏蔽电动机电缆达到所需的 EMC 标准。

由于施加在电动机上的电压不是脉冲形式，所以与变频器相关的电动机中的杂散损耗和附加噪声大大降低，电动机的噪声等级基本等同于电源直接供电的电动机。

可用的正弦波滤波器：

1）在 380～480 V 电压范围内，变频器额定输出功率为 110 kW、132 kW、160 kW、200 kW、250 kW，脉冲频率为 4 kHz。

2）在 500～600 V 电压范围内，变频器额定输出功率为 110 kW、132 kW，脉冲频率为 2.5 kHz。

SINAMICS S120 装机装柜型装置带正弦波滤波器时所允许的最大电动机电缆长度见表 2-21。

表 2-21　装机装柜型装置带正弦波滤波器时允许的最大电动机电缆长度

电源电压/V	带正弦波滤波器时允许的最大电动机电缆长度	
	屏蔽电缆/m 例如：Protudur NYCWY	非屏蔽电缆/m 例如：Protudur NYY
3AC 380～480 3AC 500～600	300	450

在装机装柜型装置的技术数据列表中所列出的最大电动机电缆长度，通常是指在标准配置的情况下，驱动单电动机时可连接的电动机电缆的最大连接截面积及并联的根数，见表 2-22。

表 2-22　装机装柜型装置技术数据列出的最大电动机电缆长度

最大连接截面积				最大电动机电缆长度	
直流母线接口 (DCP,DCN)/mm²	电动机接口 (U2,V2,W2)/mm²	PE 端子 PE1 /mm²	PE 端子 PE2 /mm²	已屏蔽 /m	未屏蔽 /m
2×185	2×185	2×185	2×185	300	450
2×240	2×240	2×240	2×240	300	450

使用正弦波滤波器的附加条件如下：

1）正弦波滤波器应紧邻变频器或逆变器。正弦波滤波器和变频器或逆变器的输出端之间的电缆长度不应超过 5 m。

2）考虑到正弦波滤波器的谐振频率，脉冲频率必须设定为 4 kHz（380～480 V）或 2.5 kHz（500～600 V）两种固定值，此时，调速装置需降容使用，变频器允许的输出电流要降容至表 2-23 中提供的数值。

表 2-23　带有正弦波滤波器时的电流降额比率和允许的输出电流

电网供电电压/V	不带正弦波滤波器时 400 V 或 500 V 下的额定输出功率/kW	不带正弦波滤波器时的额定输出电流/A	带有正弦波滤波器时的电流降额因数（%）	带有正弦波滤波器时的输出电流/A
3AC 380～480	110	210	82	172
3AC 380～480	132	260	83	216
3AC 380～480	160	310	88	273
3AC 380～480	200	380	87	331
3AC 380～480	250	490	78	382
3AC 500～600	110	175	87	152
3AC 500～600	132	215	87	187

3）此外，空间矢量调制（Space Vector Modulation，SVM）模式是唯一允许的调制模式，不允许使用脉冲边沿调制。

因此，基本整流单元或回馈整流单元供电的 S120 逆变单元的输出电压被限制为输入电压的 85%（380~480 V）或 83%（500~600 V）。被驱动电动机会更早进入弱磁运行。由于变频器无法提供电动机的额定电压，仅当电动机超过额定电流运行时才能输出额定功率。

通过有源整流单元供电的 S150 和 S120 逆变单元，有源整流单元的升压整流工作原理可提高直流母线电压，因此即使是在空间矢量调制模式时，施加到电动机的电压也可达到进线电源电压值。

4）最大输出频率被限制为 150 Hz。

5）调试时，必须通过参数 p0230 选择正弦波滤波器。

6）对于 SINAMICS S120 变频器系列的正弦波滤波器，必须设置参数 p0230=3，以确保所有与正弦波滤波器相关的参数正确。

对于第三方的正弦波滤波器，必须设置参数 p0230=4，功率单元过载反应只可选择不带“降低脉冲频率”的反应（p0290=0 或 1）且设置调制模式为无过调制的空间矢量模式（p1802=3）。另外，正弦波滤波器的工艺参数 p0233 和 p0234 必须设置，最大频率或者最大速度（p1082）和脉冲频率（p1800）也必须根据正弦波滤波器设置。

7）在接地系统（TN/TT）和非接地系统（IT）中均可使用正弦波滤波器。

8）正弦波滤波器只能用在矢量模式和 V/f 模式，无法用在伺服模式。电动机侧输出电抗器和滤波器的属性比较见表 2-24。

表 2-24 电动机侧输出电抗器和滤波器的属性比较

变频器输出	没有电抗器或者滤波器	有输出电抗器	有 dv/dt 滤波器	有正弦波滤波器
电动机侧电压变化率	非常高	中等	低	非常低
电动机侧的峰值电压	非常高	高	低	非常低
允许的脉冲调制方式	没有限制	没有限制	没有限制	只能是 SVM 空间矢量调制方式
允许的开关频率	没有限制	≤2×工厂设置	≤2×工厂设置	必须是 2×工厂设置
允许的输出频率	没有限制	≤150 Hz		
允许的控制方式	伺服控制/矢量控制/V/f 控制	伺服控制/矢量控制/V/f 控制	伺服控制/矢量控制/V/f 控制	矢量控制/V/f 控制
控制精度和动态响应	非常高	高	高	低
在额定运行时电抗器或滤波器与变频器杂散损耗比值	—	大约 10%	10%~15%	10%~15%
变频器额定运行下电动机的杂散损耗	大约 10%	大约 10%	大约 10%	非常低
减小变频器引起的电动机噪声	不能	非常小	非常小	非常大
减小电动机侧的轴电流	不能	中等	可以	可以
最大的屏蔽电缆 最大的非屏蔽电缆	300 m 450 m	300 m 450 m	100 m 或 300 m 150 m 或 450 m	300 m 450 m
体积	—	小	中等	中等
价格	—	低	中等偏上	高

2.3　S120 控制系统组件

2.3.1　CU 控制单元

S120 的控制单元（Control Unit，CU）负责控制和协调整个驱动系统中的所有模块，包括整流单元、逆变单元和扩展附件等。能够完成各轴的电流环、速度环甚至位置环的控制，具有伺服控制、矢量控制和 V/f 控制功能，一个控制单元就可实现同时控制多达 4 台逆变器和 1 台整流器。同一块 CU 控制的各轴之间能相互交换数据（即任意一根轴能够读取控制单元上其他轴的数据，这一特征被广泛用作多轴之间的简单的速度同步），设备运行所需数据均保存在中央控制单元中，在控制单元内就能建立轴间连接和控制，保证系统高效可靠运行。

可以根据传动数量和需要的性能水平来选择控制单元。用于单轴驱动系统的最新版控制单元有：CU310-2DP、CU310-2PN。用于多轴驱动系统的最新版控制单元有：CU320-2DP、CU320-2PN。作为多轴系统的扩展时可以使用控制单元适配器 CUA31 或 CUA32。

对于单轴应用，可以使用控制单元（CU310-2）来执行控制功能。对于多轴驱动系统，在已经有控制单元（例如 CU320-2）的情况下，可以使用一个适配器 CUA31/CUA32，通过 CUA31/CUA32 适配器的 DRIVE-CLiQ 接口可以将功率模块 PM240-2 连接到控制单元 CU320-2，这种应用方式可以让 S120 多轴驱动和单轴驱动组合在一个系统中使用，从而提高应用的灵活性。单轴和多轴应用可参见本章 2.2.3 节中图 2-7。

1. 单轴交流驱动器的控制单元 CU310-2

CU310-2 控制单元可通过 PM-IF 接口直接与模块型功率模块连接，或通过 DRIVE-CLiQ 接口连接装机装柜型功率模块。它具有丰富的数字量输入/输出端口，可直接连接 HTL/TTL 信号编码器，新增加的以太网口可用于调试和诊断。其中，CU310-2DP 集成一个 PROFIBUS 接口，CU310-2PN 集成两个 PROFINET 接口，接口见表 2-25。CU310-2 控制单元均要求固件版本在 V4.4 或以上。

表 2-25　CU310-2 系列接口一览表

CU310-2 系列接口类型	PN	DP
电位隔离的数字量输入	11	11
非电位隔离的数字量输入/输出	8	8
电位隔离的数字量输出	1	1
非电位隔离的数字量输入	1	1
DRIVE-CLiQ 接口	1	1
PROFINET 接口	2	×
PROFIBUS 接口	×	1
串行接口（RS232）	1	1
编码器接口（HTL/TTL/SSI）	1	1
LAN（以太网接口）	1	1
温度传感器输入	1	1
测量接口	3	3

2. 多轴交流驱动器的控制单元 CU320-2

CU320-2 控制单元通过 DRIVE-CLiQ 接口连接电源模块和电动机模块。它具有丰富的数字量输入/输出端口，新增加的以太网口可用于调试和诊断。选件插槽可安装通信板或端子扩展板。CU320-2DP 集成一个 PROFIBUS 接口，要求固件版本在 V4.3 或以上。CU320-2PN 集成两个 PROFINET 接口，要求固件版本在 V4.4 或以上。接口见表 2-26，外观接口如图 2-34 所示。

表 2-26　CU320-2 系列接口一览表

CU320-2 系列接口类型	PN	DP	CU320 系列标配
电位隔离的数字量输入	12	12	8
非电位隔离的数字量输入/输出	8	8	8
DRIVE-CLiQ 接口	4	4	4
PROFINET 接口	2	×	—
PROFIBUS 接口	×	1	1
串行接口（RS232）	1	1	1
LAN（以太网接口）	1	1	—
选件插槽	1	1	1
测量接口	3	3	3

对于多轴驱动系统，根据连接外围 I/O 模块的数量、轴控制模式（伺服、矢量和 V/f）、所需的功能以及 CF 卡的不同，一块 CU 能够控制轴的数量也不同。

控制单元如果使用带扩展性能的 CF 卡，其计算能力将提高 100%，通常所说的最大控制轴数，指的是使用带扩展性能的 CF 卡。通常带扩展性能的卡控制的轴数是不带扩展性能的卡控制的轴数的 2 倍。

一个带扩展性能 CF 卡的传统 CU320 最多可驱动 6 个伺服轴或 4 个矢量轴、8 个 V/f 轴。控制轴的数量不是绝对的，实际控制的轴数与 CU320 的负荷（即所选的功能）有关，应以 SIZER 配置软件为准。控制单元的软件和参数存储在可插拔型紧凑闪存卡中，如果 CU320 所需的性能超过 CPU 运算量的 55%，将报警（A13000）且 CU320 上红色 SF 灯将闪烁。在这种情况下，必须购买许可证，并将许可证编号传输至 CF 卡上（激活许可证使用参数 p9920、p9921）。

新一代的控制单元 CU320-2，具有更高的运算能力和更多的带轴能力，最多可驱动 6 个伺服轴或 6 个矢量轴、12 个 V/f 轴。CU320-2 自 V4.6 版起更改了许可证策略，伺服/矢量运行模式从第 4 个轴开始，V/f 模式从第 7 个轴开始，需要许可证。

同一块 CU 内不同控制模式混用时需要注意的是，伺服控制与 V/f 控制可以混合使用；矢量控制与 V/f 控制可以混合使用；伺服控制与矢量控制不可混合使用。

如果采用 CU320-2 替代原有的控制单元 CU320，还要考虑所连接的设备兼容性问题。使用 STARTER 软件，可以把 CU320（6SL3040-0MA00-0AAx）的项目转换成 CU320-2 的项目。

3. 控制单元适配器 CUA31/CUA32

控制单元适配器的主要作用是可以将 PM-IF 接口转化成 DRIVE-CLiQ 接口，从而使只有 PM-IF 接口的功率模块（如 PM240-2）可以通过 DRIVE-CliQ 与控制单元（如 320-2）通信，

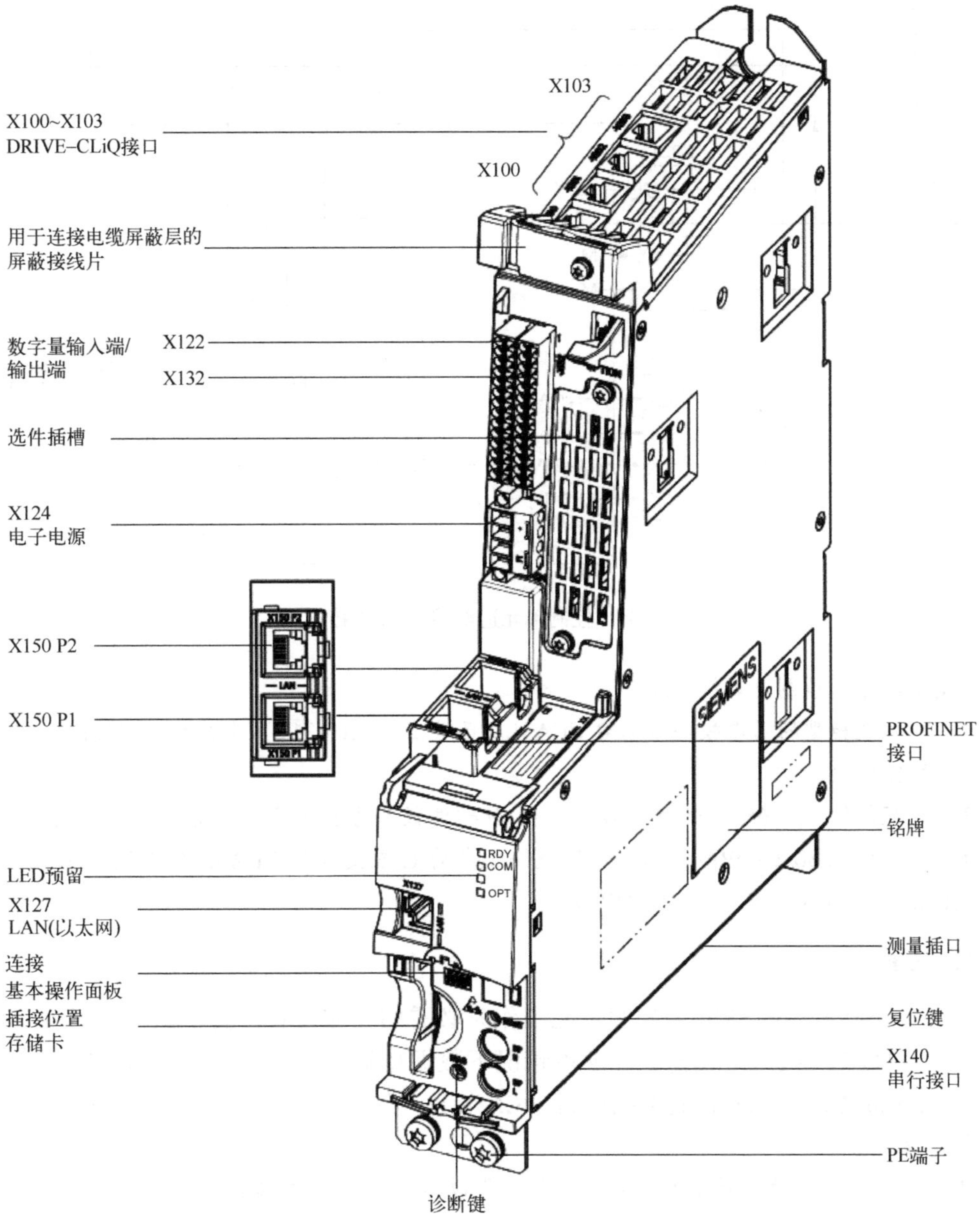

图 2-34　CU320-2 PN 接口一览（不带保护盖和保护片）

其他 DRIVE-CLiQ 装置（例如，传感器模块或端子模块）也可连接到控制单元适配器上。

控制单元适配器由功率模块通过 PM-IF 接口进行供电。如果当功率模块切断电源时，控制单元适配器需要通信，则其必须从外部源提供 DC 24 V 供电，控制单元适配器 CUA31 接口如图 2-35 所示。对于多轴驱动系统，CUA31/CUA32 适配器必须是 DRIVE-CLiQ 支路上的最后一个设备。与 CUA31 相比，CUA32 还集成一个 HTL/TTL 编码器接口，用来连接一个外部 HTL/TTL 或 SSI 编码器。

注意：

1）CUA31 只是控制单元的适配器，必须借助于控制单元 CU320-2 或 CU310-2 或

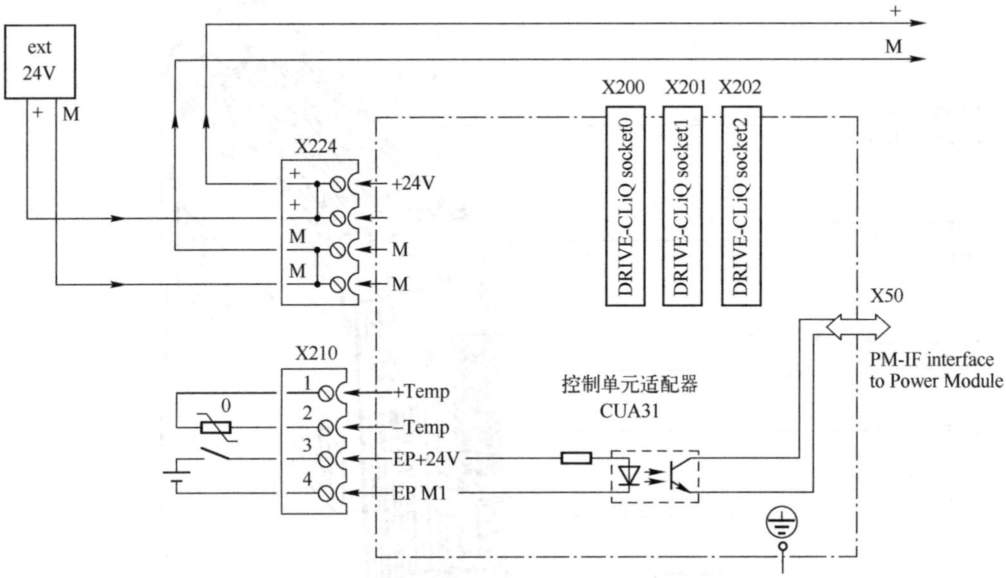

图 2-35 控制单元适配器 CUA31 接口图

SIMOTION D 才能控制电动机的运动。

2）装机装柜型的功率模块不需要 CUA31（已集成了 CUA31），直接和 CU310DP、CU320、SIMOTION D 连接。

3）只有订货号为 6SL3040-0PA00-0AA1 且硬件版本为 D 或更高的 CUA31 支持 PM240-2。只有订货号为 6SL3040-0PA01-0AA0 且硬件版本为 C 或更高的 CUA32 支持 PM240-2。老版本的 CUA31 和 CUA32 不支持 PM240-2。

2.3.2 CF 卡

CF 卡是 SINAMICS S120 的控制单元工作时必需的存储设备，其中保存了固件（Firmware）、用户数据、授权等信息，在断电情况下数据也能够永久保存。STARTER 软件中的“Copy RAM to ROM”操作即将数据存储在 CF 卡上。在 CF 卡的标签上包含了固件版本、序列号等基本信息。

根据 CF 卡的订货号可以确定 CF 卡的固件版本、是否带性能扩展。CF 卡的订货号为：6SL3054-0①②0③-1④A0。

①②为版本号，其中①处的 B=1，C=2，D=3，E=4；②处的 B=1，C=2，D=3，E=4，F=5，G=6，H=7，J=8。

③表示是否带有性能扩展，其中 0 为不带性能扩展，1 为带性能扩展。

④表达的是 CU 的类型，其中 A 代表 CU310 或 CU320，B 代表 CU310-2 或 CU320-2。

例如：6SL3054-0EJ00-1BA0，代表其固件版本为 4.8，不带性能扩展，可用于 CU310-2 或 CU320-2。

SINAMICS S120 CF 卡的选型需要注意以下三个方面：

1. 固件版本

在购买 CF 卡后，卡内即带有了 SINAMICS S120 的固件（Firmware）。SINAMICS S120 的控

制单元 CU310、CU320、CU310-2、CU320-2 所使用的 CF 卡是通用的，CU310 和 CU320 已在 2013 年 10 月停产，CU310、CU320 与新一代 CU310-2、CU320-2 使用的 CF 卡固件版本不同。

2. 是否带性能扩展

CF 卡内的性能扩展（Performance Expansion）是一个授权，带性能扩展的 CF 卡在其根目录下多了一个 KEYS 文件夹，其中含有授权码文件。通过它可以增加 CU320-2 可控制的轴的数量。CU320-2 完全按照轴数发放授权，伺服/矢量运行模式从第 4 个轴开始，V/f 模式从第 7 个轴开始，无论计算能力如何，都必须进行性能扩展。不带有性能扩展的 CF 卡也可以补订性能扩展授权 6SL3074-0AA01-0AA0。控制单元 CU310-2 是 S120 单轴控制单元，不需要使用带性能扩展的 CF 卡。

3. 是否带集成安全功能

S120 的安全集成扩展功能（Safety Integrated Extended Function）也是一个授权，它用于控制单元扩展集成安全功能，授权与使用安全功能的轴数有关。这个授权以附件的形式（-Z F0x，x=1，2，…，6，轴数）添加在 CF 卡订货号后面。比如，6SL3054-0ED01-1BA0-Z F06，即为 CU320-2 使用的版本为 V4.3 的带性能扩展的带 6 个轴安全功能的 CF 卡。不带安全集成扩展功能授权的 CF 卡可以补订授权 6SL3074-0AA10-0AA0，以达到相同的效果。6SL3074-0AA10-0AA0 是一个单轴安全功能授权，可以重复订货。

使用 CF 卡时的注意事项有以下几点：

1）SINAMICS S120 只能使用产品样本中提供的产品，不能使用第三方 CF 卡。

2）只能在断电情况下进行插拔操作。

3）可以使用读卡器访问 CF 卡数据，不允许进行格式化，修改数据前应做好备份。

4）CU310-2、CU320-2 与 CU310、CU320 的 CF 卡固件版本不同，不能互换。

5）在 CF 卡的 ... \ SIEMENS \ SINAMICS \ DATA \ CFG 文件夹内含有 GSD 文件。

2.3.3 通信板

S120 控制单元 CU 上的选件插槽可以插放通信板卡和 TB30 端子扩展板（将在 2.3.4 小节中介绍）。

通信板中有用于 CAN 总线通信的 CBC10 通信板卡及用于 PROFINET 通信使用的 CBE20 和 CBE30 通信板卡，产品图见表 2-27。

表 2-27　通信板产品图

CBC10 （CAN-Bus 接口板）	CBE20 （CU320 PROFINET 通信板）	CBE30 （SIMOTION D PROFINET 通信板）

1. CAN 总线通信板卡（CBC10）

CBC10 具有支持 CAN 协议的 CAN 总线接口，符合 CANopen 驱动协议，可将 SINAMICS S120 驱动系统通过 CAN 总线连接到上位自动化系统中。

2. PROFINET 通信板卡（CBE20、CBE30）

CBE20 是用于 S120 CU320 的 PROFINET 通信的板卡，可将 SINAMICS S120 驱动系统连接到 PROFINET 网络，多个 S120 的 CBE20 之间可进行 SINAMICS LINK 通信。该通信板支持 TCP 及具有等时同步实时以太网属性（Ethernet IRT）和实时以太网属性（RT）的 PROFINET IO。该通信板有 4 个以太网接口，通过 LED 可以诊断其功能状态和通信状态。

控制单元 CU320-2 配备通信板 CBE20 时，只有一个通信接口能用于等时同步。如果控制单元是 CU320-2DP，用于等时同步的接口可选择内部 DP 接口，或者 CBE20 的 PN 接口；如果控制单元是 CU320-2PN，用于等时同步的接口可选择内部 PN 接口，或者 CBE20 的 PN 接口。

CBE30 是用于 SIMOTION D4xx 的 PROFINET 通信的板卡，支持 TCP、UDP 及具有等时同步实时以太网属性（Ethernet IRT）和实时以太网属性（RT）的 PROFINET IO。

2.3.4 端子扩展 I/O 板

S120 的 I/O 扩展有两种方式：插拔式端子板（TB30）和端子模块（TM15、TM31、TM41、TM120、TM54F），产品图见表 2-28。

表 2-28 端子扩展板产品图

TB30	TM15	TM31	TM41	TM120	TM54F

1. 插拔式端子板

TB30 是一种插拔式接线端子扩展板，可插在控制单元 CU320-2 或 SIMOTION D4x5 的选件插槽中，用于扩展数字量输入/输出及模拟量输入/输出。具有 4 路数字量输入、4 路数字量输出和 2 路模拟量输入、2 路模拟量输出（即模拟量设定值接口）。

2. 端子模块

端子模块是卡紧在安装导轨（符合 EN 60715）上的端子扩展模块，S120 常用的端子扩展模块有：TM15、TM31、TM41、TM120，根据所接模块的类型，控制单元可以扩展多种类型的接口，接口见表 2-29。还有用于安全控制的端子扩展模块 TM54F。

表 2-29　各端子模块接口

名　称	TM15	TM31	TM41	TM120
功能	扩展 I/O 模块及带 LED 显示	扩展 I/O 模块	扩展 I/O 模块及 TTL 编码器接口	扩展温度传感器信号模块
特征	24 路双向数字量输入/输出 24 个状态显示灯 2 个 DRIVE-CLiQ 接口	8 路数字量输入 4 路双向数字量输入/输出 2 路继电器输出 2 路模拟量输出 2 路模拟量输入 2 路模拟量输入/输出 1 路温度传感器输入 2 个 DRIVE-CLiQ 接口	4 路数字量输入 4 路双向数字量输入/输出 1 路模拟量输入 1 个 TTL 增量式编码器接口 1 路温度传感器输入 2 个 DRIVE-CLiQ 接口	4 路温度传感器输入 2 个 DRIVE - CLiQ 接口
连接及固定	卡装在导轨 TH35 上，并通过 DRIVE-CLiQ 接口连接控制单元			

TM120 不仅可转换温度信号也可转换编码器信号。在编码器信号转换时，需和编码器模块（如 SMC、SME）一起使用。即 TM120 和编码器模块 SMC 组合在一起相当于一个外部编码器模块 SME120/SME125。

通过 TM54F 模块可以实现 SINAMICS S120 的所有安全功能。每个控制单元只能连接一个 TM54F，接口见表 2-30。

表 2-30　TM54F 接口一览表

类　型	数　量
DRIVE-CLiQ 接口	2
故障安全数字量输入（F-DI）	10
故障安全数字量输出（F-DO）	4
传感器电压，可进行潜在故障检查	2
传感器电压，不可进行潜在故障检查	1
数字量输入，用于在检测停止时检查 F-DO	4
电源	1

2.3.5　DMC20 DRVIE-CLiQ Hub 模块

DRIVE-CLiQ 集线器模块 DRIVE-CLiQ Hub Module Cabinet 20（DMC20）如图 2-36 所示，它是一个卡紧在安装导轨（符合 EN 60715）上的扩展模块，用于星形布置 DRIVE-CLiQ 总线，防护等级为 IP20。通过 DMC20 有 6 个 DRIVE-CLiQ 插口，可以连接 5 个 DRIVE-CLiQ 装置。它具有 1 个 DC 24 V 电源端子，DMC20 DRIVE-CLiQ 集线器模块的状态利用多色 LED 指示灯进行显示。

DMC20 DRIVE-CLiQ 集线器可以收集多个编码器的信号，并通过一根 DRIVE-CLiQ 电缆将其转发给控制单元，如图 2-37 所示。

另外，DMC20 DRIVE-CLiQ 集线器可以扩展多个驱动器，用于驱动轴的并行连接，如图 2-38 所示。若要求删除单个 DRIVE-CLiQ 节点，并不会中断其余节点通过 DRIVE-CLiQ 网段进行的数据交换。

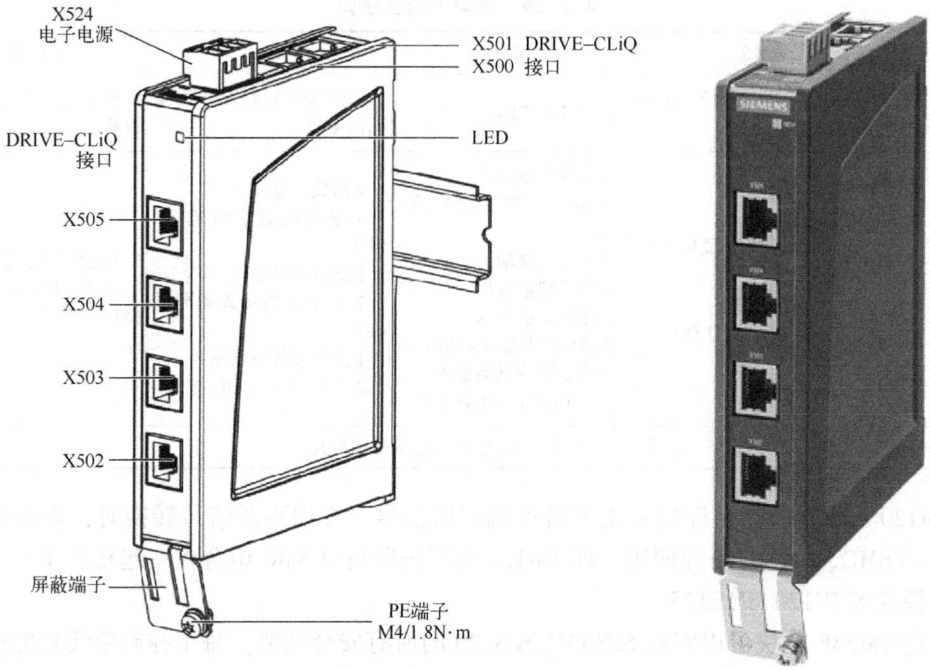

图 2-36　DMC20 DRIVE-CLiQ 集线器模块

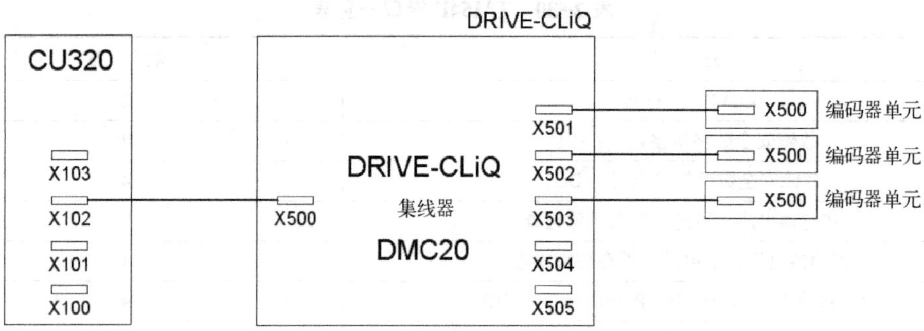

图 2-37　DMC20 DRIVE-CLiQ 收集多个编码器信号示意图

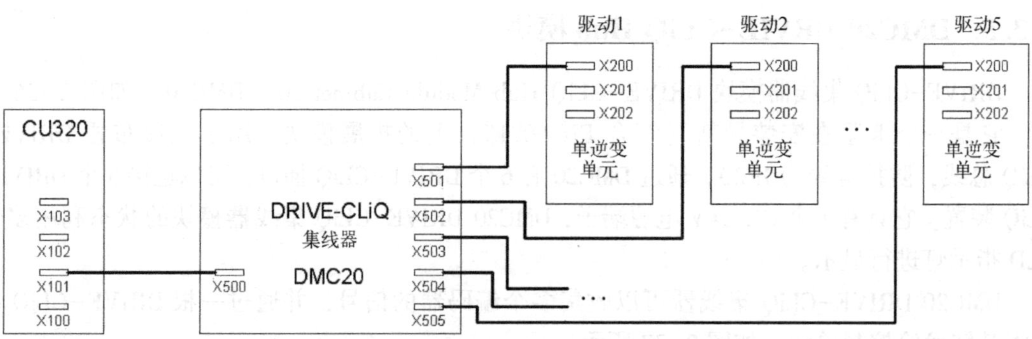

图 2-38　DMC20 DRIVE-CLiQ 扩展多个驱动器示意图

DME20 DRIVE-CLiQ 集线器模块如图 2-39 所示，它提供的功能与 DMC20 相同，在已有驱动组的基础上增加了 5 个 DRIVE-CLiQ 插口。具有一个用于为电子元件供电的接口，通过 DC 24 V 圆形连接器，其导线截面积为 4×0.75 mm(0.03 in)^2（针 1+2 在内部连接在一起；针 3+4 在内部连接在一起)。具有 6 个盲插头，用于密封未使用的 DRIVE-CLiQ 插座。DME20 与 DMC20 的差别在于，DME20 是在控制柜外部安装使用，其外壳的防护等级为 IP67。另外，DME20 的固件版本不低于 V2.6。

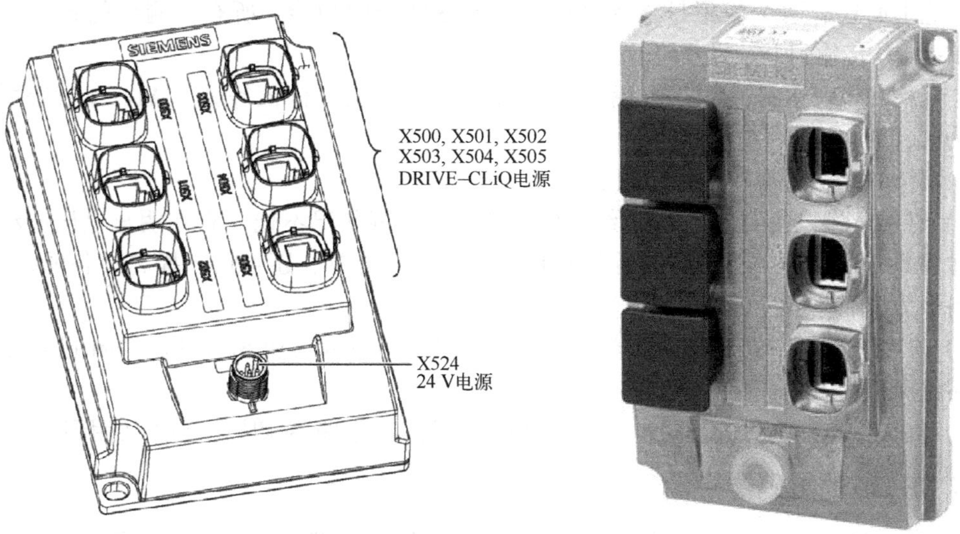

图 2-39　DME20 DRIVE-CLiQ 集线器模块

只有在驱动对象星形连接到控制单元或连接到 DRIVE-CLiQ Hub DMC20/DME20 上时，才允许热插拔。系统不支持其余 DRIVE-CLiQ 组件之间 DRIVE-CLiQ 热插拔，例如：电动机模块和编码器模块/端子模块之间、电动机模块和电动机模块之间。

2.3.6　VSM10 电压检测模块

电压检测模块 VSM10 是一个卡紧在安装导轨（符合 EN 60715）上的扩展模块，接口见表 2-31，用于采集电压实际值，可以极精确地测定电网电压。

表 2-31　VSM10 接口一览表

类　型	数　量	图　片
电压接口（690 V）	1 个（3 相电源）	
电压接口（100 V）	1 个（3 相电源）	
PE（保护性接地）接口	1	
温度传感器输入（KTY/PT1000/PTC）	1	
模拟量输入	2	
DRIVE-CLiQ 接口	1	
DC 24 V 电源接口	1	

VSM10 提供了两种电压检测接口（3AC 690 V、3AC 100 V），用于不同的电源系统。两个电压接口不能同时使用。其中 3AC 100 V 电压接口可用于接入变压器，而 3AC 690 V 电压接口可用于下列电源系统：

（1）3AC 600 V 内的所有电源类型。

（2）三相 3AC 690 V 内有接地星点的电源和 IT 电源。

除了检测电压以外，VSM10 还可以接入一个检测电源电抗器发热情况的温度传感器。此外，它上面还有两个模拟量输入来监控电源滤波器的功能。所有检测出的数据都通过 DRIVE-CLiQ 传输到上一级系统。

电压检测模块达到了无线电干扰电压类别 C2，干扰电压限值等级为 A1，干扰辐射限值等级为 A。

VSM10 模块的基本应用场合如下：

1）在书本型设备上，与 ALM 结合使用时，在电网状况不佳（存在明显电压波动、短时电源中断）的情况下，VSM10 除了提供电压检测功能外，还可用于提高设备的耐用性，使设备极为可靠地运行。

2）在装机装柜型调节型接口模块 AIM 和非调节型电源模块 SLM 中，VSM 已经作为标配部件集成在其内部。

3）在矢量控制中，进行同步和旁路切换时，为实现同相位切换，必须要用到 VSM。

2.3.7 S120 的编码器模块

在 SINAMICS S120 驱动系统中，电动机模块只能连接带 DRIVE-CLiQ 通信接口的编码器，为此西门子公司专门设计了带有 DRIVE-CLiQ 接口的电动机。而不带 DRIVE-CLiQ 接口的电动机和不带集成 DRIVE-CLiQ 接口的外部编码器则必须通过编码器模块才能接入系统，因为编码器模块能够将编码器信号和温度信号转换成 DRIVE-CLiQ 的通信方式。目前西门子提供两种编码器模块：直接安装在机柜内的机柜式编码器模块（SMC）和安装在机柜外部的外部编码器模块（SME）。S120 系统编码器模块连接示例如图 2-40 所示，图中集成了 DRIVE-CLiQ 接口的电动机和带 DRIVE-CLiQ 接口的编码器可以直接通过 DRIVE-CLiQ 电缆连接到电动机模块，未集成 DRIVE-CLiQ 接口的电动机和常规编码器则通过 SMC 将信号转换后再通过 DRIVE-CLiQ 电缆连接到电动机模块上。

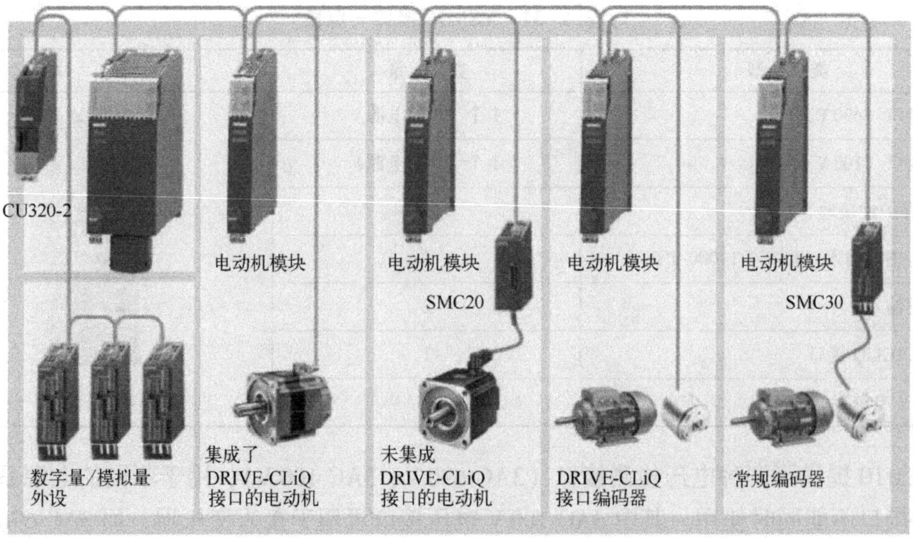

图 2-40　S120 系统编码器模块连接示例

下面介绍三种编码器单元：

1. 电动机集成编码器单元（SMI）

这里的电动机专门设计（例如 1FK7 和 1FT7 同步电动机以及 1PH7 和 1PH8 异步电动机），内含编码器和 DRIVE-CLiQ 接口，直接接至 S120 的电动机模块 MM 即可。这样，电动机编码器信号、温度信号和额定铭牌数据（例如订货号、电压、电流和转矩等额定参数）可以直接传输给控制单元。系统可以自动识别这些电动机和编码器的型号，使电动机的调试和诊断变得更加简便。SMI 跟电动机一起接在控制柜外，DRIVE-CLiQ 电缆连接符合防护等级 IP67。

2. 机柜安装式编码器单元（SMC）

无法获得 DRIVE-CLiQ 接口的电动机，或除电动机编码器外还需要使用外部编码器时，可以使用 SMC，SMC 接入驱动系统示意图如图 2-41 所示。SMC 需为编码器提供电源，必须为 SMC 模块提供单独的 DC 24 V 电源，因此用到的 DRIVE-CLiQ 电缆可不带 24 V。SMC 模块本身并不存储电动机数据或编码器数据。

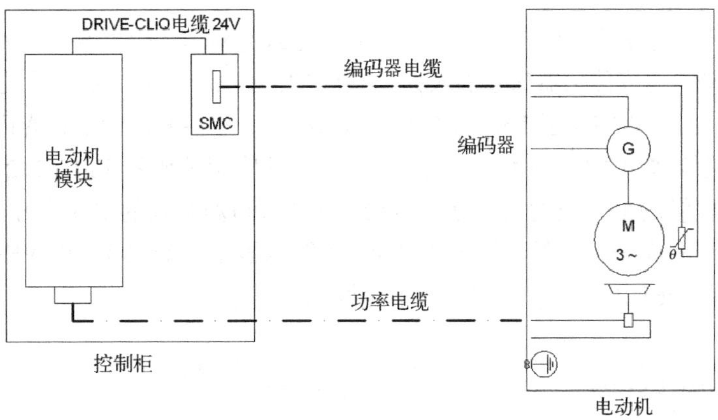

图 2-41　无 DRIVE-CLiQ 接口的电动机上的编码器系统通过 SMC 接入驱动系统的连接示例

目前机柜安装式编码器模块有 SMC10、SMC20、SMC30 和 SMC40 四种类型，产品图见表 2-32，均可单独进行选型和订购。四种编码器模块都可以卡装在导轨 TH35 上，并通过 DRIVE-CLiQ 接口连接控制单元。其中 SMC10、SMC20 和 SMC30 只允许连接一个编码器系统，SMC40 支持两个编码器系统，两个编码器系统彼此独立将信号转换为两个 DRIVE-CLiQ 编码器信号。若连接了超出规定数量的编码器系统，则会导致设备损坏。

表 2-32　机柜安装式编码器模块 SMC 产品图

SMC10	SMC20	SMC30	SMC40
 模块外形相同，编码器系统接口 X520 不同			

1）SMC10 模块支持旋转变压器信号及温度信号转换（有 1 路电动机温度传感器信号输入），编码器电缆的最大长度为 130 m。最大可测量频率（转速）见表 2-33。

表 2-33　SMC10 模块最大可测量的频率（转速）

旋转变压器		旋转变压器/电动机的最大转速/(r/min)		
极数	极对数	8 kHz/125 μs	4 kHz/250 μs	2 kHz/500 μs
2 极	1	12000	60000	30000
4 极	2	60000	30000	15000
6 极	3	40000	20000	10000
8 极	4	30000	15000	7500

2）SMC20 模块支持增量型编码器 SIN/COS（1Vpp）信号或绝对值编码器 EnDat2.1、EnDat2.2（产品编号 02）信号或绝对值编码器 SSI 信号，支持温度信号转换（有 1 路电动机温度传感器信号输入）。

3）SMC30 模块支持增量型编码器 TTL/HTL 信号或绝对值编码器 SSI 信号，支持温度信号转换（有 1 路电动机温度传感器信号输入）。如果 TTL/HTL 信号和 SSI 信号从同一个测量值中导出，则这两个信号可以在端子 X521/X531 上加以组合。支持的最大编码器频率为 300 kHz。

4）SMC40 模块接口如图 2-42 所示，只支持绝对值型编码器 EnDat2.2（产品编号 22）的信号。编码器电缆的最大长度为 100 m，必须确保编码器要求的电源电压。两个编码器接口通道是固定分配和完全独立的，因此 EnDat2.2 编码器信号转换为 DRIVE-CLiQ 信号都必须使用一条自身的 DRIVE-CLiQ 电缆，且不允许相互混淆。

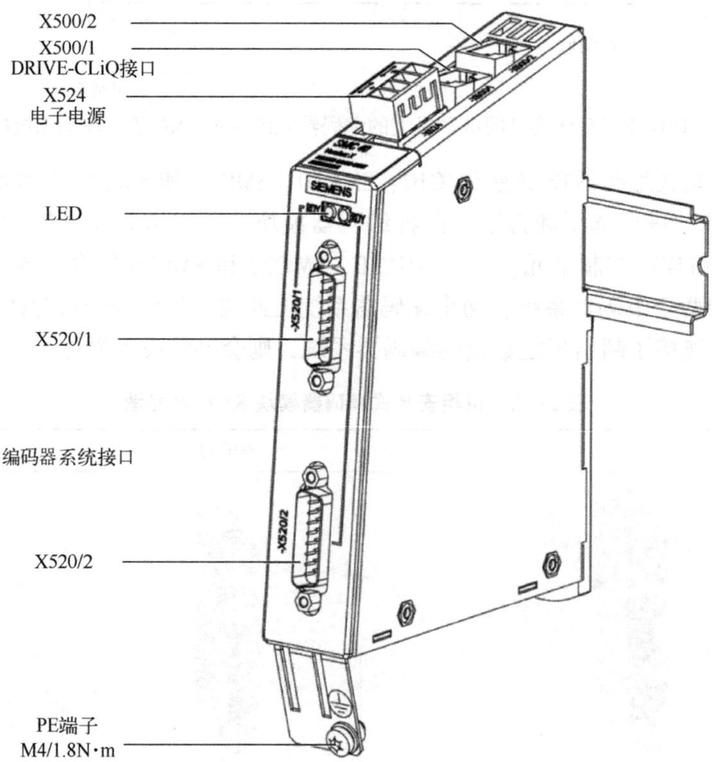

图 2-42　编码器模块 SMC40 端口示意图

图 2-43 中给出了通过 SMC40 连接编码器系统的两种不同的连接方式：

1）与带制动器和光学编码器的标准电动机的连接。

图 2-43 中显示的是带齿轮箱的用于转台驱动的标准电动机。转台具有带 EnDat2.2 接口的角度测量系统。测量出的角度数据通过 EnDat2.2 传输至 SMC40，并由此通过 DRIVE-CLiQ 继续传输至控制单元。电动机包含一个集成的编码器分析仪和温度分析仪，可通过 DRIVE-CLiQ 将数据直接传输至电动机模块。

2）与不带 DRIVE-CLiQ 接口的直线电动机连接。

速度和位置通过 EnDat2.2 接口由带有线性标度的直线电动机继续传输至 SMC40，并由此通过 DRIVE-CLiQ 传输至端子模块 TM120。直线电动机的温度传感器直接将模拟温度值传输给 TM120，TM120 确保了温度电缆的安全电气隔离，并将温度数据和 DRIVE-CLiQ 协议中的速度数据和位置数据继续传输至电动机模块。

若使用机柜安装式编码器模块 SMC40，在初次调试时连接至拓扑结构，务必注意下列连接条件：

1）至少通过 DRIVE-CLiQ 连接一个 DRIVE-CLiQ 接口 X500/1 或者 X500/2 到 SMC40 上。

2）将 EnDat 编码器连接到配套的编码器接口 X520/1（到 X500/1）或 X520/2（到 X500/2）上。

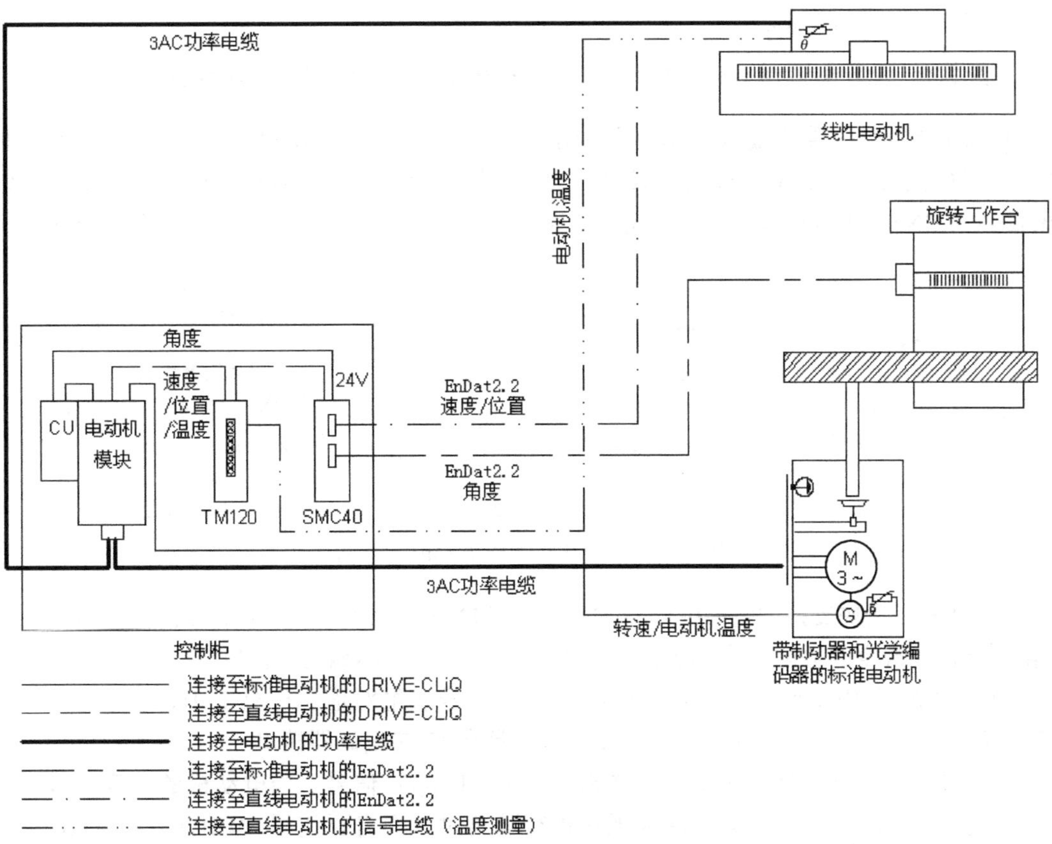

图 2-43　通过 SMC40（机柜安装式编码器模块）连接编码器系统

3）只在星形拓扑结构中连接 SMC40。DRIVE-CLiQ 插口 X500/1 和 X500/2 不可以用于串联电路。

当编码器模块 SMC40 连接了编码器时，才会被加入拓扑结构中，如果没有连接编码器，SMC40 不会加入拓扑结构中。

3. 机柜外编码器单元（SME）

机柜外部的直接编码器系统可以连接到外部编码器模块 SME 上，具有较高的防护等级（IP67），该模块能够评估测量信号，将其转换为 DRIVE-CLiQ 信号，没有独立的电源接线端，需带有 24 V 的 DRIVE-CLiQ 电缆为编码器供电，SME 接入驱动系统如图 2-44 所示。SME 模块本身并不存储电动机数据或编码器数据。

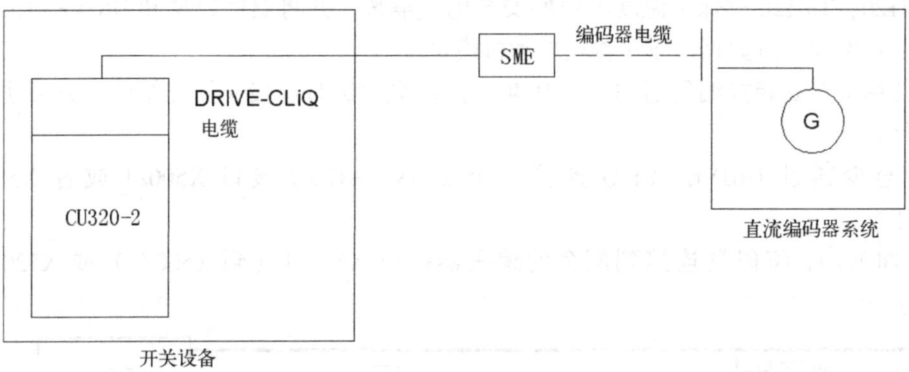

图 2-44　无 DRIVE-CLiQ 接口的电动机上的编码器系统通过 SME 接入驱动系统的连接示例

目前机柜外部安装式编码器模块有 SME20、SME25、SME120 和 SME125 四种类型，模块示意图如图 2-45 所示。模块的接线只能使用 MOTION-CONNECT DRIVE-CLiQ 电缆，MOTION-CONNECT 500 型电缆的最大长度为 100 m，MOTION-CONNECT 800 型为 75 m。

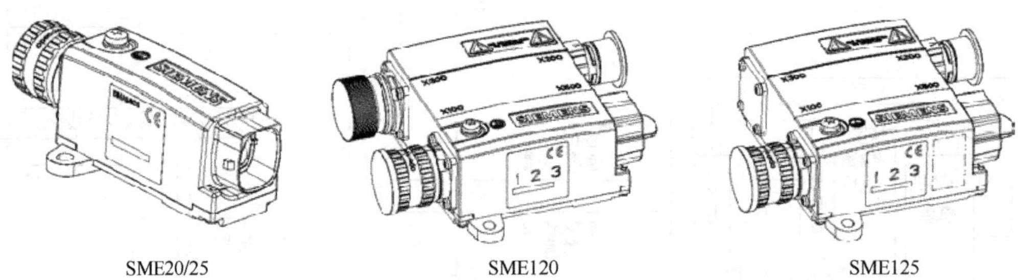

图 2-45　外部编码器模块 SME 示意图

1）SME20 模块支持增量型编码器 SIN/COS（1Vpp）带/不带参考信号，支持温度信号转换（要使用规定的适配电缆 6FX8002-2CA88）。具有 12 芯编码器接口。

2）SME25 模块支持 SIN/COS（1Vpp）增量信号或绝对值编码器 EnDat2. 1、EnDat2. 2（产品编号 02）信号或绝对值编码器 SSI 信号。具有 17 芯编码器接口。

3）SME120 模块支持增量式编码器 SIN/COS（1Vpp）信号。当电动机的温度信号未进行安全电气隔离时或者由于某些原因无法进行隔离时，都需要使用 SME120。SME120 主要应用在直线电动机上。

4）SME125 模块支持 SIN/COS（1Vpp）增量信号或绝对值编码器 EnDat2. 1、EnDat2. 2（产品编号 02）信号或绝对值编码器 SSI 信号。当电动机的温度信号未进行安全电气隔离时或者由于某些原因无法进行隔离时，都需要使用 SME125。SME125 主要应用在直线电动机上。

2. 3. 8　DRIVE-CLiQ 电缆

DRIVE-CLiQ 全称为驱动系统组件的智能连接，它是西门子新一代驱动装置之间的通信电缆。S120 驱动系统与上位控制器之间的通信多采用 PROFINET 或 PROFIBUS，而 SINAMICS 系统各个组件之间则通过内部的 DRIVE-CLiQ 通信接口进行连接。DRIVE-CLiQ 具有以下属性：

（1）通过控制单元自动识别组件

所有通过 DRIVE-CLiQ 连接的组件都有一个电子铭牌，所有组件的“电子铭牌”信息都存储在控制单元的“电子铭牌”数据库中。当对设备进行自动在线配置时，控制单元会自动识别已通过 DRIVE-CLiQ 连接的组件，并将其各项技术数据装载到控制单元中（4. 0 版本以上的控制单元还会自动将不同版本的组件更新），不再需要手动输入铭牌数据。电子铭牌信息包括：部件类型、订货号、生产厂家、硬件版本、序列号、技术数据等。

（2）所有组件上统一的接口

SINAMICS 系统中的所有组件上都有 DRIVE-CLiQ 通信接口，这些组件包括：控制单元、电源模块、电动机模块、电动机和编码器、端子扩展模块等。书本型电源模块和电动机模块的 DRIVE-CLiQ 接口在模块的顶部，装机装柜型电源模块和电动机模块的 DRIVE-CLiQ 接口在 CIM（通信接口模块）上，因此装机装柜型装置的电源模块和电动机模块都需要配备对应的 CIM 模块，需要按设备备件。

（3）可对组件进行诊断和维修

通过 DRIVE-CLiQ 可对组件的 DRIVE-CLiQ 的接口和电缆进行故障诊断。当发生传输故障时，可分析参与模块中的故障计数器来确定发生故障的连接部件的位置，诊断参数见表 2-34。不仅可以看到故障计数器的整体情况，还可以进行单个连接的详细诊断。针对所选的连接，可以设置采集故障数量的间隔时间，并且通过参数进行跟踪。如果连接错误的话，则可以通过记录传输故障的出现情况和驱动的其他事件联系起来。

表 2-34　诊断参数一览表

参　数	诊 断 信 息
r9936[0…199]	DRIVE-CLiQ 诊断：计数器连接
p9937	DRIVE-CLiQ 诊断：配置
p9938	DRIVE-CLiQ 详细诊断：配置
p9939	DRIVE-CLiQ 详细诊断：时间间隔
p9942	DRIVE-CLiQ 详细诊断：单个连接选择
p9943	DRIVE-CLiQ 详细诊断：单个连接故障计数器

1. DRIVE-CLiQ 电缆介绍

DRIVE-CLiQ 是基于世界范围内普及的 100 Mbit/s 以太网技术，遵循 PROFIBUS 协议的连接，相当于以太网连接方式的 PROFIBUS-DP，相比传统的 PROFIBUS-DP 只支持总线型连接，以太网连接的拓扑结构更加简单（支持各种拓扑结构），传输速度也更快。

除了标准的以太网连接外，扩展的 RJ45 插头和插座提供了两个额外的触点，用于分配 24 V 直流电压，可以为测量系统供电，接口见表 2-35。

表 2-35　DRIVE-CLiQ 接口一览表

图　　片	引　脚　号	引 脚 名 称	引　脚　号	引 脚 名 称
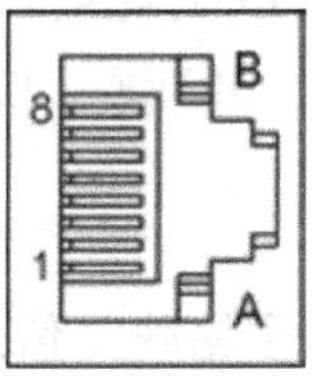	1	TXP	6	RXN
	2	TXN	7	保留，请勿使用
	3	RXP	8	保留，请勿使用
	4	保留，请勿使用	A	+24 V
	5	保留，请勿使用	B	M（0 V）
	注意：端子 A 和 B 仅用于为测量系统供电			

在何种情况下使用带有 24 V 的 DRIVE-CLiQ 电缆取决于所连接的设备是否需要 24 V 供电，下面列举了四种不同电动机在连接时如何选取 DRIVE-CLiQ 电缆的情况：

1）伺服电动机带 DRIVE-CLiQ 接口：就是电动机内部含有集成编码器 SMI 模块，而电动机没有 24 V 独立接线端，因此需要带 24 V 的 DRIVE-CLiQ 电缆为集成编码器 SMI 供电。

2）伺服电动机带集成编码器，但没有 DRIVE-CLiQ 接口：这种需要用 SMC 编码器模块，将标准编码器电缆连接到 SMC 上（用 SMC10/20 根据编码器选择），SMC 再通过 DRIVE-CLiQ 与电动机模块相连接，SMC 模块可单独外接 24 V 电源，因此 DRIVE-CLiQ 电缆用不带 24 V 的即可。

3）异步电动机不带集成编码器：选择的编码器带 DRIVE-CLiQ 接口（就是 SM 类模块集成在编码器内），编码器不含有 24 V 电源接线端，因此需要带 24 V 的 DRIVE-CLiQ 电缆为其供电。

4）异步电动机不带集成编码器：选择的编码器不带 DRIVE-CLiQ 接口，需要外接 SMC 模块，则 DRIVE-CLiQ 电缆用不带 24 V 的即可。

总之，柜内组件间连接的 DRIVE-CLiQ 电缆都不需要带 24 V。SME 和 SMI 都需要带 24 V 的 DRIVE-CLiQ 电缆。

DRIVE-CLiQ 电缆有灰色和绿色电缆，根据不同的防护等级、安装形式等，可以分为不同的系列，每一系列电缆都有其独立的订货号，其最大允许长度也是不同的。常见的电缆系列有 MOTION-CONNECT 500、MOTION-CONNECT 800 等。

MOTION-CONNECT 500（MC500）：适用于固定安装的场合。

MOTION-CONNECT 800（MC800）：适用于各种应用场合，尤其是需要拖动电缆的场合，高机械强度，抗油污。它们的区别见表 2-36。

可以使用 DRIVE_CLiQ 电缆耦合器（6SL3066-2DA00-0AB0）将两段电缆连接在一起，从而实现 MC500 与 MC800 的混合连接，耦合器需要配合防护等级为 IP67 的 DRIVE_CLiQ 插头使用。

在将 MC500 电缆与 MC800 电缆混用时，需要遵循以下原则：

$$\sum MC500+2\times\sum MC800+nc\times5\,m\leq100\,m$$

式中，∑MC500 ——订货号为 6FX5002-2DCxx 的各段电缆的长度之和；

∑MC800 ——订货号为 6FX8002-2DCxx 的各段电缆的长度之和；

nc ——DRIVE_CLiQ 电缆耦合器的数量，最多 3 个。

例如，MC500 电缆长度为 35 m 时，通过一个 DRIVE_CLiQ 耦合器可以连接 MC800 电缆的最大长度为 30 m。

表 2-36　不同系列 DRIVE-CLiQ 电缆的最大允许长度

线色	物理连接	屏蔽	订货号	防护等级	最大允许长度/m
灰色	不带 24 V	不带屏蔽层	6FX2002-1DC00-xxxx	IP20/IP20	70
			6FX2002-1DC20-xxxx	IP67/IP67	70
绿色	带 24 V	带屏蔽层	6FX5002-2DC00-xxxx	IP20/IP20	100（MC500）
			6FX5002-2DC10-xxxx	IP20/IP67	100（MC500）
			6FX5002-2DC20-xxxx	IP67/IP67	100（MC500）
			6FX8002-2DC00-xxxx	IP20/IP20	50（MC800）
			6FX8002-2DC10-xxxx	IP20/IP67	50（MC800）
			6FX8002-2DC20-xxxx	IP67/IP67	50（MC800）

另外，还可以使用 DRIVE-CLiQ 集线器 DMC20（6SL3055-0AA00-6AA0）或 DME20（6SL3055-0AA00-6AB0）来延长电缆的最大允许长度。

使用 DMC20 或 DME20 可以使电缆最大允许长度翻倍，需要遵循的原则如下：

集线器之前：$\sum MC500+2\times\sum MC800+nc\times5\ m\leqslant100\ m$

集线器之后：$\sum MC500+2\times\sum MC800+nc\times5\ m\leqslant100\ m$

SINAMICS S120 驱动系统最多允许两个集线器串联，这样在使用 MC500 电缆时最大允许长度可以达到 300 m。

SINAMICS S120 驱动系统 DRIVE-CLiQ 电缆最大长度应用举例如图 2-46 所示。

2. 必须遵守的 DRIVE-CLiQ 布线规则

进行 DRIVE-CLiQ 组件的布线时，需遵循特定规则，这样便不必对 STARTER 软件中离线创建的拓扑结构进行修改。必须遵循的 DRIVE-CLiQ 布线规则如下：

1）控制单元的一条 DRIVE-CLiQ 支路上禁止连接超过 14 个 DRIVE-CLiQ 节点（例如 12 个 V/f 轴+1 个电源模块+1 个附加模块）。

2）一个控制单元上禁止连接超过 8 个电动机模块，多轴电动机模块上，一根轴相当于一个模块（1 个双轴电动机模块 = 2 个电动机模块），特例：CU320-2 采用 V/f 控制时最多允许连接 12 个电动机模块。

3）V/f 控制中，控制单元的一条 DRIVE-CLiQ 支路上禁止连接超过 4 个节点组件。

4）组件禁止环形布线和重复布线。

5）在包含一个 DRIVE-CLiQ 连接的拓扑结构中，只有一个控制单元允许用作 DRIVE-CLiQ 主站。

6）书本型装置：禁止并联电源模块或电动机模块。

7）装机装柜型装置：只在矢量控制和 V/f 控制中允许并联，一条并联回路内禁止连接超过 4 个电源模块或 4 个电动机模块，且一条并联回路在拓扑结构中只有一个驱动对象。

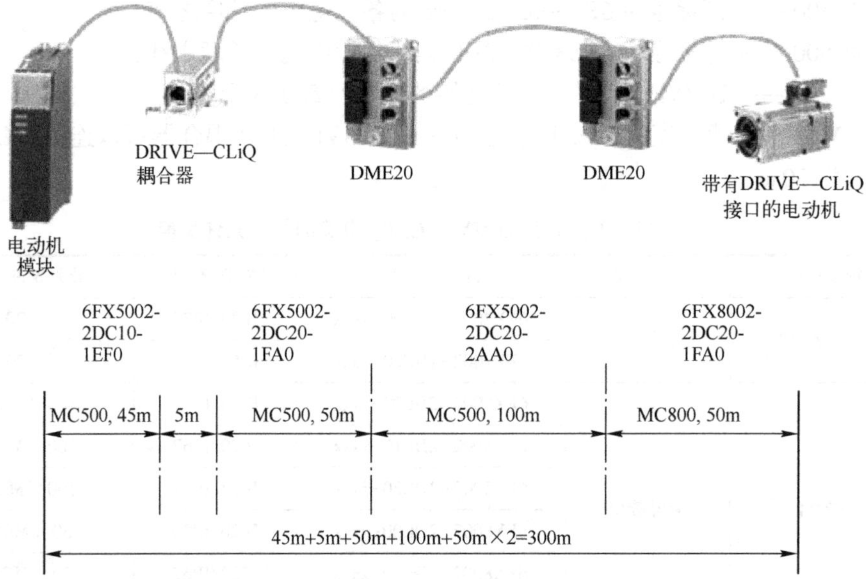

图 2-46　DRIVE-CLiQ 电缆最大长度应用举例

8）并联电动机模块时，每个电动机模块仅允许配备一个集成 DRIVE-CLiQ 接口（SINAMICS 编码器模块）。

9）不同结构类型的混用：装机装柜型电动机模块和书本型电动机模块必须连接到不同的 DRIVE-CLiQ 支路上。

10）不同控制模式的混用：禁止混合使用伺服控制和矢量控制，允许混合使用 V/f 控制和矢量控制或伺服控制。

11）最多可连接 24 个驱动对象（Drive Objects，即 DOs）。

详细的 DRIVE-CLiQ 布线规则，参见 S120 功能手册 FH1 的 12.10 章节。

3. 六种 DRIVE-CLiQ 连接示例

（1）采用矢量控制的脉冲频率相同的驱动组

驱动组中包含 3 个脉冲频率相同的装机装柜型电动机模块，或 3 个采用矢量控制的书本型电动机模块。脉冲频率相同的装机装柜型电动机模块或采用矢量控制的书本型电动机模块可连接在控制单元的一个 DRIVE-CLiQ 接口上，图 2-47 所示的是将 3 个电动机模块连接至 DRIVE-CLiQ 接口 X101 的方案。

1）针对 DRIVE-CLiQ 组件（控制单元除外），DRIVE-CLiQ 端子 Xx00 为输入端，其他为输出端。

2）单独的电源模块应直接连接至控制单元的 DRIVE-CLiQ 端子 X100。

3）控制单元的 DRIVE-CLiQ 电缆应连接至第一个电动机模块的端口 X400，电动机模块间的 DRIVE-CLiQ 电缆应从端口 X401 连接到下一个组件的端口 X400 上。

（2）采用矢量控制的脉冲频率不同的驱动组

脉冲频率不同的电动机模块最好连接至控制单元上的不同的 DRIVE-CLiQ 支路上，当然也可连接到相同的 DRIVE-CLiQ 支路上。图 2-48 所示的是驱动组中包含 4 个脉冲频率不同的装机装柜型电动机模块：两个脉冲频率为 2 kHz，两个脉冲频率为 1.25 kHz。

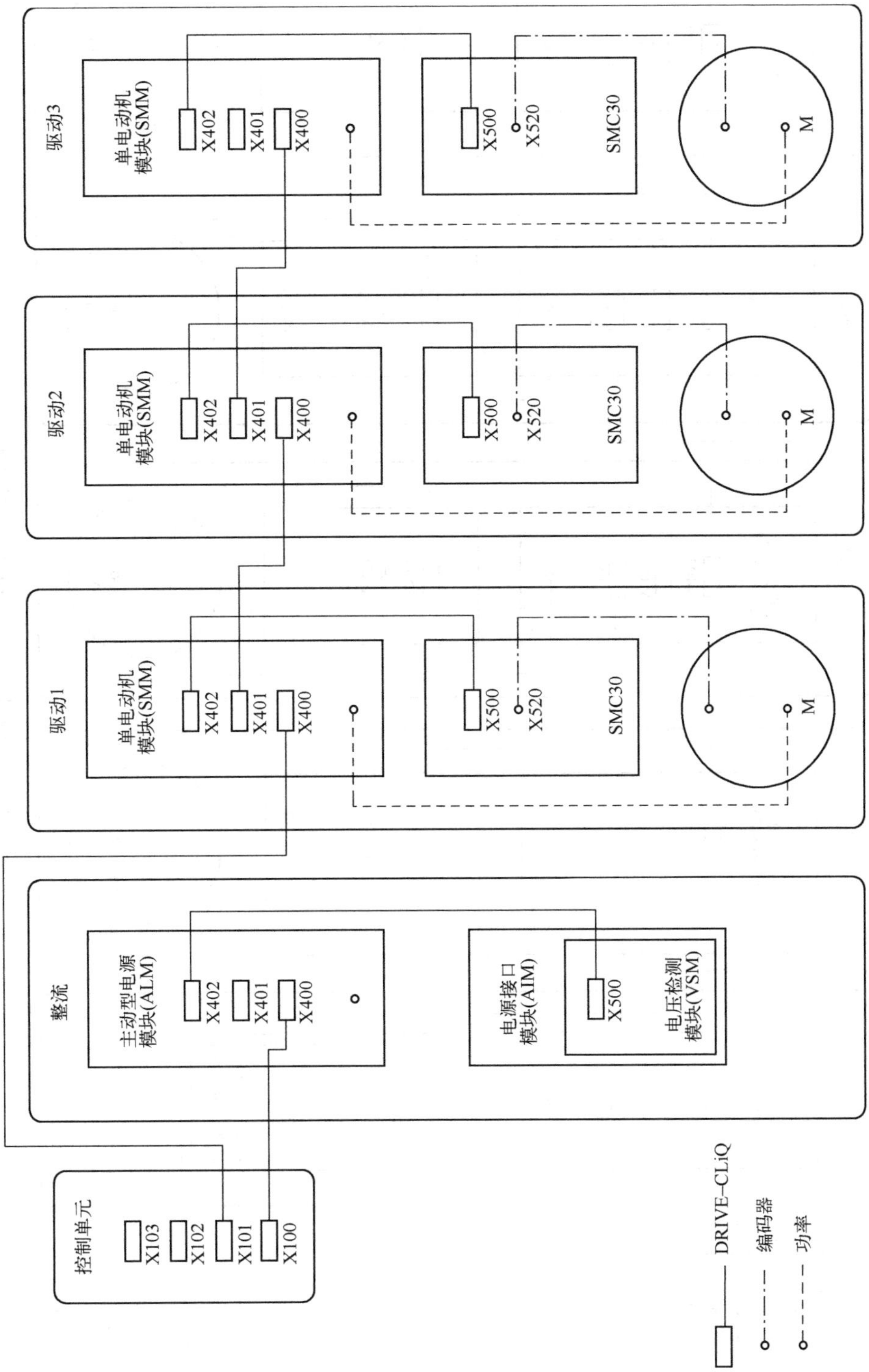

图2-47　脉冲频率相同的驱动组（装机装柜型）

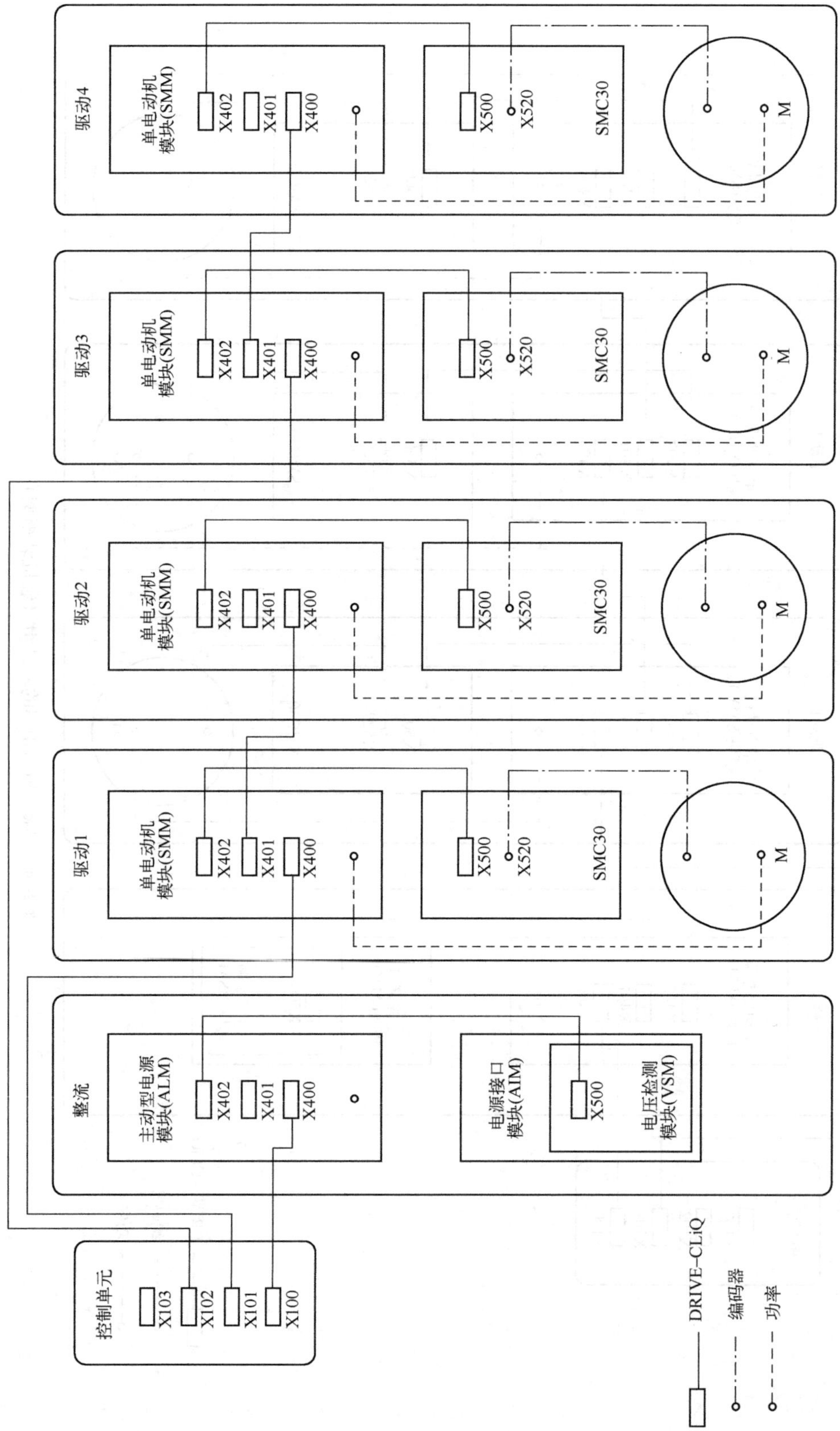

图2-48 脉冲频率不同的驱动组（装机装柜型）

1）脉冲频率不同的电动机模块分别连接至控制单元上的 DRIVE-CLiQ 端子 X101 和 X102 上。

2）脉冲频率相同的电动机模块连接在控制单元的一个 DRIVE-CLiQ 支路上。

3）通过 DRIVE-CLiQ 将电动机编码器或编码器模块连接至电动机模块端子 X402。

（3）采用矢量控制的含有并联模块的驱动组（装机装柜型）

如图 2-49 所示，驱动组中包含 2 个并联的电源模块和相同类型的装机装柜型电动机模块：

1）2 个调节型电源模块和 2 个电动机模块分别连接在控制单元上的 DRIVE-CLiQ 端子 X100 和 X101 上。

2）每个 AIM 分别连接至各自的 ALM 的端子 X402 上。

3）通过 DRIVE-CLiQ 将电动机编码器或编码器模块连接至第一台电动机模块的端子 X402 上。

（4）S120 功率模块布线示例

模块型 PM240 通过 PM-IF 接口直接连接控制单元 CU310-2，装机装柜型功率模块通过 DRIVE-CLiQ 接口连接控制单元：

1）模块型 PM240：配备控制单元 CU310-2，通过编码器连接至端子 X100，或连接至 TM31 的 X501，再由 TM31 的端子 X500 连接到端子 X100，如图 2-50 所示。

2）装机装柜型功率模块：通过 DRIVE-CLiQ 接口端子 X401、X400 连接电动机编码器或编码器模块，由端子 X402 连接至控制单元，如图 2-51 所示。

（5）伺服控制中的驱动布线示例

如图 2-52 所示，采样周期为 250 μs/ALM、125 μs/电动机模块、1 ms/端子模块 TMx：

1）尽可能不要将端子模块和直接测量系统的编码器模块连接到电动机模块的 DRIVE-CLiQ 支路上，而是连接至控制单元的空置 DRIVE-CLiQ 接口。

2）在采用伺服控制、电流控制器周期为 125 μs，包含一个电源模块的 6 轴最大组态范围条件下，最多可连接 9 个编码器。

图 2-52 中，SMM 是单轴电动机模块，DMM 是双轴电动机模块，SMx 是电动机编码器，SMy 是直接测量系统，TMx＝TM31、M15DI/DO、TB30。

（6）V/f 控制的布线示例

如图 2-53 所示，采样周期为 250 μs/ALM、500 μs/电动机模块、2 ms/端子模块 TMx：

1）在 V/f 控制中最多可控制 12 个轴。

2）在矢量 V/f 控制中，控制单元的一条 DRIVE-CLiQ 支路上禁止连接超过 4 个节点。

图 2-53 中，ALM 是调节型电源模块，TMx 是 TM31、TM15DI/DO。

以上为 S120 系统中 DRIVE-CLiQ 通信的简介，详细介绍及硬件配置详见 S120 功能手册 FH1 和相关设备手册（《SINAMICS S120 书本型功率单元设备手册》《SINAMICS S120 装机装柜型功率单元设备手册》《SINAMICS S120 控制单元和扩展系统组件设备手册》）。

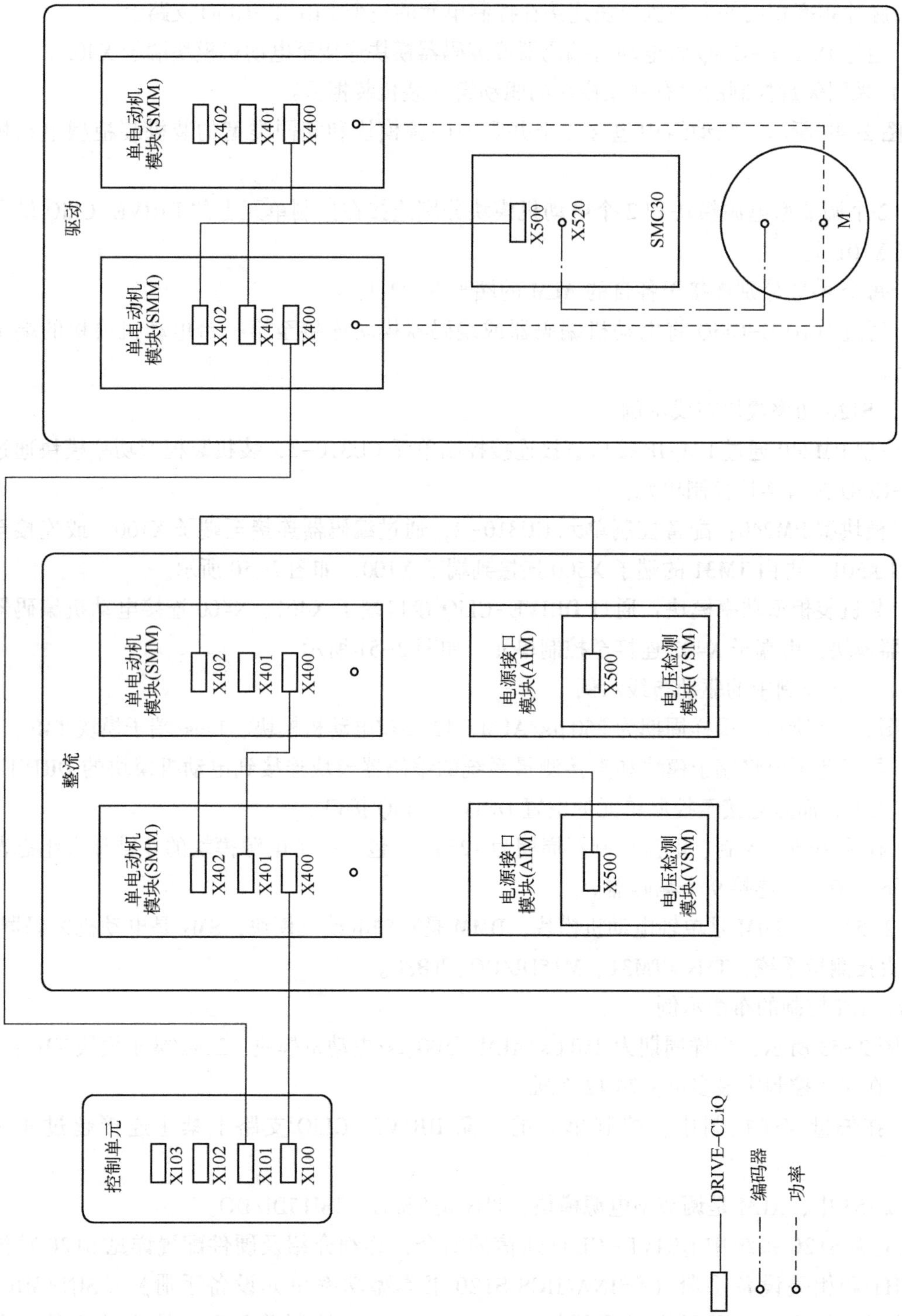

图2-49 由并联的装机装柜型功率单元组成的驱动组

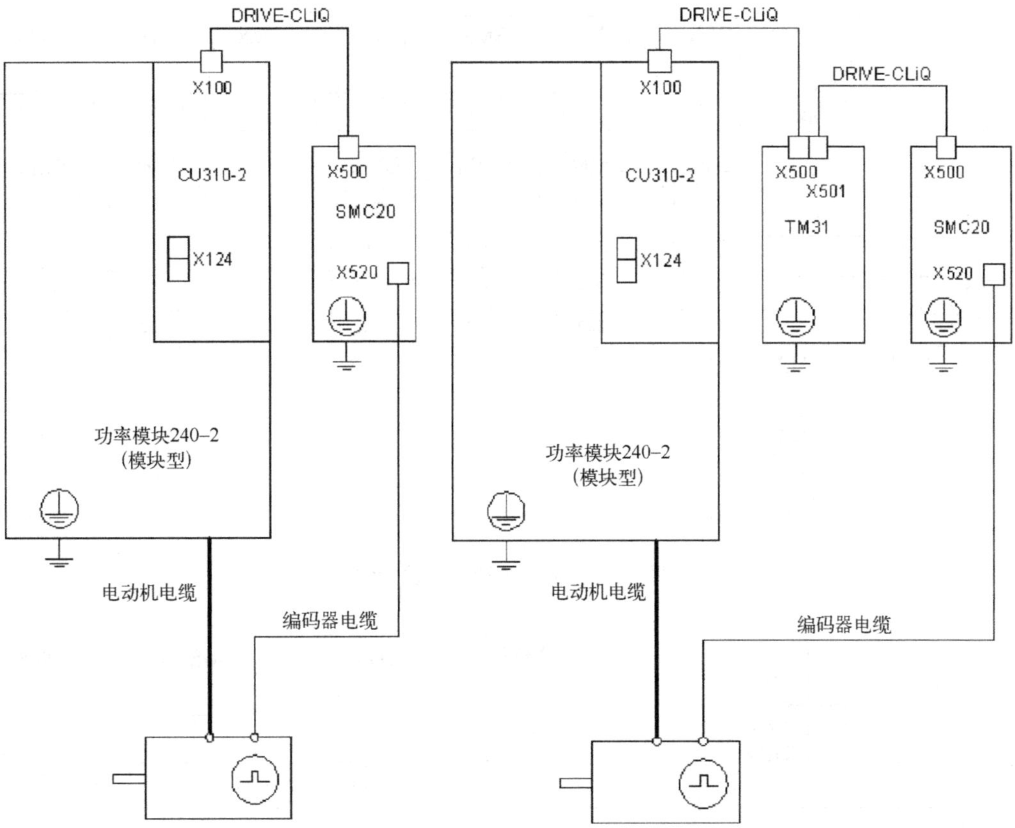

图 2-50　模块型功率模块构成的驱动系统

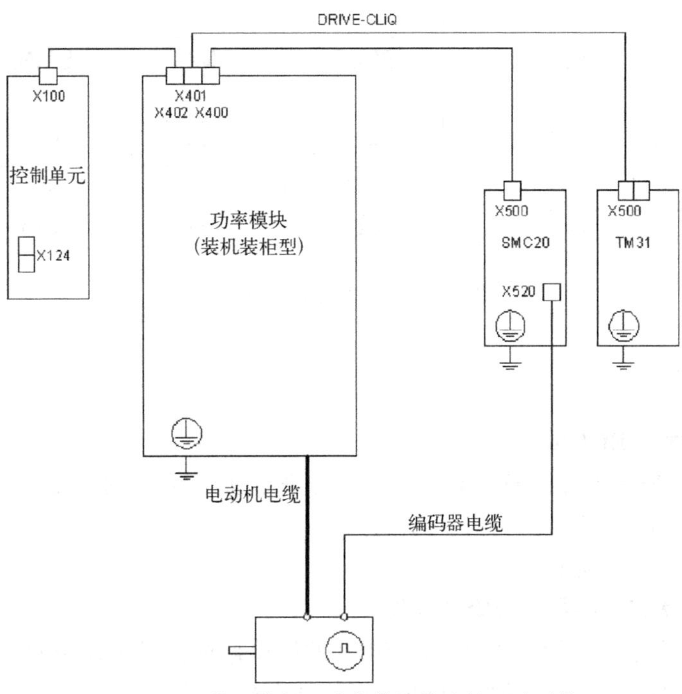

图 2-51　装机装柜型功率模块构成的驱动系统

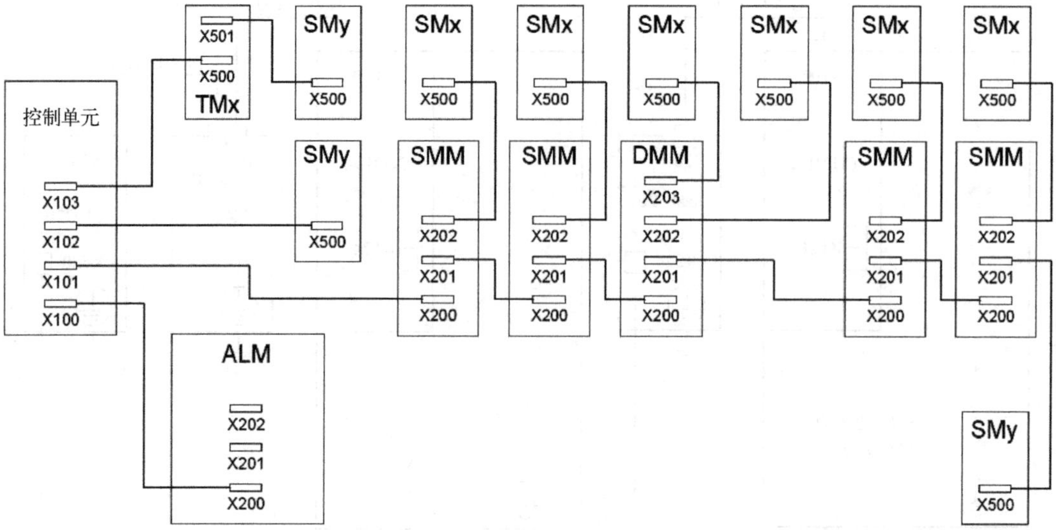

图 2-52　伺服驱动的布线示例

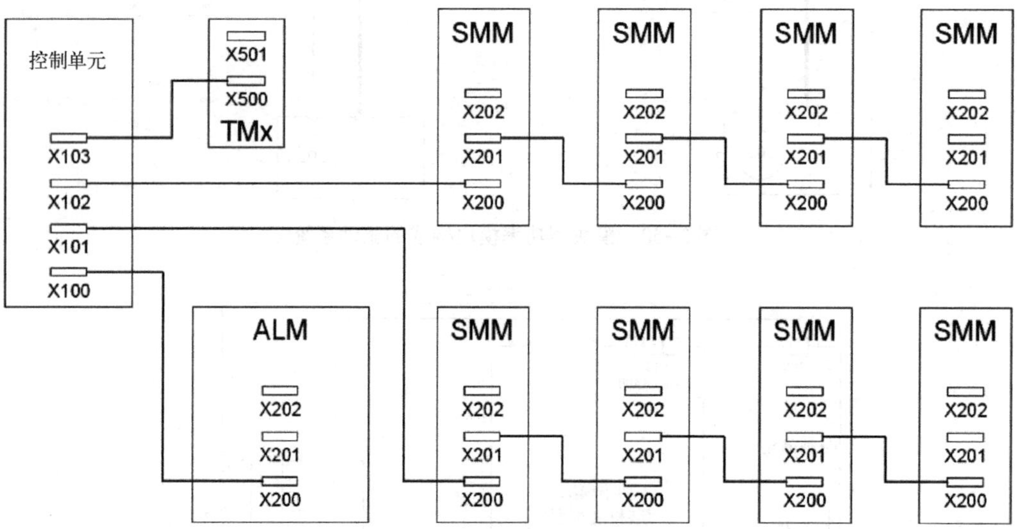

图 2-53　V/f 控制的布线示例

2.3.9　操作面板

1. 基本操作面板 BOP20

基本操作面板 BOP20 是一款简易操作面板（需单独订货），如图 2-54 所示，可以插放在控制单元上进行操作，用以实现下列功能：

1）输入参数和激活功能。

2）显示运行状态、参数、报警和故障。

使用 BOP20 面板可以进行 SINAMICS S120 的简单调试，对于复杂的多轴传动系统，使用 BOP20 调试非常烦琐，推荐使用 STARTER 软件进行调试。

BOP20 基本操作面板带两行显示区域、6 个按键和一个带有背光的屏幕。其后部集成有插头连接器，为 BOP20 基本操作面板与控制单元的通信供电。BOP20 基本操作面板的显示区和按键说明分别见表 2-37 和表 2-38。

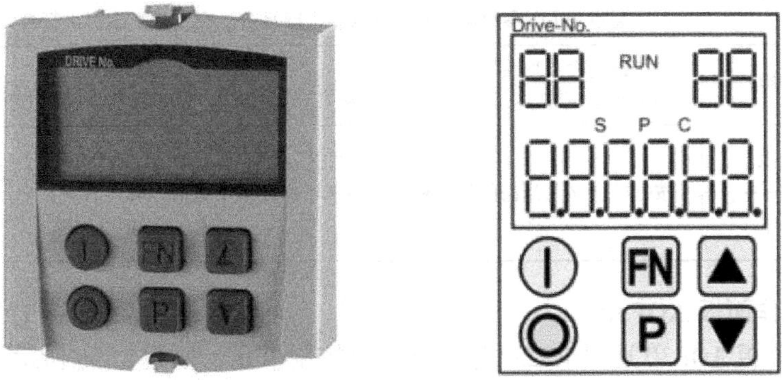

图 2-54　基本操作面板 BOP20

表 2-37　操作面板 BOP20 显示区说明

显　　示	含　　义
左上，2 位	显示 BOP 的激活驱动对象。 显示与按键操作始终是针对该驱动对象。
RUN	当驱动组中至少有一个驱动的状态为 RUN（运行中）时，亮起。 也可以通过各驱动的位 r0899. 2 来显示 RUN。
右上，2 位	在此区域中显示以下内容： • 超过 6 个数字：存在但没有显示的字符 （例如：“r2” →右边有 2 个字符没有显示，“L1” →左边有 1 个字符没有显示） • 故障：选择/显示其他有故障的驱动 • BICO 输入的标识（bi，ci） • BICO 输出的标识（bo，co） • 与另一个驱动对象（与当前激活的驱动对象不同）进行 BICO 互联连接的源对象
S	在至少有一个参数被修改并且参数值还未保存到非易失存储器中时，显示
P	当参数值在按下 P 按键之后才会生效时，显示
C	在至少有一个参数被修改并且用于一致性数据管理的计算尚未启动时，显示
下方，6 位	显示，如参数、索引、故障和报警

表 2-38　操作面板 BOP20 按键说明

按　　键	名　　称	含　　义
	ON	接通收到 BOP“ON/OFF1”指令的驱动 BO r0019. 0 用该键设置
	OFF	驱动器停止按键。BOP 发出“ON/OFF1”，“OFF2”或“OFF3”指令给驱动器 按下此键会同时复位二进制互联输出 r0019. 0、. 1 和 . 2。松开此键后，二进制互联输出 r0019. 0、. 1 和 . 2 重新设置为“1”信号 提示： 可以通过 BICO 参数设置来定义这些按键的有效性（比如：可通过这些按键同时控制现有的全部轴）

（续）

按　键	名　称	含　义
FN	功能	该按键的含义取决于当前的显示 提示： 可以通过 BICO 参数设置来定义这些按键是否能在发生故障时进行有效应答
P	参数	该按键的含义取决于当前的显示 如果按住该键 3 s，将执行功能“从 RAM 向 ROM 复制”。“S” 从 BOP 显示屏中消失
▲	上	按键的含义与当前的显示相关，用来增加或减小数值
▼	下	

2. 高级操作面板 AOP30

高级操作面板 AOP30 通过 RS232 串口连接至控制单元，如图 2-55 所示，可以安装在柜门上。

AOP30 可以显示纯文本内容，也可以通过状态条显示过程变量。它还支持中文显示，能够方便地对驱动系统进行调试、操作和诊断。

AOP30 高级操作面板是 SINAMICS 系列的一种可选购的输入/输出设备，支持中文界面显示，用于调试、操作和诊断。V2.5 版本以上的变频器支持中文界面显示，AOP30 和控制单元 CU320-2 之间通过串行接口 RS232 进行 PPI 协议通信。该操作面板适合安装在厚度为 2~4 mm 的控制柜柜门中。

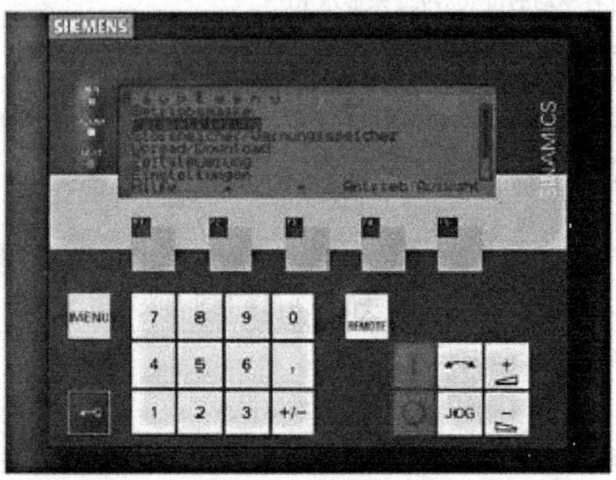

图 2-55　高级操作面板 AOP30

2.4　案例 1——使用 SIZER 软件进行选型

SIZER 软件是西门子驱动产品的选型工具软件，它通过流程化视图指导使用者从机械配置、供电系统、驱动组件（包含选件和电缆等）到电动机选择等逐步完成选型设计工作。它还能自动生成设备清单、特征曲线、参数文件和配置图表。

选型步骤请参考表 2-39，选型完成的项目文件为本书配套资源中的 “SIZER DEMO”，读者可通过扫描封底二维码获取下载链接。

说明：

1）SIZER 软件不需要授权；

2）SIZER 软件还可进行 S7-1500T PLC 的选型；

3）建议使用最新版的 SIZER 软件进行选型，否则所选硬件可能已经淘汰。

表 2-39　使用 SIZER 软件进行选型的步骤

<table>
<tr><th>步骤及名称</th><th>图示及说明</th></tr>
<tr><td>1. 新建项目</td><td>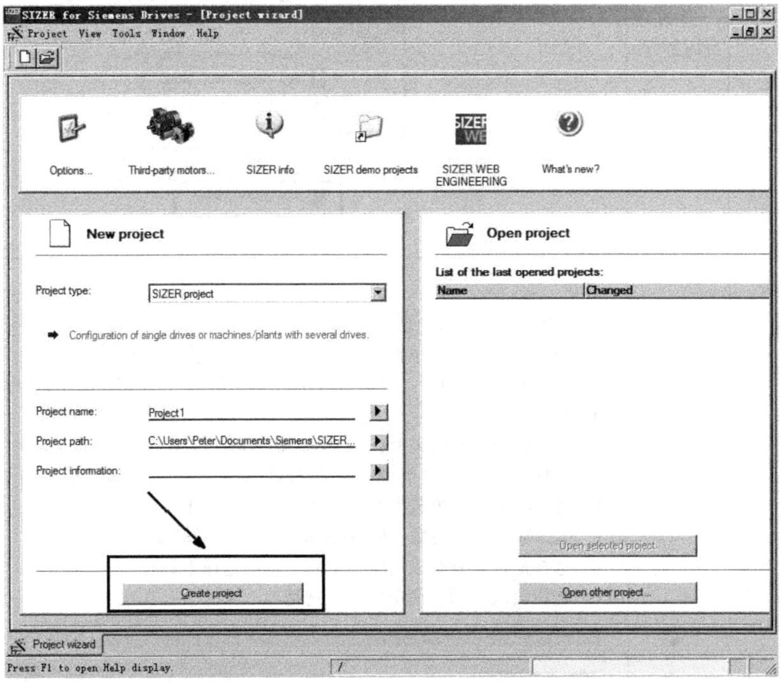
</td></tr>
<tr><td>2. 配置供电系统的属性</td><td>可设置标准电压的大小和频率、电压允许的范围以及允许的短期电压波动的范围
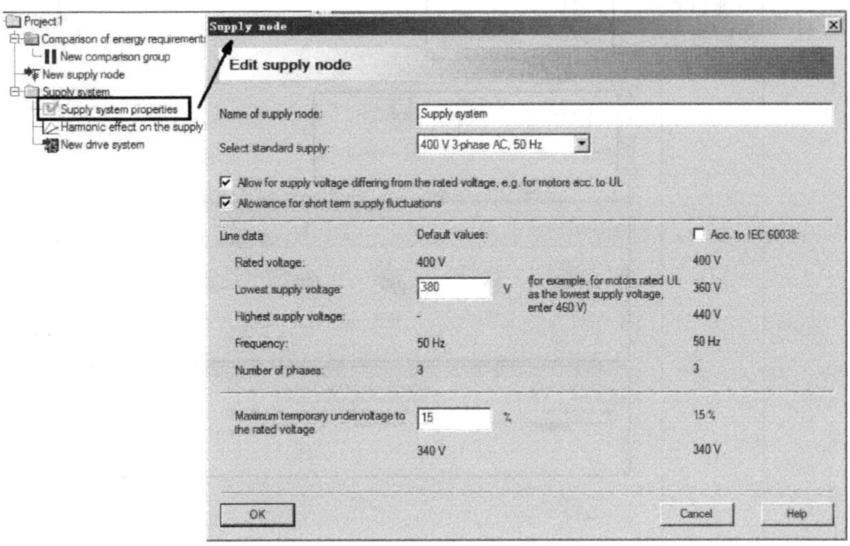
</td></tr>
</table>

（续）

<table>
<tr><th colspan="2">步骤及名称</th><th>图示及说明</th></tr>
<tr><td rowspan="2">3. 配置驱动系统</td><td>通过项目树打开</td><td>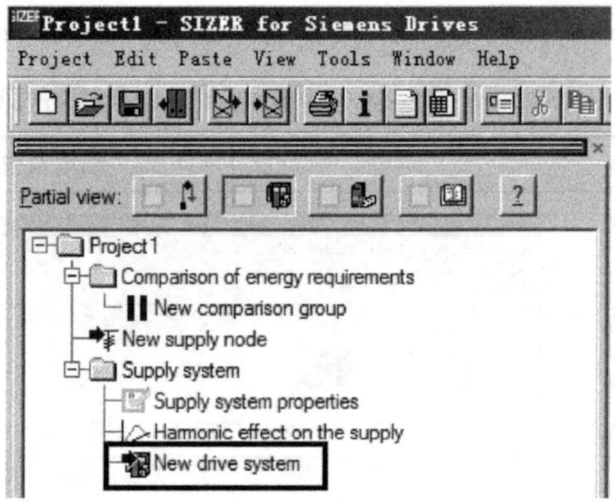
</td></tr>
<tr><td>确定系统的整体框架</td><td>下图中各处的含义分别为：
A. 驱动系统类型：单轴或多轴，本例中选择多轴驱动系统
B. 选择 S120 的种类：模块型（built in）/柜机（cabinet module）/针对紧凑型机床的驱动系统（combi）
C. 选择整流单元的类型：BLM/SLM/ALM
D. 选择 S120 的冷却类型：内部/外部风冷
E. 选择电动机及负载类型，本例选择 1FT/1FK
F. 选择轴的控制类型：伺服/矢量，本例选择伺服
G. 选择是否具有集成的安全功能，本例选择不具有
H. 选择负载类型，简单电动机选型
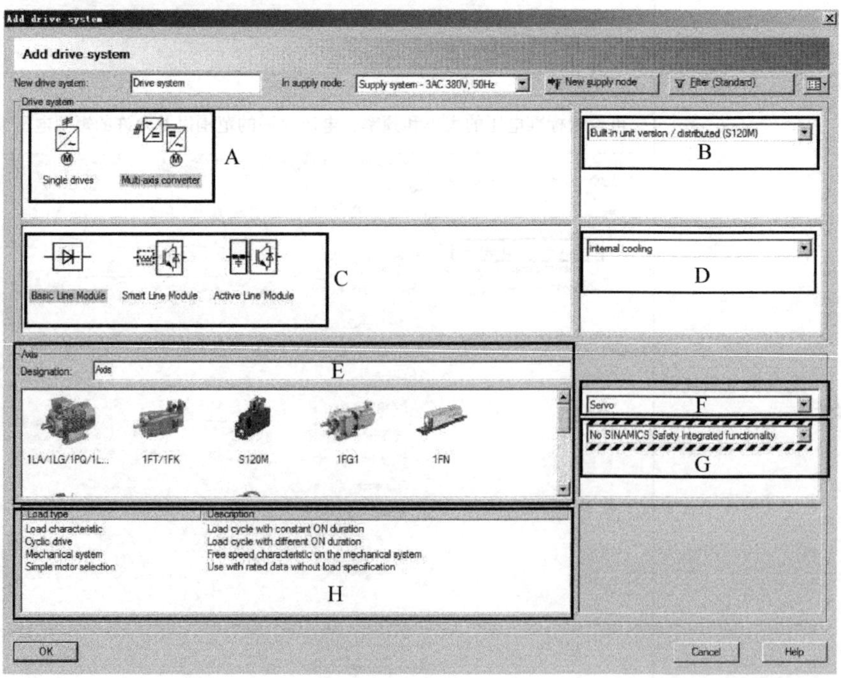
</td></tr>
</table>

（续）

步骤及名称		图示及说明
4. 电动机选型向导	通过导览图打开	按照导览图中从左至右的顺序依次选择电动机、电动机模块、输出组件、电源模块、系统组件，即先确定后端，再确定前端 首先，单击 Motor 右边的下拉列表框进入电动机选型向导 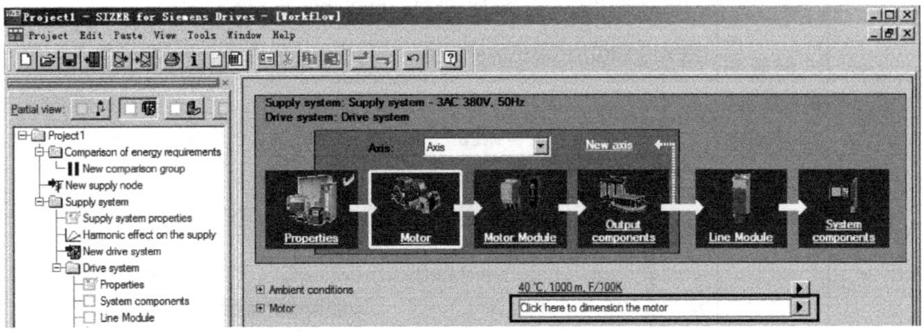
	配置减速箱数据	下图中各处的含义分别为： A．选择与电动机直接相连的减速箱的类型，本例中选择蜗杆减速箱 B．选择减速比，本例为 24 C．选择减速机的安装方式，本例为水平安装 D．该处可以直接单击某个选项框进行向导内容的切换，如果单击下方的“Next”按钮，则将按顺序切换 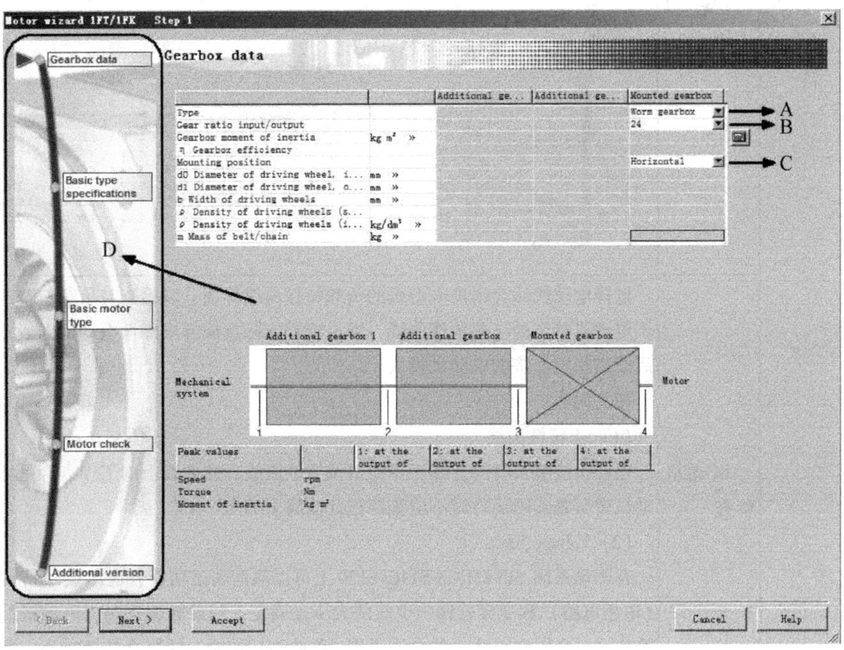

（续）

<table>
<tr><th colspan="2">步骤及名称</th><th>图示及说明</th></tr>
<tr><td rowspan="3">4. 电动机选型向导</td><td>配置编码器、冷却及抱闸等类型</td><td>下图中各处的含义分别为：
A. 选择电动机编码器类型，本例中为非多圈（单圈）
B. 冷却方式，本例为自冷
C. 是否带有抱闸，本例为无抱闸
D. 如果之前已选择好电动机，可在此处直接输入订货号
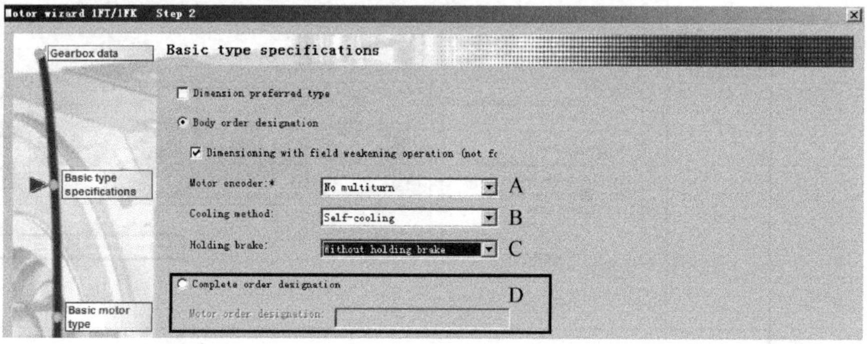
</td></tr>
<tr><td>电动机选择</td><td>按照负载连续长时间工作所需的额定功率、转速、电流、扭矩，短时加速或过载所需的最大扭矩、电流等选择电动机
选择好后，单击“Next”按钮
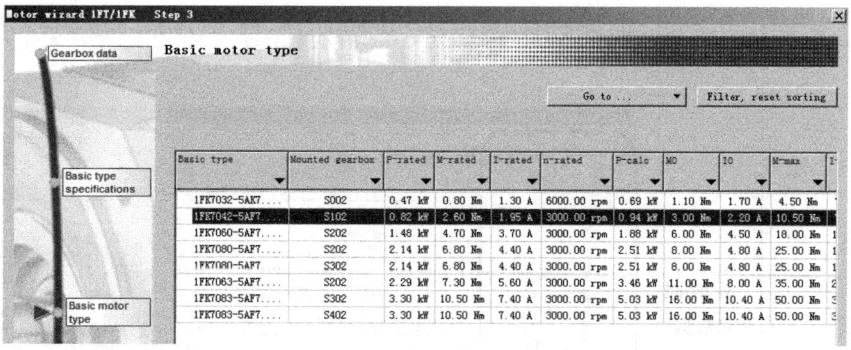
</td></tr>
<tr><td>电动机检查</td><td>选择电动机后会出现电动机的负载特性曲线界面，以检查与负载是否匹配。电动机的选型应基于电动机特定的极限特性曲线，可以根据实际负载需求降低电动机的额定工作点和 S1 特性曲线，后续选择更经济的电动机模块
相关说明：
（1）S1 特性曲线
电动机能够长时间连续工作的机械特性曲线，此曲线上的工作点都是电动机的额定工作点，电动机带负载连续运行时不应该超过此曲线上的点
（2）Voltage limit
在驱动系统 SINAMICS S110/S120 上可以取消弱磁功能，电压极限特性曲线的走向由绕组规格（电枢电路）和变频器输出电压的大小来确定。随着转速提高，电动机绕组中的感应电压也随之升高，这会限制可注入的电流强度，因此高转速时，转矩会快速减小。所有电动机可达到的工作点都位于电压极限特性曲线的左边</td></tr>
</table>

（续）

<table>
<tr><th colspan="2">步骤及名称</th><th>图示及说明</th></tr>
<tr><td rowspan="2">4. 电动机选型向导</td><td>电动机检查</td><td>(3) Field weakening char
SINAMICS S110/S120 驱动系统出厂时弱磁功能是激活的。它注入削弱磁场的电流，实现了在电压极限特性曲线右侧或高于该曲线的运行。磁场减弱时，电压极限特性曲线的走向由绕组规格（电枢电路）和变频器输出电压的大小来确定
(4) 电动机工作点的检查标准：
• 电动机的运行工作点位于电压限幅特性曲线的左边
• 电动机的运行工作点不能出现在电压限幅特性曲线和 S1 特性曲线都没有定义过的地方
• 电动机连续运行的工作点应该位于 S1 特性曲线左边，电动机短时加速运行的工作点应该在 S1 右边和电压限幅特性曲线的左边，在两者之间，这样选择比较合理
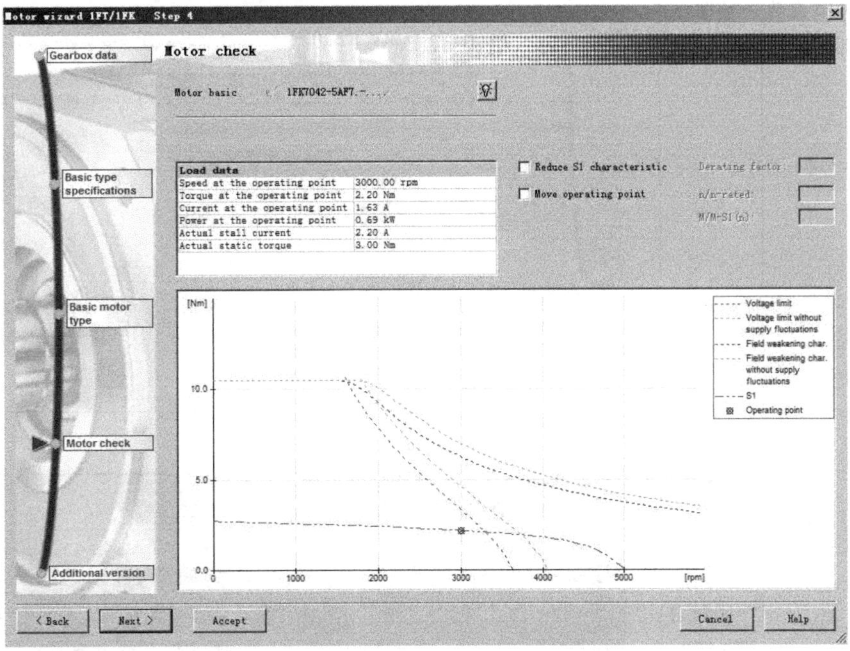
</td></tr>
<tr><td>辅助信息</td><td>下图中各处的含义分别为：
A. 电动机的安装方式
B. 电动机动力电缆接头的朝向
C. 电动机的编码器类型，可以选择绝对型或者增量型编码器
D. 电动机编码器的信号接口类型，若选择 DRIVE-CLiQ 接口的编码器，在此显示为“Motor integrated”；若选择不带 DRIVE-CLiQ 接口的编码器，在此显示为“External SMC module”
E. 电动机轴端是否带键槽
F. 电动机轴径向偏心度容许范围
G. 电动机的振动等级
H. 电动机的防护等级
I. 油漆选择
J. 选择电动机的减速箱</td></tr>
</table>

（续）

<table>
<tr><th colspan="2">步骤及名称</th><th>图示及说明</th></tr>
<tr><td>4. 电动机选型向导</td><td>辅助信息</td><td>完成后单击“Finish”按钮
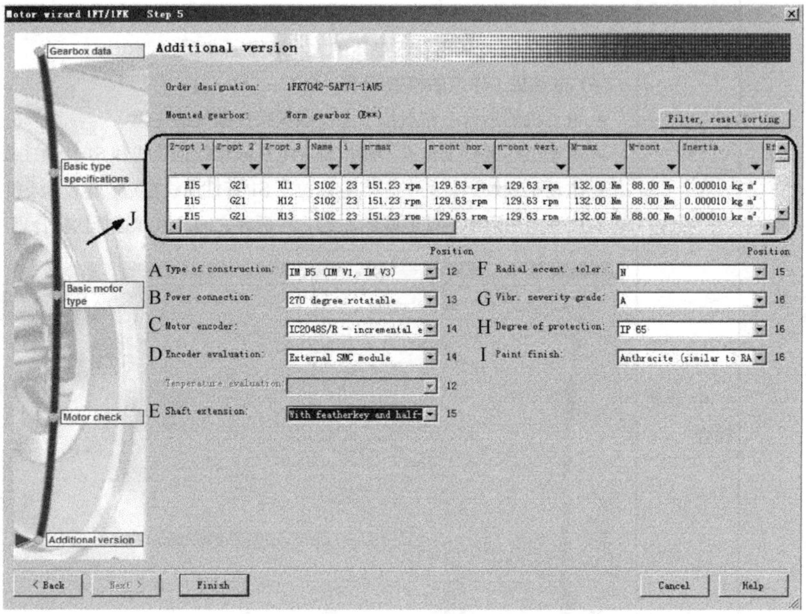
</td></tr>
<tr><td rowspan="2">5. 电动机模块选型向导</td><td>通过导览图打开</td><td>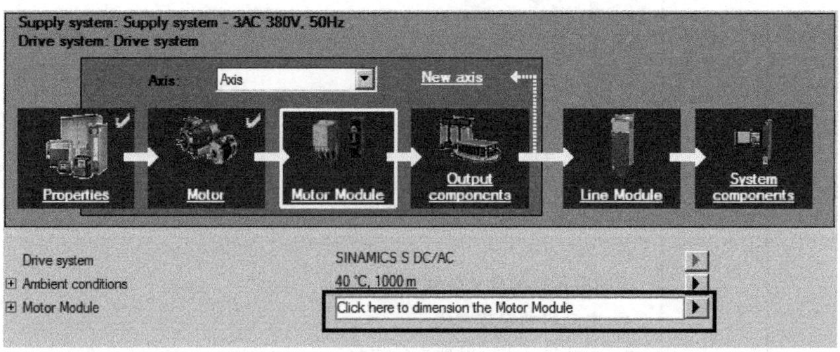
</td></tr>
<tr><td>电动机模块选择</td><td>Sizer 软件会根据前面的配置自动计算出三个电流，并列出所有满足要求的电动机模块，按从小到大的顺序排列，这三个电流依次是：
● Required continuous current（A 处）：电动机额定负载下长时间连续运行的工作电流，电动机模块的额定输出电流必须大于此值
● Required peak current（B 处）：电动机的峰值电流，电动机模块的峰值电流必须大于此值。此峰值可能作为电动机的短时极限加速扭矩使用
● Relevant stall current（C 处）：参考电动机的堵转电流选择电动机模块的额定电流</td></tr>
</table>

（续）

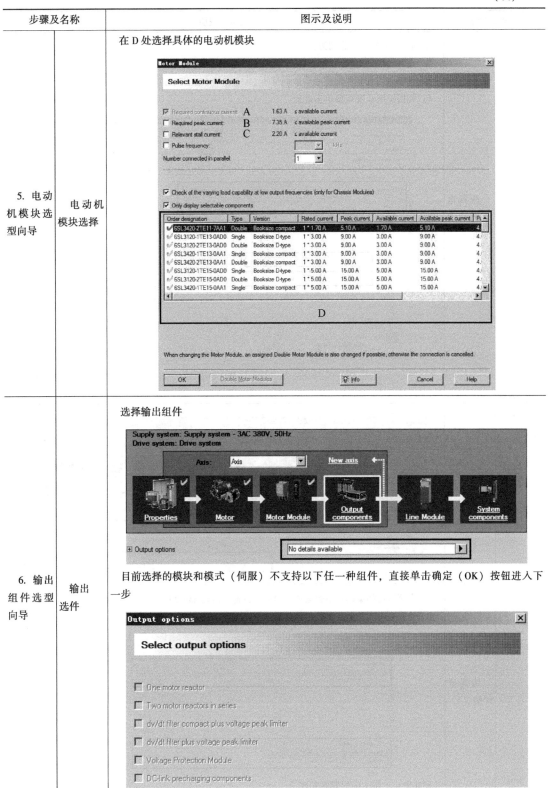

<table>
<tr><th colspan="2">步骤及名称</th><th>图示及说明</th></tr>
<tr><td>5. 电动机模块选型向导</td><td>电动机模块选择</td><td>在 D 处选择具体的电动机模块
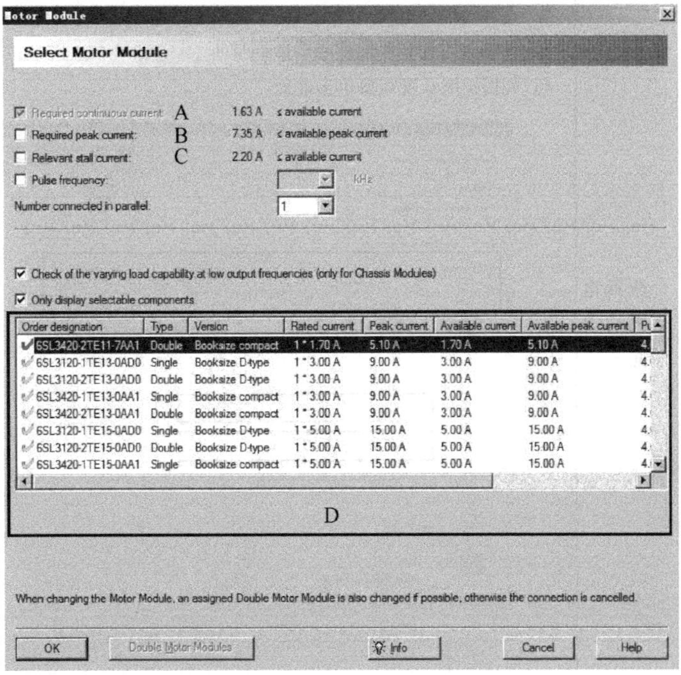
</td></tr>
<tr><td>6. 输出组件选型向导</td><td>输出选件</td><td>选择输出组件
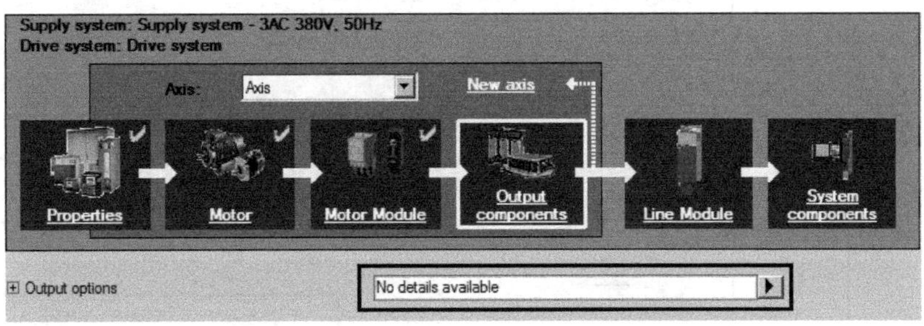

目前选择的模块和模式（伺服）不支持以下任一种组件，直接单击确定（OK）按钮进入下一步
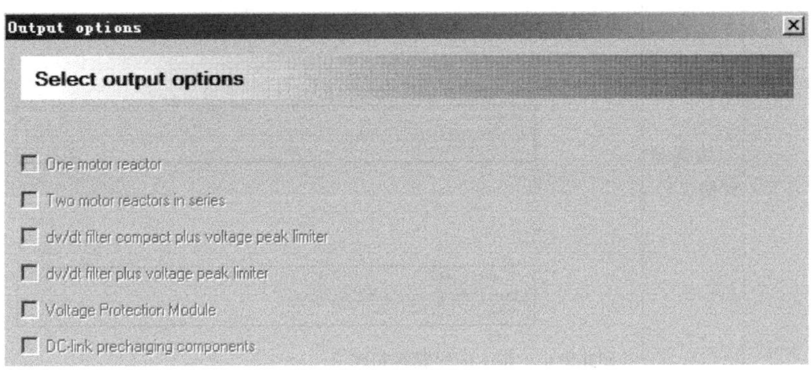
</td></tr>
</table>

（续）

<table>
<tr><th colspan="2">步骤及名称</th><th>图示及说明</th></tr>
<tr><td rowspan="3">6. 输出组件选型向导</td><td>选择电动机动力电缆</td><td>下图中各处的含义分别为：
A. 选择具体的电缆
B. 设置电缆的基本长度
C. 如需扩展长度需要单击此处
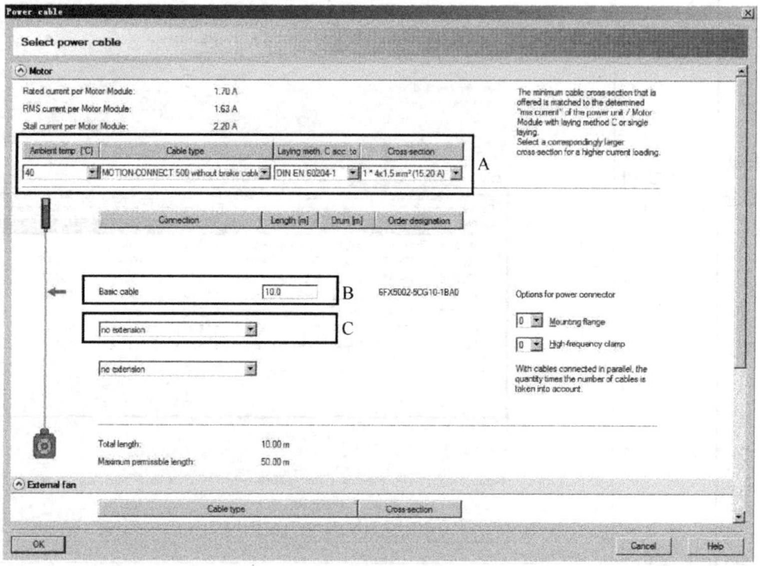</td></tr>
<tr><td>编码器评估（1）</td><td>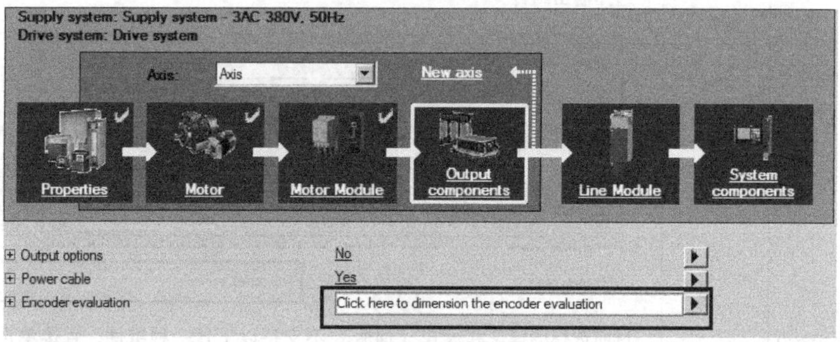</td></tr>
<tr><td>编码器评估（2）</td><td>A. 本例所选的编码器不带集成的 Drive-CLiQ，需要 SMC20
B. 外部编码器：如需要外部编码器，可在此进行选择
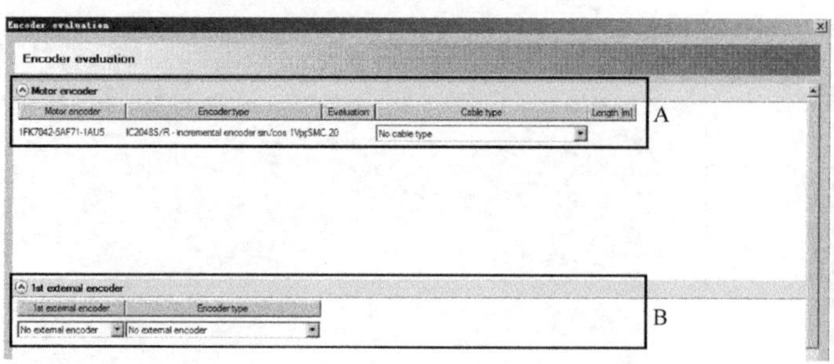
到此为止，轴 1 的配置就完成了</td></tr>
</table>

（续）

<table>
<tr><th colspan="2">步骤及名称</th><th>图示及说明</th></tr>
<tr><td colspan="2">7. 配置轴 2～轴 4</td><td>因为需要配置多轴系统，可以双击“New axis”配置其他轴。如果轴 2～轴 4 与之前配置过的轴相同，也可以复制粘贴
粘贴后，将轴 1～轴 4 分别命名为“Axis1”～“Axis4”
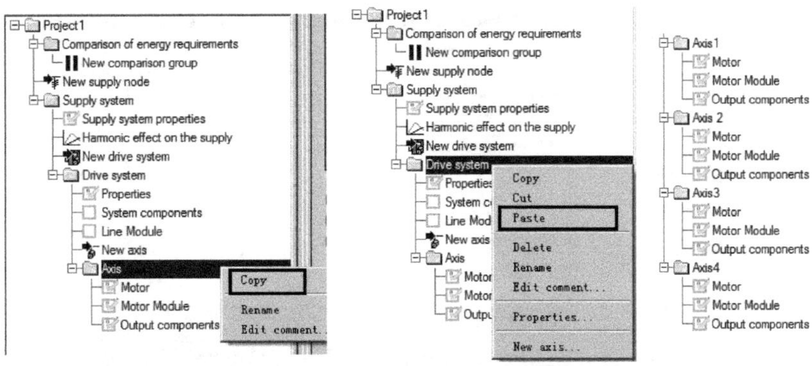
</td></tr>
<tr><td rowspan="3">8. 整流模块选型</td><td>电动机模块分配</td><td>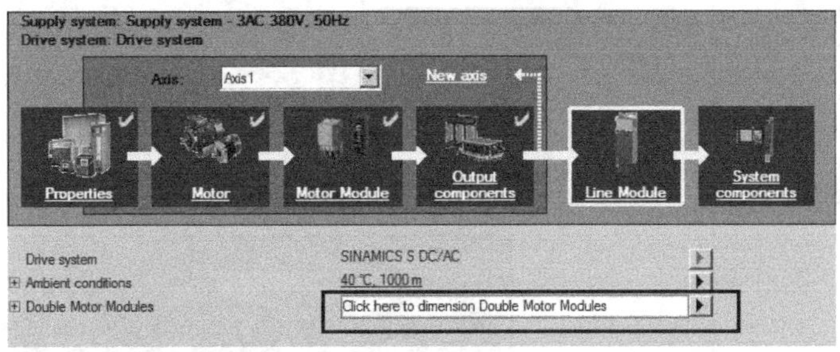

单击“Assign automatically”按钮进行电动机模块自动分配，该电动机模块是前面步骤选择过的
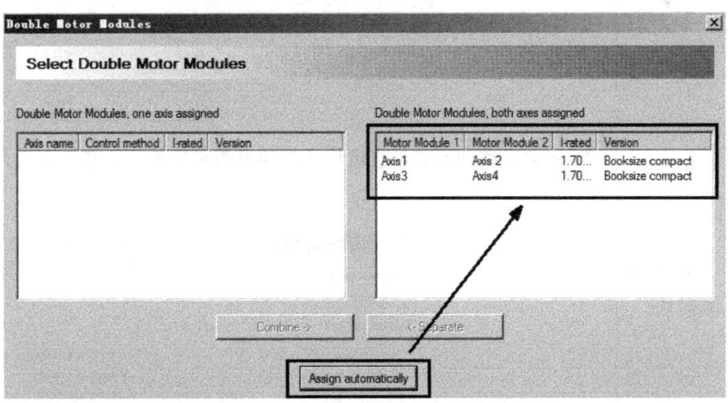
</td></tr>
<tr><td>确定母线的功率协调因数</td><td>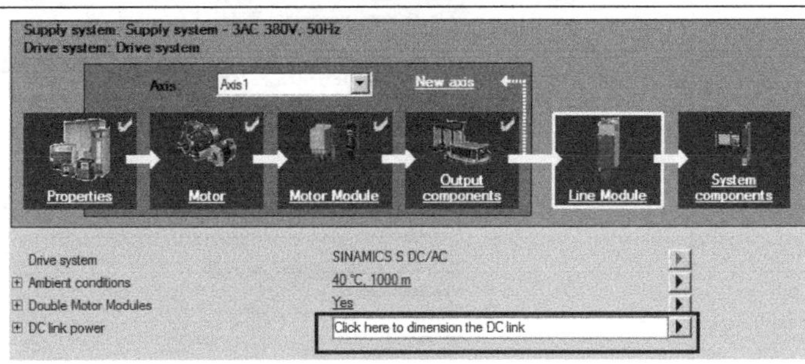
</td></tr>
</table>

（续）

<table>
<tr><th colspan="2">步骤及名称</th><th>图示及说明</th></tr>
<tr><td rowspan="2">8. 整流模块选型</td><td>确定母线的功率协调因数</td><td>功率协调因数：根据配置的多台电动机实际运行情况，对需要同时运行的系统进行修改，例如同一时刻只有 2 台电动机工作，另外 2 台不工作，则可以将该因数设置为 0.5，如果 4 台电动机同时工作，则设置为 1
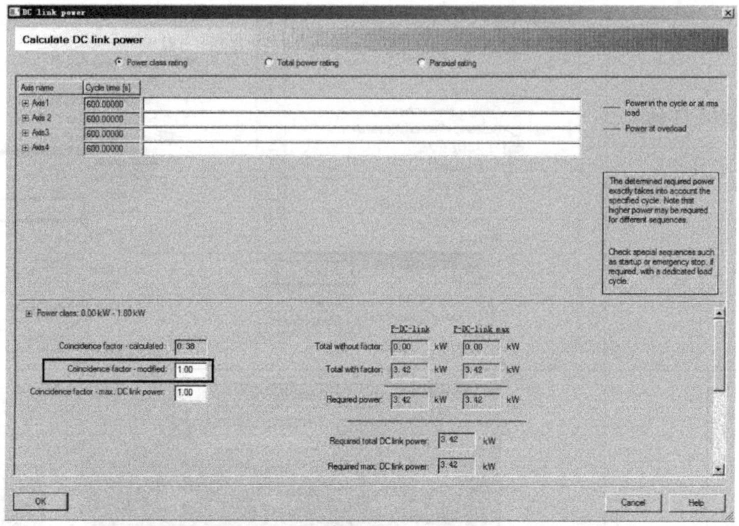</td></tr>
<tr><td>选择整流模块</td><td>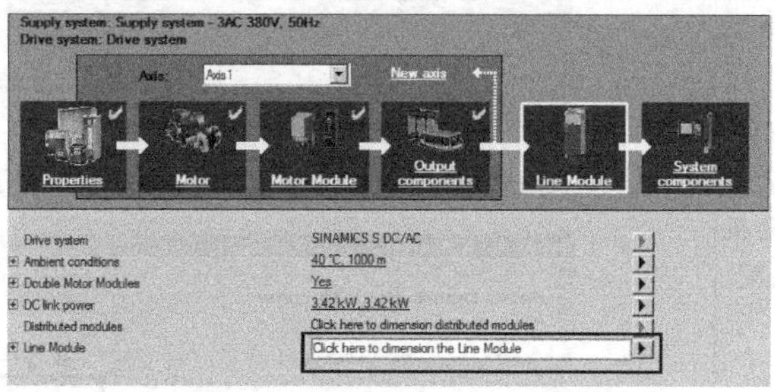
Sizer 会自动列出满足直流母线侧功率需求的模块，并从小到大进行排列，本例中选择其中的第一个
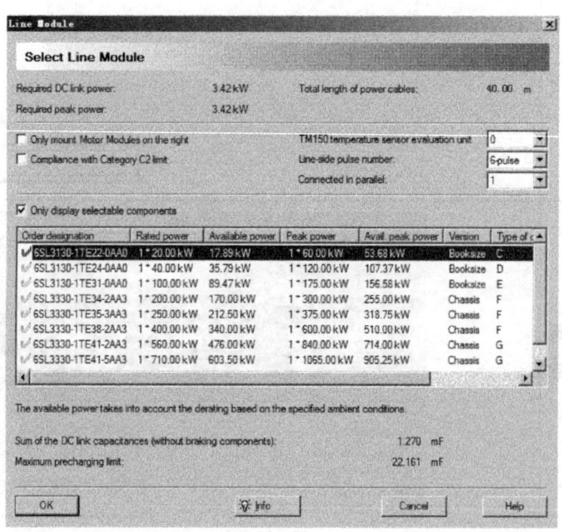</td></tr>
</table>

（续）

<table>
<tr><th colspan="2">步骤及名称</th><th>图示及说明</th></tr>
<tr><td>8. 整流模块选型</td><td>制动电阻的选择</td><td>
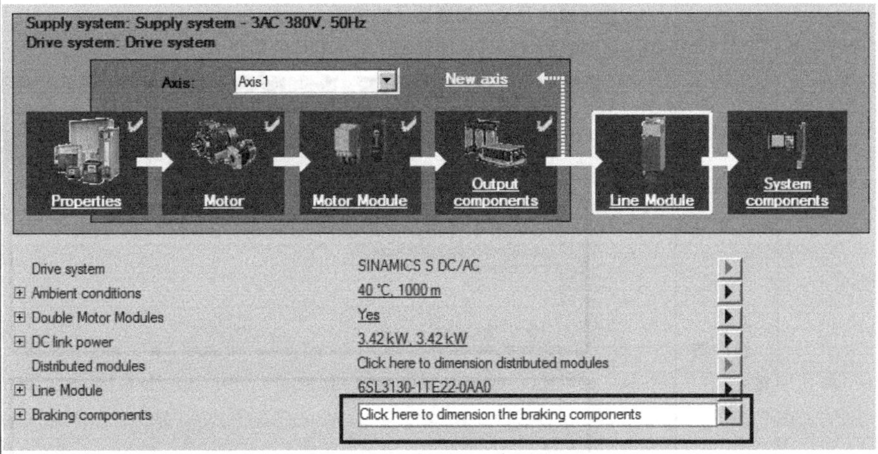

有时 Sizer 会将推荐的制动电阻默认选好。如果没有，则应该手动选择对应的制动电阻，并把对应文本框里面的 0 改为 1

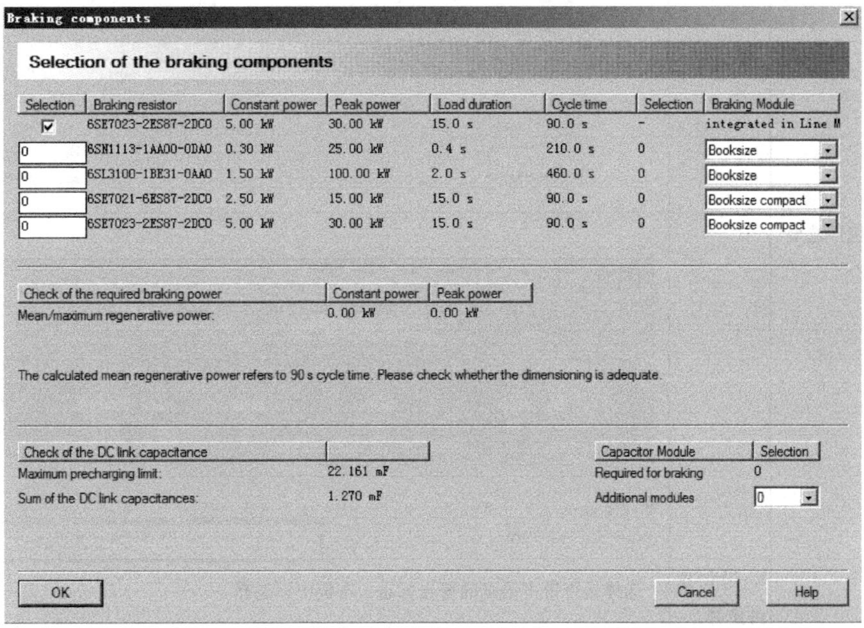

</td></tr>
<tr><td>9. 系统组件选型</td><td>组件选择</td><td>
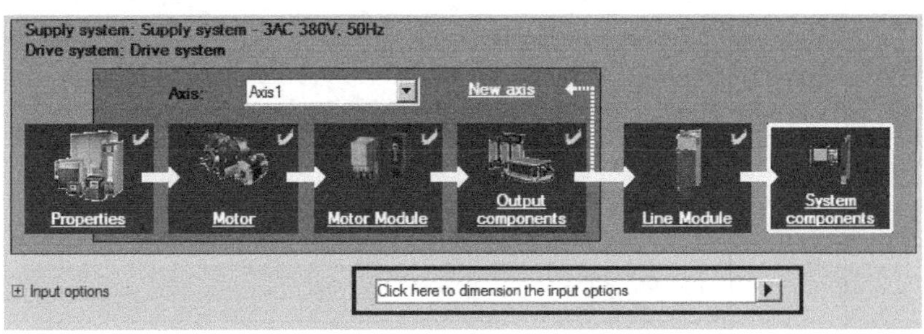

</td></tr>
</table>

（续）

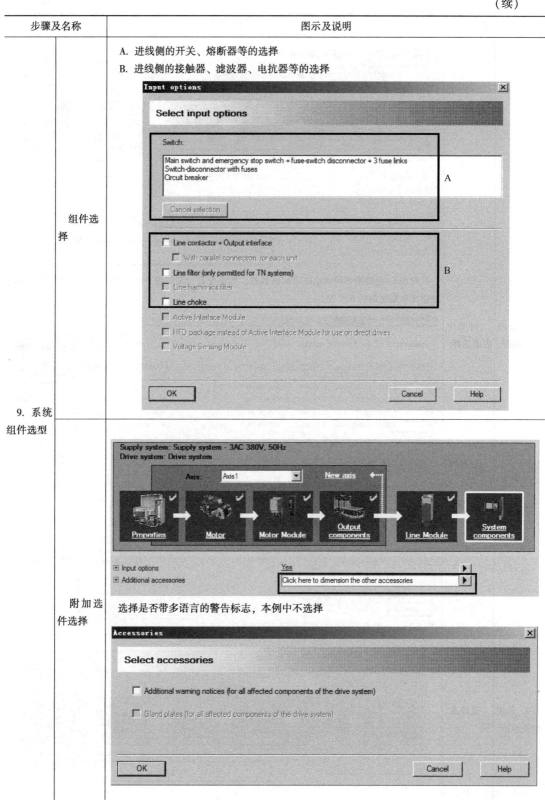

<table>
<tr><th colspan="2">步骤及名称</th><th>图示及说明</th></tr>
<tr><td rowspan="2">9. 系统组件选型</td><td>组件选择</td><td>A. 进线侧的开关、熔断器等的选择
B. 进线侧的接触器、滤波器、电抗器等的选择
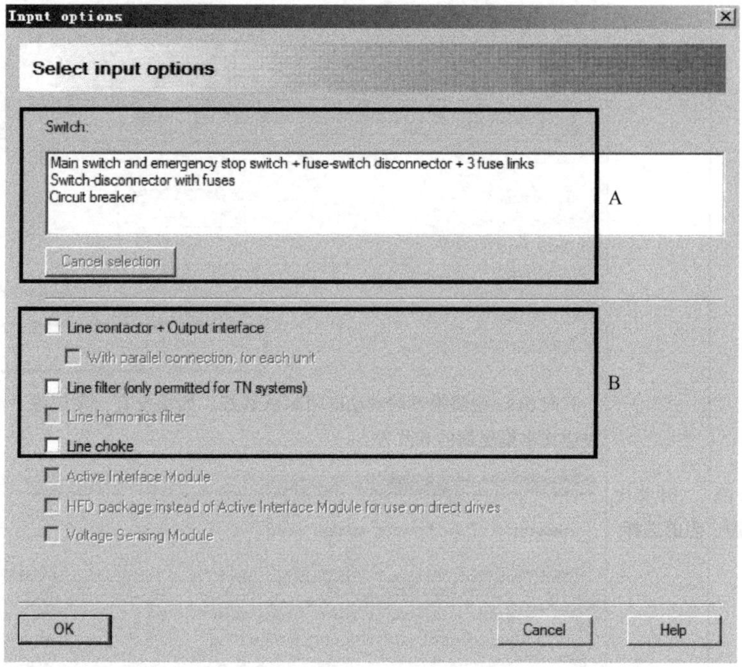
</td></tr>
<tr><td>附加选件选择</td><td>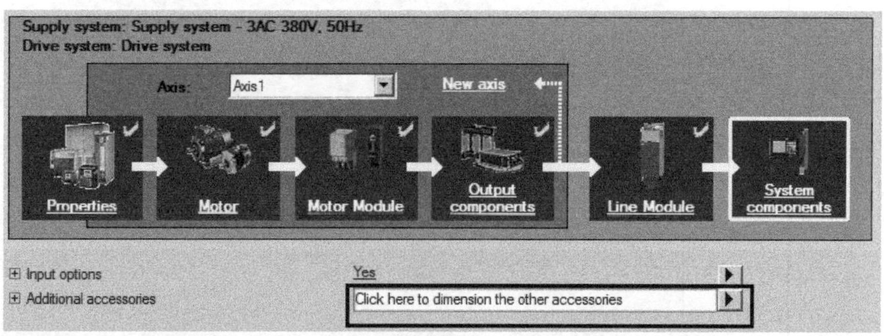

选择是否带多语言的警告标志，本例中不选择
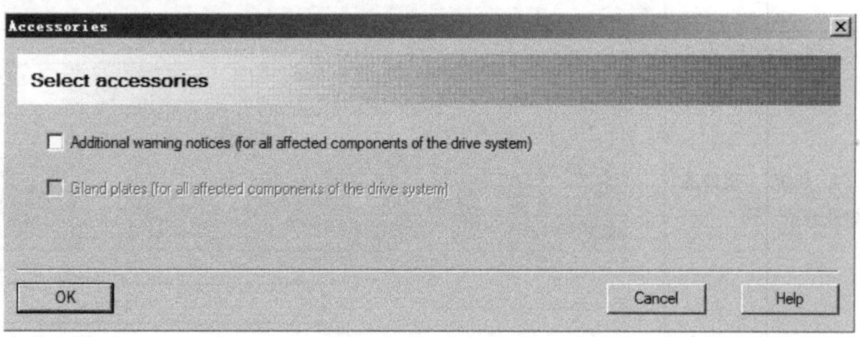
</td></tr>
</table>

（续）

步骤及名称	图示及说明
9. 系统组件选型　控制单元选择	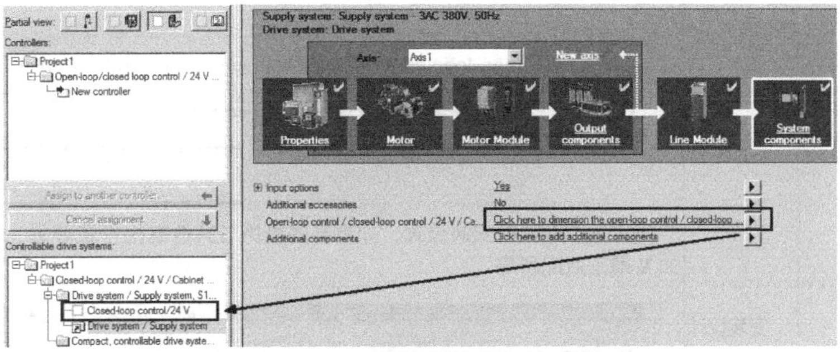 双击“Closed-loop control/24 V”项，出现下方的选项后，双击打开 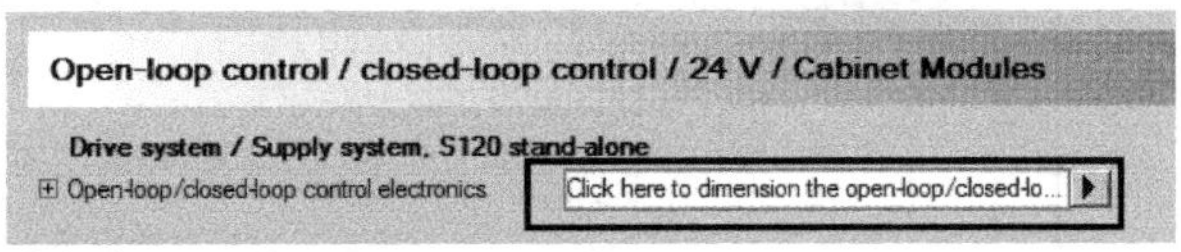 下图中各处的含义为： A. 单击 CU320-2，其中的63%表示 CU 的利用率，当利用率过高时，左边绿色的文件夹图标会变成红色，并报警。该 CU 的利用率与 CU 控制的轴数、附加的功能模块、DCC 等相关。当利用率大于 55%时，系统会自动选择带扩展性能的 CF 卡，低于 55%时只需要普通 CF 卡 B. 选择 CU320-2 的种类，可以选择 CU320-2 DP 或者 CU320-2 PN C. CU 上的通信板选件，CU 只有一个插槽，故只能选择其中一个 D. BOP20 选件的选择 E. CU 的系统最大利用率，可以设置范围为 75%～100%，当系统利用率超过此值时会报警 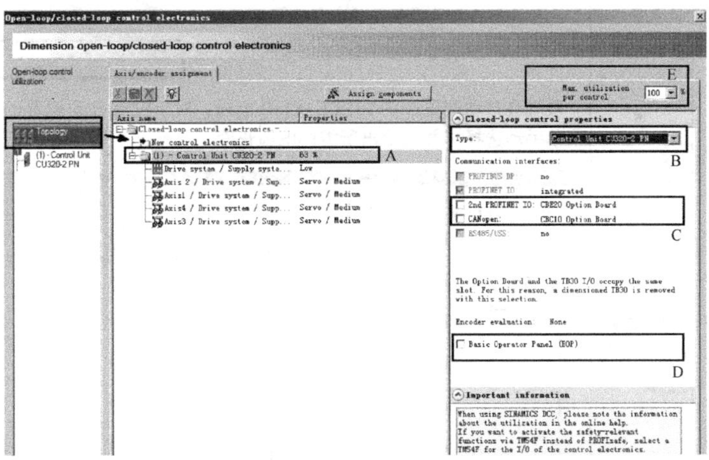 下图 A 处选择端子模块，B 处表明系统已自动选择了带扩展性能的 CF 卡 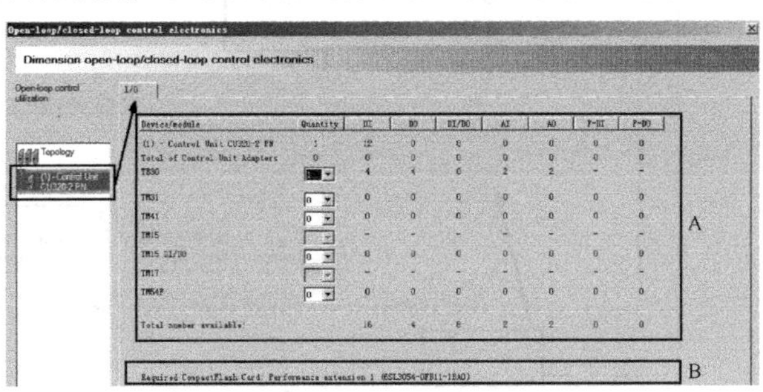

（续）

<table>
<tr><th colspan="2">步骤及名称</th><th>图示及说明</th></tr>
<tr><td rowspan="2">9. 系统组件选型</td><td>安装设计</td><td>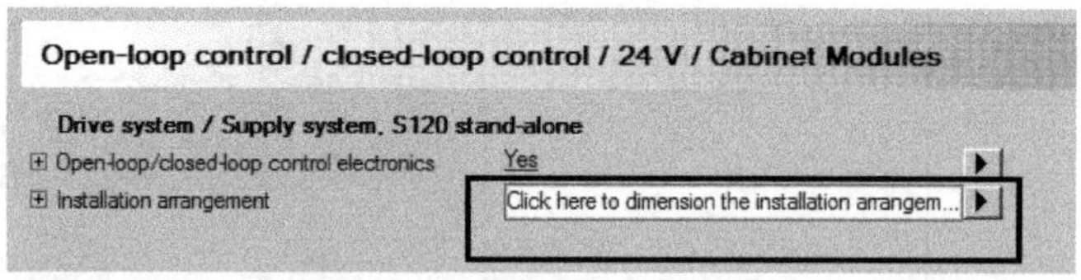

确定每个模块的安装位置，如果某些模块与其他电柜位置较远，还需要插入直流母线适配器、24 V 端子适配器等
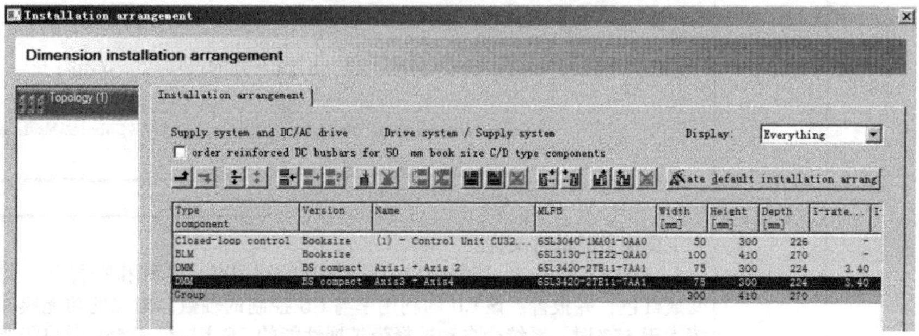
</td></tr>
<tr><td>DRIVE-CLiQ 电缆选择</td><td>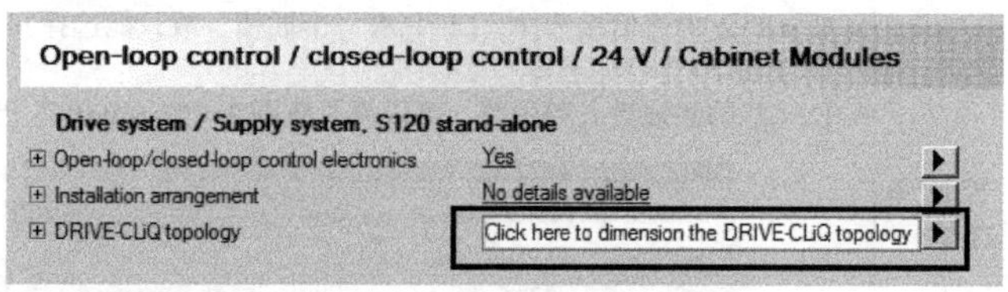

系统会自动配置一些 DRIVE-CLiQ 电缆，对于没有自动配置的（No cable selected），单击下拉菜单手动选择，并且给出所需的电缆长度
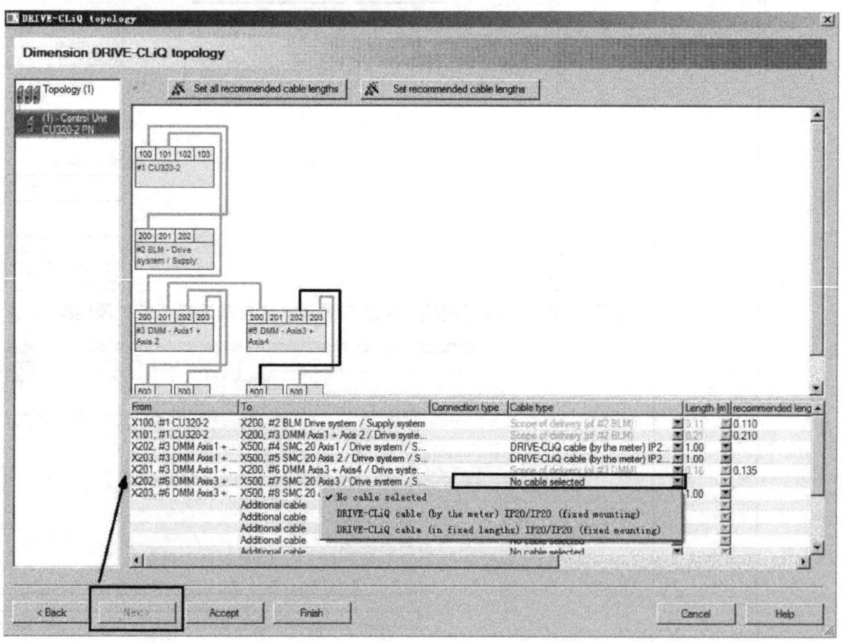
</td></tr>
</table>

（续）

<table>
<tr><th colspan="2">步骤及名称</th><th>图示及说明</th></tr>
<tr><td>9. 系统组件选型</td><td>24 V 电源选择</td><td>
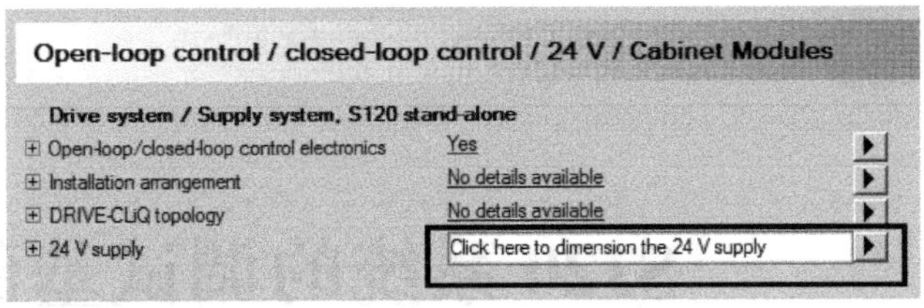

系统会自动列出满足要求的 24 V 电源，添加即可
在安装设计一步中，若应该插入 24 V 端子适配器却没有插入，则该步将无法通过
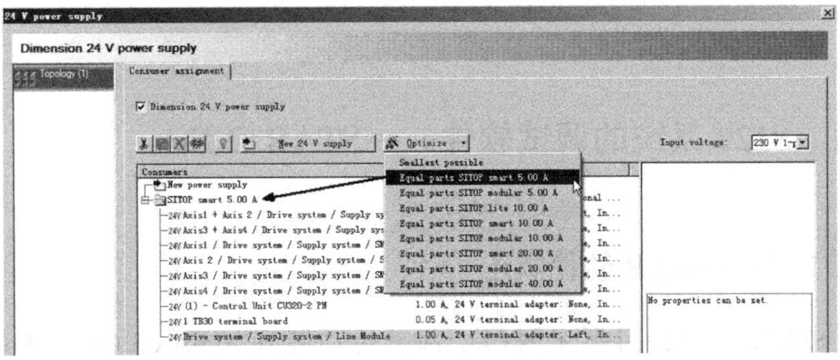

到此为止就完成了全部选型任务
</td></tr>
<tr><td colspan="2">10. 查看详细的配置信息</td><td>
从“Results”的“Parts list”中可以查看详细的订货号清单
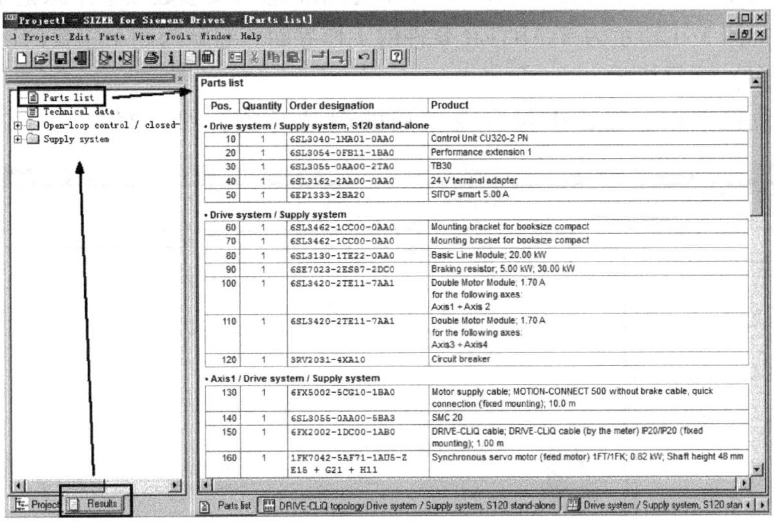

订货号清单等信息可以导出
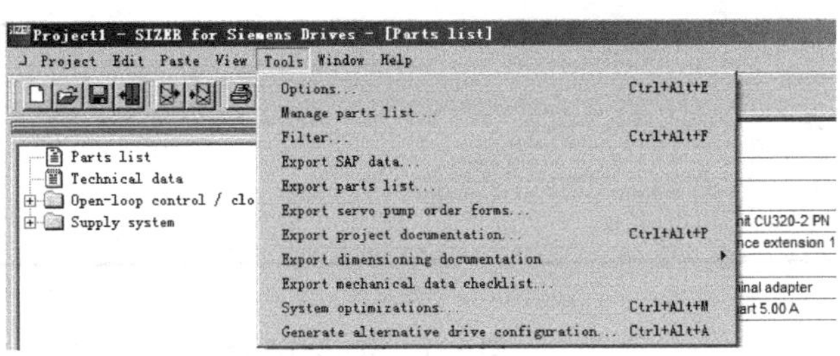

</td></tr>
</table>

第 3 章

S120 系统的调试基础

3.1 S120 系统的调试软件——STARTER

3.1.1 STARTER 软件概述

STARTER 软件可用于西门子部分传动装置（SINAMICS、SIMATIC ET200 FC、MICROMASTER 4）的现场调试。能够实现驱动装置参数的设置、下载、上传、比较、查询、修改及监控，能够实现快速调试、查询故障信息以及参数数值跟踪记录等功能。

如图 3-1 所示为 STARTER 软件的工作界面。它分为四个主要的区域，分别如下：

(1) 项目树区

此区域显示项目中包含及使用的驱动对象，如控制单元（CU）、进线电源（In-

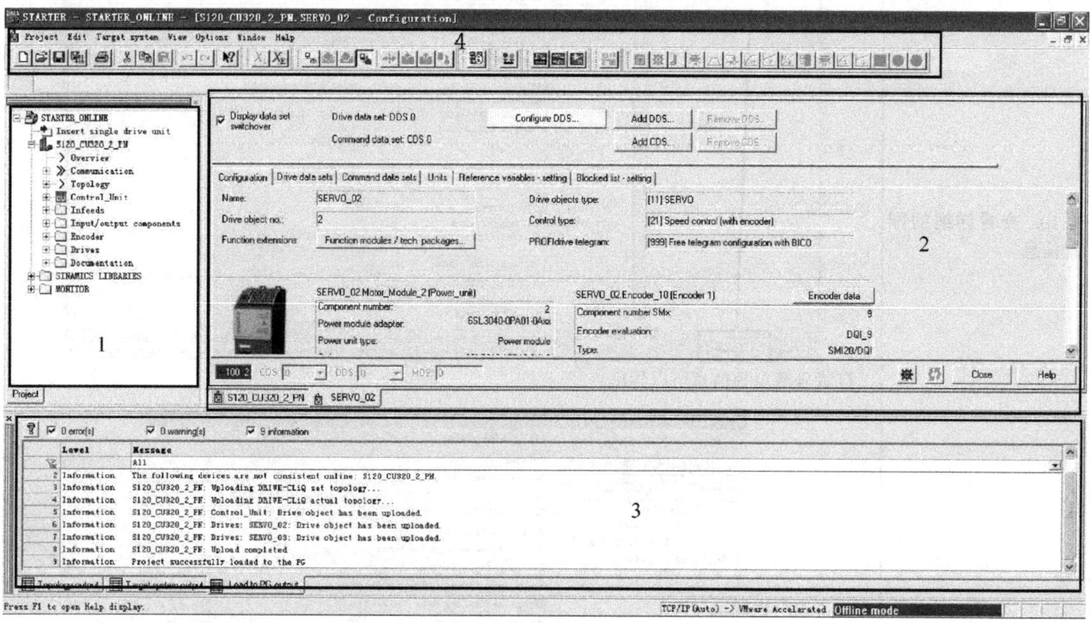

图 3-1　STARTER 软件的主界面

feeds)、驱动轴（Drives)、编码器（Encoder）以及输入/输出组件（Input/output components）等。

(2) 工作区

此区域用来调用各种调试界面，执行相关调试操作。

(3) 详细列表区

此区域用来显示驱动对象的详细信息、项目执行过程以及故障和报警信息等。

所有在项目树中双击选中的功能，都会在工作区中进一步显示，同时在详细列表区中记录执行状态。

说明：

如果出现故障信息，需要排除故障后单击“Acknowledge”或“Acknowledge all”以进行确认，请参见第 10 章图 10-26 及相关描述。

(4) 目录及工具栏区

此区域包含 STARTER 软件的主要功能，调试中合理使用可以提高调试效率。

说明：

1) S120 也可以使用 SCOUT 软件或者 V15 版本以上的博途软件进行调试。

2) SINAMICS V90 的调试软件是 V-ASSISTANT。

3.1.2　STARTER 软件的获取与安装

STARTER 软件可以从西门子的官方网站上下载，网址为：http://support.automation.siemens.com/WW/view/en/26233208。

获取软件前，先查询其与操作系统以及其他软件的兼容性。西门子公司官方的兼容性在线查询网站的网址为：http://www.siemens.com/kompatool。

STARTER 软件可单独安装，也可和特定版本的 STEP 7 安装在同一台计算机上。

STARTER 软件的安装需要注意以下几个问题：

1) 如果操作系统已经用了很久，建议重做操作系统。

2) 将下载的 STARTER 软件的所有安装包解压到同一个文件夹下，压缩包的解压路径中不能有中文，也不能有空格。

3) 安装前最好重启计算机。

4) 安装时需关闭其他程序，包括杀毒软件、其他的西门子软件等。

说明：

对于部分版本的 STARTER 软件，其中仅提到了 SINAMICS G110/G120，但是安装了相应版本的 SSP（硬件支持文件）后，就可以对 S120 进行配置与调试了。

3.2　项目创建

使用 STARTER 软件调试 S120 之前，需要先创建项目。项目创建的方法有三种：离线创建、在线创建以及上传创建。

本节将使用表 3-1 中所示的硬件及软件演示三种项目创建的方法。

表 3-1　本节内容使用到的硬件及软件组成

硬件及软件	订　货　号	版　　本
CU320-2PN	6SL3040-1MA01-0AA0	V4.7
控制单元适配器 CUA32（2 个）	6SL3040-0PA01-0AA0	
功率模块 PM240-2（2 个）	6SL3210-1PB13-0UL0	
伺服电动机（带 DRIVE-CLiQ 接口）（2 个）	1FK7032-2AK71-1QA0	
STARTER 软件		V4.4.0.3

3.2.1　案例 2——离线创建项目并下载

项目的离线创建一般适合创建项目时暂时没有实际硬件的情况，具体做法见表 3-2。

注意：

如果创建项目时有实际的硬件，推荐使用 3.2.2 节的创建方法。

表 3-2　离线项目的创建与下载的操作步骤

序号	说　　明	图　　示
1	新建项目，编写项目名称	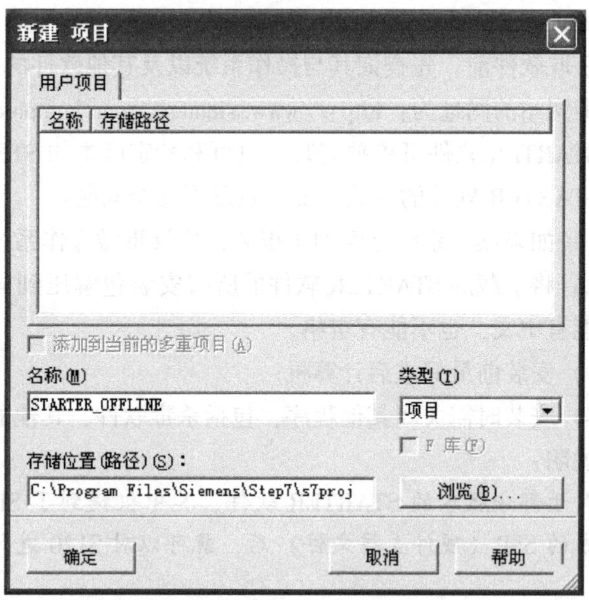
2	项目创建好之后，单击 "Insert single drive unit"（插入单个轴对象）	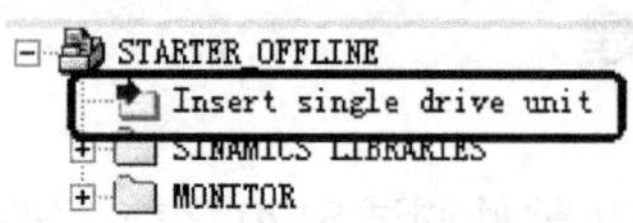

（续）

<table>
<tr><th>序号</th><th>说　　明</th><th>图　　示</th></tr>
<tr><td>3</td><td>插入 CU
插入与实际硬件（见表 3-1）相同的 CU，并且选择正确的版本（Version），版本的查看方法见第 10 章的 10.1.1 小节，以及 CU 的 IP 地址</td><td>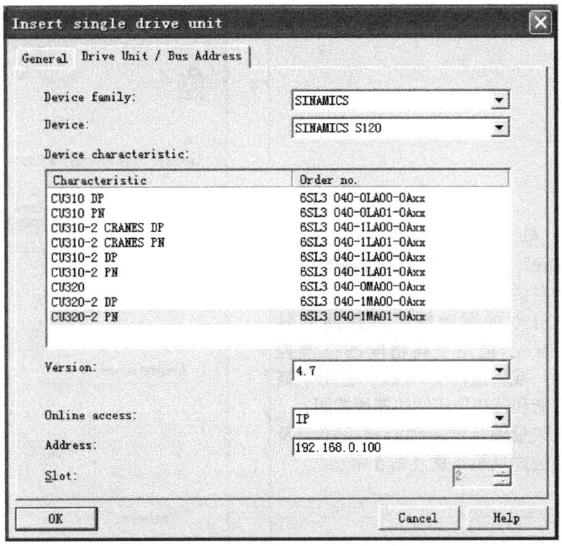
</td></tr>
<tr><td>4</td><td>若上述第 1 步使用创建项目向导的方式，CU 的添加将如右图所示
按照硬件的实际情况对 CU320 进行简单组态，然后单击 B 处的“Insert”按钮“S120_CU320_2_PN”便会出现在左侧的预览区。
单击 A 处的“SINAMICS tutorial”按钮，将出现一个关于 S120 系统组成的简单动画教程
说明：可以采用该步所示的创建项目向导或者上述前三步的项目创建方式添加好 CU</td><td>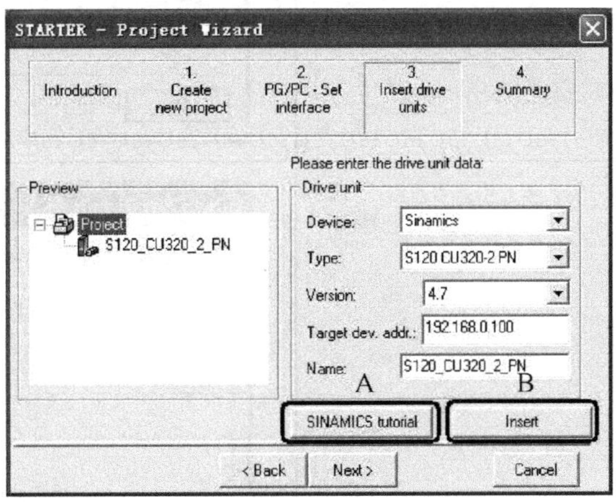
</td></tr>
<tr><td>5</td><td>插入 CU 后，项目树便为右图所示，其中 B 处为 CU320
C 处的 Drives 中没有驱动存在，C 处的驱动需要单击“Insert drive”去添加
整流（Infeeds）和逆变（Drives）单元也可以通过 A 处的“Configure drive unit”进行添加。该选项在添加整流或逆变单元后将会消失</td><td>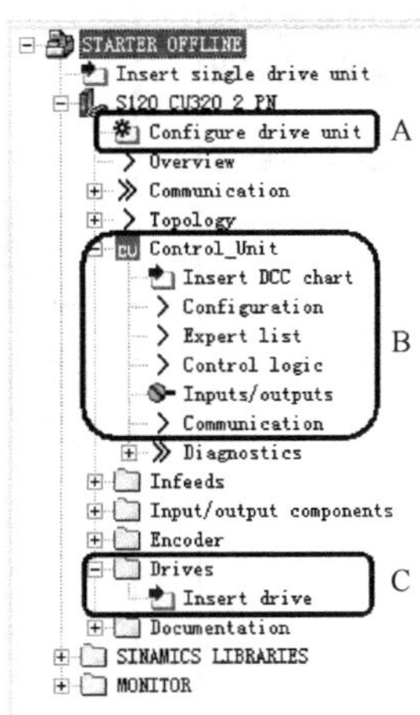
</td></tr>
</table>

（续）

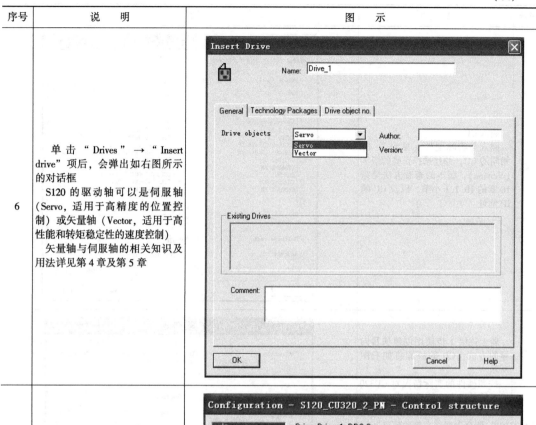

序号	说　明	图　示
6	单击“Drives”→“Insert drive”项后，会弹出如右图所示的对话框 S120 的驱动轴可以是伺服轴（Servo，适用于高精度的位置控制）或矢量轴（Vector，适用于高性能和转矩稳定性的速度控制） 矢量轴与伺服轴的相关知识及用法详见第 4 章及第 5 章	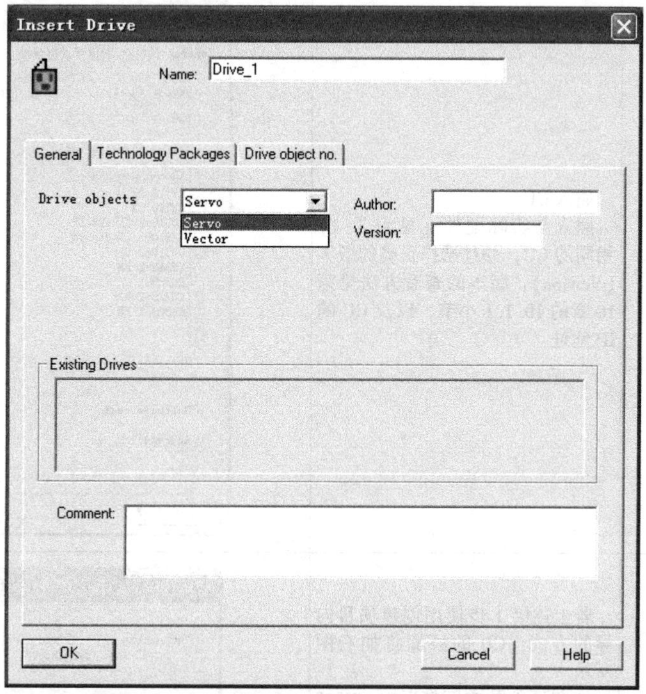
7	根据控制方案选定伺服或矢量轴后，单击“OK”按钮，会弹出如右图所示的对话框 右图中涉及的具体组态问题将在后面的章节中介绍	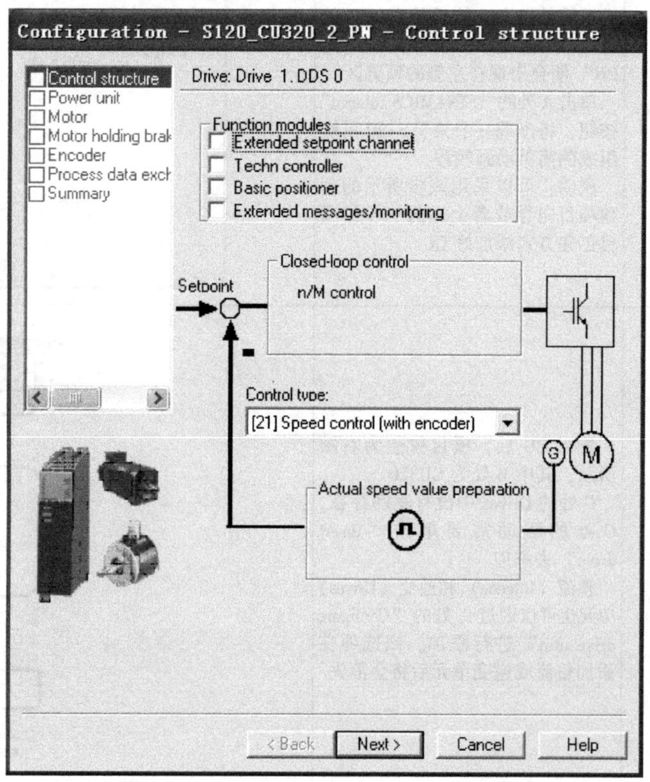

（续）

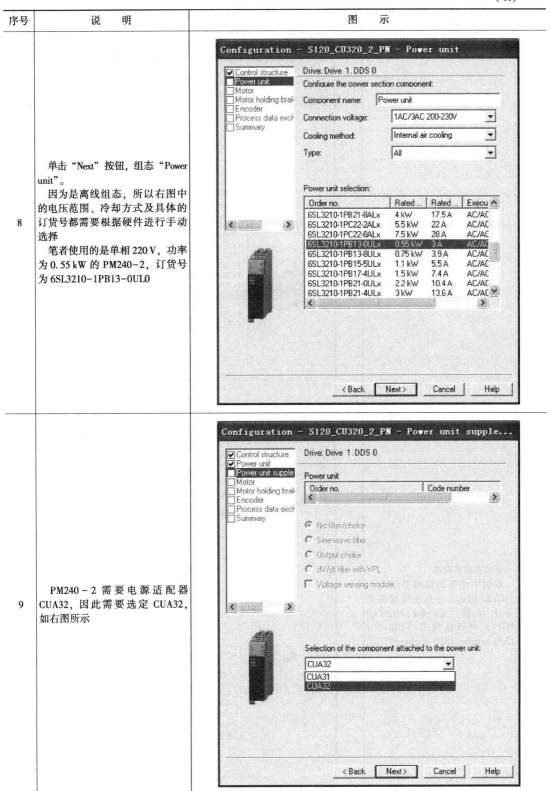

序号	说　明	图　示
8	单击“Next”按钮，组态“Power unit”。 因为是离线组态，所以右图中的电压范围、冷却方式及具体的订货号都需要根据硬件进行手动选择 笔者使用的是单相 220 V，功率为 0.55 kW 的 PM240-2，订货号为 6SL3210-1PB13-0UL0	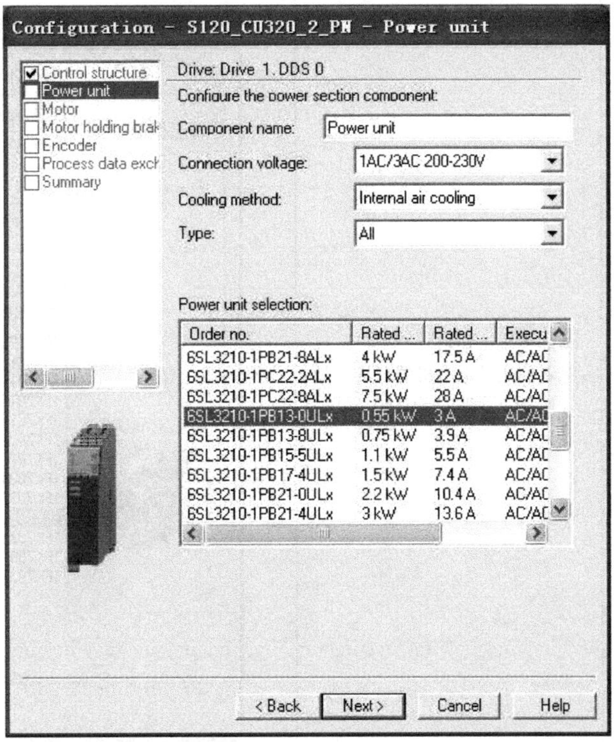
9	PM240-2 需要电源适配器 CUA32，因此需要选定 CUA32，如右图所示	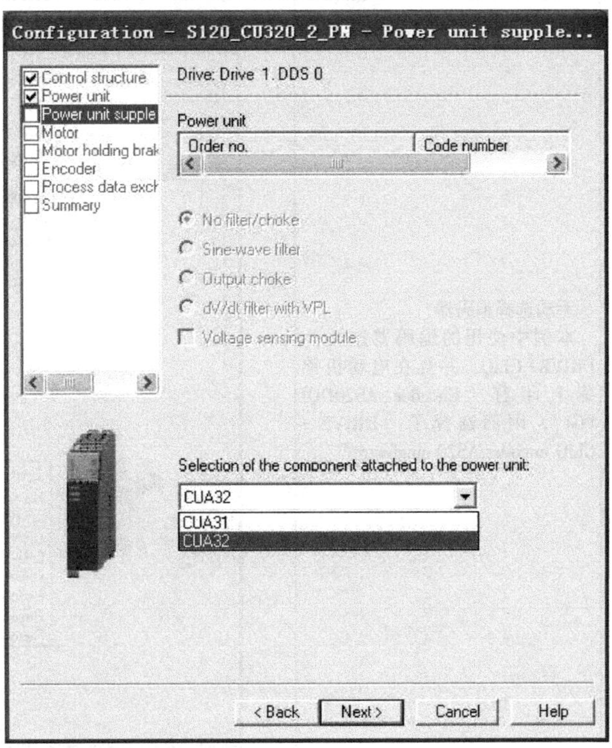

（续）

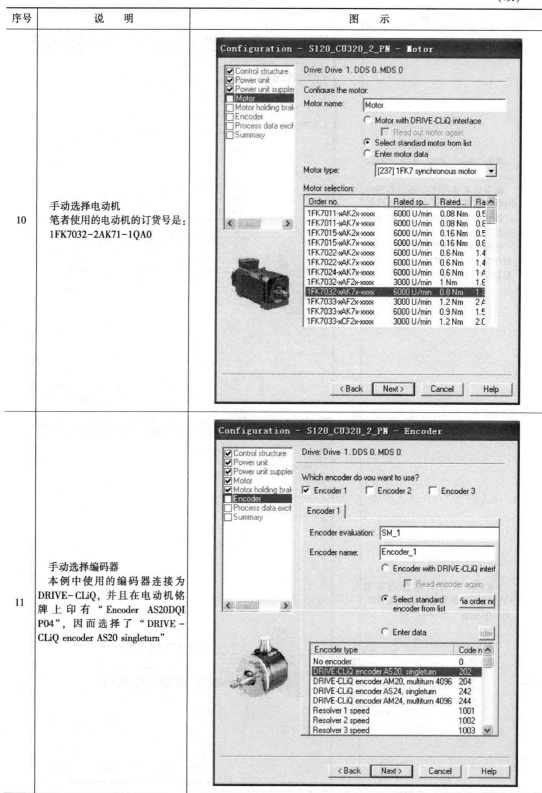

<table>
<tr><th>序号</th><th>说　明</th><th>图　示</th></tr>
<tr><td>10</td><td>手动选择电动机
笔者使用的电动机的订货号是：1FK7032-2AK71-1QA0</td><td>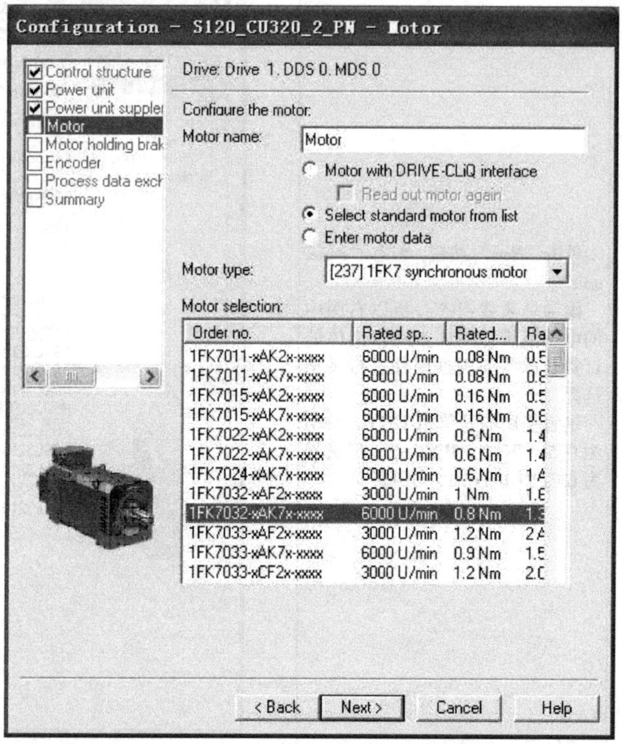
</td></tr>
<tr><td>11</td><td>手动选择编码器
本例中使用的编码器连接为 DRIVE-CLiQ，并且在电动机铭牌上印有“Encoder AS20DQI P04”，因而选择了“DRIVE-CLiQ encoder AS20 singleturn”</td><td>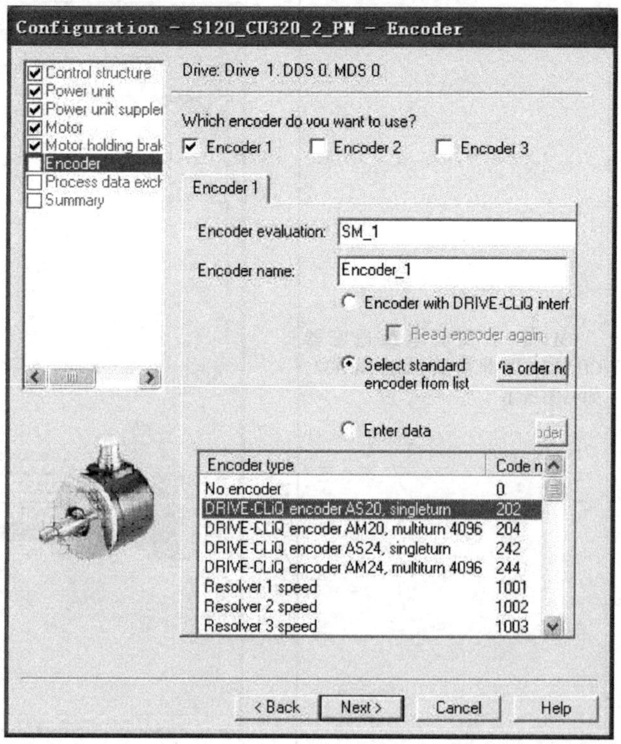
</td></tr>
</table>

（续）

<table>
<tr><th>序号</th><th>说　　明</th><th>图　　示</th></tr>
<tr><td>12</td><td>用同样的方法插入另一个轴，完成后项目树中将如右图所示</td><td>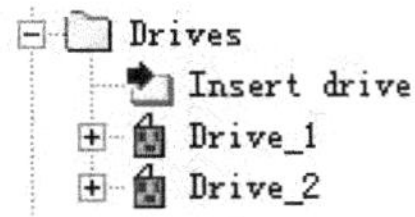
</td></tr>
<tr><td>13</td><td>将计算机与 S120 连接，并将 S120 上电，然后选择右图 A 处的“可访问节点”，选择扫描出的节点，右图中问号图标的那个节点是笔者的笔记本式计算机。选中 S120 节点后，单击 B 处的“Accept”按钮，再选择 C 处的“连接至选定（目标）的设备”图标
如果连接失败将会显示出如右下图所示的提示，此时请检查 S120 的存储卡是否插好，网线是否连通，IP 地址是否在同一网段，PG/PC 设置是否正确，接入点是否选择正确等</td><td>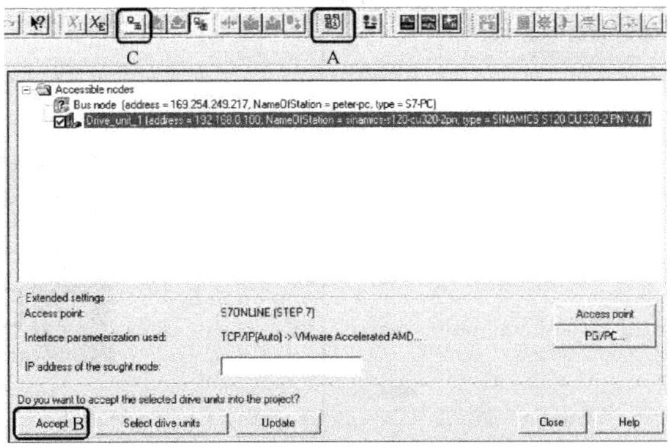

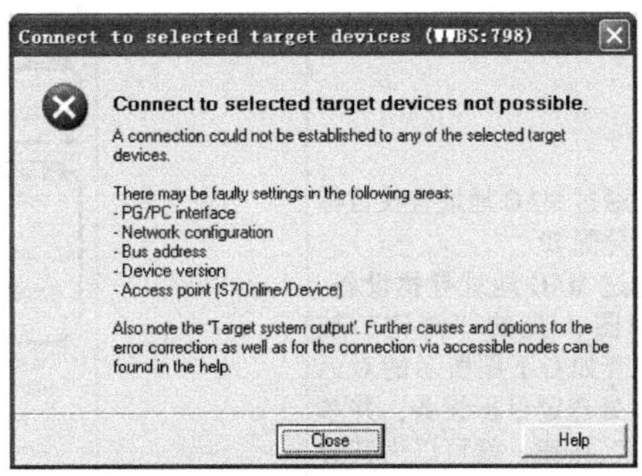
</td></tr>
<tr><td>14</td><td>如果目标设备的 IP 不对，可以用以下两步的方法进行修改
修改 PG/PC 为 ISO 连接
如果 PG/PC 的设置为 TCP/IP，则无法执行下一步的通过 MAC 地址查找目标设备的操作</td><td>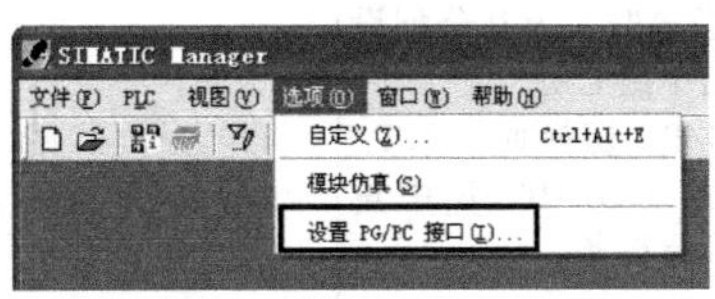

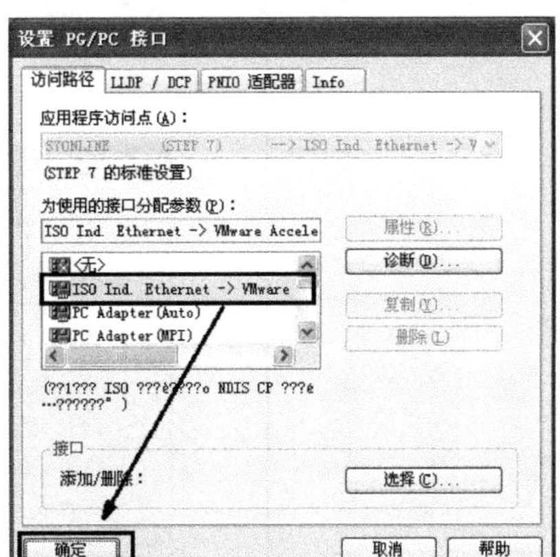
</td></tr>
</table>

（续）

<table>
<tr><th>序号</th><th>说　明</th><th>图　示</th></tr>
<tr><td>14</td><td>如果目标设备的 IP 不对，可以用以下两步的方法进行修改
修改 PG/PC 为 ISO 连接
如果 PG/PC 的设置为 TCP/IP，则无法执行下一步的通过 MAC 地址查找目标设备的操作</td><td>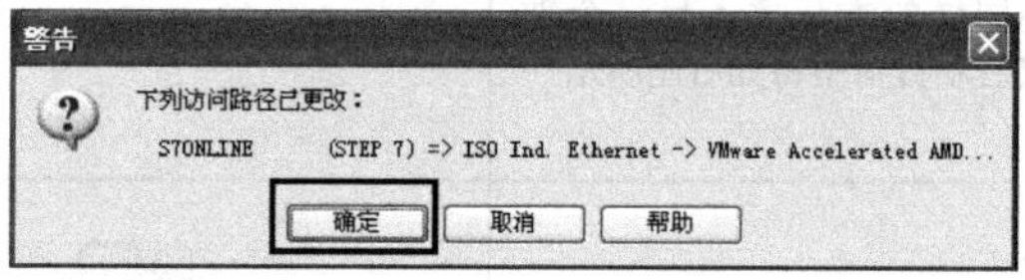
</td></tr>
<tr><td rowspan="3">15</td><td rowspan="3">该步为通过 MAC 地址查找目标设备，并分配 IP
首先通过 MAC 地址寻找设备，单击右中图 A 处的“浏览”按钮，会打开如右下图所示的对话框，在 D 处选定目标设备，并单击“确定”按钮，就可以为其分配静态 IP 地址及子网掩码，如右中图 B 处；必要时，为其分配设备名称，如右中图 C 处
然后将 PG/PC 切换回“TCP/IP”协议，并在 STARTER 中重新尝试连接目标设备</td><td>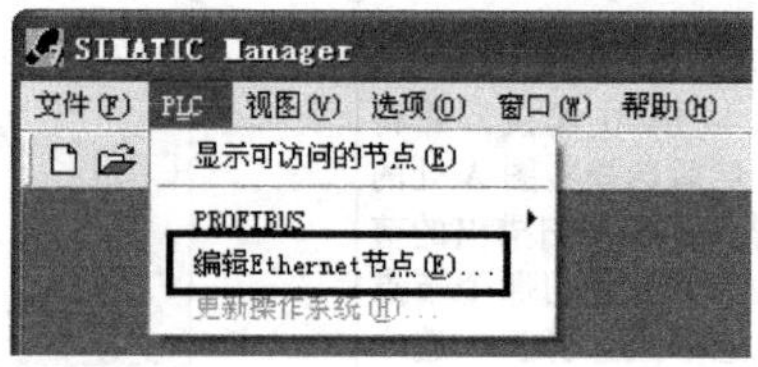
</td></tr>
<tr><td>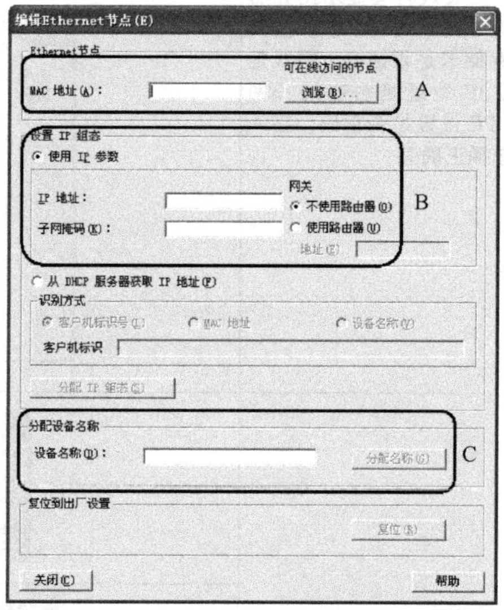
</td></tr>
<tr><td>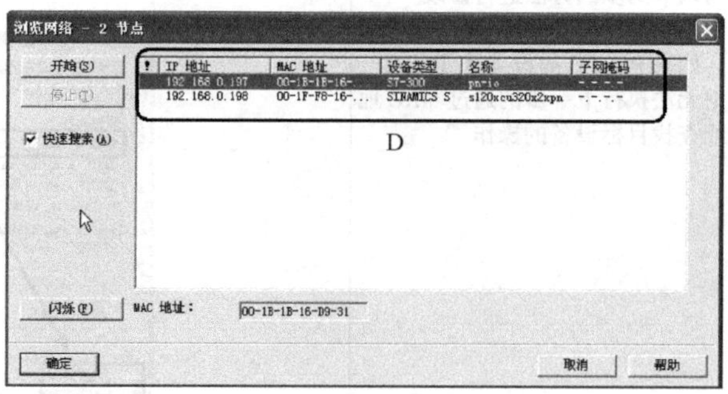
</td></tr>
</table>

（续）

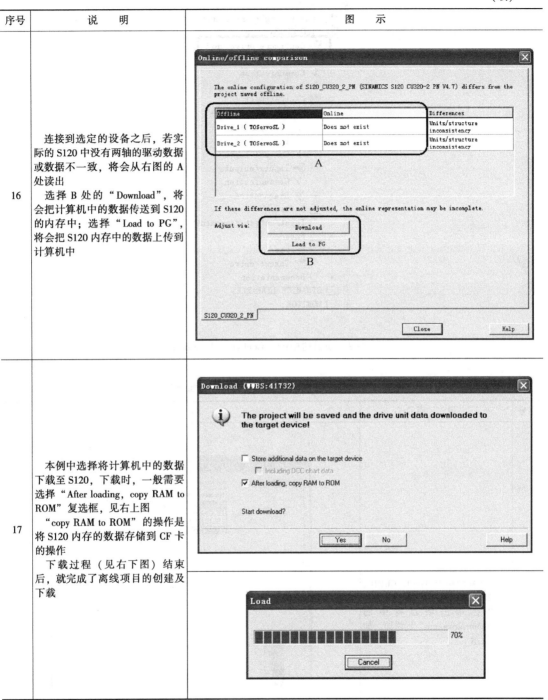

序号	说　明	图　示
16	连接到选定的设备之后，若实际的 S120 中没有两轴的驱动数据或数据不一致，将会从右图的 A 处读出 选择 B 处的“Download”，将会把计算机中的数据传送到 S120 的内存中；选择“Load to PG”，将会把 S120 内存中的数据上传到计算机中	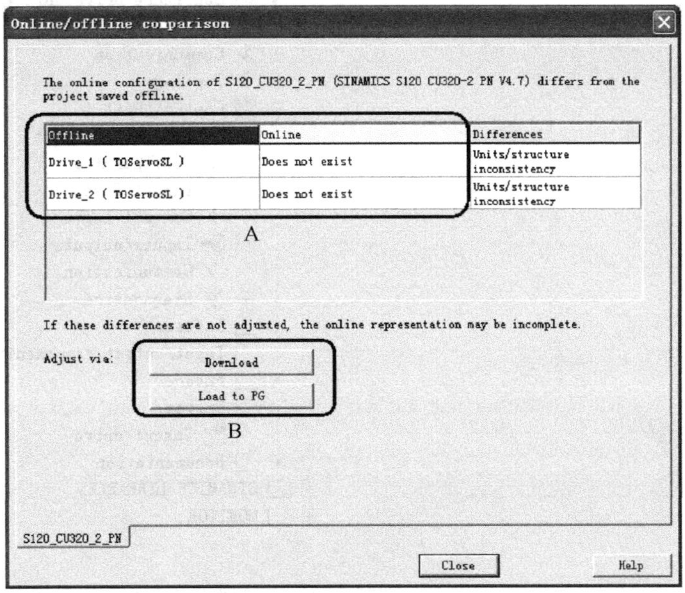
17	本例中选择将计算机中的数据下载至 S120，下载时，一般需要选择“After loading，copy RAM to ROM”复选框，见右上图 “copy RAM to ROM”的操作是将 S120 内存的数据存储到 CF 卡的操作 下载过程（见右下图）结束后，就完成了离线项目的创建及下载	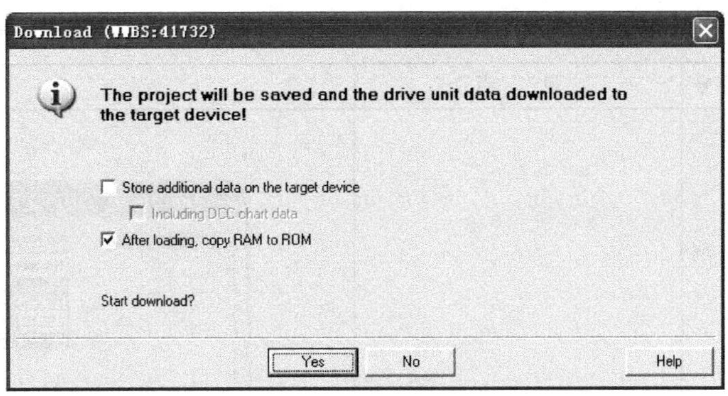 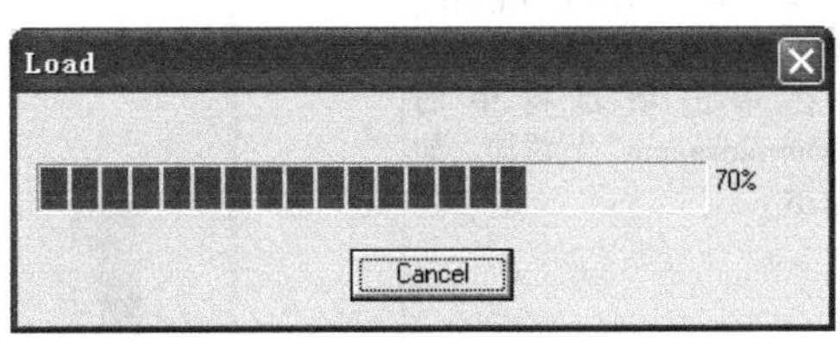

表 3-2 中的离线项目创建演示了离线添加驱动的步骤，在添加整流或逆变（驱动）单元前，图 3-2 中所示的“Configure drive unit”会出现在项目树中。

表 3-3 列出了使用“Configure drive unit”添加驱动单元的一些操作，供读者参考。

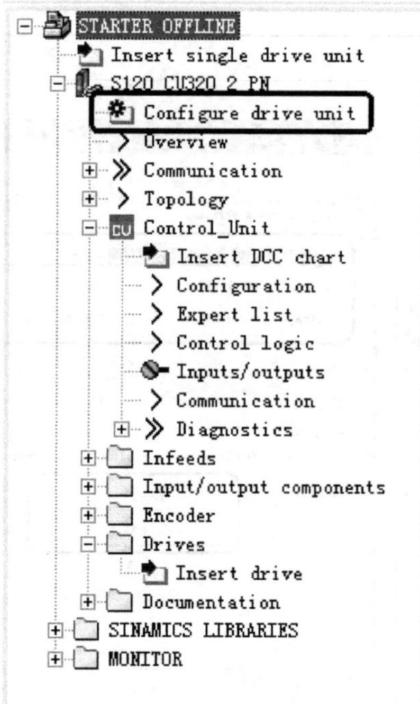

图 3-2 项目树中的“Configure drive unit”

表 3-3 使用“Configure drive unit”添加驱动单元

序号	说明	图示
1	如果系统中有 TB30、CBC10、CBE20、CBE25、CBE41 等模块，可以在单击项目树中的“Configure drive unit”后添加，如右图所示	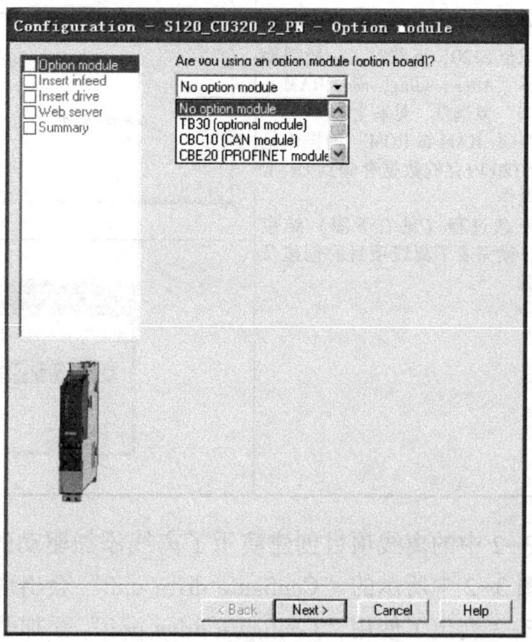

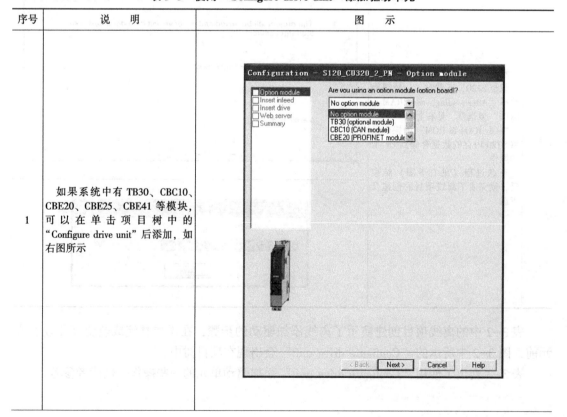

（续）

序号	说　明	图　示
2	该步选择系统中使用的电源（整流）模块是否带有 DRIVE-CLiQ 接口 本例中选择“Yes”单选按钮 该向导只能组态一个电源（整流）模块，如有多个，请到项目树中去组态 如果其他的与用该向导组态的基本相同，也可以在项目树中直接复制、粘贴电源（整流）模块	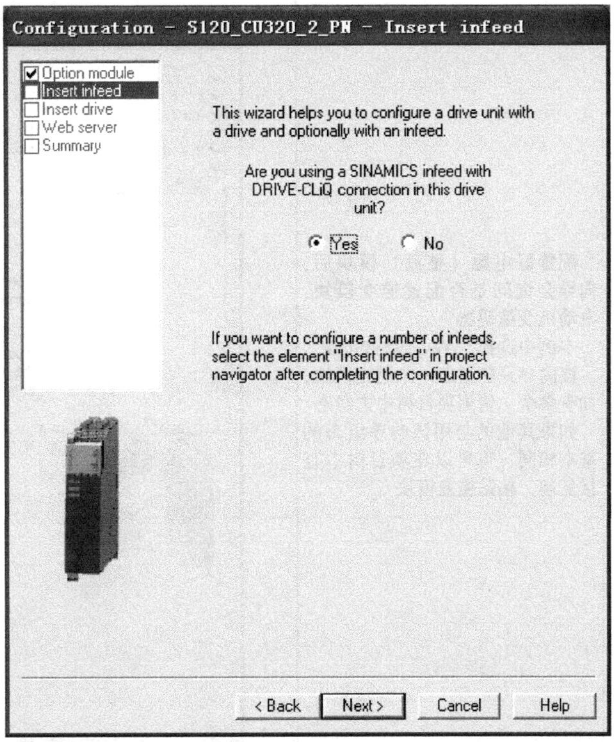
3	该步选择电源（整流）模块的具体类型 如果上一步中选择了“No”单选按钮，则右图所示的对话框将不会出现	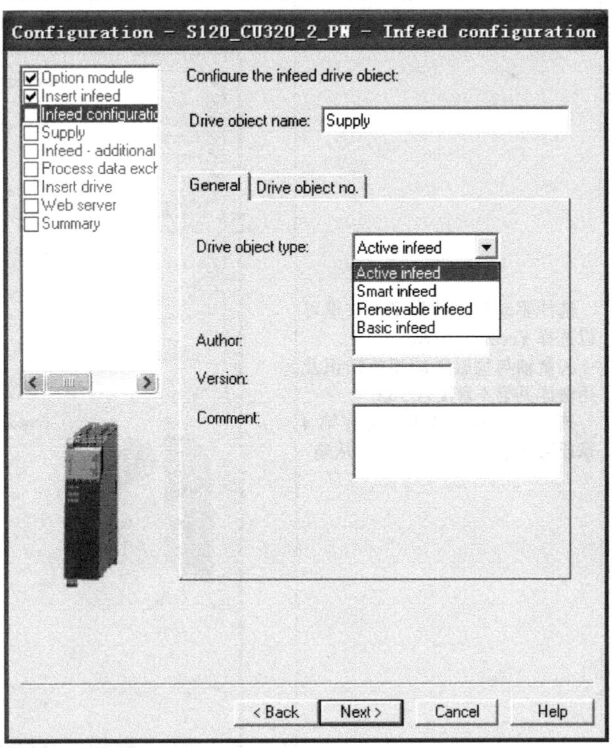

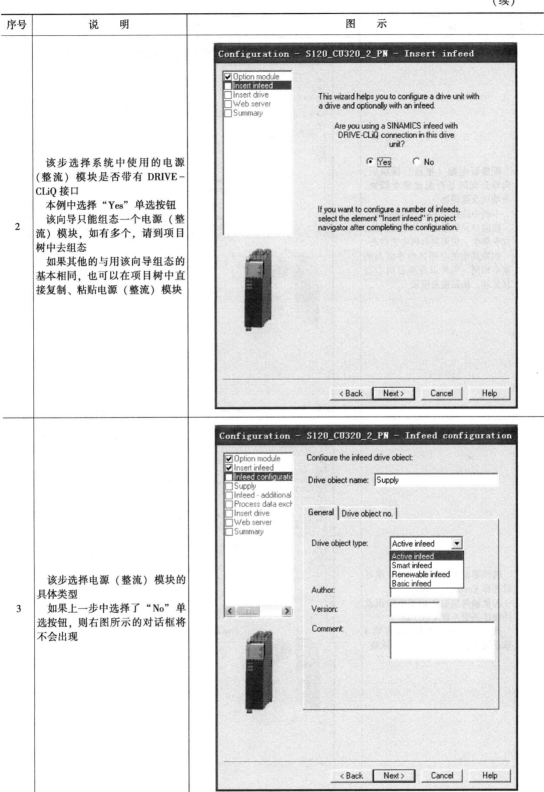

（续）

序号	说　明	图　示
4	配置好电源（整流）模块后，向导会询问是否配置逆变模块、电动机及编码器 本例中选择“Yes”单选按钮 该向导只能组态一个逆变模块，如有多个，请到项目树中去组态 如果其他的与用该向导组态的基本相同，也可以在项目树中直接复制、粘贴逆变模块	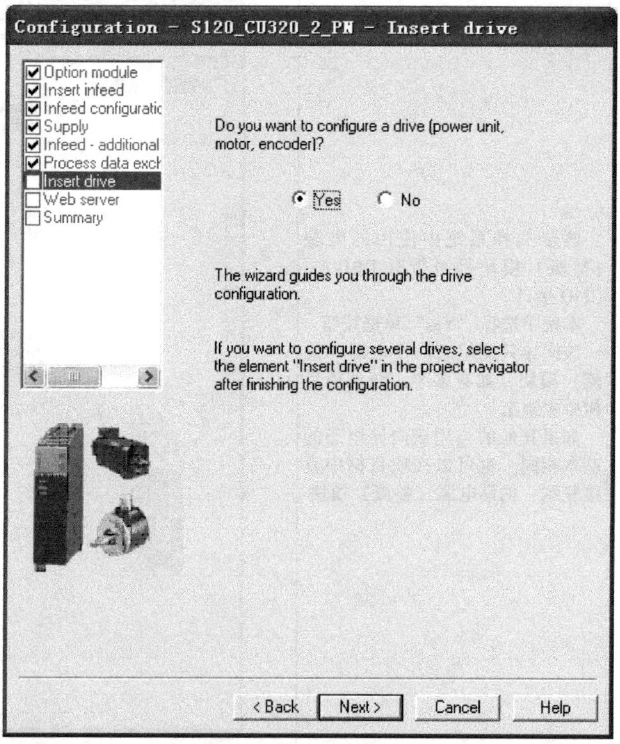
5	选择驱动对象的类型，这里可以选择 Vector 或 Servo 矢量轴与伺服轴的相关知识及用法详见第 4 章及第 5 章 该步后面的好多步都会在第 4 章或第 5 章中出现，本例中从略	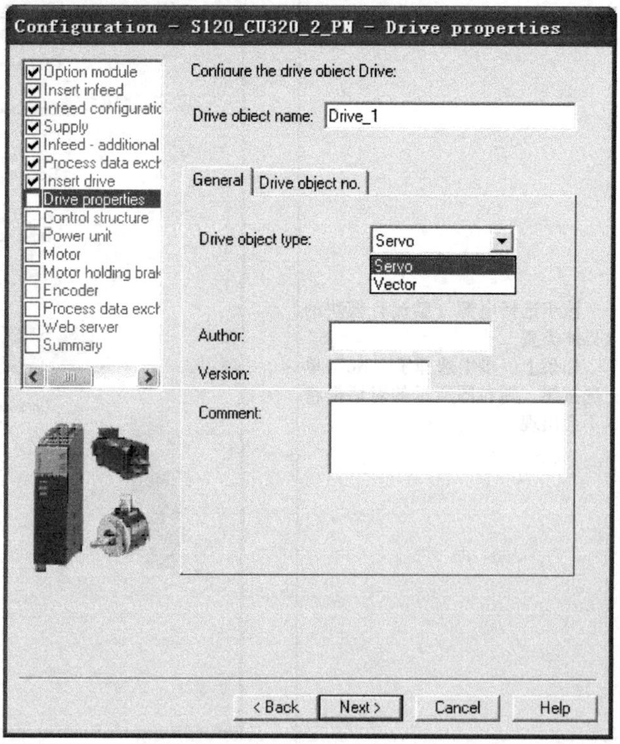

（续）

<table>
<tr><th>序号</th><th>说 明</th><th>图 示</th></tr>
<tr><td>6</td><td>该步选择是否激活 Web 服务器功能</td><td>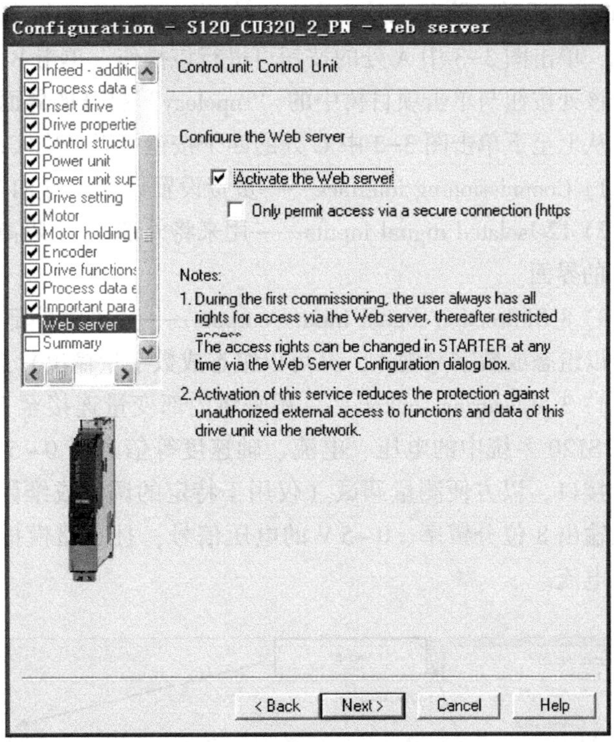
</td></tr>
<tr><td>7</td><td>该步为上述设置的汇总显示，如有问题可以单击“Back”按钮返回修改，没有问题单击“Finish”按钮即可</td><td>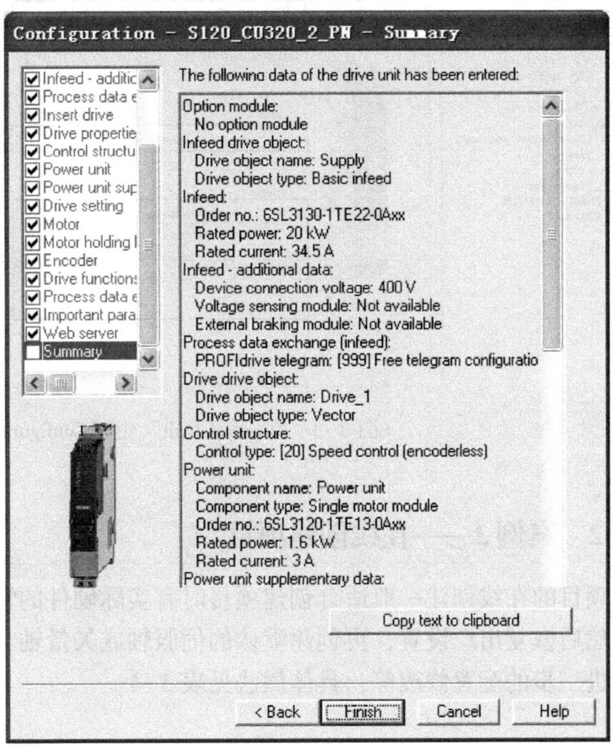
</td></tr>
</table>

TB30、CBC10、CBE20、CBE25 或 CBE41 模块的添加，CU 的 PROFIdrive 报文的选择以及 Web 服务器功能的激活，也通过项目树中 CU 下面的“Configuration”中的向导进行操作，如图 3-3 所示。除此之外，在 CU 的“Configuration”的“Wizard”中，可以激活功能块等功能，单击图 3-3 中 A 处的按钮可进行该操作。单击 B 处按钮可以查看 DRIVE-CLiQ 拓扑，单击该处按钮与单击项目树中的“Topology”打开的界面相同。

从上至下单击图 3-3 中 C 处的四个按钮可以分别实现下列功能：

1）Commissioning interface——负责设置计算机与 S120 系统相连接的调试接口。

2）12 Isolated digital inputs——用来将外部 12 个隔离的数字量输入连接至内部变量（参数）的界面。

3）8 Bidirection digital inputs/outputs——用来将外部 8 个双向数字量信号（同一个通道既可以组态成数字量输入，又可以组态成数字量输出）连接至内部变量的界面。

4）3 Measuring sockets——用来将内部变量连接至 3 路 0~5 V 信号的接口。该功能可以将 S120 系统中的电压、电流、轴速度等信息以 0~5 V 模拟量的形式输出至 CU 底部的测量接口，以方便测量调试（仅用于特定的调试或维修）。需要注意的是，这 3 路模拟量仅能输出 8 位分辨率、0~5 V 的电压信号，且 3 路模拟量共地，每路可承受最大 3 mA 的负载电流。

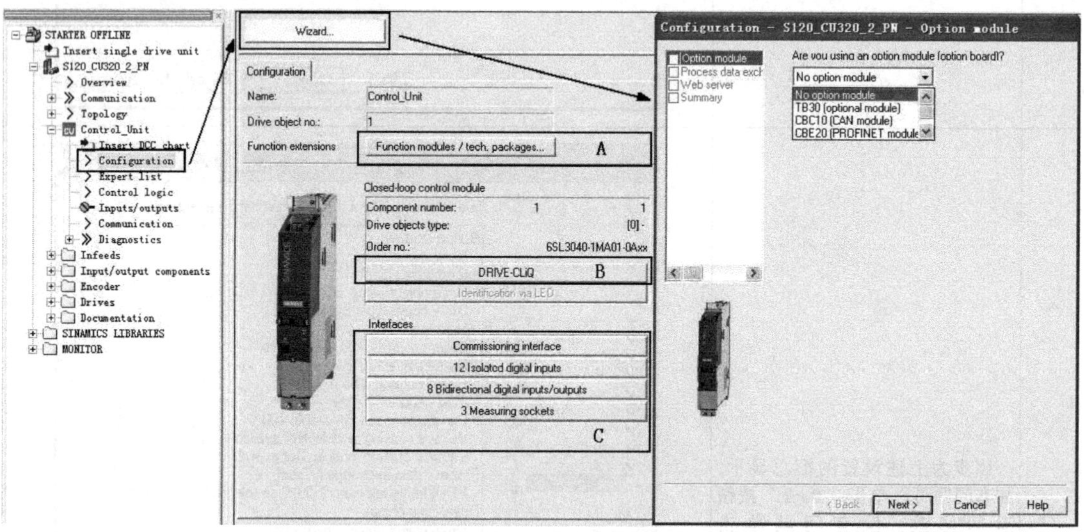

图 3-3 “Control Unit”中“Configuration”的功能

3.2.2 案例 3——在线创建项目

项目的在线创建一般适合创建项目时有实际硬件的情况。该创建方法需要先进行在线连接，然后恢复出厂设置，再创建默认的伺服轴或矢量轴，最后再根据需要对伺服轴或矢量轴进行进一步的配置修改等，具体做法见表 3-4。

表 3-4　在线创建项目的操作步骤

<table>
<tr><th>序号</th><th>说　明</th><th>图　示</th></tr>
<tr><td>1</td><td>打开项目向导
A. 创建新项目，设置接口，插入驱动单元
B. 创建新项目，设置接口，在线寻找驱动单元并插入项目中
C. 打开项目，退出向导
本例选择 B 处进行在线创建</td><td>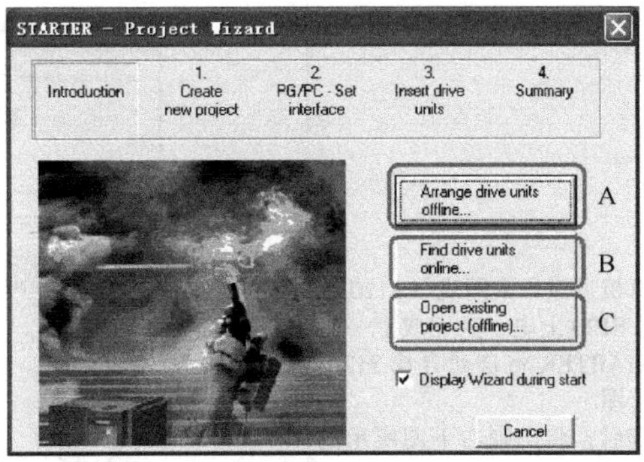
</td></tr>
<tr><td>2</td><td>输入项目名称</td><td>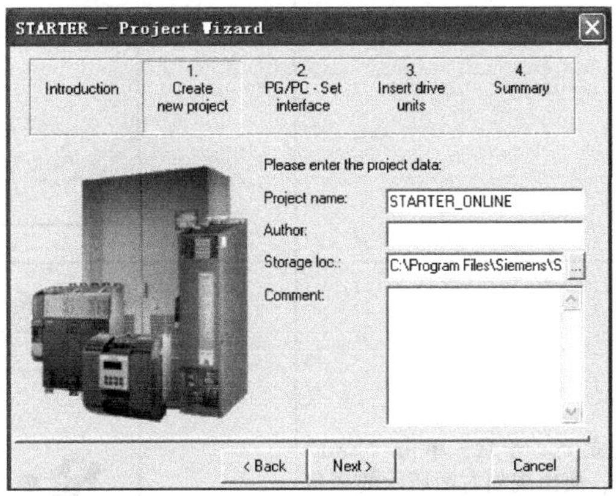
</td></tr>
<tr><td>3</td><td>选择通信的接入点（Access point）和接口（PG/PC interface）
当通过以太网调试 S120 时，选择“S7ONLINE（STEP 7）”。笔者的 STARTER 安装在虚拟机中，所以 PG/PC 接口中有“VMware”字样，见右上图
当通过 USB 调试 G120 的 CU2xx-2 时，请将接入点切换至“DEVICE（STARTER，SCOUT）”，见右下图</td><td>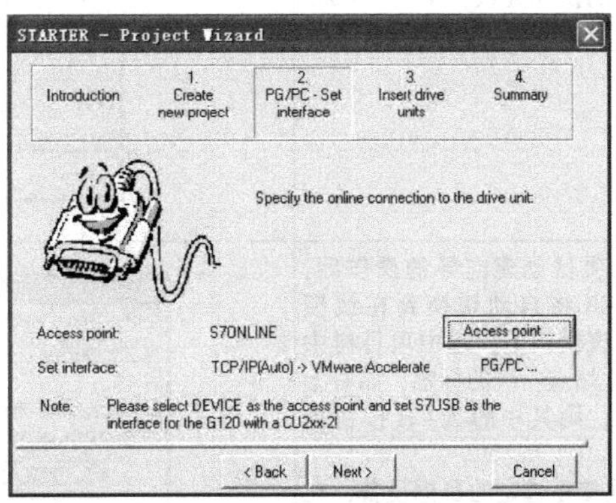

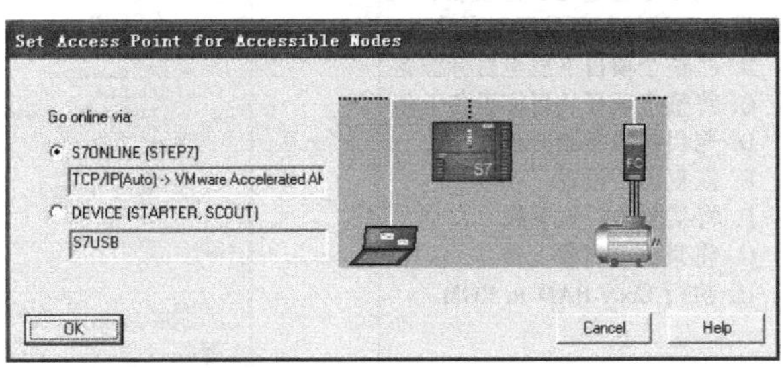
</td></tr>
</table>

（续）

<table>
<tr><th>序号</th><th>说　明</th><th>图　示</th></tr>
<tr><td rowspan="2">4</td><td rowspan="2">计算机通过以太网线与 S120 相连接，S120 上电，且完成上一步后，STARTER 将自动寻找 S120，见右上图
找到后，将出现右下图所示的界面</td><td>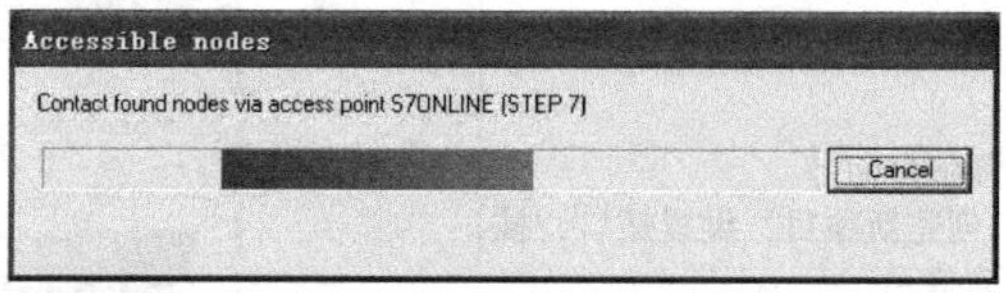
</td></tr>
<tr><td>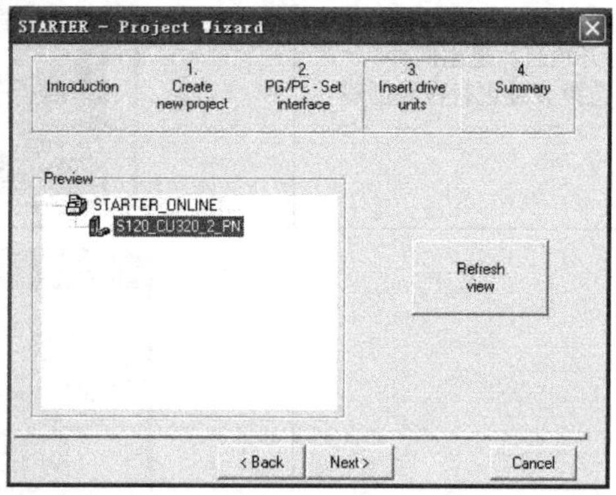
</td></tr>
<tr><td>5</td><td>完成上一步后，单击“Next”按钮，便出现如右图所示的项目创建向导的信息汇总界面。若确认之前的操作无误，单击“Complete”按钮即可</td><td>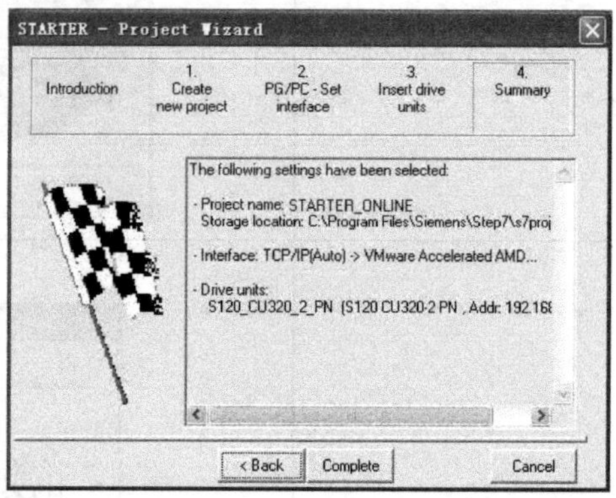
</td></tr>
<tr><td>6</td><td>完成项目创建向导的操作后，STARTER 将自动切换到在线模式。在该模式下，选中项目树中的 S120 站点一级的标题，如右上图所示，则其中的 A～H 按钮均可操作
A. 连接至选定的目标设备，在线模式下该按钮不能再被单击
B. 将整个项目下载至目标设备
C. 将整个项目从目标设备上传
D. 与目标设备断开连接
E. 恢复出厂设置
F. 将某驱动对象下载
G. 将某驱动对象上传
H. 执行 Copy RAM to ROM</td><td>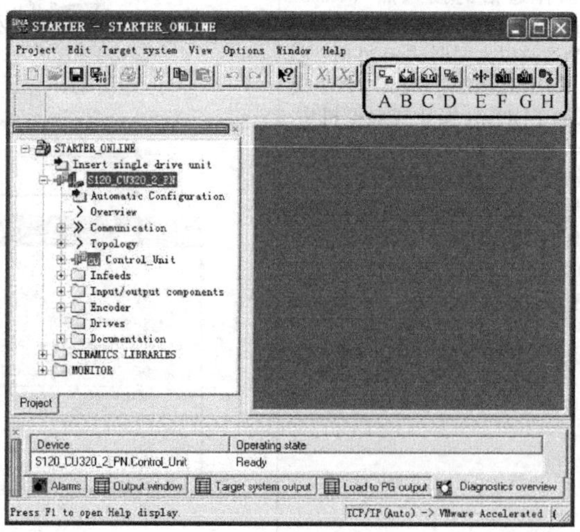
</td></tr>
</table>

（续）

序号	说　明	图　示
6	本例中，选择 H 按钮，恢复出厂设置，该操作不会清除已分配给 CU 的 IP 地址 选中右下图中的复选框，意思是，恢复出厂设置后，将参数存储至 CF 卡	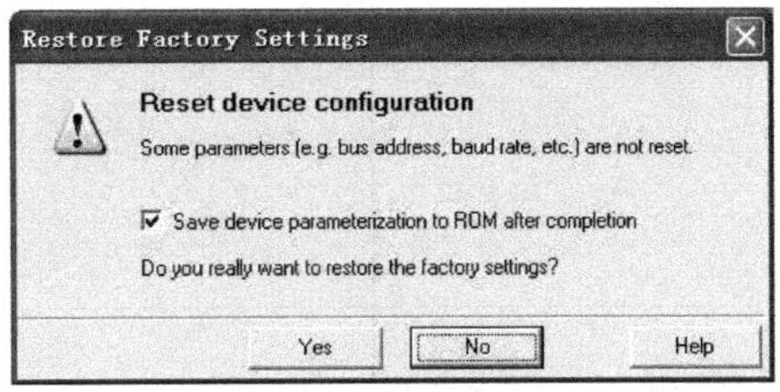
7	完成恢复出厂设置的操作后，在在线模式下选择项目树中的自动组态（Automatic Configuration）	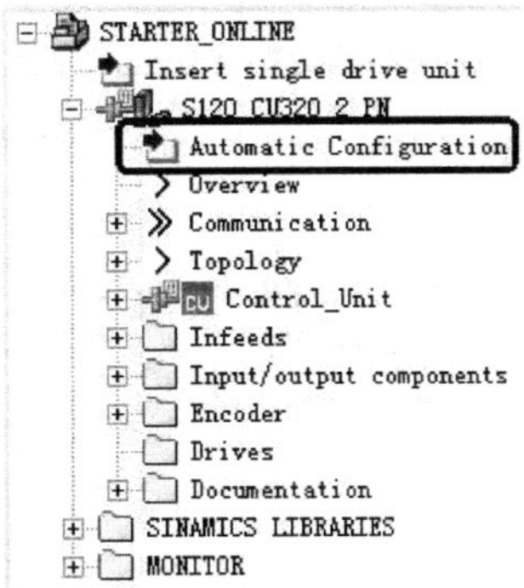
8	单击“开始”（Start）按钮	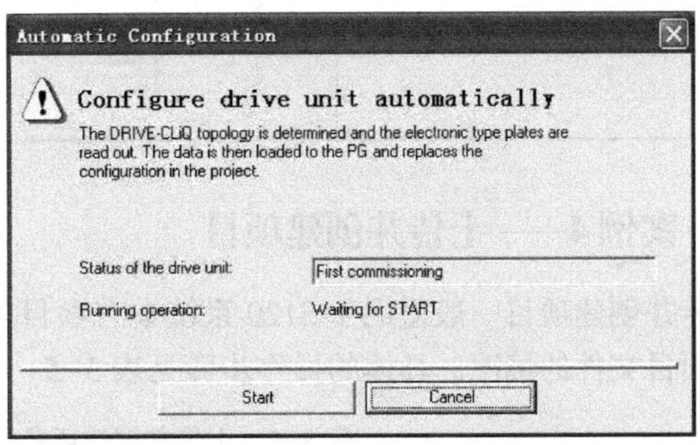
9	确定 Drive1 和 Drive2 的轴类型 本例中选择伺服轴“Servo”，然后单击“Create”按钮。	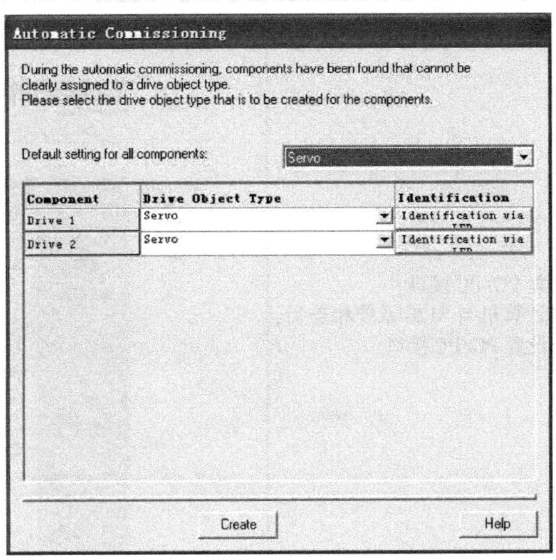

（续）

序号	说　明	图　示
10	自动组态完成后，项目树将如右上图所示 此时两个伺服轴的参数均为默认，需要根据实际的工艺情况进行修改调试。可以通过“Configuration”中的“Configure DDS”以向导的方式方便地进行参数修改，其打开方法如右下图所示，具体的修改方法请参考第 4 章及第 5 章	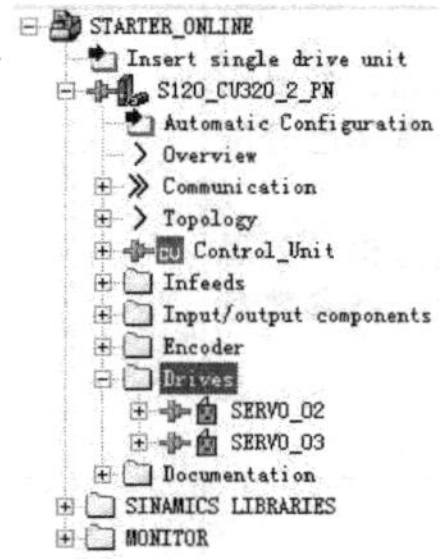 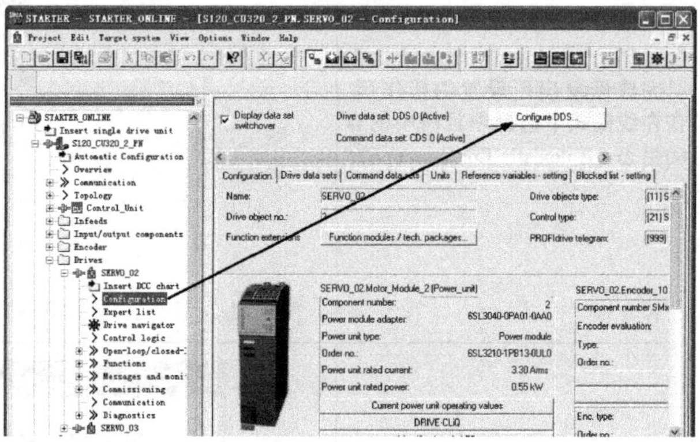

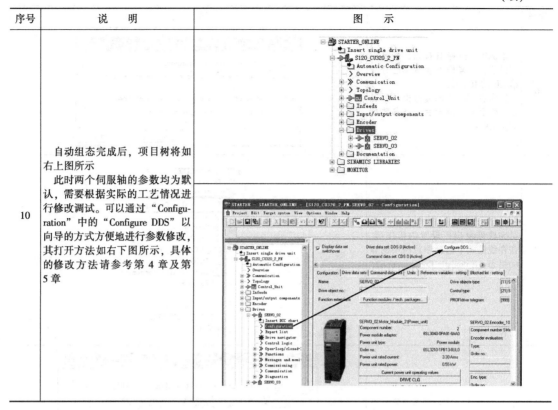

3.2.3　案例 4——上传并创建项目

上传并创建项目一般适用于 S120 系统中有项目文件，但计算机中没有项目文件或没有最新的项目文件的情况，具体的操作步骤见表 3-5。

表 3-5　上传并创建项目的操作步骤

序号	说　明	图　示
1	设置 PG/PC 接口 将计算机与 S120 系统相连后，首先设置 PG/PC 接口	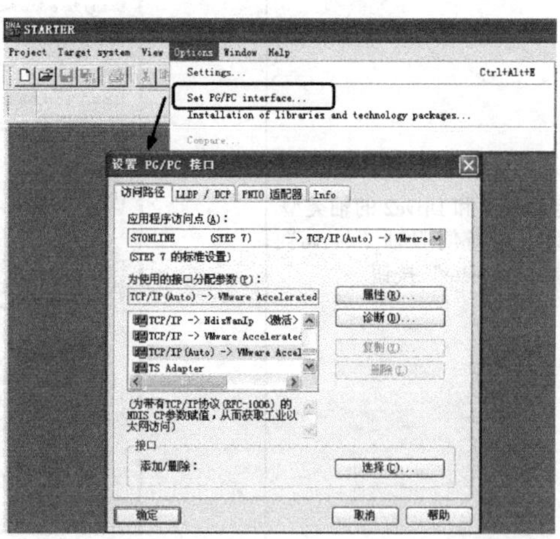

（续）

序号	说　明	图　示
2	创建空白项目 单击右图中 A 处创建空白项目，在弹出对话框的 B 处编写项目名称 C 处项目为打开过的项目，未打开过的项目不会在 C 处出现	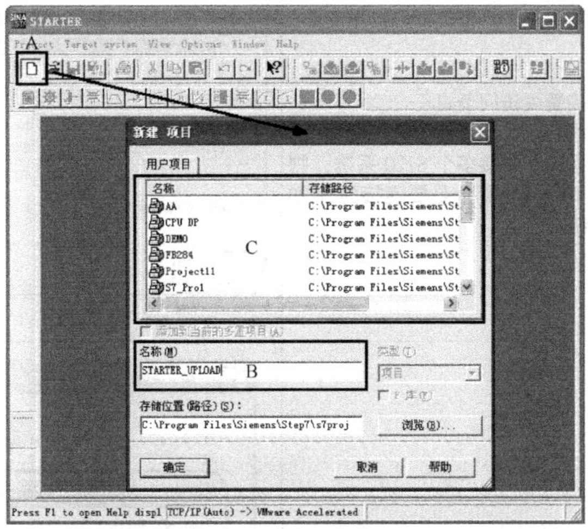
3	连接目标设备 单击右上图方框位置按钮以连接目标设备 由于计算机中的项目为空白项目，因此会出现如右下图所示的提示，单击“Yes”按钮以进行可访问节点的搜索	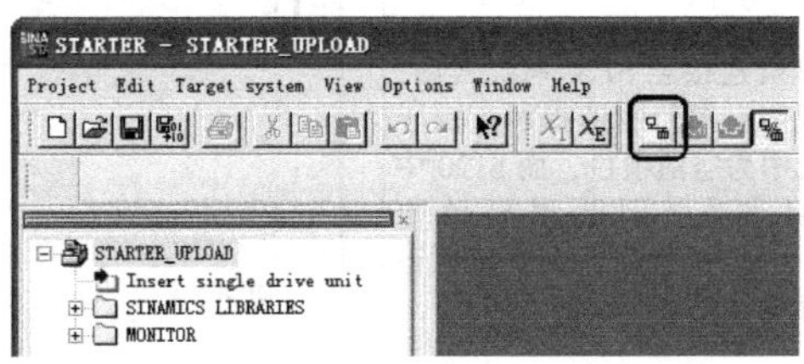 
4	可访问节点搜索中	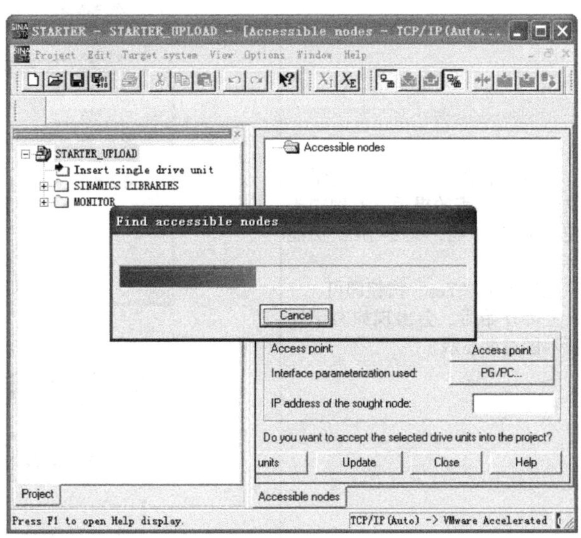

（续）

<table>
<tr><th>序号</th><th>说　明</th><th>图　示</th></tr>
<tr><td>5</td><td>接受可访问节点
找到可访问节点，选中并接受。如果同时连接多个 S120 系统，则需要分辨出哪个是要连接的 S120 系统</td><td>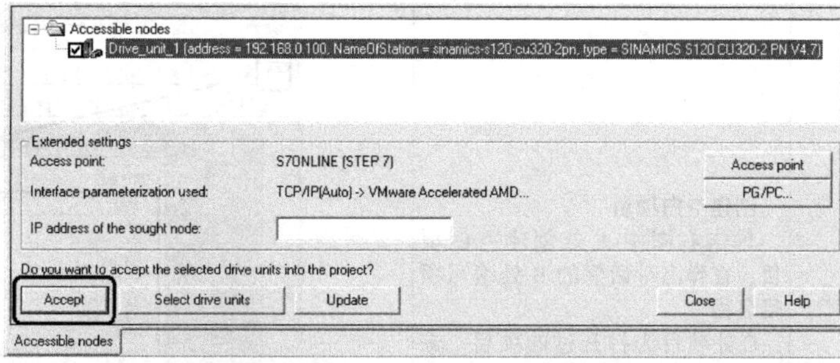
</td></tr>
<tr><td>6</td><td>计算机连接至 S120 系统之后，会出现如右图所示的提示。由于计算机中为空白项目，而 S120 中有项目存在，因此需要单击“Load to PG”按钮，即上传项目到计算机</td><td>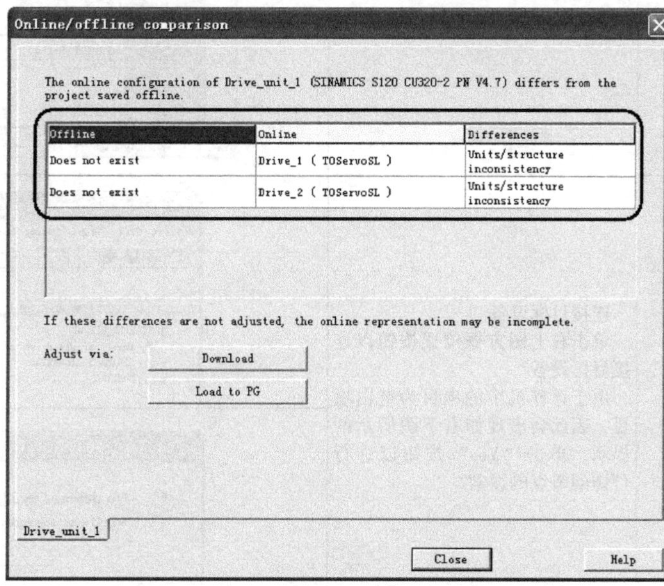
</td></tr>
<tr><td>7</td><td>上传之前会有如右上图所示的关于 DCC 图表的提示，本例中未使用 DCC 功能，关于 DCC 功能详见第 7 章
此处单击“Yes”按钮即可
上传开始后，会出现如右下图所示的进度显示</td><td>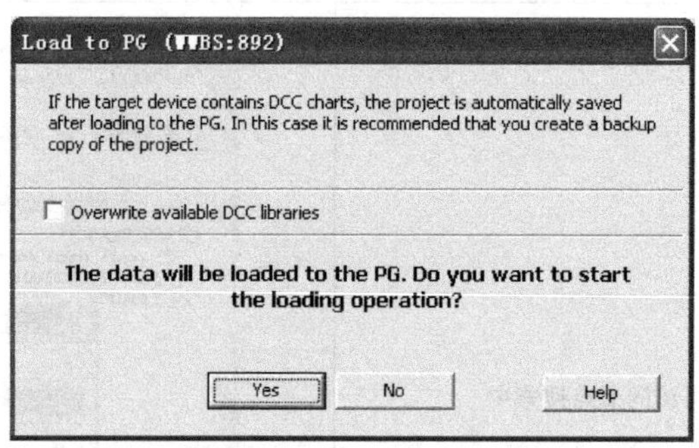

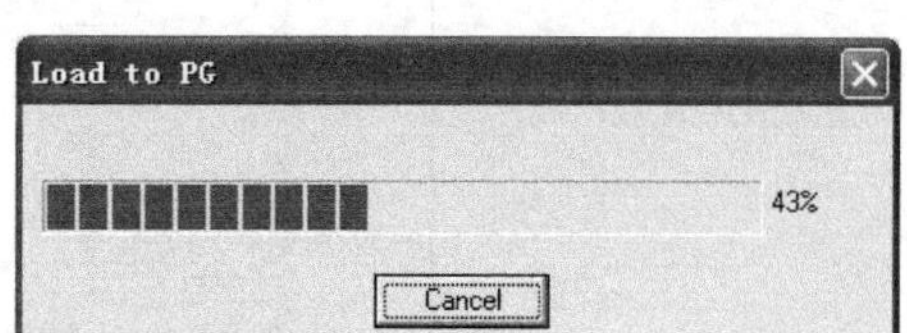
</td></tr>
</table>

（续）

序号	说　明	图　示
8	上传后，项目树如右图所示，其中并无图 3-5 所示的叹号，说明此时计算机与 S120 系统中的项目文件一致 上传后，需要在 STARTER 中进行保存	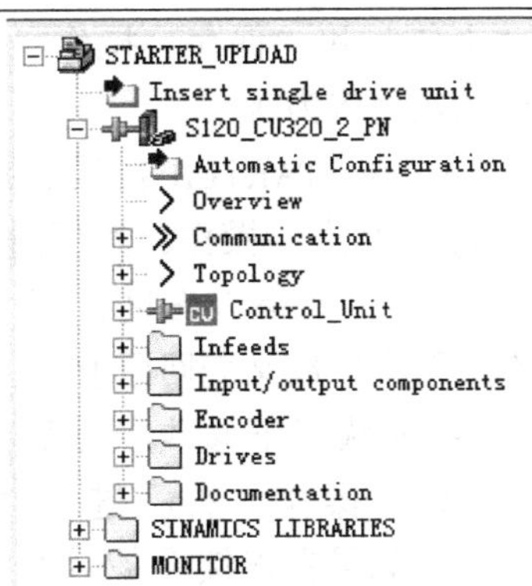

3.3　S120 的存储结构

图 3-4 所示为 S120 的存储结构，其中：

1）下载（DownLoad）将使数据从计算机（编程器）的内存传送到 S120（控制单元）的内存（RAM）。

2）“Copy RAM to ROM”将使数据从 S120 的内存存储到 S120 的 CF 卡。

3）上传（UpLoad）将使数据从 S120 的内存传送到计算机的内存。

4）“保存”（在线状态下）将使上传到计算机内存的数据存储到计算机的硬盘。

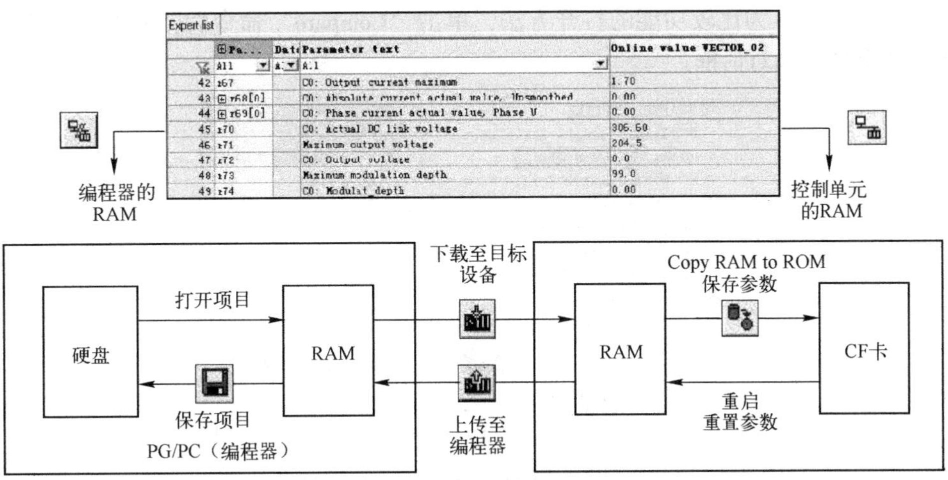

图 3-4　S120 的存储结构

若某参数的默认值是 X_1，在离线状态下的 STARTER 中将其修改为 X_2，该参数需要下载到 S120 的内存中，S120 中的该参数值才会变为 X_2。如果未进行下载而直接将 STARTER 切换至在线，则看到的该参数值仍为 X_1。该参数值若需要在 S120 重启后仍为 X_2，则需要在下载后、重启前进行“Copy RAM to ROM”操作，即将该参数值存储到 S120 的 CF 卡中。

若该参数是在 STARTER 的在线状态下修改的，则修改的同时参数值 X_2 就存储到了 S120

的内存中，若要在重启后保持该值，仍需提前进行“Copy RAM to ROM”操作。若该参数通过 STARTER 的在线模式修改为 X_2，当切换到离线状态下时，看到的数值将为 X_1，若在在线模式时进行了“上传”和“保存”操作，则切换到离线状态下时，看到的数值将为 X_2。

从另一个角度讲，在 STARTER 在线状态下修改参数后，首先需要进行“上传”操作，然后进行“保存”和“Copy RAM to ROM”。如果首先进行了“下载”操作，则会在该操作后发现参数又变回原值。

若在 STARTER 离线状态下修改参数后，应该连接设备首先进行“下载”操作，然后进行“保存”和“Copy RAM to ROM”。如果在连接设备后首先进行“上传”操作，则会在该操作后发现参数也会变回原值。

若出现图 3-5 中的带叹号的图标，则说明调试计算机中与 S120 系统中的项目文件不一致，此时需要进行上传（当确定 S120 中的参数是正确的时）或下载（当确定计算机中的参数是正确的时）。

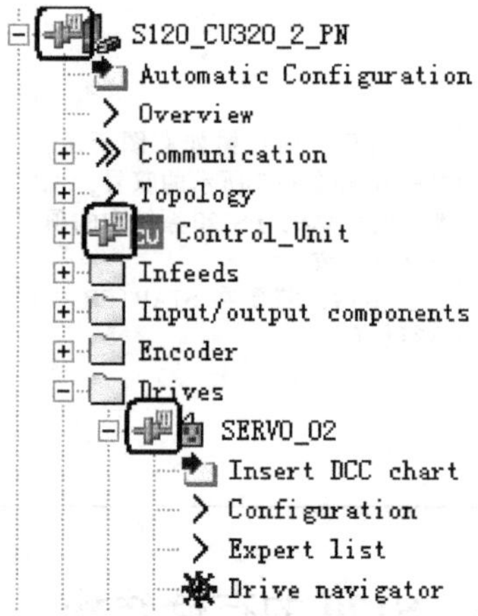

图 3-5　调试计算机与 S120 中项目文件不一致时项目树中的图标

3.4　案例 5——S120 的站点比较

当前文的图 3-5 中出现离线/在线项目文件不一致时，或者由于多人调试等原因造成离线项目文件有多个版本时，可以使用 STARTER 中的离线/在线比较或离线/离线比较功能进行比较核对。图 3-6 为比较功能的打开方法，单击“Compare”命令后，便弹出图 3-7 所示的待比较站点的选择对话框。

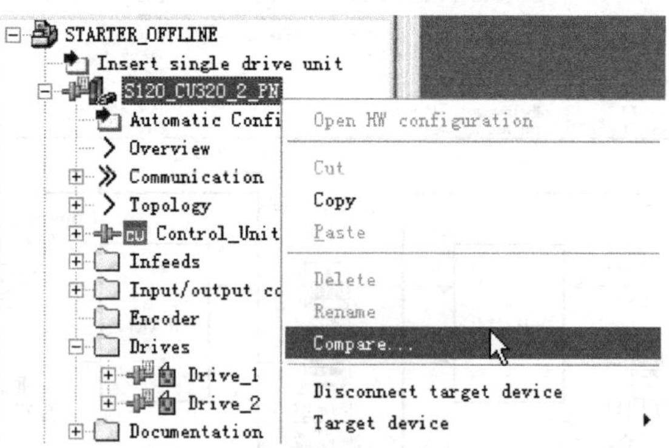

图 3-6　STARTER 中比较功能的打开

图 3-7 中 A 处选择待比较站点的不同来源，分别如下：

1）Object from the opened project：待比较的站点来自已经打开的项目，它用于比较同一个项目中的不同站点，如果项目中只有一个站点，则不能选择该选项。

2）Object from a saved project：待比较的站点来自其他保存的项目，它用于比较计算机中不同项目间的同一个站点。

3）Object from the target system（online）：待比较的站点来自目标设备，即 S120 系统，

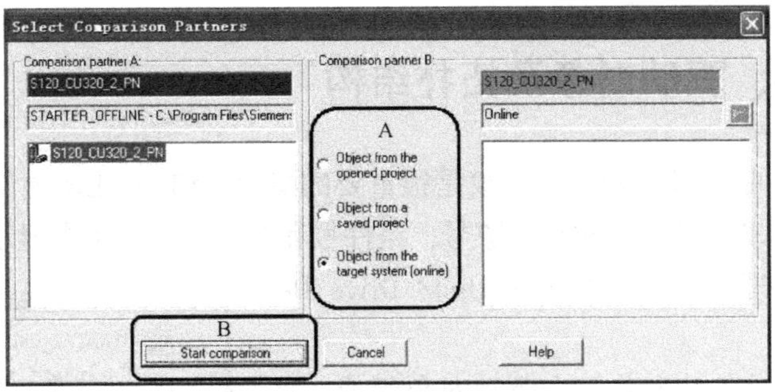

图 3-7　待比较站点的选择

它用于比较计算机与 S120 系统中的同一个站点。

上述 1）和 2）为离线/离线比较，3）为离线/在线比较。

本例进行的是离线/在线比较，选好后，单击图 3-7 中 B 处的“Start comparison”按钮开始进行比较，之后会打开图 3-8 所示的比较结果。

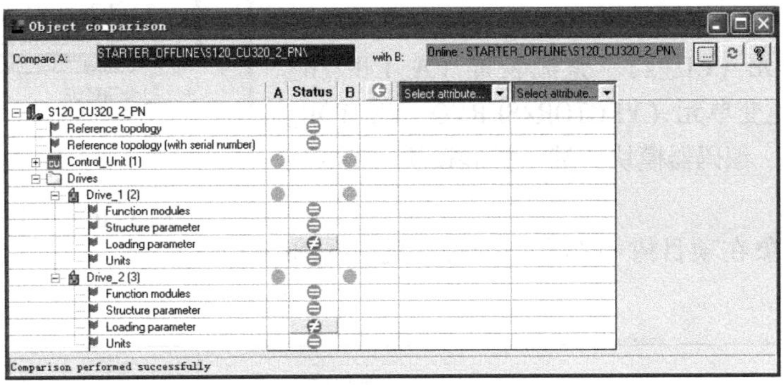

图 3-8　项目的分项比较结果

双击图 3-8 中的不等号图标，可弹出图 3-9 所示的窗口，个别不等号可能无法单击。通过图 3-9 中的比较结果，就可以具体地观察两个项目的不同之处了。

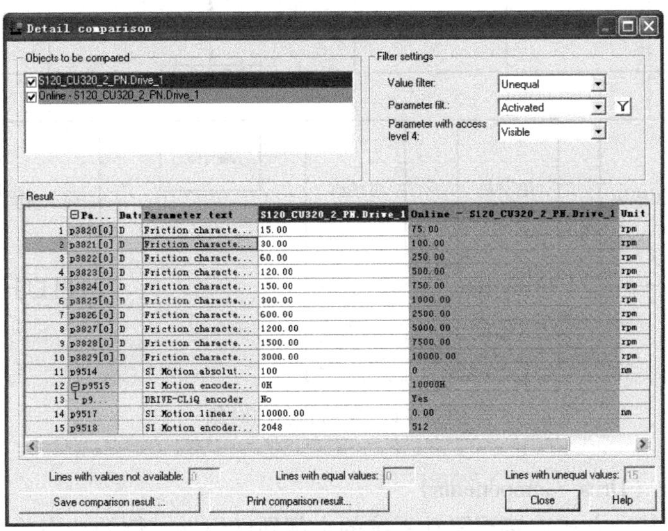

图 3-9　两个项目的具体比较结果

3.5 驱动组件、驱动对象及拓扑结构

在驱动系统中，驱动组件和驱动对象是很重要的概念，STARTER 软件中组态各驱动组件时，会自动分配其驱动组件号和驱动对象号，组件号和对象号信息也会显示在拓扑结构中。

（1）驱动单元/驱动设备（Drive Unit/ Drive Device）

驱动单元/驱动设备是由若干个驱动对象组成，例如：一个 CU 下的整体是一个驱动单元。在 STARTER 软件中，项目导航器采用树形结构以分层管理各个项目元素，图 3-10 中方框内即为一个驱动单元。

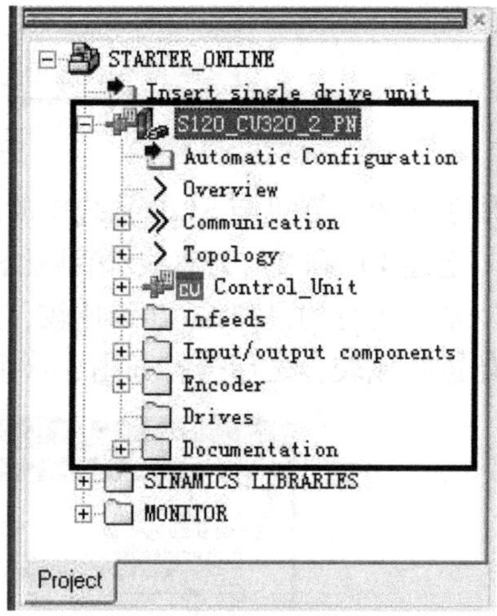

图 3-10　一个驱动单元

（2）驱动对象（Drive Object）

驱动对象是一个具有独立的参数、故障报警以及独立的通信并自成一体的软件功能单元。常见的驱动对象有：控制单元（CU_x）、整流装置（A_INF、B_INF、S_INF）、逆变单元（VECTOR/SERVO、VECTOR_AC/SERVO_AC）、编码器模块、端子扩展模块（TMx），如图 3-11 所示。

每个驱动对象在项目树中都有一个唯一的名称和唯一的对象编号。

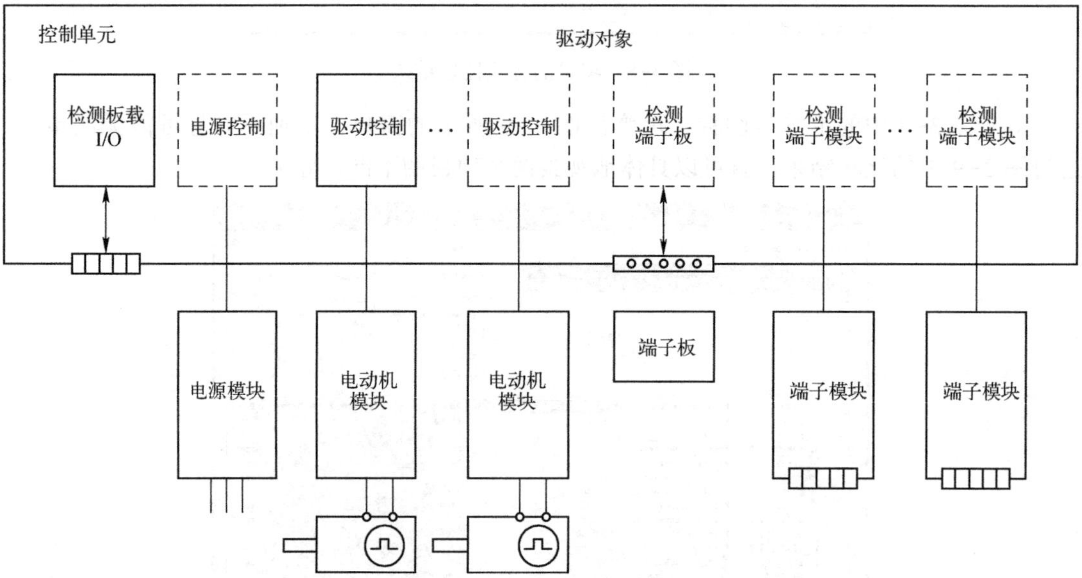

图 3-11　常见的驱动对象

（3）驱动组件（Drive Components）

驱动组件是以某种方式连接至驱动系统的全部硬件组件，例如功率单元、传感器模块和电动机等。每个驱动组件均被分配给至少 1 个驱动对象（DO），驱动对象承担着驱动组件的

监控任务。一般来说，驱动对象一定是驱动组件，而驱动组件不一定是驱动对象。

如图 3-12 所示，在项目树结构中，使用条目“概览”（Overview）、“组态”（Configuration）和“拓扑”（Topology），可以概览到全部“驱动对象”以及其相关“驱动组件”之间的关系。“控制单元”（Control_Unit）一般是随着项目自动创建的，其他的“进线电源”（Infeeds）、“输入/输出组件”（Input/output components）、“编码器”（Encoder）以及“驱动轴”（Drives）等驱动对象需要随后添加。

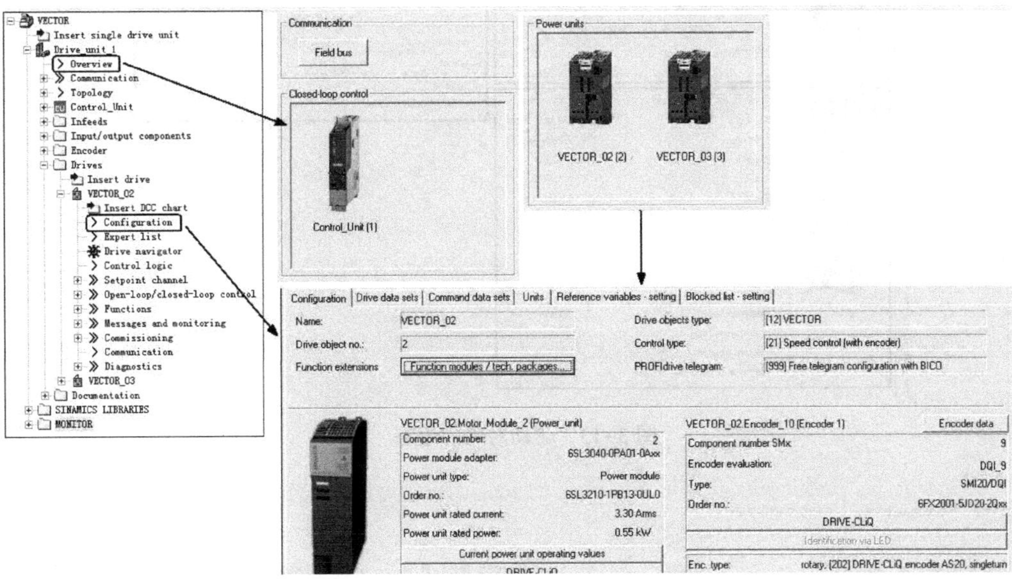

图 3-12　驱动对象与驱动组件的概览

双击“概览”（Overview）可以打开驱动系统的概览窗口，窗口中会显示驱动系统中的全部驱动对象。单击相应的模块图标，可以打开目标驱动对象的组态（Configuration）选项卡，选项卡中会显示出驱动对象的名称、对象编号及与对象有关的最重要信息：驱动类型、控制类型、通信报文等。还会显示所有已分配的驱动组件、相应的组件编号和组件的最关键参数等信息，如图 3-13 所示。

其中：A 处为驱动对象的名称与对象的编号；

B 处为驱动对象的类型、控制方式及 PROFIdrive 通信报文；

C 处为 DRIVE-CLiQ “功率单元”组件及其组件编号；

D 处为 DRIVE-CLiQ “编码器”组件及其组件编号；

E 处为“电动机”组件。

驱动组件的编号可以在“概览”（Overview）→“版本概览”（Version overview）选项卡中查看，如图 3-14 所示。

每个驱动对象都有自己的项目树，使用它可以打开驱动对象的参数列表或不同功能的组态对话框以进行功能设置，也可在在线模式下打开诊断对话框以获取诊断信息。

使用驱动对象前，必须完成一系列步骤的操作。首先通过组态创建驱动对象实例，在项目树中，双击条目“添加驱动”（Insert drive），可以将一个驱动对象添加至驱动目录中。然后通过驱动向导创建驱动的基本组态，某些与对象相关的属性在第一次组态时会确定（例

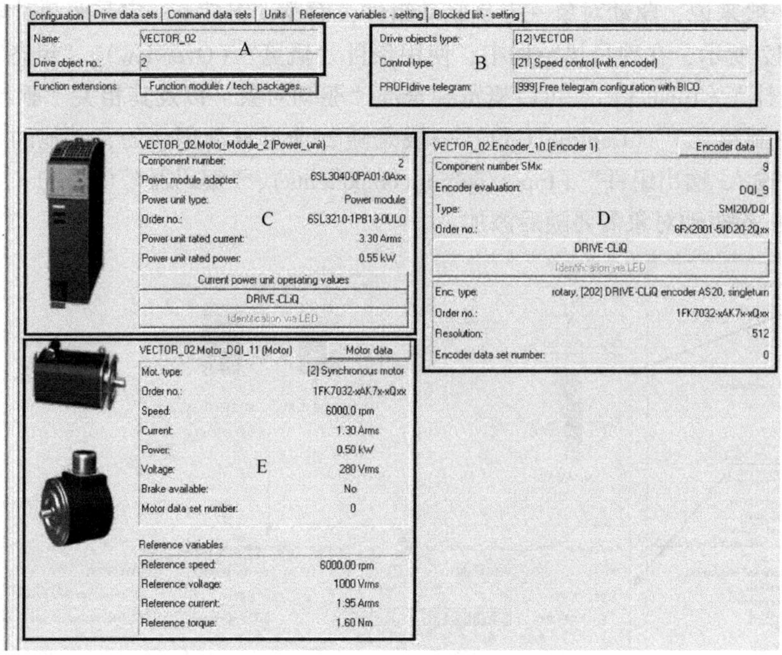

图 3-13　驱动对象的组态

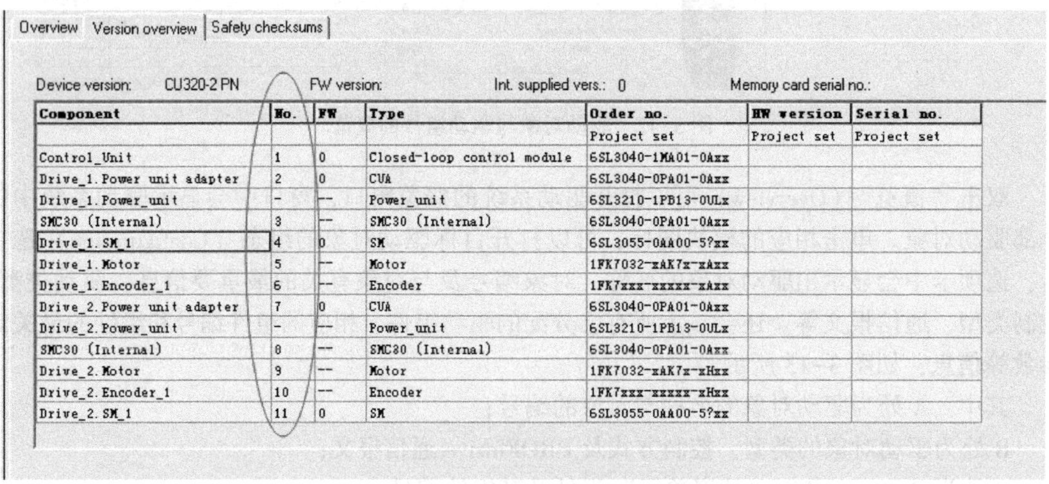

Overview | Version overview | Safety checksums

Device version: CU320-2 PN　　FW version:　　Int. supplied vers.: 0　　Memory card serial no.:

Component	No.	FW	Type	Order no.	HW version	Serial no.
				Project set	Project set	Project set
Control_Unit	1	0	Closed-loop control module	6SL3040-1MA01-0Axx		
Drive_1. Power unit adapter	2	0	CUA	6SL3040-0PA01-0Axx		
Drive_1. Power_unit	-	--	Power_unit	6SL3210-1PB13-0ULx		
SMC30 (Internal)	3	--	SMC30 (Internal)	6SL3040-0PA01-0Axx		
Drive_1. SM_1	4	0	SM	6SL3055-0AA00-5?xx		
Drive_1. Motor	5	--	Motor	1FK7032-xAK7x-xAxx		
Drive_1. Encoder_1	6	--	Encoder	1FK7xxx-xxxxx-xAxx		
Drive_2. Power unit adapter	7	0	CUA	6SL3040-0PA01-0Axx		
Drive_2. Power_unit	-	--	Power_unit	6SL3210-1PB13-0ULx		
SMC30 (Internal)	8	--	SMC30 (Internal)	6SL3040-0PA01-0Axx		
Drive_2. Motor	9	--	Motor	1FK7032-xAK7x-xHxx		
Drive_2. Encoder_1	10	--	Encoder	1FK7xxx-xxxxx-xHxx		
Drive_2. SM_1	11	0	SM	6SL3055-0AA00-5?xx		

图 3-14　驱动组件的编号查看

如：伺服、矢量、电动机模块、电动机和编码器等）。（详细步骤见 3.2 节中“离线创建项目并下载”）

其他设置如速度和电流控制回路的增益系数等，可以通过相应的组态对话框进行设置。

SINAMICS 的驱动组件通过 DRIVE-CLiQ 相连，在 STARTER 软件中会显示出表达它们互联关系的树形拓扑图。在拓扑图中，驱动组件通过它们的组件编号进行标识。

根据 3.2 节提供的硬件配置及连接，图 3-15 给出了该驱动系统的 DRIVE-CLiQ 连接示意图，控制单元 CU320-2PN 连接 2 个配有控制单元适配器 CUA32 的功率模块 PM240-2，两个功率模块各控制一台伺服电动机，其中左侧的 PM240-2+CUA32 为 Drive_1，右侧的为 Drive_2。

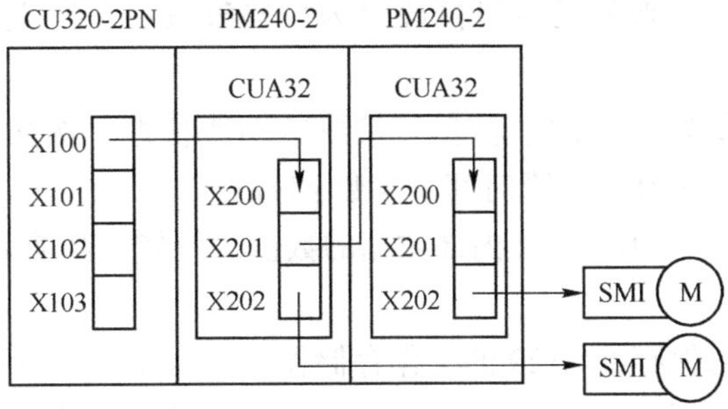

图 3-15　本章所用 DEMO 的 DRIVE-CLiQ 连接示意图

项目树“拓扑”（Topology）界面中会显示出驱动系统的 DRVIE-CLiQ 连接树形图，如图 3-16 所示。控制单元 Control_Unit 为树中的第一个元素。Control_Unit 下的 0~3 编号（方框中）表示控制单元的 4 个 DRVIE-CLiQ 接口 X100~X103。下一级 0~2 编号（方框中）表示“驱动 1”(Drive_1）的 CUA32 的 DRVIE-CLiQ 接口 X200~X202，再下一级 0~2 编号（方框中）表示“驱动 2”(Drive_2）的 CUA32 的 DRVIE-CLiQ 接口 X200~X202。图中 Drive_1 前方的“0-0”表示 Control_Unit 的 0 号接口（X100）与 Drive_1 的 CUA32 的 0 号接口（X200）相连，Drive_2 前方的“1-0”表示 Drive_1 的 CUA32 的 1 号接口（X201）与 Drive_2 的 CUA32 的 0 号接口（X200）相连，以此类推。在更换驱动组件的备件时，要保证接口之间的连接关系不变，否则驱动系统可能无法正常工作，控制单元亮红灯并报错。

拓扑结构中括号内的数字为驱动组件的编号，与图 3-14“版本概览”中的组件号相同。关于拓扑的诊断功能将会在第 10 章中进行介绍。

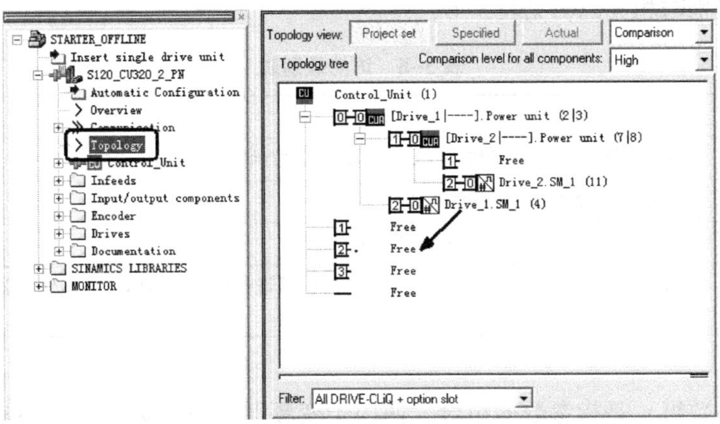

图 3-16　在 STARTER 中查看 DRVIE-CLiQ 拓扑结构图

3.6　参数与专家列表

3.6.1　参数

参数是驱动系统的最小功能单位，也是修改与监控驱动系统的窗口。

1. 参数分类

西门子驱动系统的参数按照是否可修改分为设置参数——P 参数，以及显示参数——r 参数：

1）设置参数（可修改、可读）：数值直接影响功能特性。例如：影响斜坡函数发生器的斜坡上升时间的参数 p1120 和下降时间的参数 p1121。

2）显示参数（只读）：用于显示内部数据的数值。例如：当前电动机电流 r0027。

2. 参数保存

修改的参数值会暂时保存在 S120 的工作存储器（RAM）中。一旦关闭驱动系统，这些数据便会丢失。如果将数据保存在 CF 卡上，则可以在下次上电时保留这些数据，用以下两种方式可以实现：

1）使用 STARTER 备份参数：使用“Copy RAM to ROM”，参见 3.2.1 的知识拓展 4。

2）备份参数（设备和所有驱动）：令 p0977=1，参数数据将完整地写入 CF 卡。

3. 参数复位

可以按照以下方式将参数恢复为出厂设置：

1）复位当前驱动对象的所有参数：令 p0970=1。

2）复位控制单元上的所有参数：

令 p0009=30，设备调试参数筛选——参数复位。

令 p0976=1，复位并载入所有参数。

3）在 STARTER 中进行参数复位，参见 3.2.2 节。

4. 参数访问级

参数设置有不同的访问级别，可以通过 p0003（CU 的特有参数）来设置所需的访问级别 1~4，访问级别与相关说明见表 3-6。

表 3-6 访问级别表

访问级别		注 释
1	标准	用于最简单操作的参数，例如：p1120（斜坡函数发生器上升时间）
2	扩展	用于设备基本功能操作的参数
3	专家	该参数需要专业知识，例如：BICO 的设定
4	服务	有关带有访问级别 4（服务）的参数的密码请咨询当地西门子办事处。必须将该密码输入到 p3950 中

5. 数据组

数据组（参数组）是指参数的组合，西门子变频器支持多数据组切换功能，通过该功能可实现多种不同控制方式的切换、系统设定参数的切换，为客户在使用过程中提供了更灵活的选择。

数据组有四种：指令数据组（Command Data Set，CDS）、驱动数据组（Drive Data Set，DDS）、编码器数据组（Encoder Data Set，EDS），以及电动机数据组（Motor Data Set，MDS）。SINAMICS S120 的参数与数据组如图 3-17 所示。

（1）指令数据组（CDS）

该数据组用于连接驱动的控制命令以及设定值的信号源。通过设置多个指令数据组并在

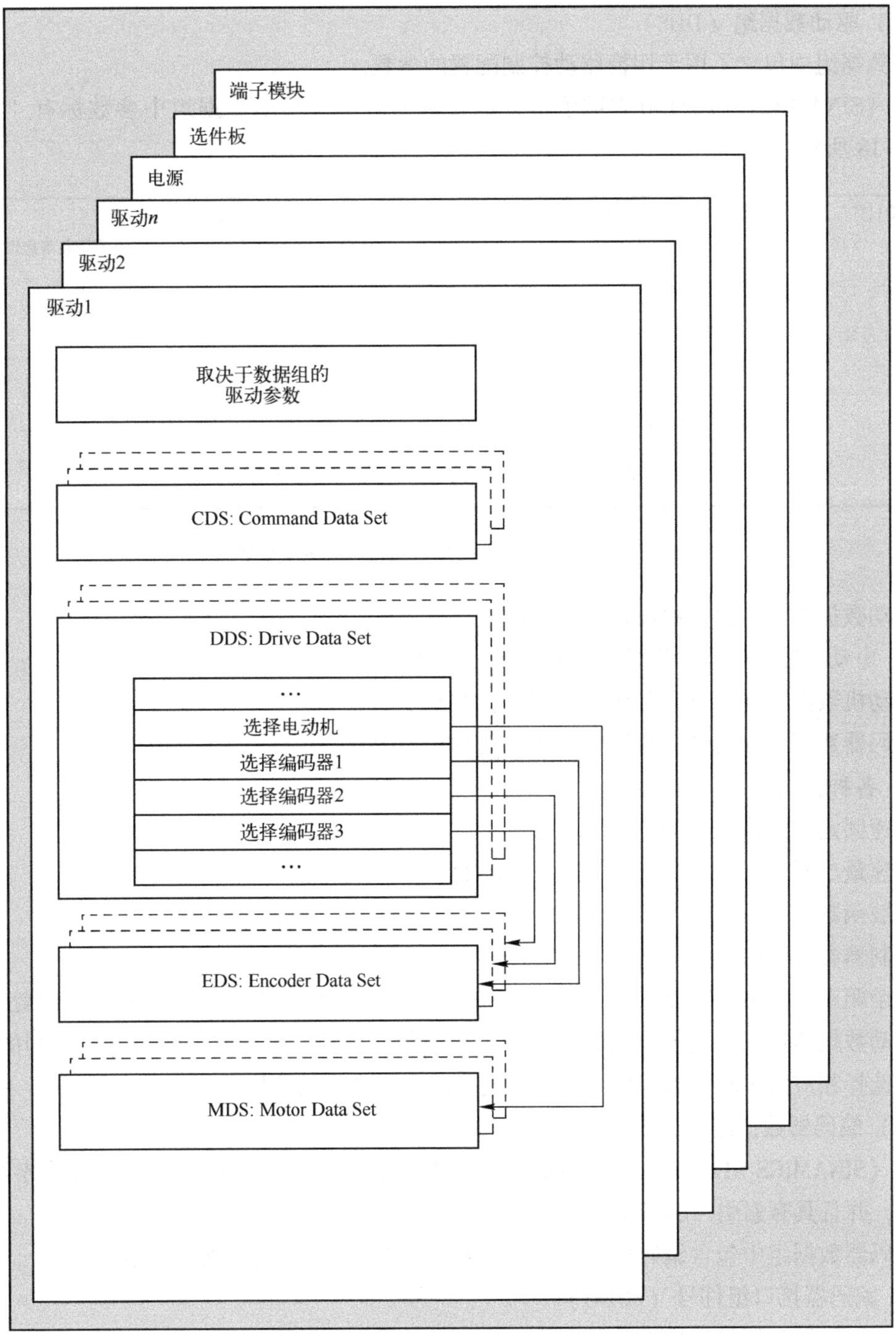

图 3-17　SINAMICS S120 的参数与数据组

这些数据组之间进行切换，驱动就可以使用不同的预设信号源运行。

不同驱动对象可以管理的指令数据组数量不同，最多 4 个，指令数据组的数量由 p0170 设置。

CDS 可在 S120 运行时进行切换。

（2）驱动数据组（DDS）

该数据组中包含了用于切换驱动控制配置的参数。

在《SINAMICS S120/150 参数手册》的参数列表中，驱动数据组中参数标有“DDS”，如图 3-18 所示。

p1001[0...n]	CO：速度固定设定值 1 / v_ 固定设定值 1		
SERVO（扩展设定值通道，线性），SERVO_AC（扩展设定值通道，线性），SERVO_I_AC（扩展设定值通道，线性）	可更改：U，T	已计算：-	存取权限级别：2
	数据类型：FloatingPoint32	动态索引：DDS，p0180	功能图：3010
	P 组 设定值	单元组：4_1	单元选择：p0505
	不适用于发动机型号：-	规范化：p2000	专家列表：1
	最小	最大	出厂设置
	-1000.000 [m/min]	1000.000 [m/min]	0.000 [m/min]
说明：	设置速度固定设定值 1，及作为连接器输出。		
相关性：	参见：p1020，p1021，p1022，p1023，r1024，r1197		
注意：	连接到某个属于驱动数据组的参数的 BICO 互联总是作用于激活的数据组。		

图 3-18　参数列表中驱动数据组的参数示例

驱动数据组中包含各种设置参数，包括：

1）电动机数据组和编码器数据组的编号选择：

电动机数据组（MDS）的编号选择（p0186）；

编码器数据组（EDS）的编号选择（p0187～p0189）。

2）各种控制参数，例如：

转速固定设定值（p1001～p1015）；

转速最小限值/最大限值（p1080，p1082）；

斜坡函数发生器参数（p1120 等）；

控制器参数（p1240 等）。

一个驱动对象最多可以管理 32 个驱动数据组。驱动数据组的数量由 p0180 设置。设置多个驱动数据组可以实现各种驱动配置（包括控制器类型、电动机、编码器）之间的切换，只需要选择相应的驱动数据组就可完成不同驱动配置之间的切换。

（3）编码器数据组（EDS）

在《SINAMICS S120/150 参数手册》的参数列表中，编码器数据组中包含的参数标有“EDS”，并且具有索引 [0…n]。

编码器数据组中包含编码器的各种设置参数，用于对驱动进行配置，例如：

1）编码器接口组件号（p0141）。

2）编码器组件号（p0142）。

3）选择编码器类型（p0400）。

每个通过控制单元控制的编码器都需要一个独立的编码器数据组。一个驱动对象最多可以管理 16 个编码器数据组。配置的编码器数据组数量在 p0140 中设定。通过参数 p0187、p0188、p0189 可为一个驱动数据组最多分配 3 个编码器数据组。

在选择驱动数据组 DDS 时，分配的编码器数据组也会自动被选择。

编码器数据组的切换问题：

编码器数据组切换只能通过 DDS 切换实现。

如果在没有禁止脉冲，即电动机带电运行时执行编码器数据组切换，则只允许切换到经过校准的编码器上（已执行磁极位置识别，或使用绝对值编码器时已确定换相角）。

每个编码器只可以分配给一个驱动装置，并且在一个驱动内的每个驱动数据组中只可以是编码器 1、编码器 2 或者编码器 3。

EDS 切换可以应用在多台电动机交替运行的功率单元上，电动机间通过一个接触器回路进行切换。每台电动机都可以装配编码器或者无编码器运行，每个编码器必须连接单独的编码器模块 SMx。

如果编码器 1（p0187）通过 DDS 进行了切换，则相应的 MDS 也必须进行切换。

若同一台电动机有时需使用电动机编码器 1，有时需使用电动机编码器 2，则必须为此分别创建 2 个包含相同电动机数据的 MDS。

多个编码器之间的切换问题：

为了通过切换 EDS 来切换 2 个或多个编码器，必须将各个编码器连接到不同的编码器模块或不同的 DRIVE-CLiQ 接口上。

多个编码器使用同一个接口时，这些编码器的型号和 EDS 也必须相同。因此推荐切换到模拟量一侧的编码器（例如 SMC 一侧）。插拔次数有限，而且 DRIVE-CLiQ 需要花费更长的时间才能建立通信，因此只有在特定情况下，才允许切换到 DRIVE-CLiQ 上的编码器。

安全运动监控中的编码器数据组（EDS）切换问题：

用于安全功能的编码器在驱动数据组 DDS 切换时不得随之切换。安全功能会检查在数据组切换后和安全功能相关的编码器数据是否改变。如果发现改变，系统会输出故障 F01670，故障值为 10，该故障会导致无法响应的 STOP A（可参考《SINAMICS S120 功能手册》中 9.9.3 节的 Safety 故障）。

不同数据组内，和安全功能相关的编码器数据必须相同。

（4）电动机数据组（MDS）

在《SINAMICS S120/150 参数手册》的参数列表中，电动机数据组中包含的参数标有“MDS”，并且具有索引 [0…n]。

电动机数据组中包含所连接电动机的各种设置参数，用于对驱动进行配置。此外还包含一些显示参数和计算得到的数据。

1）设置参数，例如：

-电动机组件号（p0131）；

-选择电动机型号（p0300）；

-电动机额定数据（p0304 起）等。

2）显示参数，例如：

计算得到的额定数据（r0330 起）等。

每台由控制单元通过电动机模块控制的电动机都需要一个独立的电动机数据组。电动机数据组通过参数 p0186 分配至驱动数据组。

电动机数据组切换只能通过 DDS 切换实现。

电动机数据组切换可用于以下几种情况：

1）在不同电动机间进行切换。

2）在电动机的不同绕组间进行切换（例如星形-三角形切换）。

3）电动机数据的自适配。

如果需要在一个电动机模块上交替运行多台电动机，必须设置相应数量的驱动数据组。一个驱动对象最多可以管理 16 个电动机数据组。p0130 中电动机数据组的数量不可以大于 p0180 中驱动数据组的数量。

3.6.2 STARTER 的专家列表

在 STARTER 软件中，参数可通过向导和基于功能图的组态对话框访问，也可通过“专家列表”（Expert list）直接访问。参数设置对话框中的每个输入都会对应“专家列表”中的某些参数，如图 3-19 所示。驱动对象的“专家列表”可以在项目树中选择对象后，双击其分支下的“Expert list”打开。

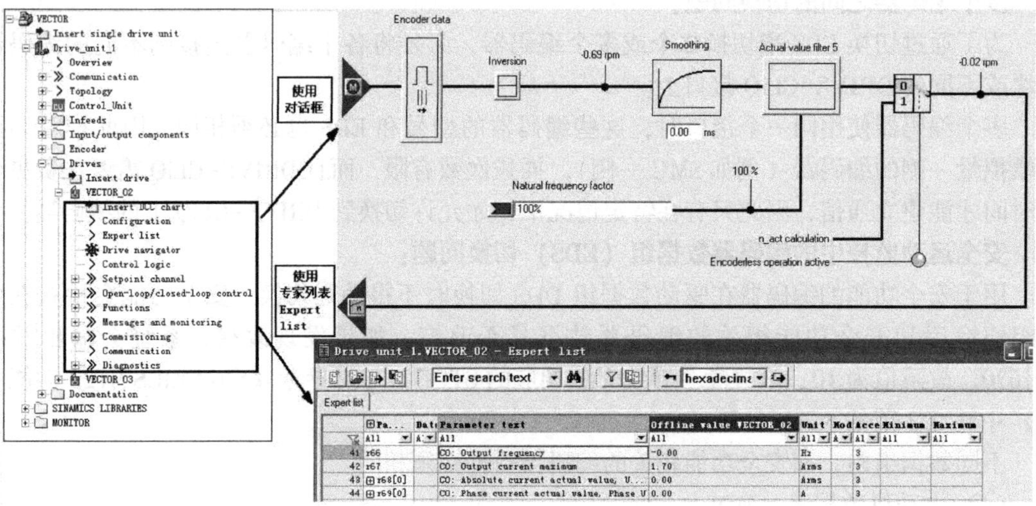

图 3-19　STARTER 中参数的两种访问形式

由于各驱动对象都有独立的参数，因此在 STARTER 中，各驱动对象都有自己的专家列表。在查找某些参数时，首先需要根据功能去定位这些参数所在的驱动对象，再打开相应的专家列表去寻找。例如最小转速 p1080［0…n］，根据功能可以判断出其一定在矢量轴或伺服轴中，而不是在 CU 中；再比如数字量输入状态 r0722，由于其对应的数字量输入接线端子在 CU 上，因此可以判断该参数在 CU 中。

有时各驱动对象间会有编号相同，但是含义不同的参数，使用时需注意区分。例如参数 r0002，在 CU 中 r0002 为控制单元的运行显示，如图 3-20 所示；而在驱动（DRIVE）中则为驱动的运行显示，如图 3-21 所示。

	⊞Parameter	Parameter text	Offline value Control_Unit
	All	All	All
1	r2	Control Unit operating display	[10] Ready

图 3-20　CU 中的参数 r0002

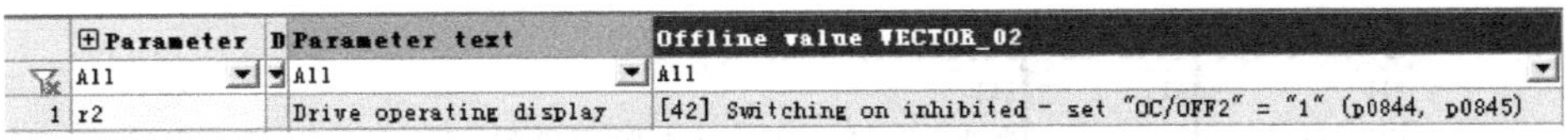

	Parameter	D	Parameter text	Offline value VECTOR_02
	All		All	All
1	r2		Drive operating display	[42] Switching on inhibited - set "OC/OFF2" = "1" (p0844, p0845)

图 3-21　驱动（VECTOR_02）中的参数 r0002

在《SINAMICS S120/150 参数手册》的参数列表中，每个参数都标明了其所在的驱动对象，如图 3-22 所示。

说明：

1）由于篇幅的限制，图 3-22 中仅列出 r0002 的部分数值，更多数值信息请参考参数手册。

2）由于每个参数都有各自确定的驱动对象，因此当驱动设置为矢量控制模式或伺服控制模式时，所含参数会有不同。

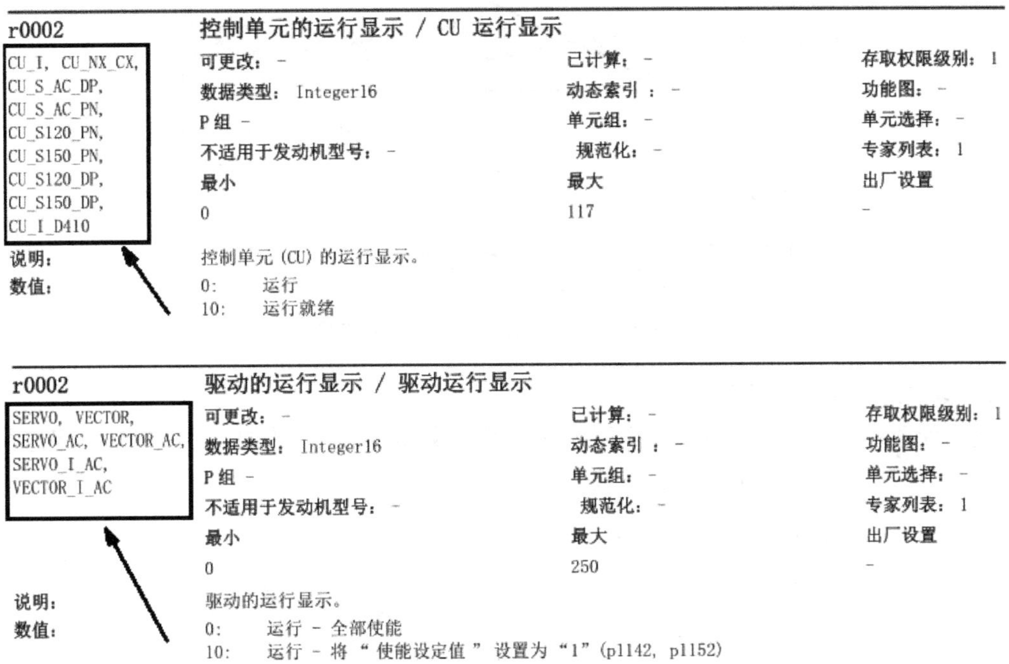

r0002　控制单元的运行显示 / CU 运行显示

CU_I, CU_NX_CX, CU_S_AC_DP, CU_S_AC_PN, CU_S120_PN, CU_S150_PN, CU_S120_DP, CU_S150_DP, CU_I_D410

可更改：-	已计算：-	存取权限级别：1
数据类型：Integer16	动态索引：-	功能图：-
P 组 -	单元组：-	单元选择：-
不适用于发动机型号：-	规范化：-	专家列表：1
最小	最大	出厂设置
0	117	-

说明：控制单元（CU）的运行显示。

数值：
0:　运行
10:　运行就绪

r0002　驱动的运行显示 / 驱动运行显示

SERVO, VECTOR, SERVO_AC, VECTOR_AC, SERVO_I_AC, VECTOR_I_AC

可更改：-	已计算：-	存取权限级别：1
数据类型：Integer16	动态索引：-	功能图：-
P 组 -	单元组：-	单元选择：-
不适用于发动机型号：-	规范化：-	专家列表：1
最小	最大	出厂设置
0	250	-

说明：驱动的运行显示。

数值：
0:　运行 - 全部使能
10:　运行 - 将"使能设定值"设置为"1"(p1142, p1152)

图 3-22　参数手册中带有驱动对象标识的参数 r0002

另外，本书 3.5.1 节提到的参数数据组在专家列表中也有体现，如图 3-23 所示。其中"Data set"一列中的"D"代表该参数属于驱动数据组，"C"代表该参数属于指令数据组，"M"代表该参数属于电动机数据组，"E"代表该参数属于编码器数据组，还有一些参数的"Data set"一格是空白的，说明该参数不属于任何数据组。

下面介绍一些专家列表的使用技巧。

1. 快速查找参数

如果对参数比较熟悉，即知道想要找的参数的编号，可以打开对应驱动对象的专家列表后，直接输入参数的编号（不用输入前面的字母 p 或 r，也不需要在特定的窗口中输入），即可自动定位。

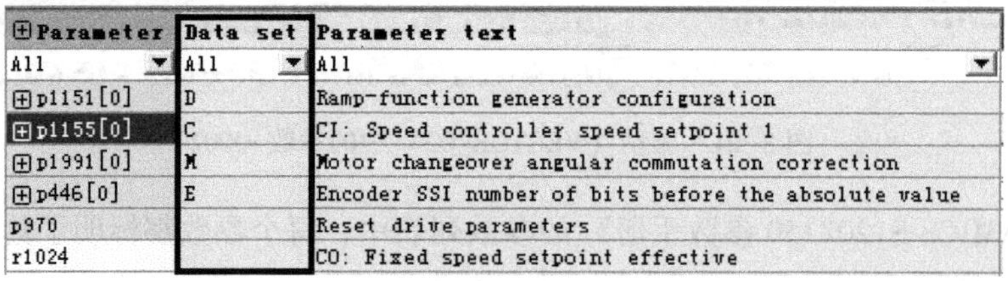

Parameter
Data set
Parameter text
All
All
All
p1151[0]
D
Ramp-function generator configuration
p1155[0]
C
CI: Speed controller speed setpoint 1
p1991[0]
M
Motor changeover angular commutation correction
p446[0]
E
Encoder SSI number of bits before the absolute value
p970
Reset drive parameters
r1024
CO: Fixed speed setpoint effective

图 3-23　专家列表中的“Data set”

如果对参数不太熟悉，不知道参数的编号，仅知道大概的名称或名称中的一个单词，可以使用专家列表的文本搜索功能，如图 3-24 所示。在 A 处输入文本后单击〈Enter〉键，或单击 B 处的图标输入文本，再单击查找下一处按钮（Find next）。

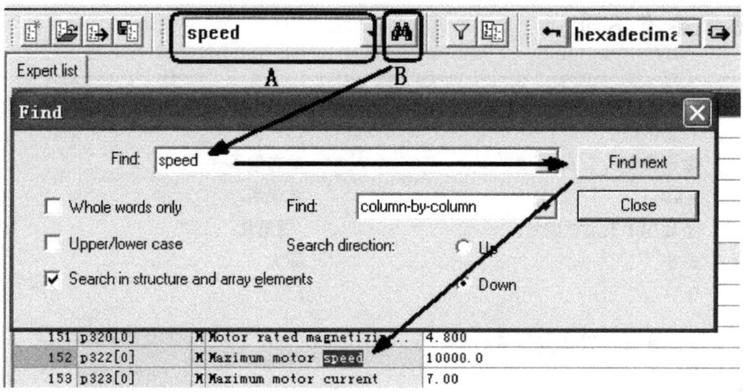

图 3-24　专家列表中的文本搜索功能

2. 参数列表筛选显示

为了便于参数的分类查看，专家列表提供了参数的筛选显示功能。可以按功能组进行筛选，也可以按参数的数据类型进行筛选，如图 3-25 所示。

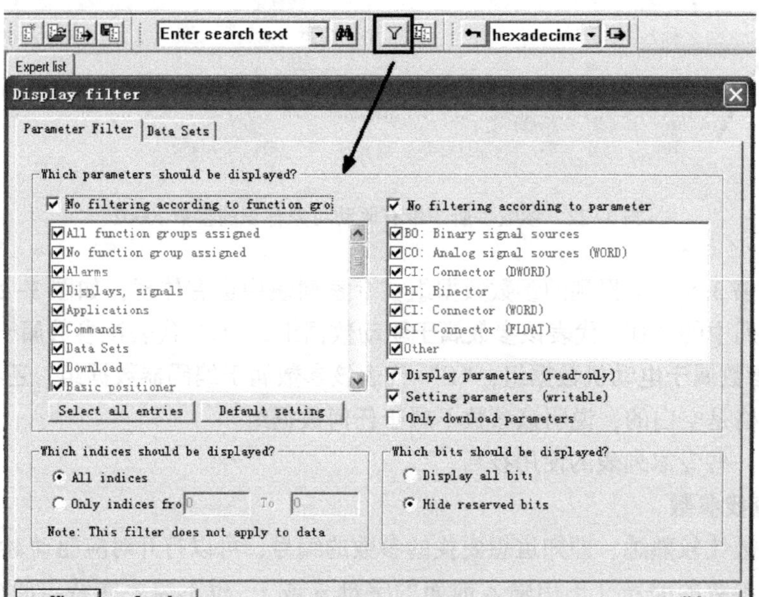

图 3-25　专家列表中的筛选显示功能

3. 用户自定义列表

STARTER 的用户自定义列表类似于经典 STEP 7 中的变量表，或者博途软件中的监控表，用户可以将部分常用参数放到里面，以方便调试。它分为用户自定义参数列表和用户自定义数值列表两种，其创建方法如图 3-26 所示。

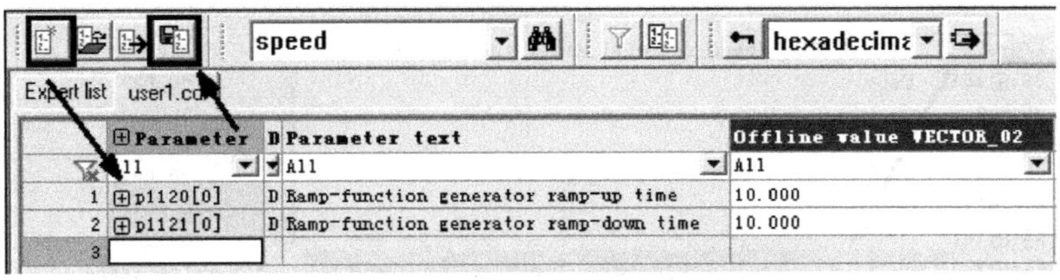

图 3-26 用户自定义参数列表的创建

在保存时选择用户自定义参数列表或用户自定义数值列表，如图 3-27 所示。

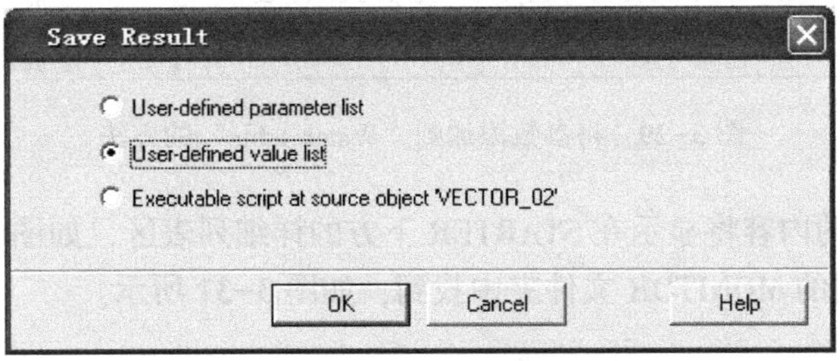

图 3-27 用户自定义数值列表的创建

如图 3-28 所示，在每次打开用户自定义数值列表时，都会自动比较其与专家列表参数数值的不同，单击左下角的接受数值（Accept values）按钮，自定义数值列表的数值将覆盖相应专家列表参数的数值。

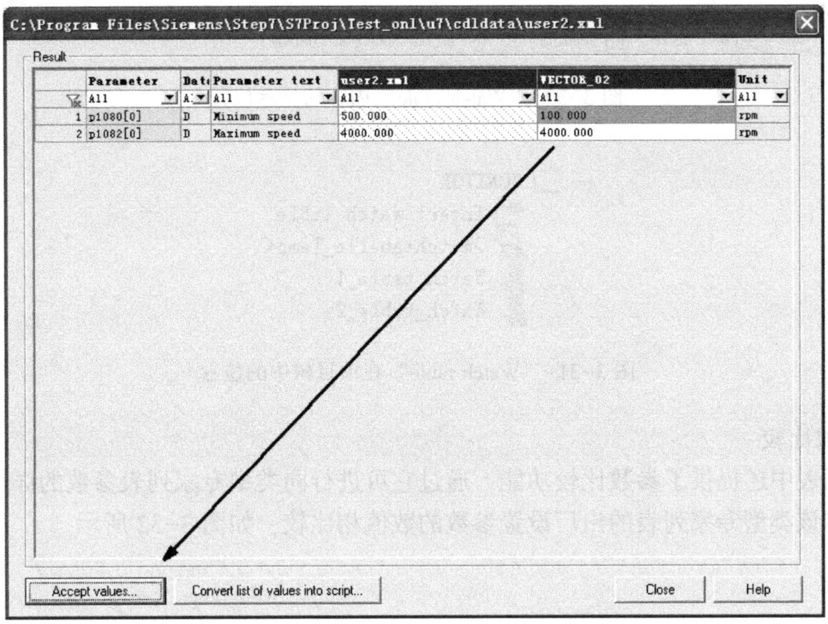

图 3-28 用户自定义参数列表与专家列表的比较

4. Watch table

类似于用户自定义参数列表，“Watch table” 也可以方便地创建一个参数的集合以便于调试，图 3-29 演示了如何添加参数到 “Watch table” 的方法，其中 “Watch_table_1” 可在添加首个参数时创建。

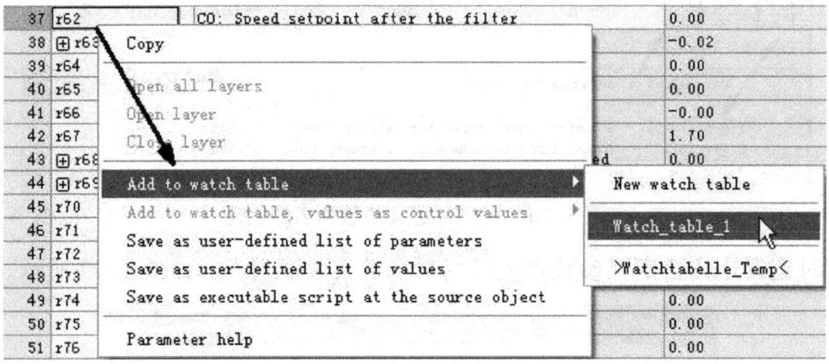

图 3-29　将参数添加到 “Watch table” 的方法

“Watch table” 的内容将显示在 STARTER 下方的详细列表区，如图 3-30 所示。“Watch table” 可以在项目树的 MONITOR 文件夹中找到，如图 3-31 所示。

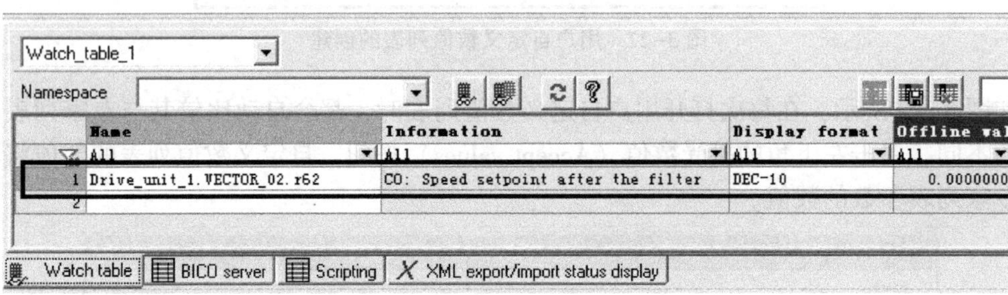

图 3-30　“Watch table” 内容的显示位置

图 3-31　“Watch table” 在项目树中的位置

5. 参数比较

专家列表中还提供了参数比较功能，通过它可进行同类型专家列表参数的详细比较，特别是可以和该类型专家列表的出厂设置参数的数值相比较，如图 3-32 所示。

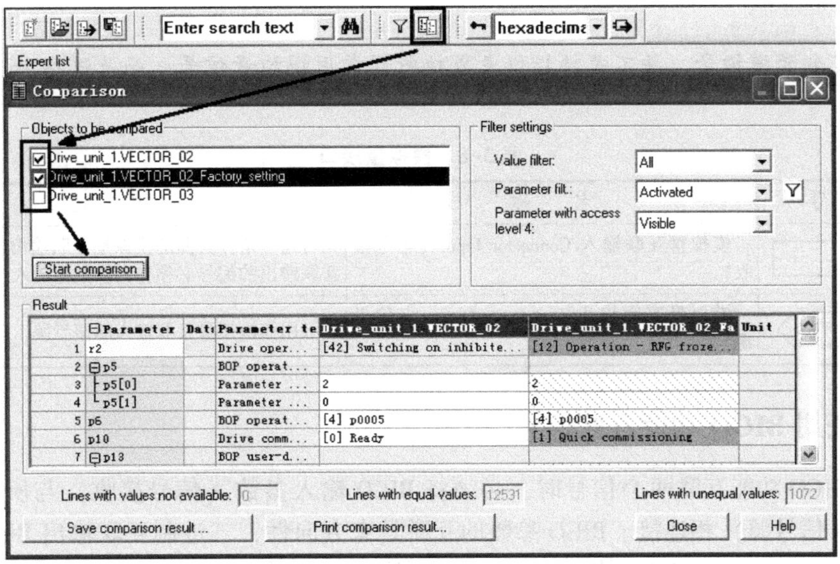

图 3-32　专家列表的参数比较功能

3.7　BICO 信号互联

信号互联技术（Binector Connector Technology，BICO），是指可以将驱动对象内或驱动对象之间的大量可连接的参数，按照功能的需要，灵活地重组连接的技术。该技术可以方便客户根据实际工艺需求来灵活连接端口，对驱动对象功能进行调整，以满足各种应用的要求。它也是西门子变频器特有的功能。

3.7.1　BICO 接口

通过 BICO 互联的数字量和模拟量信号的参数名都会有前缀 BI、BO、CI 或 CO。这些参数在参数列表或功能图中也具有相应的标记。

1. 二进制接口（BI/BO）

BI 为二进制互联输入（信号接收），BO 为二进制互联输出（信号源），可用于连接二进制的参数，其值可以为 0 或 1。BI 与 BO 的符号、名称及描述见表 3-7。

表 3-7　二进制接口

缩写	符号	名　称	描　述
BI		二进制互联输入 Binector Input（信号接收）	可与一个作为源的二进制互联输出相连接，二进制互联输出的编号必须作为参数值输入
BO		二进制互联输出 Binector Output（信号源）	可用作二进制互联输入的信号源

2. 模拟量接口（CI/CO）

CI 为模拟量互联输入（信号接收），CO 为模拟量互联输出（信号源），可用于连接 16 位或 32 位的参数。CI 与 CO 的符号、名称及描述见表 3-8。

说明：

此处提到的模拟量，并不是特指仪表或执行器常用模拟量信号，而是泛指 16 位或 32 位的参数。

表 3-8　模拟量接口

缩写	符号	名　称	描　述
CI		模拟量互联输入 Connector Input（信号接收）	可与一个作为源的模拟量互联输出连接，模拟量互联输出的编号必须作为参数值输入
CO		模拟量互联输出 Connector Output（信号源）	可用作模拟量互联输入的信号源

3.7.2　使用 BICO 功能互联信号

使用 BICO 功能互联两个信号时，必须将 BICO 输入参数（信号接收）与所需的 BICO 输出参数（信号源）相连接。BICO 参数的互联具有方向性，二进制互联输出 BO 可连接二进制互联输入 BI，模拟量互联输出 CO 可连接模拟量互联输入 CI。

注意：

CI 不能与任意的 CO 相连接，BI 不能与任意的 BO 相连接。

使用 BICO 功能互联信号的示例如图 3-33 所示。

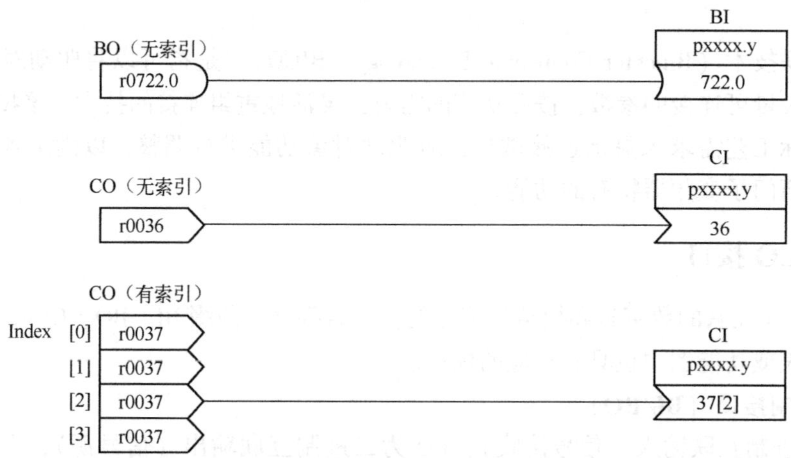

图 3-33　使用 BICO 功能互联信号示例

进行 BICO 连接时，需要以下信息：

1）二进制接口：参数编号（图 3-33 中的“r0722”和“pxxxx”）、位编号（图 3-33 中的“.0”和“.y”）和驱动对象 ID。

2）无索引的模拟量接口：参数编号和驱动对象 ID。

3）有索引的模拟量接口：参数编号（图 3-33 中的“r0037”和“pxxxx”）、索引（图 3-33 中的“[2]”）和驱动对象 ID。

4）数据类型：模拟量互联输出参数的信号源。

BICO 功能可在不同的指令数据组（CDS）中执行参数互联。切换数据组可以使指令数据组中的不同互联生效，也可以进行驱动对象之间的互联。

1. 同一驱动内 BICO 互联

下面举两个数字量信号互联的例子。

1）假设驱动需要通过控制单元的端子 DI 0 和 DI 1，以 JOG 1 和 JOG 2 方式运行，互联示意图如图 3-34 所示。

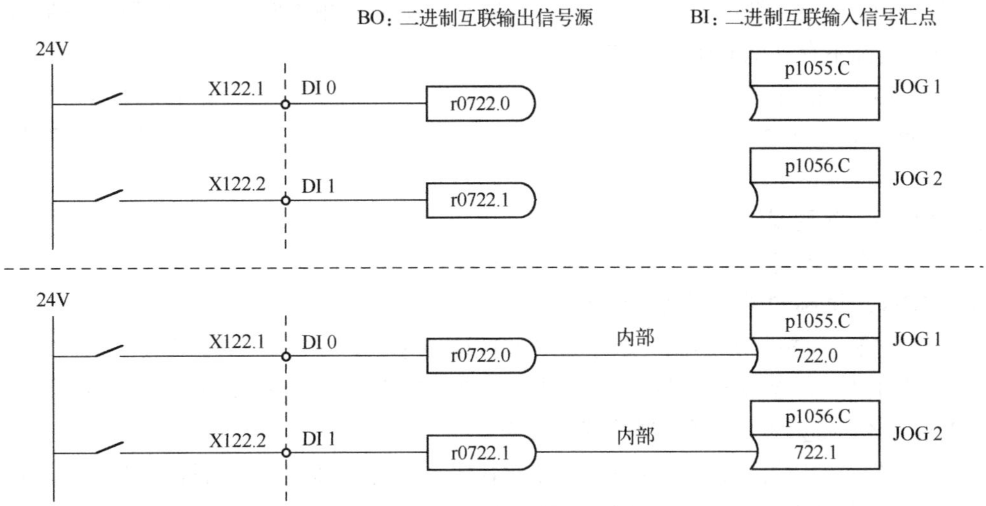

图 3-34　互联数字量信号示例

2）将 OFF3 连接至多个驱动。

假设需要将“OFF3”信号通过控制单元的端子 DI 2 连接到两个驱动上。每个驱动都有“第 1 个 OFF3”和“第 2 个 OFF3”两个二进制互联输入。两个信号都连接到控制字 STW1.2（OFF3）的逻辑“AND”门的输入（请参考功能图第 2501 页，关于功能图的讲解见本书 3.7 节）。“OFF3”互联到多个驱动的示例如图 3-35 所示。

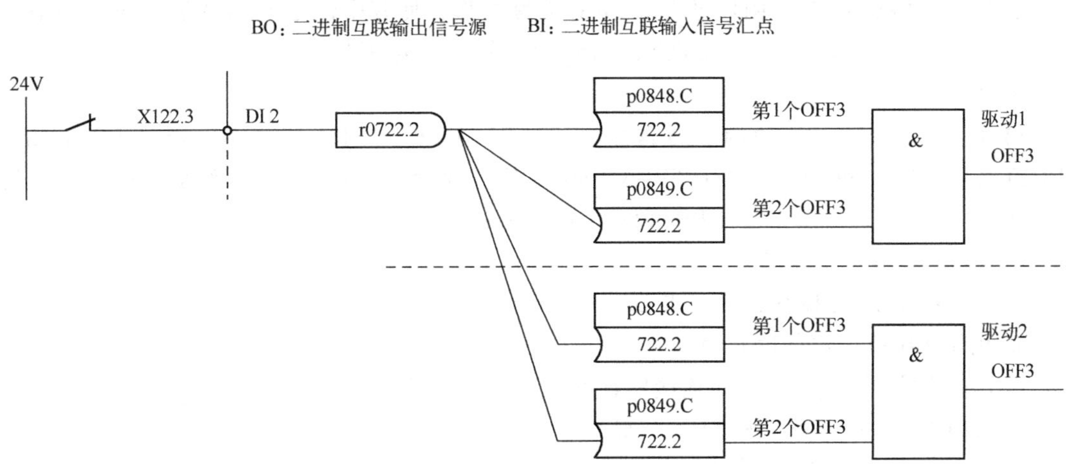

图 3-35　“OFF3”互联到多个驱动示例

2. 不同驱动间的 BICO 互联

不同的驱动对象之间也可实现 BICO 互联，与其他驱动 BICO 互联时涉及以下相关参数：

1）r9490：可查看与其他驱动的 BICO 互联的数量。

2）r9491[0…9]：可查看与其他驱动的 BICO 互联的 BI/CI。

3）r9492[0…9]：可查看与其他驱动的 BICO 互联的 BO/CO。

4）p9493[0…9]：复位连接到其他驱动的 BICO 互联。

如果 r9491[0…9]和 r9492[0…9]列表不为空，就不能删除驱动，否则另一个驱动就会试图从一个已经不存在的驱动读取信号。

r9491～r9493 的相同数字的下标表示的是同一个互联。例如：在 r9491[x]中显示的是信息汇点，在 r9492[x]中是对应的信号源，并可以通过对 r9493[x]的设置改变该互联。

3. BICO 互联复制

在复制一个驱动时，也会一同复制它的 BICO 互联。

4. BICO 二进制和模拟量类型转换

（1）二进制-模拟量转换器（数字量合并成模拟量）

可使用 BICO 功能将多个数字量信号整合为 32 位整型双字或 16 位整型单字，以便 PROFIdrive 通信时进行二进制数据的统一发送。

在使用 IF1 接口时，p2080[0…15]～p2084[0…15]这五组 16 个元素的二进制数组可以通过 BICO 互联操作连接至 5×16＝80 个内部数字量信号。例如：当 p2038＝0 时，p2080[0…15]的互联关系请参见功能图第 2452 页。

（2）模拟量-二进制转换器（模拟量拆解成数字量）

可使用 BICO 功能将 32 位整型双字或 16 位整型单字拆解为多个单独的数字量信号，以便将 PROFIdrive 通信时接收数据中打包成模拟量的二进制数据拆开单独使用。

在使用 IF1 接口的伺服轴或矢量轴模式下，对于接收数据中的 PZD 1～4，无须用户进行 BICO 互联操作，即可拆分成二进制数据，并存储在 r2090[0…15]～r2093[0…15]中；对于接收数据中的 PZD 5～32，用户可通过 BICO 互联操作，使其中任 2 个 PZD 拆分成二进制数据，并存储在 r2094[0…15]和 r2095[0…15]中，参见功能图第 2468 页。

说明：

1）IF1 和 IF2 是 CU 的两个通信接口。对于 CU320－2DP，通过 IF1 进行 PROFINET CBE20 通信，通过 IF2 进行 PROFIBUS/USS 通信；对于 CU320－2PN，通过 IF1 进行板载 PROFINET 通信，通过 IF2 进行 PROFINET CBE20 通信。

2）PZD 是 16 位的通信字。

3）PROFIdrive 的相关 PZD 的其他知识，请参见第 8 章。

5. 用于 BICO 互联的固定值

以下模拟量互联输出可用于连接任意可设置的固定值：

1）p2900[0…n] CO：固定值 1（%）。

2）p2901[0…n] CO：固定值 2（%）。

3）p2930[0…n] CO：固定值 M（Nm）。

这些参数可用于互联主设定值的标定系数或者互联附加力矩。

3.7.3　案例 6——在 STARTER 中互联 BICO 信号

本小节将通过 BICO 的互联实现：闭合 CU 外接的数字量开关 X122.3（DI2，其状态存储在 r0722.2 中），CU 外接的指示灯 X122.9（DO8，其对应的参数是 p0738）就会点亮，即 CU 的一个 DI 信号通电，它的一个 DO 就输出高电平。只要将上述两个信号对应的参数互联在一起，该功能就会实现。由于 STARTER 中组态对话框的参数与专家列表的参数对应，因此 BICO 互联可以在组态对话框中完成，也可以在专家列表中完成。

1. 通过组态对话框的形式进行 BICO 互联

在对话框中找到 X122.3，单击“Digital input 2”中的 BO 图标，选择“Further interconnections”选项，如图 3-36 所示。

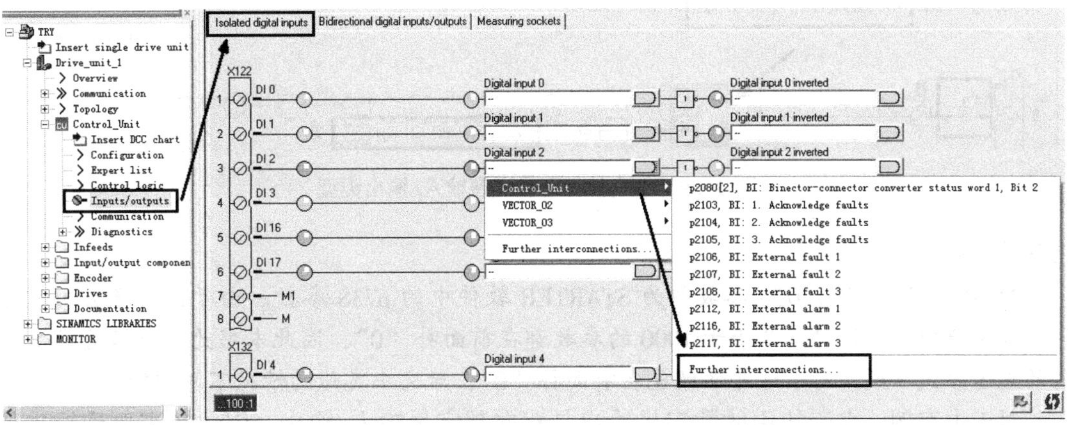

图 3-36　从 X122.3 的角度出发互联信号

然后选择参数 p0738 并单击确定，如图 3-37 所示（篇幅所限，确定按钮没有显示出）。做完该步就完成了本例所需的 BICO 连接，图 3-38 的方框中显示出 X122.3 所连接的参数是“p0738”，而图 3-39 的 A 处显示出 X122.9 所连接的参数是“r0722.2”。

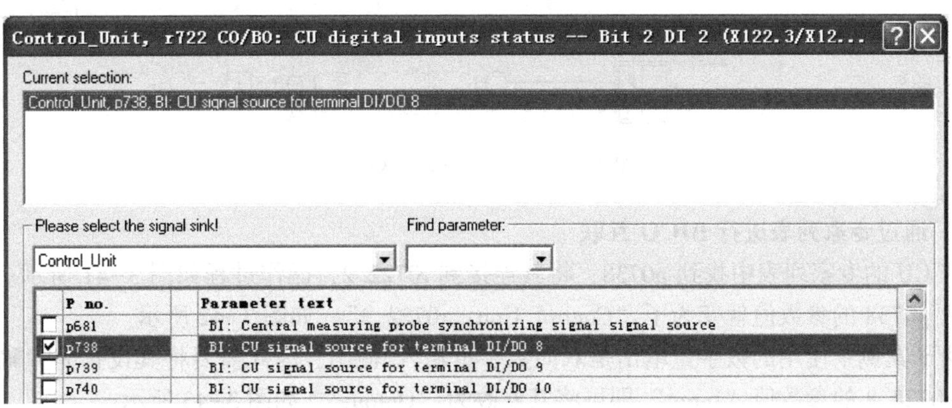

图 3-37　选择参数 p0738

说明：

1）如果需要取消到 p0738 的连接，只需在图 3-37 所示的对话框中取消勾选 p0738 复选

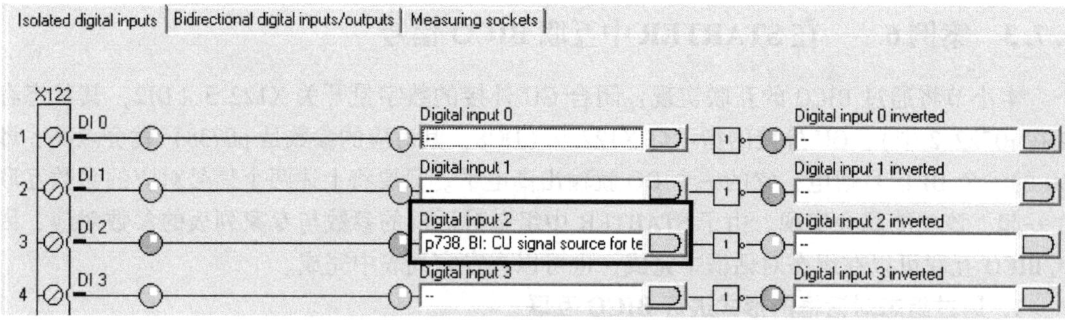

图 3-38　从 X122.3 的角度观察所连接的参数

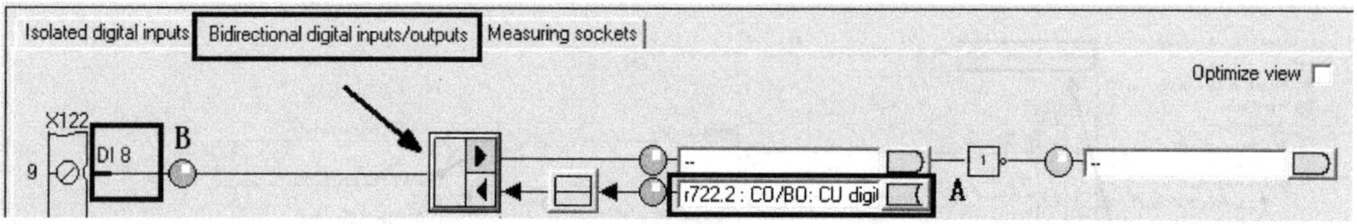

图 3-39　单击按钮切换通道输入/输出类型

框并单击确定即可。

2）图 3-37 中的 p0738 参数即为 STARTER 软件中的 p738 参数。由于西门子公司官方的参数手册中对于这种编号小于 1000 的参数都在前面补“0”，因此本书为了与官方参数手册的表述方式一致，对于这些参数也在前面补“0”，后文中类似的情况不再解释。

对于本案例，由于使用的数字量输出是双向数字量输入/输出，因此还需要到输出信号的对话框中将 X122.9 设置为输出。单击图 3-39 中箭头所指的按钮（该按钮对应的参数是 p0728），即可将该通道由 DI（见图中 B 处）切换至 DO，切换后的 X122.9 如图 3-40 所示。

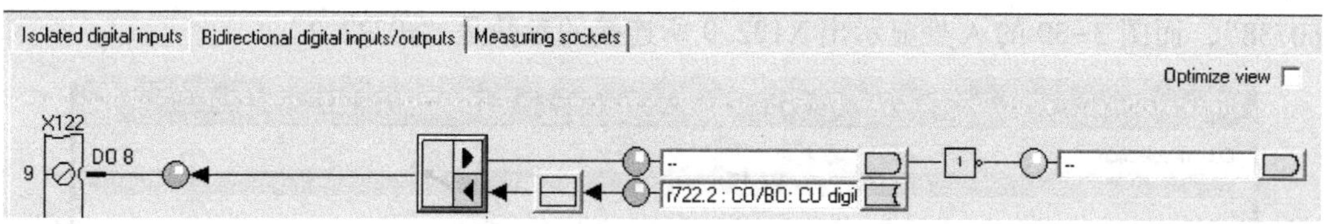

图 3-40　切换成 DO 的 X122.9

2. 通过专家列表进行 BICO 互联

在 CU 的专家列表中找到 p0738，将其连接到 r0722.2，操作过程如图 3-41 所示。连接后参数 p0738 的参数值就变为了“Control_Unit：r0722.2”，如图 3-42 所示。

由于案例中使用的数字量输出是双向数字量输入/输出，因此需要将其设置为“输出”。单击 p0728.8 的参数值“Input”即可将其修改为“Output”，如图 3-43 所示。

通过专家列表互联 BICO 与通过组态对话框互联 BICO，其实做的是同一件事情，仅仅是操作的角度不同而已。

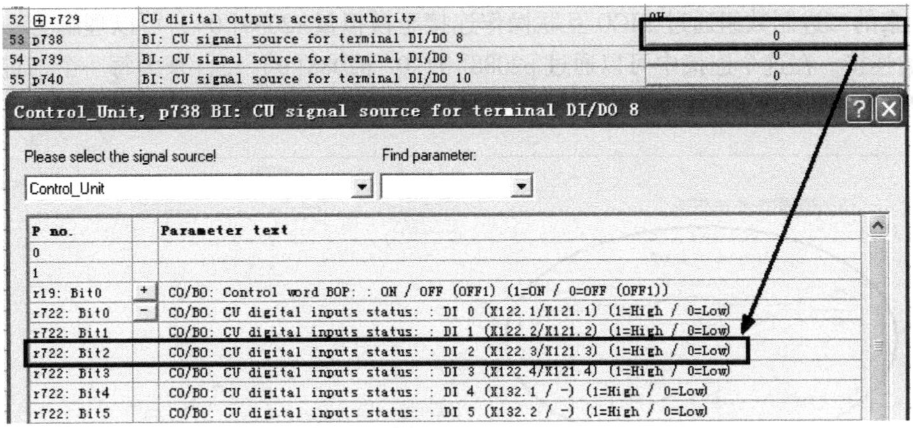

图 3-41　在专家列表中从 p0738 连接 r0722.2

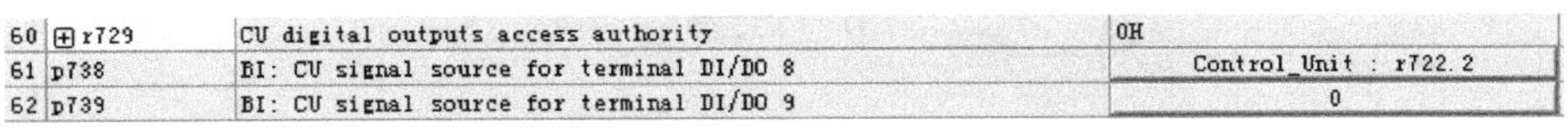

60 r729 CU digital outputs access authority 0H
61 p738 BI: CU signal source for terminal DI/DO 8 Control_Unit : r722.2
62 p739 BI: CU signal source for terminal DI/DO 9 0

图 3-42　p0738 与 r0722.2 连接后的显示

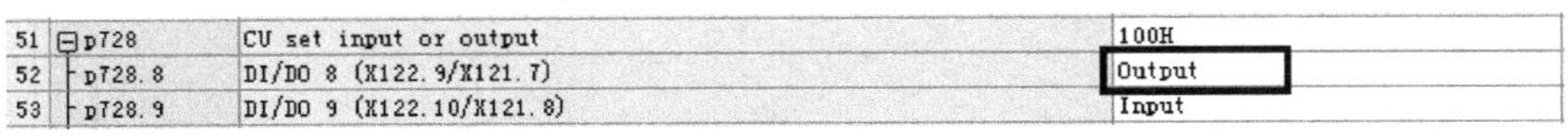

51 p728 CU set input or output 100H
52 p728.8 DI/DO 8 (X122.9/X121.7) Output
53 p728.9 DI/DO 9 (X122.10/X121.8) Input

图 3-43　在专家列表中修改 X122.9 的输入/输出设置

3.8　功能图

西门子的驱动系统所能实现的所有功能，以及实现这些功能所需的参数互联关系，都用功能图的形式表达出来。功能图是由 BICO 互联、逻辑运算功能块（与或非等）、计算功能块（取反、取绝对值、微分等）和控制功能块（阈值开关、采样保持器、滤波器、延时通断、斜坡函数发生器、速度控制器等）组成的功能流程图。

S120 系统的功能图有 400 余页，内容涉及 CU 输入/输出端子、控制单元通信、伺服控制及矢量控制等。与参数列表一样，它是使用 S120 时需要经常翻看的材料。

说明：

1）随书下载资源中的《SINAMICS S120/S150 参数手册》中有英文版的功能图，另外还有 SINAMICS G120 的《中文版功能图》可供参考。

2）建议初学者先阅读功能图的前 4 页——功能图说明（第 1020、1021、1022 及 1030 页）。

如图 3-44 所示为功能图第 2472 页（见图中 A 处），该功能图适用于所有驱动对象（见图中 B 处）。该功能图主要在表达 PROFIdrive 通信中，使用 IF1 接口时的状态字的自由互联功能（见图中 C 处）。

下面以图中 D 处所示的功能为例，简单介绍一下功能图的功能表达方式。D 处所描述的功能，其实是 3.6.2 小节中提到的 BICO 的二进制-模拟量转换器。它将 p2080[0…15]这个 16 元素的二进制数组通过 BICO 互联操作连接至模拟量 r2089[0]，可以理解为一组“16 对 1”的连接。在这个连接中可以通过 p2088[0].0~p2088[0].15，来为每一个二进制的位进行取反。例如：当 p2088[0].0=0 时，不取反；而当 p2088[0].0=1 时，取反。

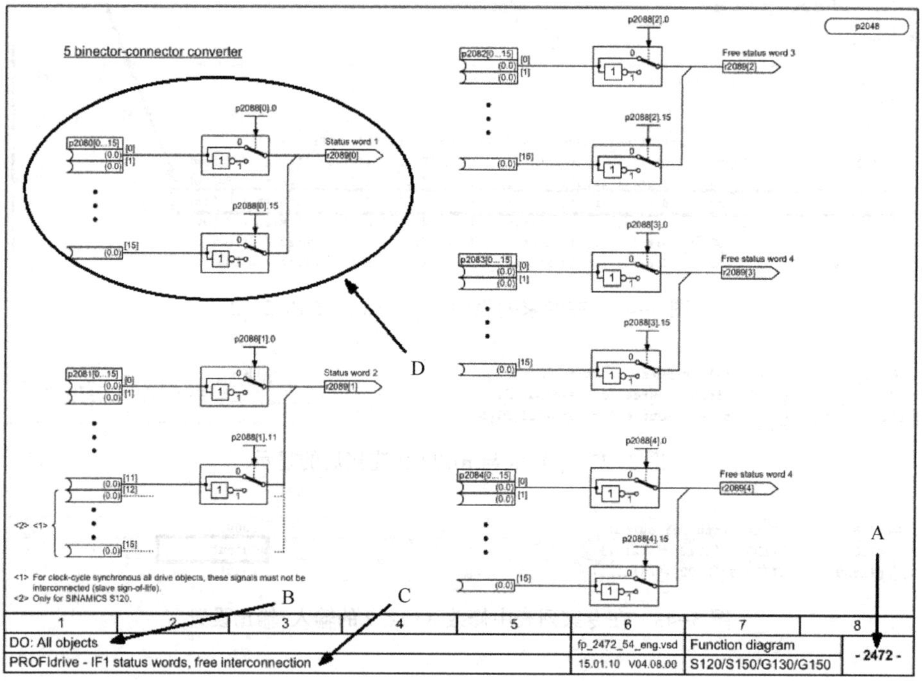

图 3-44 功能图第 2472 页

3.9 项目归档与恢复

可以使用项目归档（Archive）功能，把项目的全部数据以压缩的格式存储到一个压缩文件中，以便于项目的转移和备份。压缩文件比不压缩的文件要小，并且可以直接进行移动或复制。使用时，可以从压缩文件中恢复（Retrieve from archive）项目，归档与恢复的位置如图 3-45 所示。

除了归档/恢复功能，还可以通过菜单命令“另存为”（Save as）来备份和转移项目，以这种方式存储的项目是未经压缩的整个项目目录以及其中的所有文件。

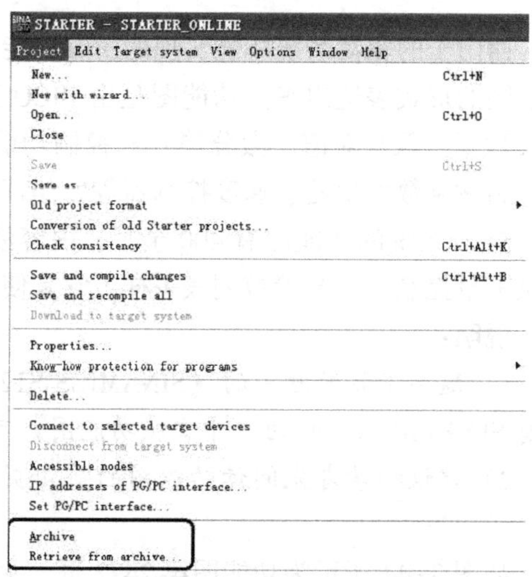

图 3-45 项目归档与恢复功能的位置

第 4 章

S120 系统的变频调速应用

S120 系统可以工作应用于变频调速系统，本章将以案例的形式演示 S120 系统的变频调速应用。

创建 STARTER 项目（具体做法请参考 3.2 节的内容），以图 4-1 或图 4-2 的方式创建矢量轴（Vector）。

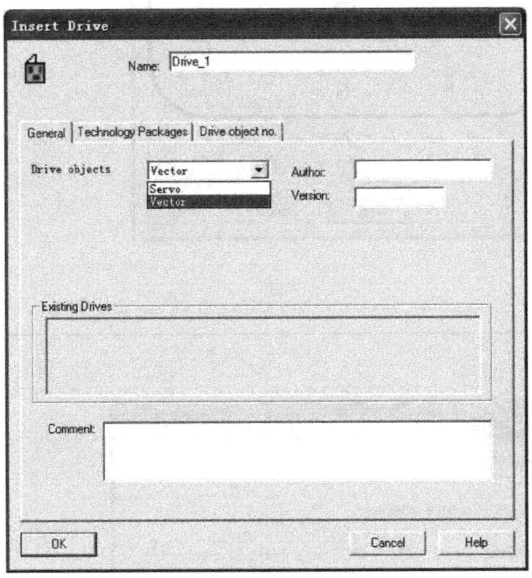

图 4-1　离线创建矢量轴

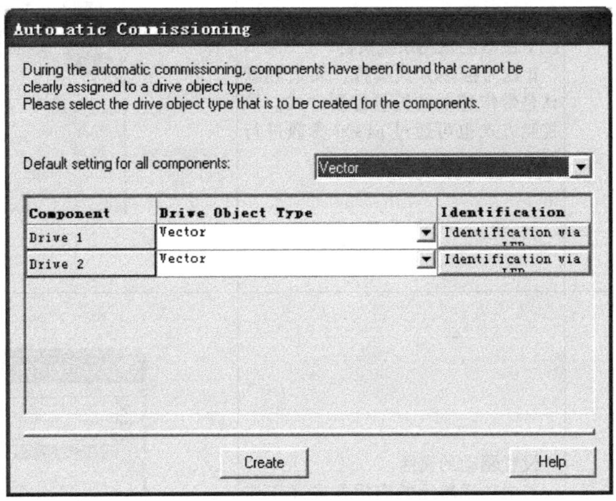

图 4-2　自动组态方式创建矢量轴

矢量轴意味着该轴适用于变频调速应用，在矢量轴中仍需具体进行矢量控制或 V/f 控制方式等设定。

矢量轴创建好后就可以进行后文案例的操作了。

说明：

本章的项目文件可参考随书下载资源中的“VECTOR”。

4.1　案例 7——S120 系统矢量控制的配置

矢量控制方式适用于高性能和高转矩稳定性的速度控制，该控制方式特别适合于异步（感应）电动机。

在 STARTER 软件中打开“Configure DDS”的向导，该向导需在 STARTER 的离线模式下进行。矢量控制功能的配置过程见表 4-1。

表 4-1　S120 系统矢量控制的 DDS 配置

序号	说　明	图　示
1	首先组态 DDS，选择功能模块和控制方式 右图 A 处为功能模块的复选框，矢量轴一般可选的功能模块有：工艺控制器（PID 控制器、常用于压力、张力、温度等物理量的控制）、基本定位（位置点动、回零点、软硬限位、MDI 等功能）和扩展信息/监控通道（电动机转速、负载扭矩以及电动机温度等物理量的监控） 注意：系统在默认的情况下三种扩展功能都不激活，在不使用的情况下激活会占用系统资源 B 处为控制方式选择，矢量轴默认是带传感器的矢量控制方式。该控制方式也可通过 p1300 参数进行修改	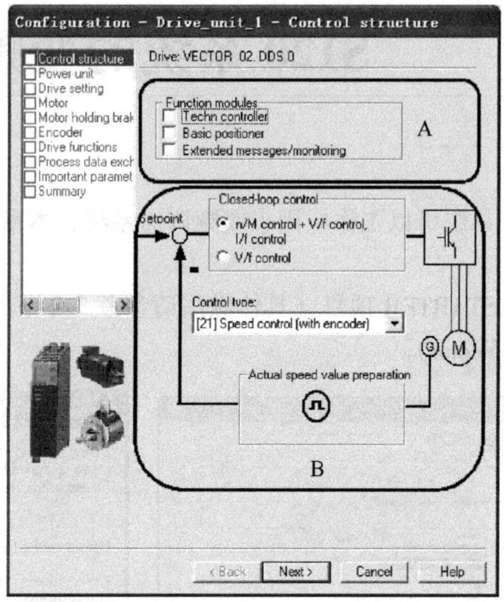
2	设置驱动的属性 其中功率单元的应用方式（工作制设定）处与矢量轴有关的选项是：p0205＝0，包含重过载的工作制；p0205 = 1，包含轻过载的工作制 变频器过载保护一般满足反时限特性，即达到的电流越高，变频器可过载的时间越短 书本型的 S120 系统只能设置 p0205＝0。此时，达到 150%的基本负载电流时，变频器可过载 60 s；达到 176%时，可过载 30 s 说明：DDS 的向导中，与前文类似的步骤从略	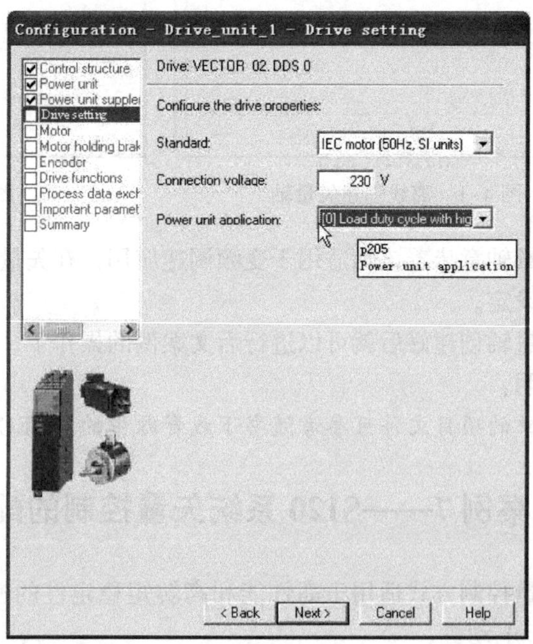

（续）

序号	说　明	图　示
3	选择电动机 如果是带有 DRIVE-CLiQ 的电动机，选择“Motor with DRIVE-CLiQ interface”，这样电动机的铭牌信息几乎不用手动填写 西门子的标准电动机也可以直接从列表中选择（Select standard motor from list） 如果是第三方的感应电动机，则在“Motor type”下拉列表框中选择“Induction motor” 本例选择第三方感应电动机	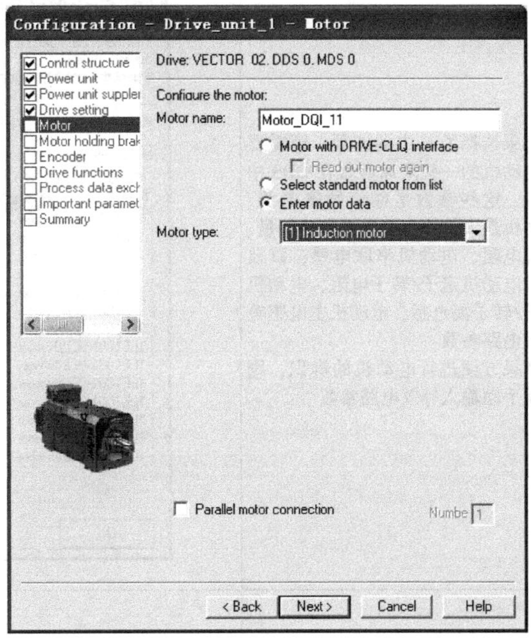
4	输入铭牌参数 由于上一步中选择了第三方的感应电动机，所以在右上图的 A 处填写该电动机的铭牌参数，包括额定电压 p0304、额定电流 p0305、额定功率 p0307、额定功率因数 p0308、额定频率 p0310、额定转速 p0311、冷却方式 p0335 也可以单击 B 处的“Template”按钮，打开右下图的表格，在这里可以将某种西门子标准电动机的铭牌参数赋值给所选择的第三方电动机	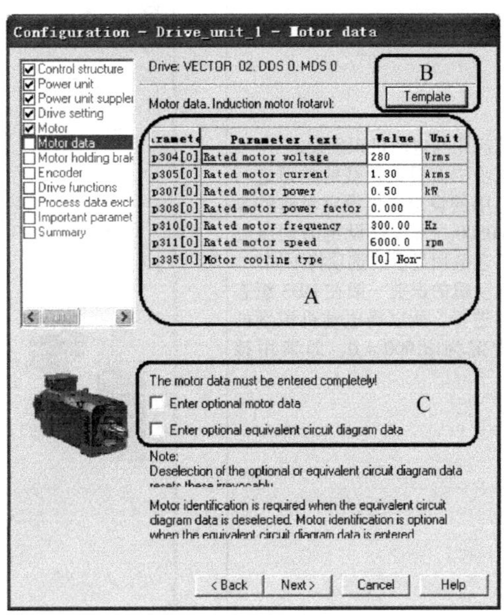

（续）

<table>
<tr><th>序号</th><th>说　明</th><th>图　示</th></tr>
<tr><td>4</td><td>如果选择了 C 中的选项，则需要将电动机的一些附加参数在 DDS 中输入，这些参数是额定励磁电流、电动机最大转速、电动机转动惯量、电缆电阻、电动机串联电感，以及冷态电动机定子/转子电阻、电动机定子/转子漏电感、电动机主电感等等效电路参数
如果方便进行电动机的辨识，则无须手动输入等效电路参数</td><td>
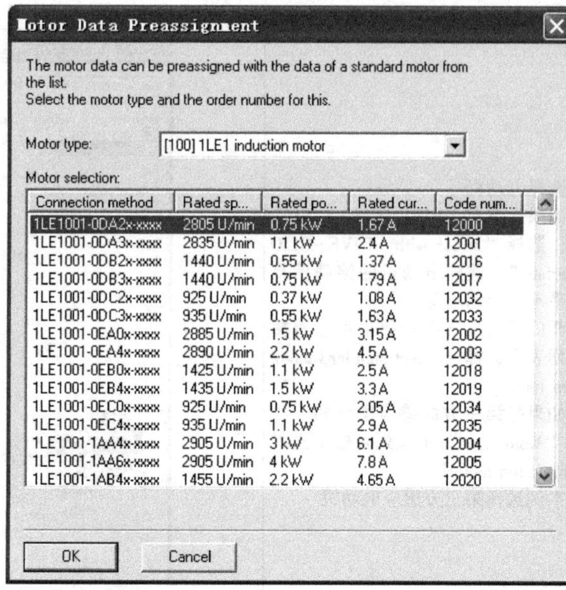

</td></tr>
<tr><td>5</td><td>工艺应用与电动机识别设定
在该步中需根据负载的类型进行工艺应用的设定，该设定对应的参数是 p0500。当该轴设定为伺服轴时，工艺应用显示的选项将不同
对电动机的识别一般在 DDS 组态后单独进行，所以将电动机识别的参数设定为 p1900 = 0，即禁用该功能</td><td>
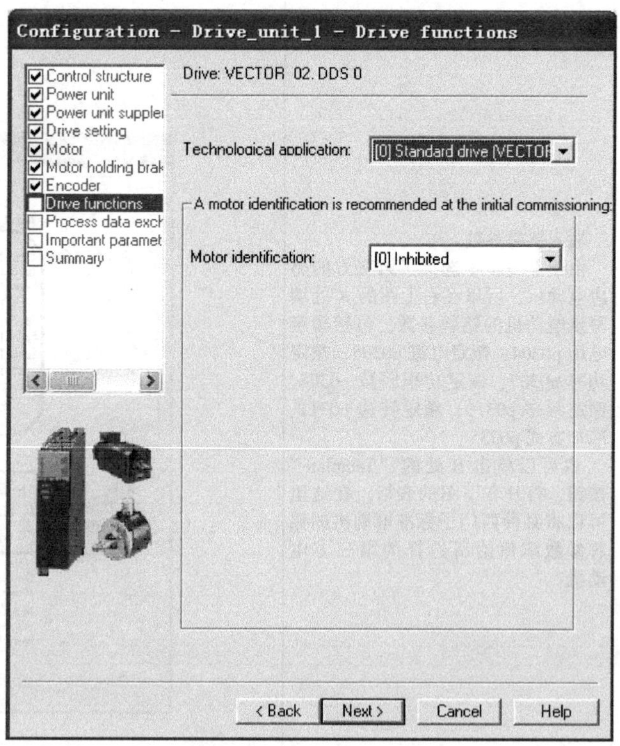

</td></tr>
</table>

（续）

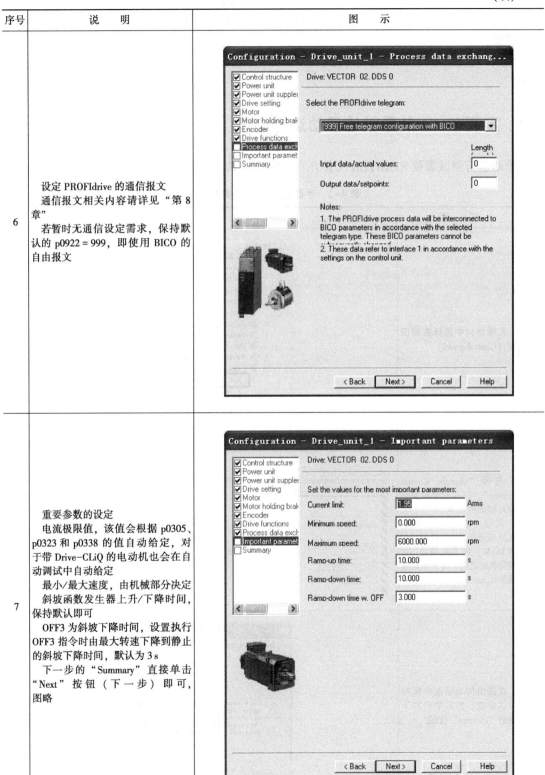

序号	说　明	图　示
6	设定 PROFIdrive 的通信报文 通信报文相关内容请详见“第 8 章” 若暂时无通信设定需求，保持默认的 p0922 = 999，即使用 BICO 的自由报文	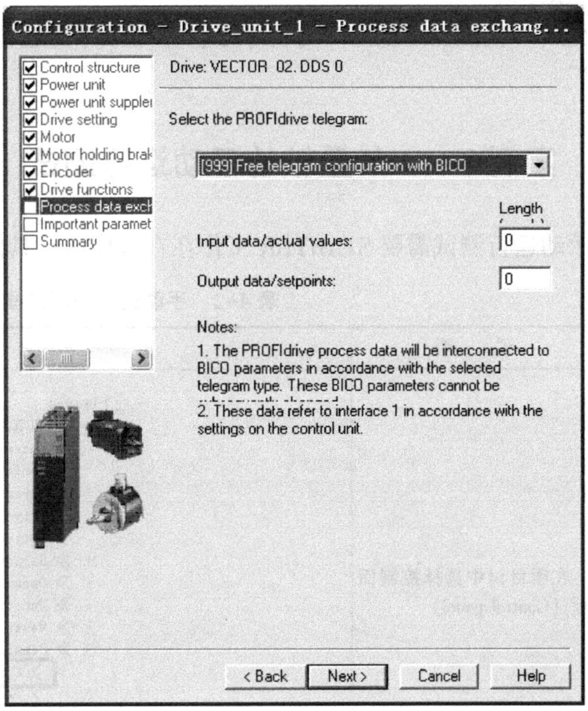
7	重要参数的设定 电流极限值，该值会根据 p0305、p0323 和 p0338 的值自动给定，对于带 Drive-CLiQ 的电动机也会在自动调试中自动给定 最小/最大速度，由机械部分决定 斜坡函数发生器上升/下降时间，保持默认即可 OFF3 为斜坡下降时间，设置执行 OFF3 指令时由最大转速下降到静止的斜坡下降时间，默认为 3 s 下一步的“Summary”直接单击“Next”按钮（下一步）即可，图略	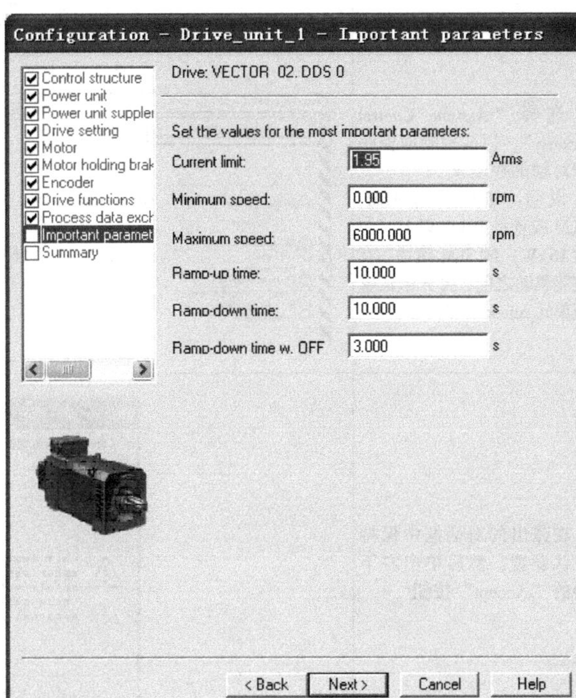

完成“Configure DDS”的向导后，矢量控制功能便配置完成了，在此基础上，就可以进行后文中的手动运行测试、电动机辨识和固定速度运行等操作。

注意：

完成“Configure DDS”的向导后，一定记得要进行下载，之后还需进行“Copy RAM to ROM”。

4.2 案例 8——矢量轴的手动运行测试

手动运行测试需要 STARTER 工作在在线模式，具体操作过程见表 4-2。

表 4-2 手动运行测试的操作过程

序号	说　明	图　示
1	在项目树中选择控制面板（Control panel）	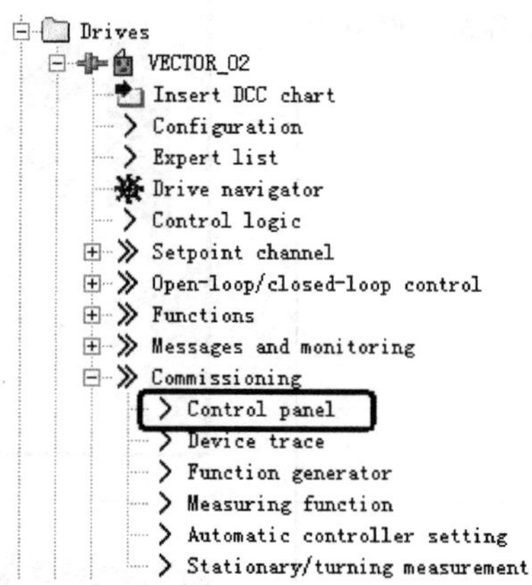
2	选择“Assume Control Priority”，以使控制面板获取对轴的控制权 说明：如果采用 ALM、BLM 或者是 16kW 以上（包含 16kW）的 SLM 模块，在使能驱动之前，要先激活整流单元 infeed 模块	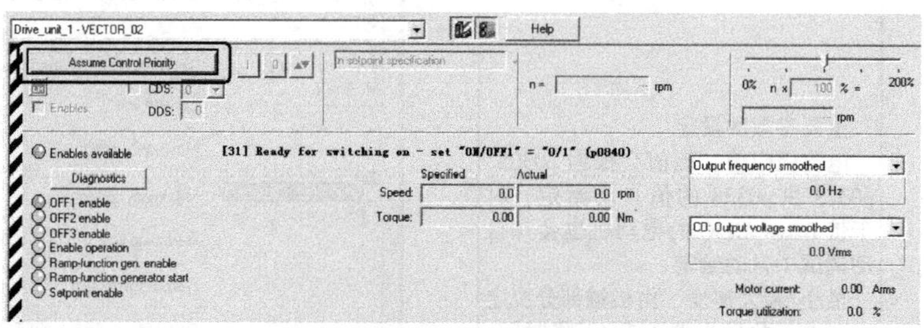
3	在弹出的对话框中保持默认设置，然后单击左下角的“Accept”按钮	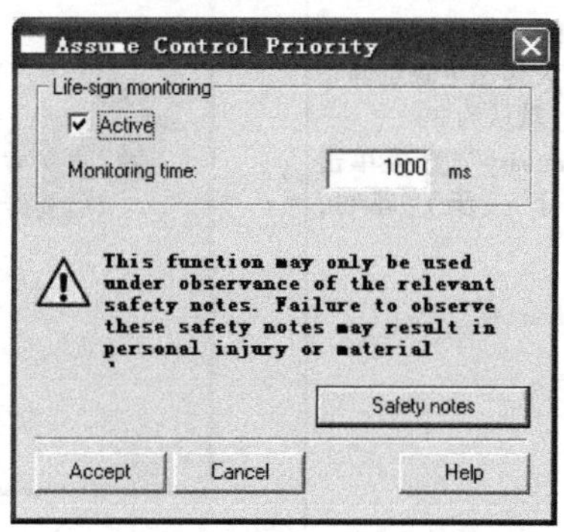

（续）

序号	说　明	图　示
4	控制面板获取了控制权之后，选中“Enables”复选框以进行使能	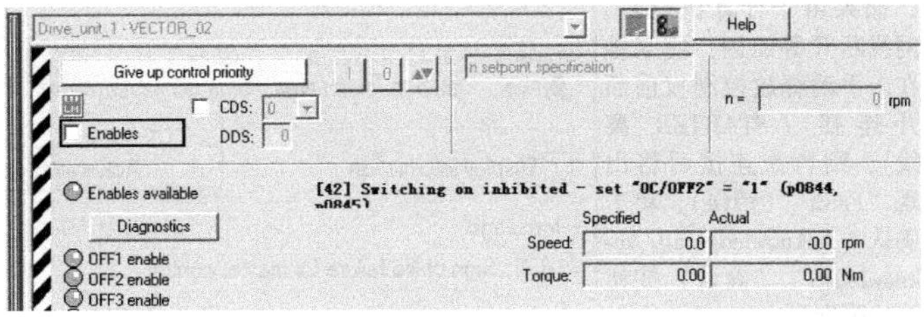
5	使能后，可以通过右图 A 处按钮起动电动机、B 处按钮停止电动机、C 处按钮改变电动机的旋转方向 通过 D 处可以观测到当前的各使能条件状态 在 E 处进行电动机测试速度的设定 在 F 处可以看到设定/实际转速/转矩的数值	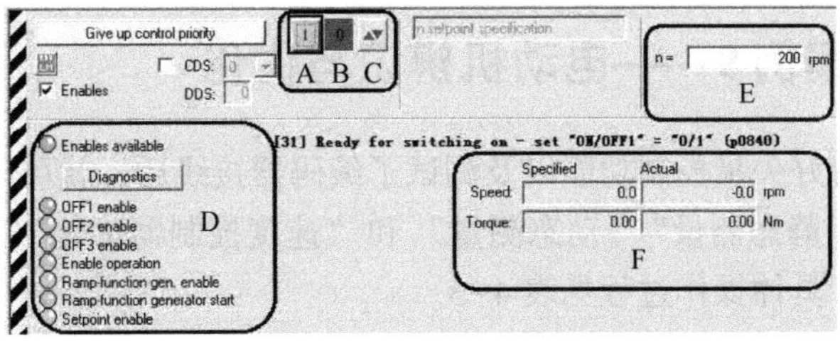
6	设定速度后，即可起动电动机，见右图 注意：手动测试前，最好把控制模式暂时更改成 V/f 模式 可通过修改 p1300 参数值来实现控制模式的更改，其中 V/f 控制模式为 p1300=0，带传感器的矢量控制模式为 p1300=21	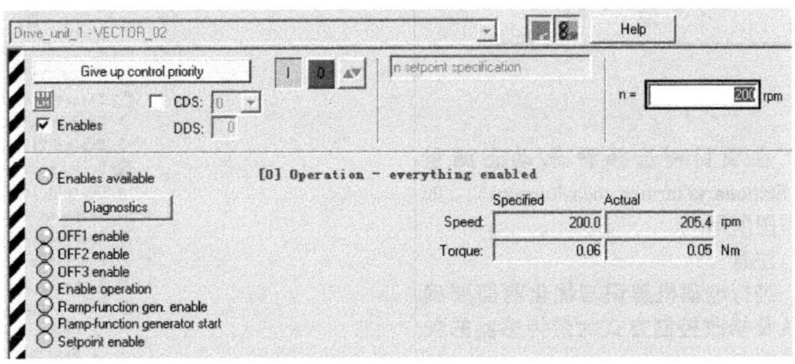
7	手动运行测试后，需要释放控制面板的控制权，单击上一步中的“Give up Control priority”按钮，将弹出如右图所示的提示窗口。释放控制面板控制权之前需要确认是否有来自上位控制器的起动信号仍激活着，如果有，释放控制权后该轴很有可能自动而造成危险	
8	如果没有释放控制权，将无法在 STARTER 系统中进行与 S120 系统断开的操作，见右图	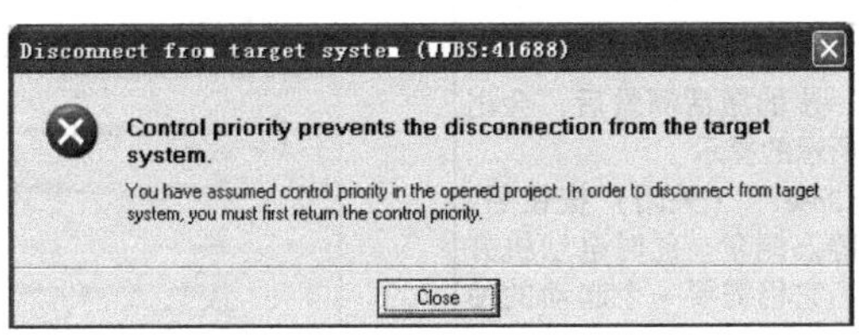

（续）

序号	说　明	图　示
9	如果由于计算机宕机、网线断开等原因，使某轴在未手动释放控制权前断开连接（STARTER 离线），则再次连接后将出现“Fault”（错误），单击确认“Acknowledge all/Acknowledge”（确认）按钮该故障即可	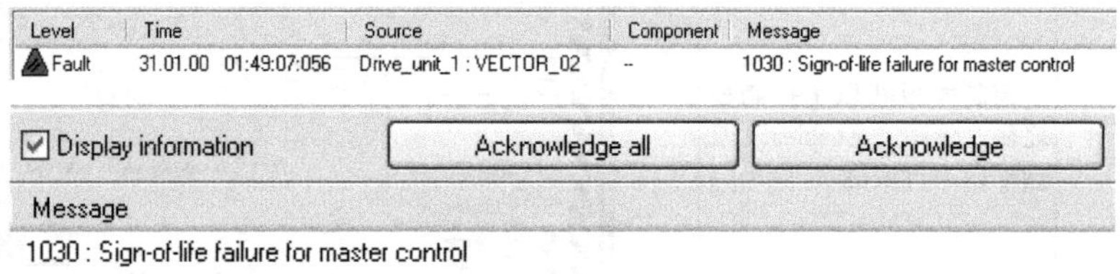

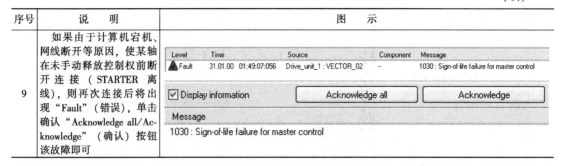

4.3 案例 9——电动机辨识与优化

配置好矢量控制功能以及测试了编码器接线后，就可以进行电动机辨识与优化了，该功能分为“静态测量”“动态测量”和“速度控制器优化”这几步，需要 STARTER 工作在在线模式，具体操作过程见表 4-3。

表 4-3　电动机辨识与优化的操作过程

序号	说　明	图　示
1	在项目树选择静态/动态测量（Stationary/turning measurement），如右图所示 注意： 进行电动机辨识与优化前需要确认及修改控制方式为带传感器的矢量控制	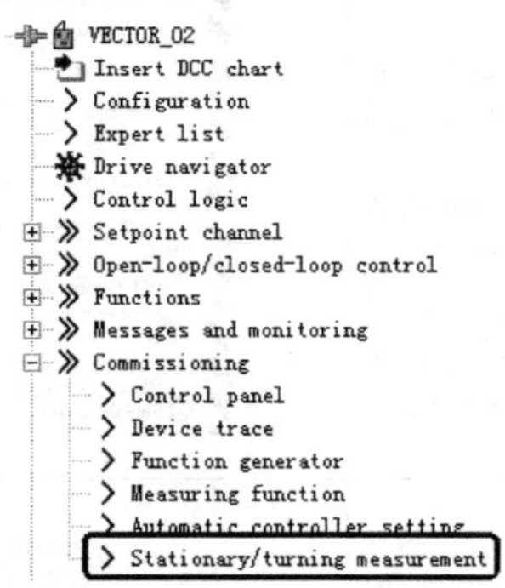
2	打开静态/动态测量选项卡后，在 A 处先选择静态测量 在 B 处输入一些必要的参数，特别是当电缆较长时，需要估算并填写电缆电阻值 C 处显示的是测量过程的实时状态 D 处按钮用以激活测量 注意： 静态测量需要电动机处于冷态，且抱闸打开，负载脱开	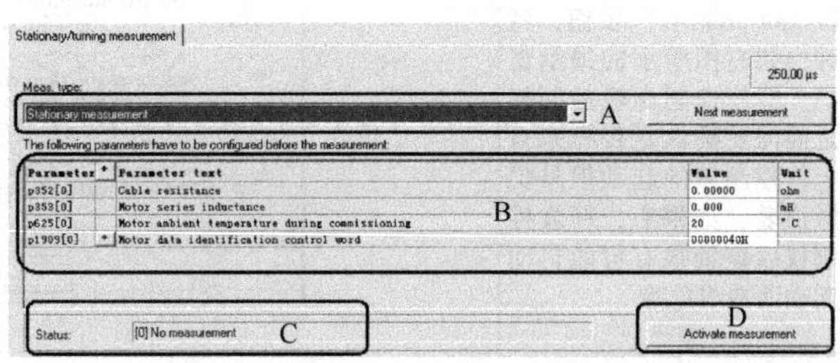
3	单击上一步的激活测量后，会出现如右图所示的提示 单击“Close”（关闭）按钮后，便会激活静态测量，此时电动机并不会动作，它仍需要一个起动的使能信号	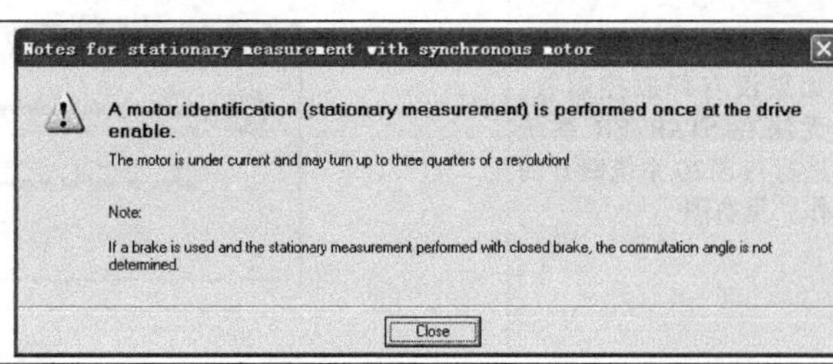

（续）

序号	说　明	图　示
4	激活之后的状态见右上图，同时会出现 A7991 的警告信息——电动机辨识已激活，见右中图，该信息无须处理 让控制面板获取控制权并起动电动机（速度给定为 0 r/min 即可），见右下图。电动机便会起动以进行静态测量	  
5	静态测量结束后，右图中的参数值会根据测量结果自动计算	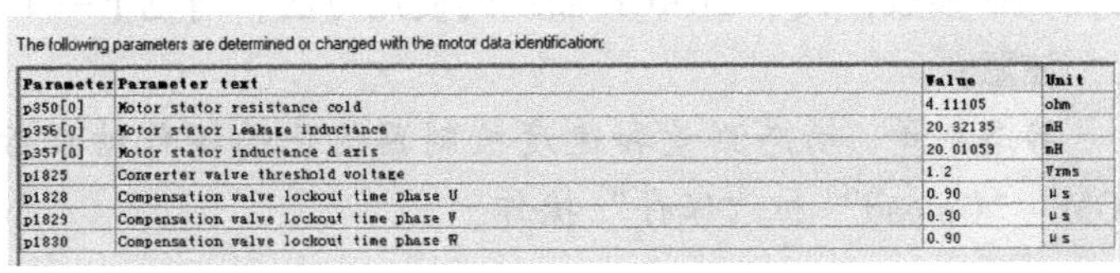
6	静态测量后，开始动态测量，若有编码器，则选择“Turning measurement with encoder”；若无编码器，则选择“Turning measurement during encoderless operation” 注意： 动态测量需要抱闸打开，负载脱开	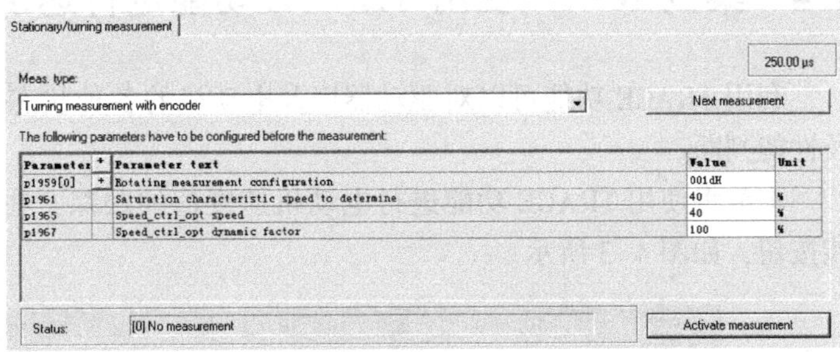
7	激活动态测量后会出现 A7980 的警告信息——动态测量已激活，见右上图，无须处理 让控制面板获取控制权并起动电动机（速度给定为 0 r/min 即可），见右下图。电动机便会起动以进行动态测量	 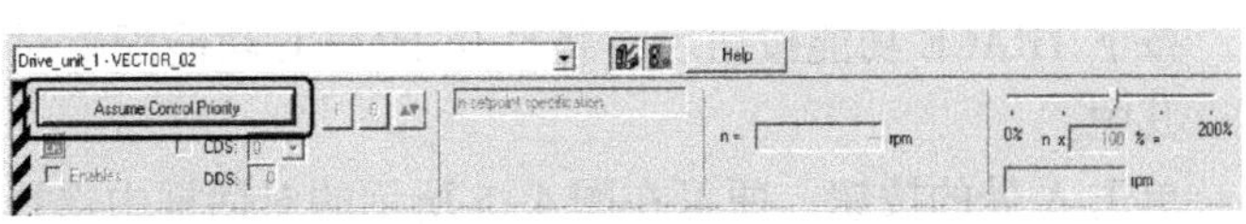
8	动态测量后，开始速度控制器优化，同样根据是否有编码器进行选择，见右图 注意： 速度控制器优化需要带负载进行	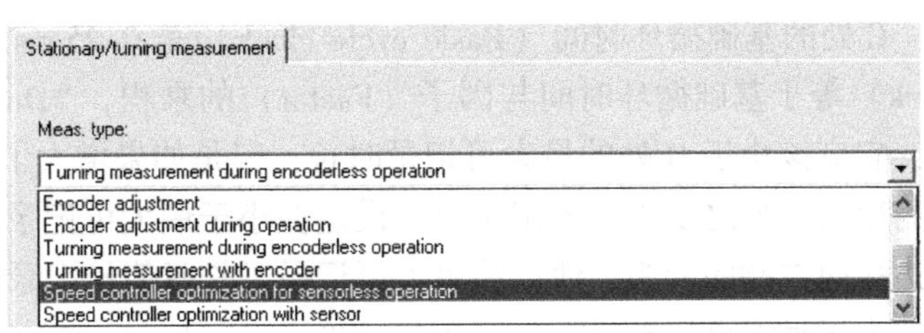

（续）

序号	说　明	图　示
9	激活优化功能后，同样会出现如右上图所示的警告信息 A7980，无须处理 让控制面板获取控制权并起动电动机（速度给定为 0 r/min 即可），见右下图。电动机便会起动以进行速度控制器的优化	 

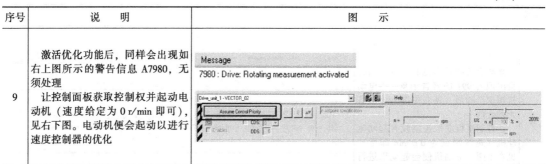

由表 4-3 可见，在 STARTER 中静态测量、动态测量和速度控制器优化的操作过程很相似。如果经过上述过程后控制效果仍不理想，也可以通过 TRACE 观察动态曲线，手动调节相关 PID 参数，关于 TRACE 曲线的使用方法，请见下一节。

注意：

静态测量、动态测量和速度控制器优化的操作结束后，一定记得进行“Copy RAM to ROM”“Upload”和“保存”操作。

4.4　案例 10——使用 TRACE 功能进行速度值跟踪

利用 TRACE 功能可以对驱动器以及电动机的各种状态参数进行记录，方便故障诊断以及性能判断。

本节将使用 TRACE 功能进行电动机速度值的跟踪，在 STARTER 中单击“TRACE”功能按钮，如图 4-3 所示。

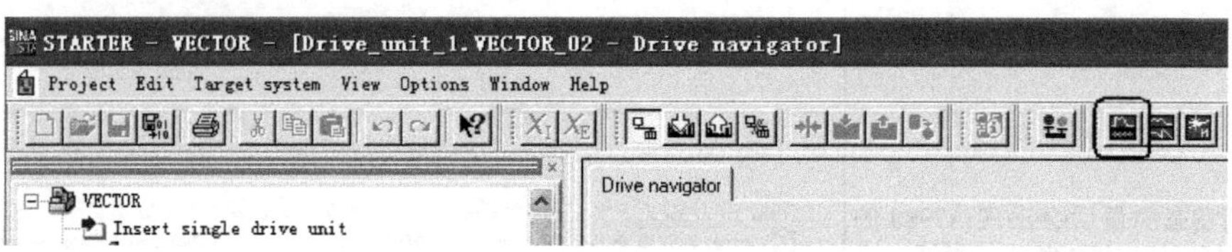

图 4-3　TRACE 功能按钮的位置

按下 TRACE 功能按钮后，将打开 TRACE 功能配置对话框，如图 4-4 所示。

其中：

单击 A 处的按钮，便可在图 4-5 所示的对话框中选择要跟踪的变量（信号）；

在 B 处选择变量的记录方式——有限时间的记录或不限时间的记录；

C 处的基础循环时间（Basic cycle clock）是 0.25 ms。TRACE 的扫描周期（Trace cycle clock）等于基础循环时间与因子（Factor）的乘积，“Duration”是 TRACE 的记录时长设定值，它应该小于 D 处的最大可记录时长，但是如果增大了“Factor”的值，则最大可记录时长将变大，反之变小。若记录时长设定值小于最大可记录时长，可单击“Maximum duration”旁边指向左侧的箭头，便可将最大可记录时长赋值给记录时长设定值。若设置的记录时长设定值大于最大可记录时长，可单击“Trace cycle clock”旁边指向上方的箭头按钮，便可自

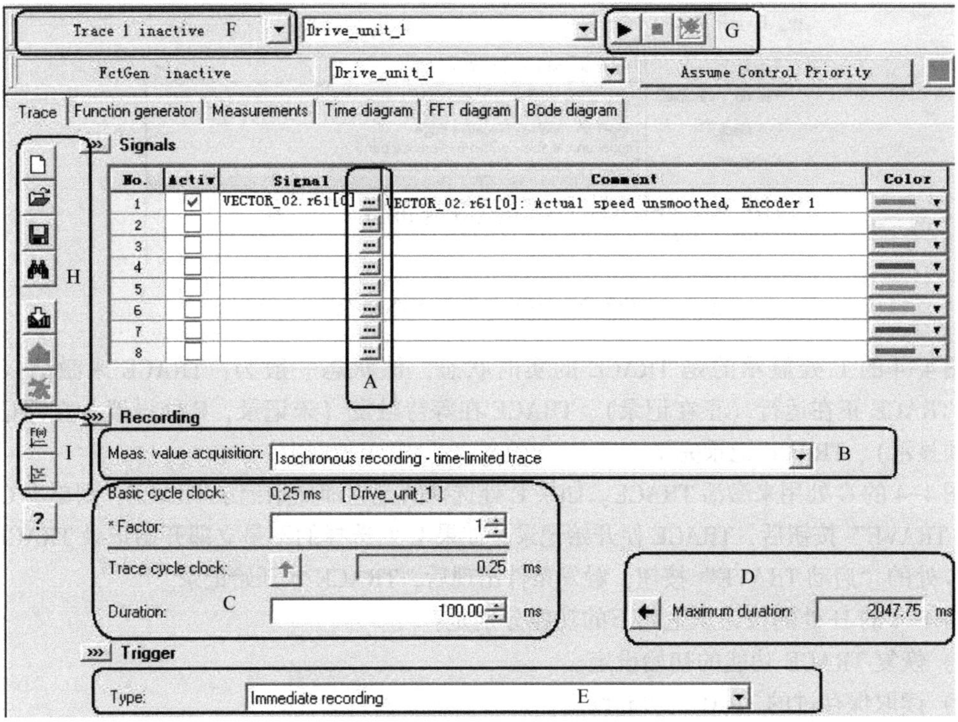

图 4-4　TRACE 功能配置对话框

动调整“Factor”的值，使最大可记录时长变大。

图 4-4 的 E 处是 TRACE 功能的触发器设置，可设置为立即开始记录 TRACE、变量触发 TRACE，以及故障或报警触发 TRACE，如图 4-6 所示。其中变量触发分为：上升沿/下降沿触发——变量数值高于/低于某数值的瞬间开始触发 TRACE，范围内/范围外触发——变量数值在某范围内/范围外时触发 TRACE，位触发——变量的某一位为 1、发生变化或由 S120 中某些特殊状态位触发 TRACE。

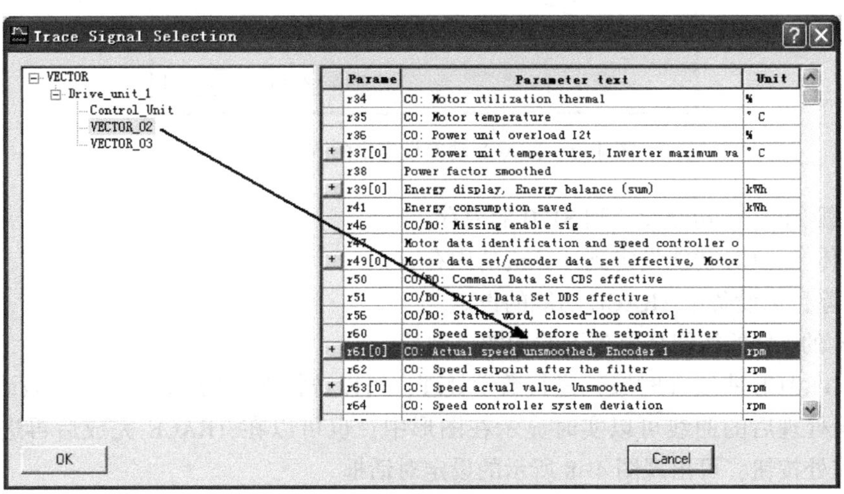

图 4-5　TRACE 功能的信号选择

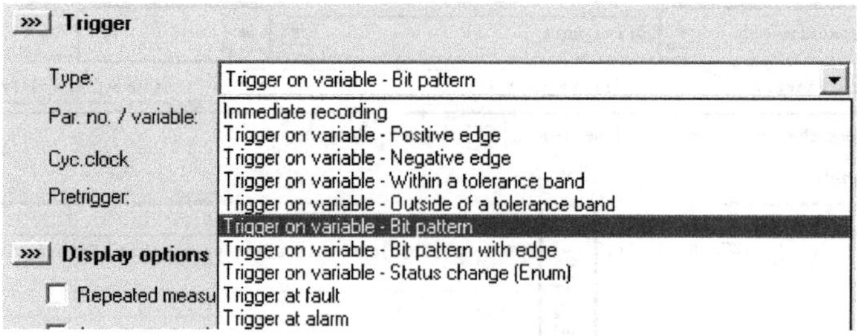

图 4-6　TRACE 触发方式的选择

图 4-4 的 F 处显示的是 TRACE 的实时状态，该状态一般为：TRACE 未激活（未记录）、TRACE 正在运行（正在记录）、TRACE 在等待触发（未记录，E 处设置为立即记录时无该项显示）、TRACE 记录完毕。

图 4-4 的 G 处用来激活 TRACE。如果 E 处选择的是立即开始记录 TRACE，则单击 G 处的"启动 TRAVE"按钮后，TRACE 便开始记录；如果 E 处选择的不是立即开始记录 TRACE，则单击 G 处的"启动 TRAVE"按钮，触发条件出现后，TRACE 才开始记录。

图 4-4 的 H 处的按钮从上到下的功能分别是：

1）恢复 TRACE 功能的初始设定。

2）读取保存过的 TRACE 功能设定。

3）保存现有的 TRACE 功能设定。

4）查找和替换，例如：将 TRACE 中要跟踪的 r0060 更换成 r0061[0]，便可以使用此功能，如图 4-7 所示。

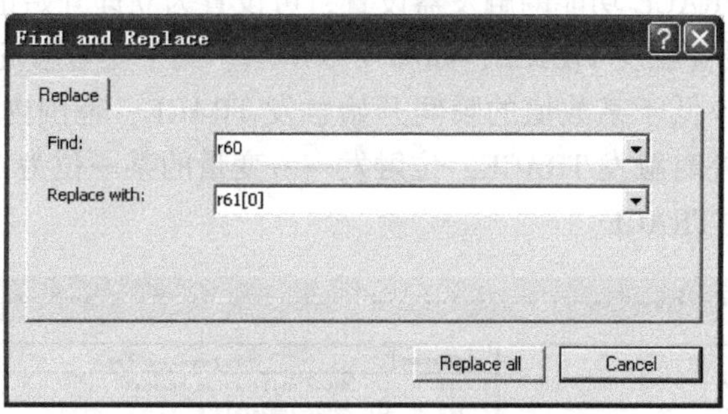

图 4-7　TRACE 功能设定中的查找和替换

5）下载 TRACE 功能设定到 S120 的内存。

6）上传 TRACE 功能设定到计算机的内存。

7）删除目标设备中 TRACE 功能的设定。

图 4-4 的 I 处的按钮从上到下的功能分别是：

1）对 TRACE 曲线（时域）进行数学处理，可以选择在开始 TRACE 之前激活，这样测量值曲线与处理后的曲线可以实时显示在图形中；也可以在 TRACE 完成后再进行数学处理。单击该处按钮，可出现图 4-8 所示的设定对话框。

在 A 处选择经过数学处理的曲线在时域、频域或 Bode 图中显示，在 B 处选择数学函数和需要处理的 TRACE 信号，完成后单击 C 处的"Accept"按钮，便会生成一条经过数学处

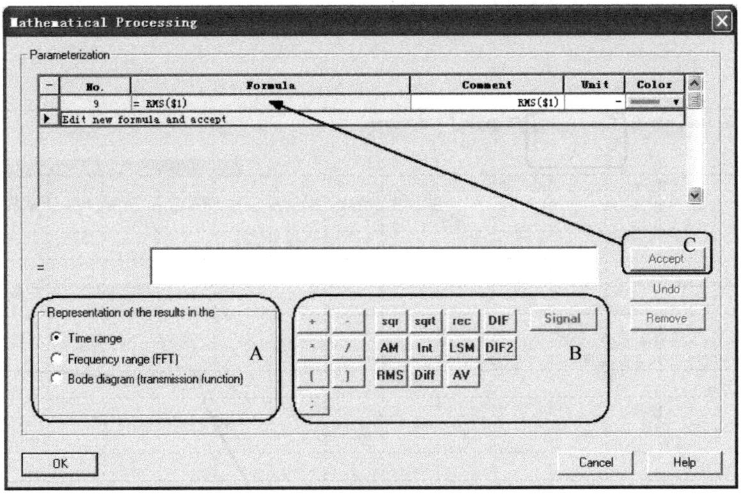

图 4-8　TRACE 数学处理功能设定对话框

理的曲线。如果在 A 处选择了在时域中显示，则经过数学处理的曲线可与原时域中的未经处理的曲线显示在一起；如果选择了在频域中显示，则需要在“FFT diagram”选项卡下查看；如果选择了在 Bode 图中显示，则需要在“Bode diagram”选项卡下查看。

2）如果需要对某变量的某个 BIT 进行 TRACE 曲线记录，则可以单击该按钮进行设定。如需要在 Track 1 中记录 r0722 的第 2 位，单击该处的按钮后，可以参考图 4-9 所示的对话框进行设定。

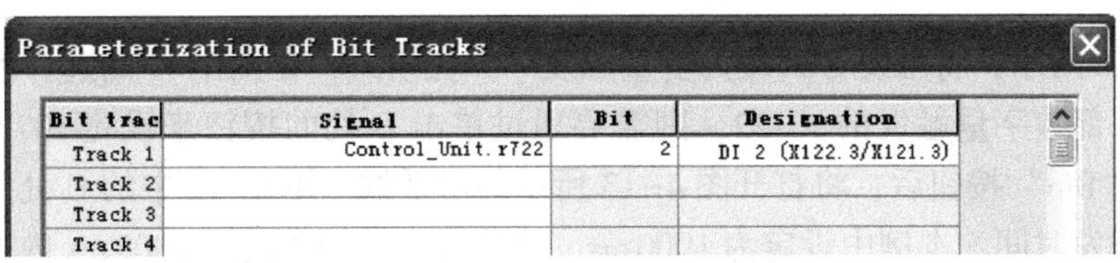

图 4-9　设定需要 TRACE 记录的 BIT

下面将结合上面的讲解，介绍利用 TRACE 功能进行速度值跟踪的实现过程，首先将 VECTOR_02 的 r0061[0]添加到 TRACE 中，并对变量记录方式、记录时长等做图 4-10 所示的设定。

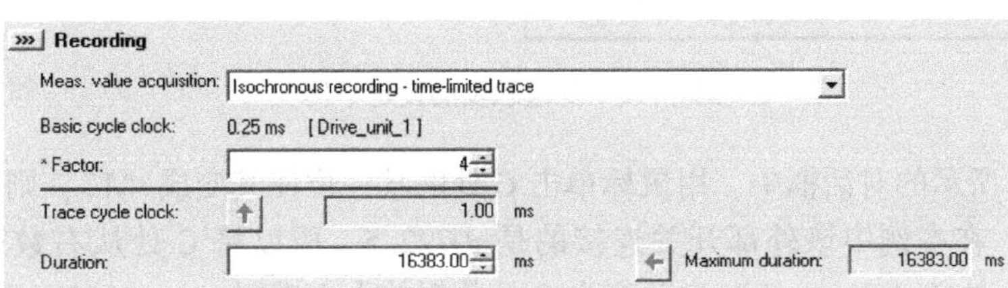

图 4-10　变量记录方式及记录时长等的设定

如果将触发方式设定为立即触发，则记录后的 TRACE 曲线如图 4-11 所示。图中的 A 处表示该曲线为时域中的曲线，在 B 处可调整量程的显示范围。从图中可见，大约在触发

TRACE 记录之后 1000 多毫秒的时候起动的电动机，电动机经过加速，最终稳定在 600 r/min 的速度左右。

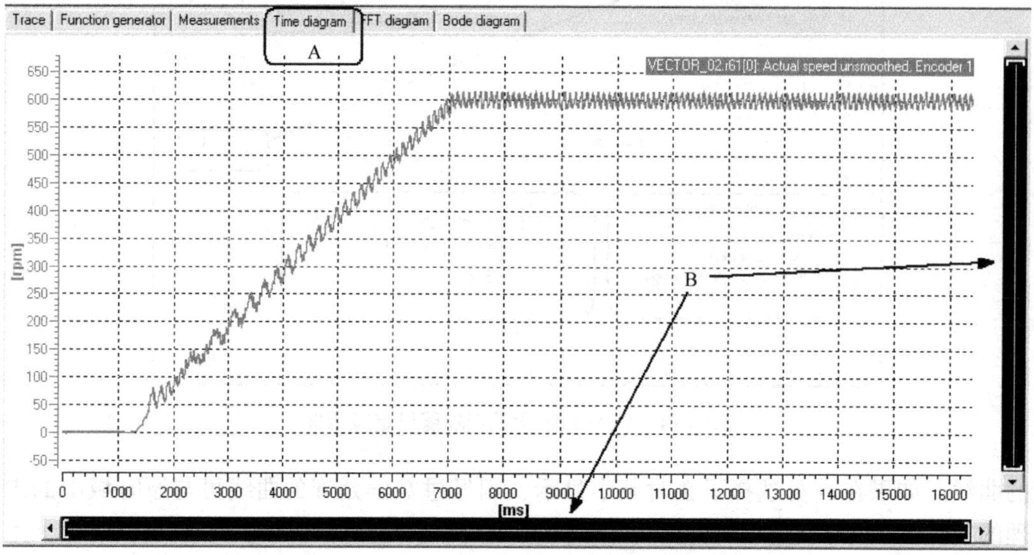

图 4-11　立即触发的 r0061[0]曲线

下面改用变量进行触发。

在本例中，使用 r0722.5 所对应的外部开关起动电动机，因此特别适合用该变量触发 TRACE 记录。

如图 4-12 所示，将触发方式改为变量触发——位模式，在图中 A 处选择触发变量，如果连接的是外部数字量触发的 r0722，则需要通过单击 B 处的按钮来设定 r0722 的触发位，单击 B 处的“Bin”按钮后，将打开图 4-13 所示的对话框。图 4-12 中的 C 处用来设定变量触发时的预触发时间，本例中设定为 1000 ms，意味着变量触发前的 1000 ms 内的数值也将被 TRACE 记录。

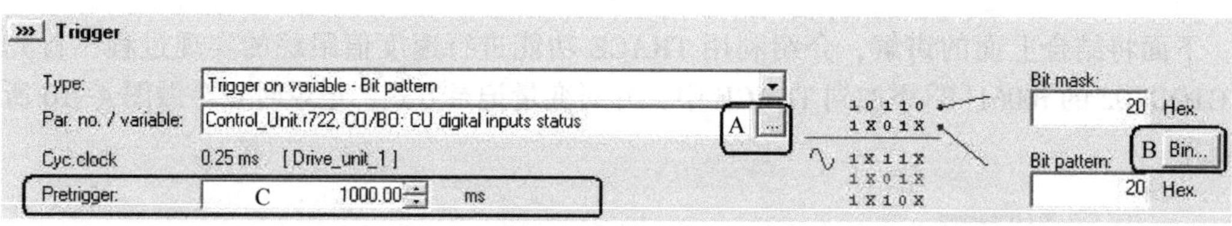

图 4-12　变量触发的设定举例

在图 4-13 所示的对话框中，用鼠标单击 C 处的某一位使其变成“1”，则表示该位对应的信号被选中。在本例中该外部开关连接的是 r0722.5，所以将 C 处从右数第 6 位单击成“1”，单击后 A 处的“Bit mask”自动变为 C 处数据的十六进制——“20Hex”。D 处与 C 处对应的位设定为“1”，含义是当 r0722.5 为“1”时开始触发 TRACE；如果该位设定为“0”，则代表当 r0722.5 为“0”时触发 TRACE。将 D 处从右数第 6 位单击成“1”，单击后 B 处的“Bit pattern”同样自动变为 D 处数据的十六进制——“20Hex”。

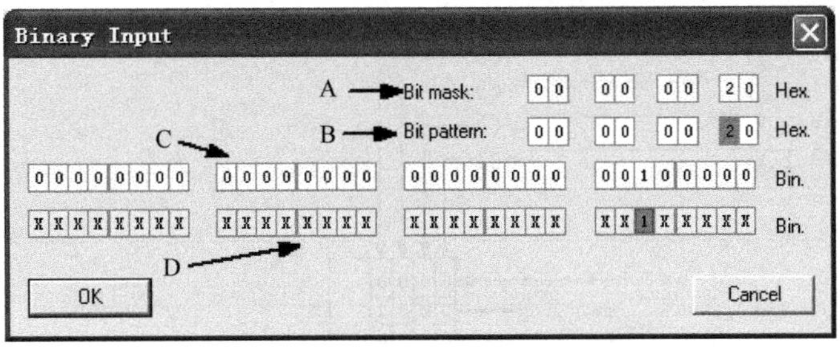

图 4-13　变量触发中布尔量触发的设定

图 4-14 所示即为变量触发的 r0061[0]的 TRACE 曲线，从图中可见变量触发的时刻为 0 时刻，触发之前的 1000 ms 内的数值也被记录，由于将触发信号同时配置为电动机的起动开关，触发 TRACE 时，电动机起动，经过加速，最终稳定在 600 r/min 左右的速度。

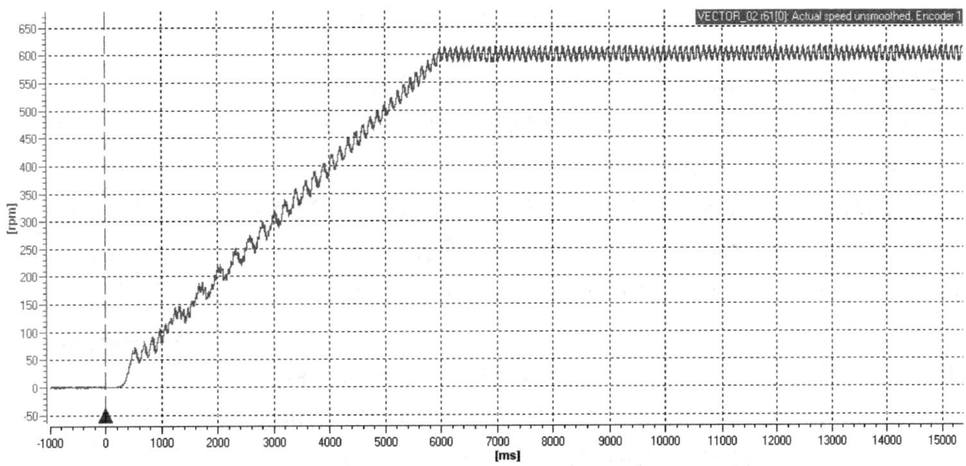

图 4-14　变量触发的 r0061[0]曲线（预触发 1000 ms）

TRACE 不仅可以对速度进行跟踪，还可以对位置、加速度、转矩、电流、电压等变量进行跟踪。

本小节中电动机是如何通过按钮起动起来的呢？请见下一小节。

4.5　案例 11——矢量轴的固定速度运行

在上一节中，使用外部开关起动了电动机并记录了运行速度的曲线，本节将介绍使用外部开关起动电动机的一种方法——矢量轴的固定速度运行，以及介绍常用的电动机停止方式。首先，在项目树中双击固定速度设定值（Fixed setpoints），如图 4-15所示。

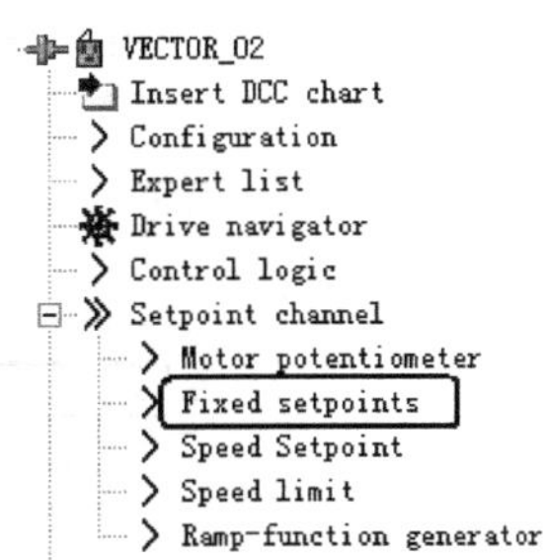

图 4-15　固定速度设定值在项目树中的位置

双击后便会打开图 4-16 所示的设定界面。其中由 Bit 0～Bit 3 的状态决定输出的固定速度“Fixed value”，Bit 0～Bit 3 可以是常数，也可以连接至其他内部变量或外部的开关。

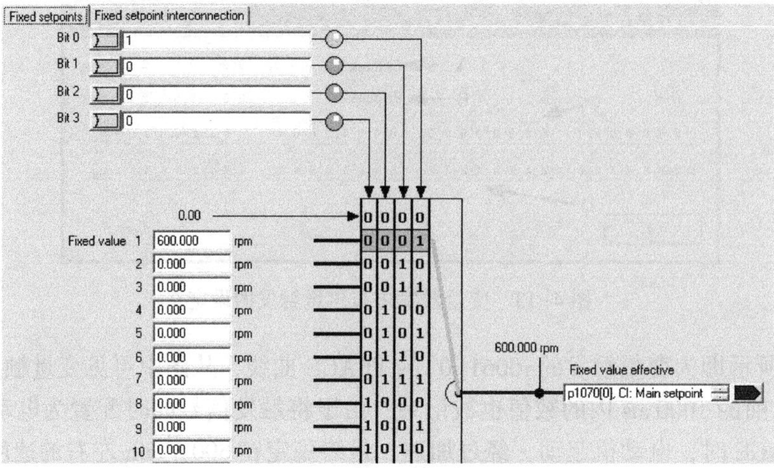

图 4-16　固定速度设定值设置界面

速度源设定好后，还需要设定命令源。如果需要使用 CU320 的 X132 的 2 号端子外接的开关起动电动机，可以在 CU320 的输入/输出设定中进行 BICO 连接，如图 4-17 所示。

在打开的界面中，将 X132 的 DI5（对应的参数是 r0722.5）连接到 VECTOR_02 的 p0840[0]上，如图 4-18 所示。

起动或停止条件也可以在“Control logic”中进行设定，如图 4-19所示。

如图 4-20 所示，X132 的 DI5 接 ON/OFF1，DI6 接 OFF2，DI7 接 OFF3。其中 ON/OFF1 外接开关，开关闭合时可使电动机起动；OFF2 和 OFF3 外部接的是常闭按钮，在控制逻辑中这两个信

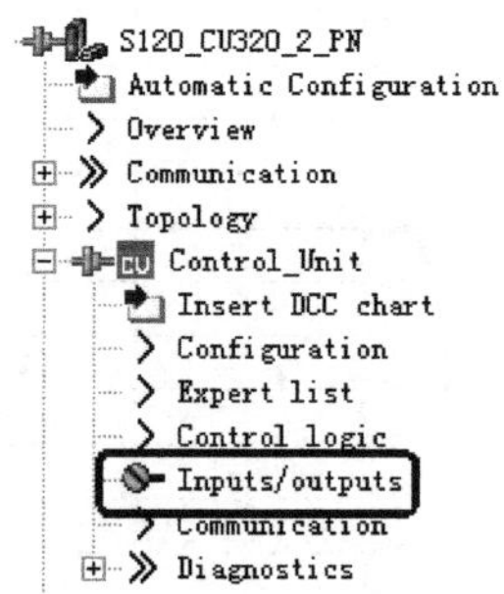

图 4-17　CU320 的输入/输出的设定入口

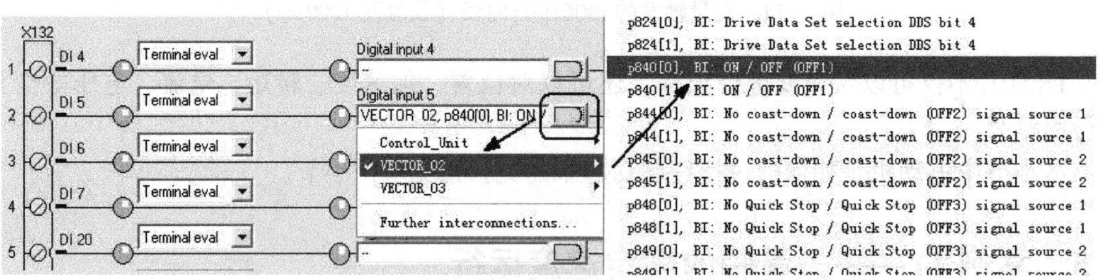

图 4-18　将 X132 的 DI5 连接到 VECTOR_02 的 p0840[0]

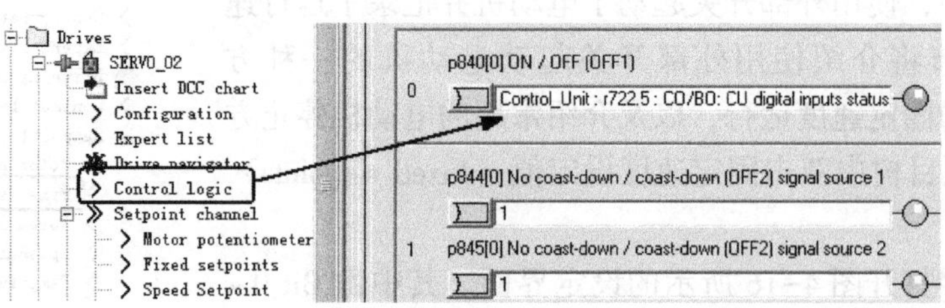

图 4-19　在“Control logic”中设定起动条件

号保持高电平时，电动机可以运行，其中一个信号变成低电平时，电动机停止，所以将它们接到未取反的 r0722 而没有接到取反的 r0723 处。

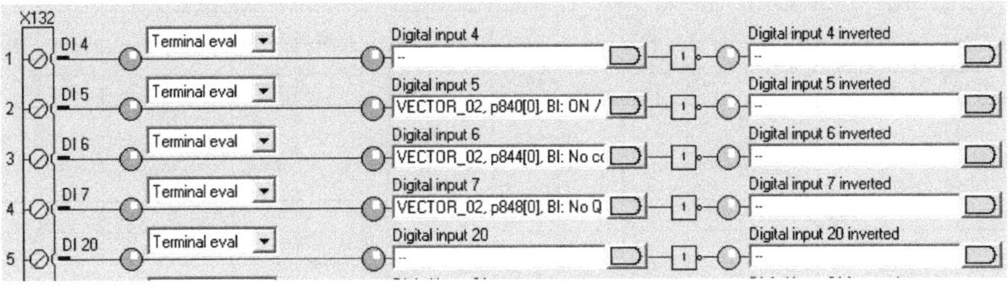

图 4-20　连接好起动/停止条件的 X132

设置好速度源、连接好命令源后，就可以进行起动/停止测试了。

1. 起动及 OFF1 停车测试

保持 OFF2 及 OFF3 外部按钮的常闭状态，闭合 ON/OFF1 开关，则电动机起动，按照 p1120 设定的上升时间斜率加速，然后稳定在 600 r/min，断开 ON/OFF1 开关后，电动机以 p1121 设定的下降时间斜率减速，直至停止，速度曲线如图 4-21 所示。

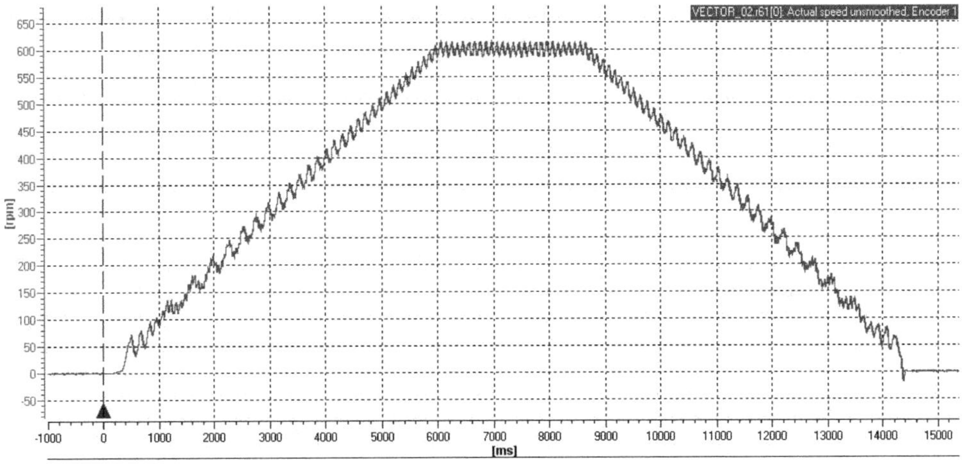

图 4-21　起动及 OFF1 停车的速度曲线

2. 起动及 OFF2 停车测试

保持 OFF2 及 OFF3 外部按钮的常闭状态，闭合 ON/OFF1 开关，则电动机起动，按照 p1120 设定的上升时间斜率加速，然后稳定在 600 r/min，断开 OFF2 按钮的常闭状态后，IGBT 会立即封锁脉冲输出，电动机自由停车，速度曲线如图 4-22 所示。本例中负载的转动惯量较小，因此触发 OFF2 停车后，停车时间较短。如果负载的转动惯量较大，在 OFF2 停车时可能需要配合机械制动，否则停车时间会比较长。

3. 起动及 OFF3 停车测试

保持 OFF2 及 OFF3 外部按钮的常闭状态，闭合 ON/OFF1 开关，则电动机起动，按照 p1120 设定的上升时间斜率加速，然后稳定在 600 r/min，断开 OFF3 按钮的常闭状态后，电动机以 p1135 设定的下降时间斜率减速，直至停止，速度曲线如图 4-23 所示。需要快速停

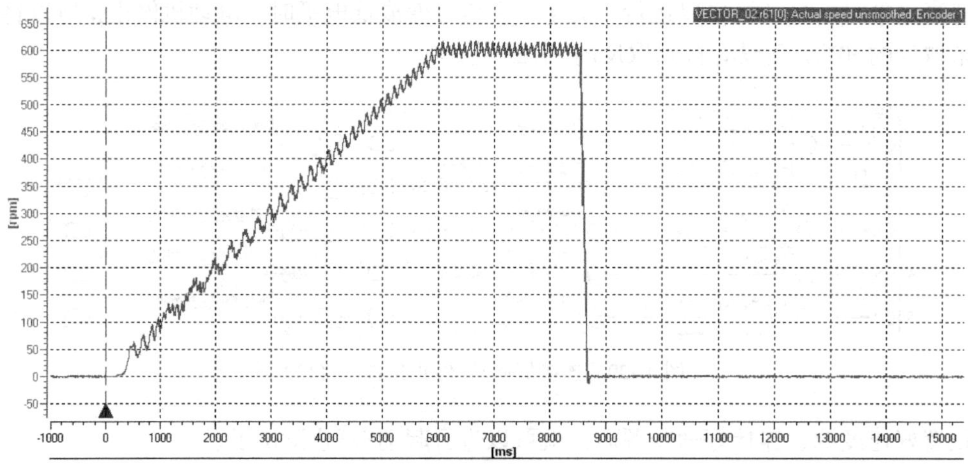

图 4-22　起动及 OFF2 停车的速度曲线

车时可用 OFF3，OFF3 可以设定开始端的平滑时间 p1136，也可以设定结束端的平滑时间 p1137。

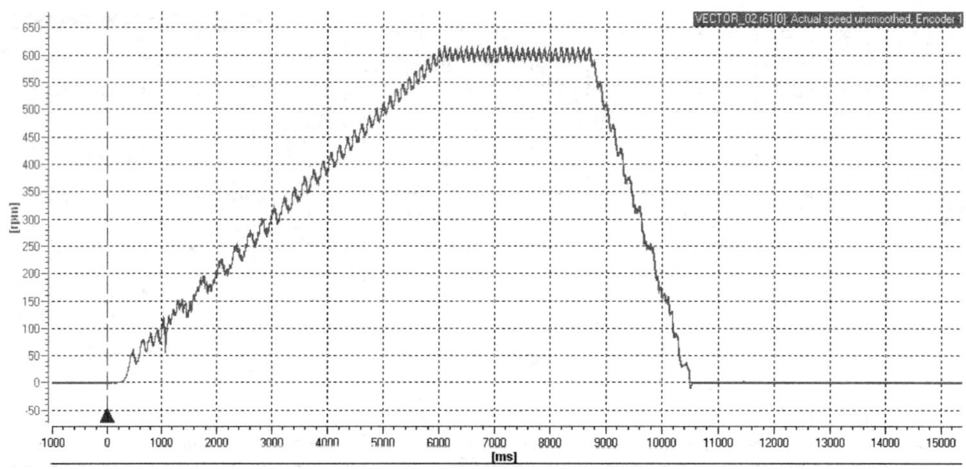

图 4-23　起动及 OFF3 停车的速度曲线

如果 p1135 设定的时间过短，电动机内可能会产生再生电能，因此必须将该电能反馈到电网中或通过制动电阻消耗。

一般对于报故障信息 Fxxxx 的反应都是 OFF2 停车。多个停车命令同时出现时，优先级高的优先触发，优先级关系为 OFF2>OFF3>OFF1。

4.6　案例 12——V/f 方式下一拖四

V/f 控制方式一般适用于对控制响应和精度要求较低的场合，如电动机的成组传动、一拖多、维护测试等。

本例将说明 S120 系统在 V/f 下一拖四的实现方式。

假设一台 S120 的书本型电动机模块同时驱动 4 台电动机，其硬件接线的示意图为图 4-24 所示。

在 STARTER 中按照“Configure DDS”的向导方式进行电动机模块的设置。

在设置电动机时（见图 4-25），选择并联电动机的数量，其余设置与单台电动机相同，额定数据按照单台电动机的铭牌数据输入。驱动器会将 4 台电动机作为 1 台等效的大电动机看待，会根据并联电动机数量参数 p0306 自动计算电流限幅值 p0640 和电流参考值 p2002。

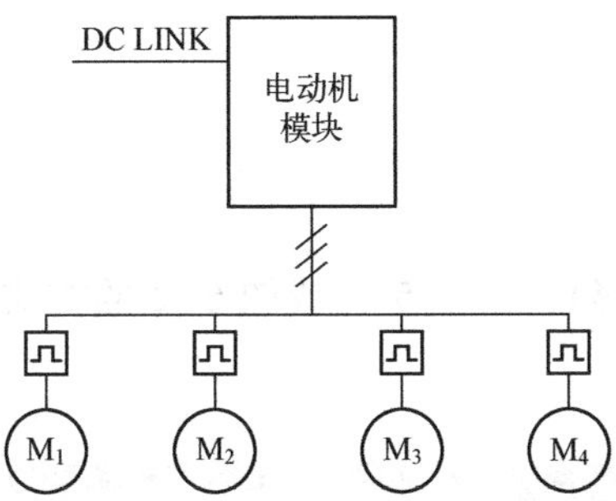

图 4-24　S120 系统一拖四示意图

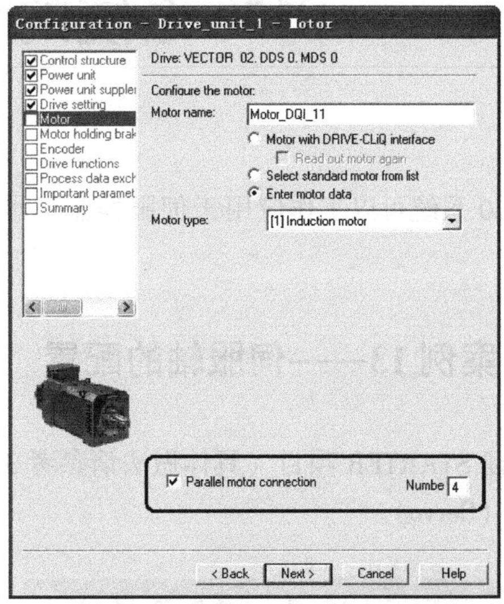

图 4-25　S120 系统一拖四时的组态

注意：

1）并联的电动机最好是同型号的异步电动机，这几台电动机的工作电流之和要小于变频器的输出电流。

2）电动机电缆总长度要在变频器允许范围内，且尽可能做到对称布线。

3）每台电动机都必须有独立的过电流、过温等保护。

4）使用 V/f 控制方式时，最多可同时连接 50 台电动机。

5）可以进行静态识别。

6）在机械上要保证负载分配平衡。

7）各电动机需同时起、停，不允许在运行过程中进行电动机的投切。某电动机出现故障后，可从系统中移除，同时电动机数量 p0306 可以通过切换 DDS 的方式进行修改。

第 5 章

S120 系统的伺服控制应用

S120 系统可以工作应用于伺服控制，本章将以案例的形式演示 S120 系统的伺服控制应用。

5.1　案例 13——伺服轴的配置

创建 STARTER 项目（具体做法请参考 3.2 节的内容），以图 5-1 或图 5-2 的方式创建伺服轴（Servo）。

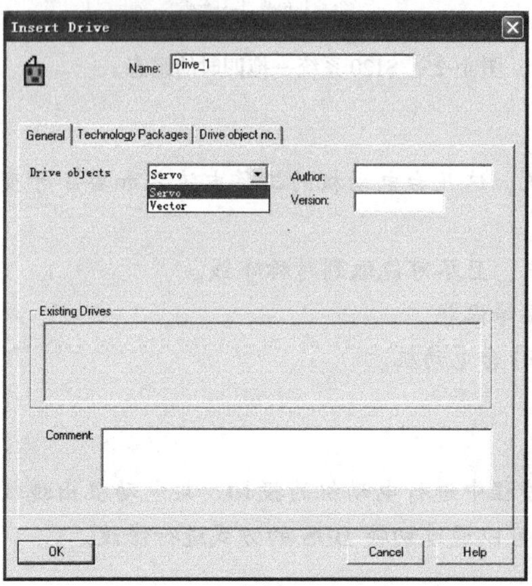

图 5-1　离线创建伺服轴

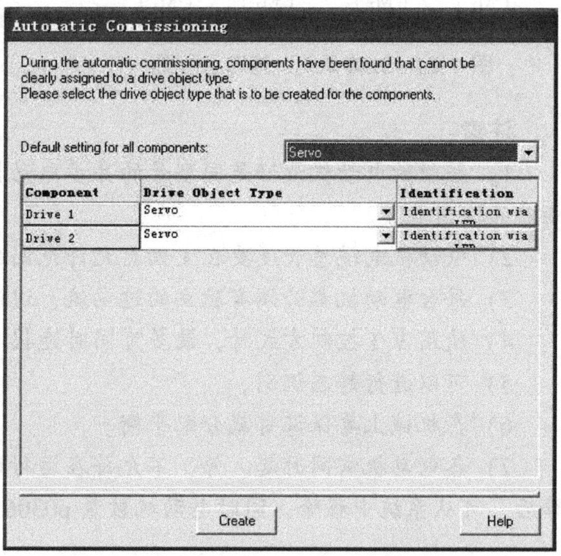

图 5-2　自动组态方式创建伺服轴

伺服轴意味着该轴适用于伺服控制应用，在伺服轴中仍需具体进行矢量控制或 V/f 控制方式等设定。

伺服轴创建好后就可以进行后文案例的操作了。

在 STARTER 中打开“Configure DDS”的向导，该向导需在 STARTER 的离线模式下进行。伺服轴的配置过程见表 5-1（其中与前文重复的步骤不再赘述）。

表 5-1　S120 系统伺服轴的 DDS 配置

序号	说　　明	图　　示
1	组态 DDS，激活基本定位功能 相比于矢量轴，伺服轴的 DDS 组态在功能模块中多了一个扩展设定通道（Extended setpoint channel），它包括多段速度设定、电动电位计、斜坡函数发生器、速度限制等功能 注意：系统在默认的情况下四种扩展功能都不激活，在不使用的情况下激活会占用系统资源	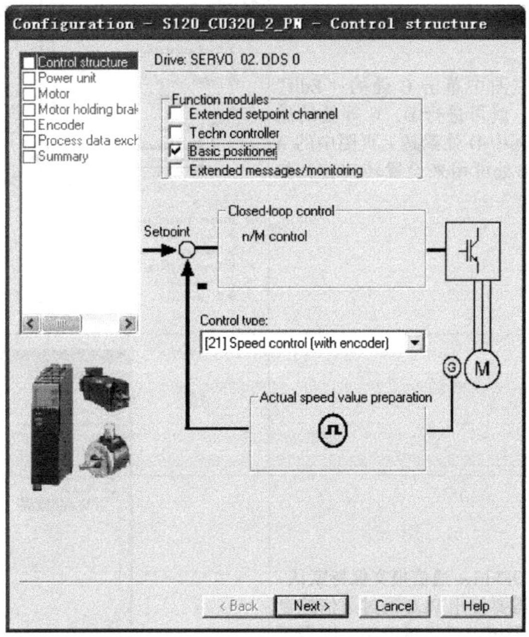
2	进行机械系统的设定 右图中 A 处（p2506）用来设置负载转一圈时所经过的 LU 数量，它的默认值是 10000LU，即负载正转一圈，位置值增大 10000LU。p2506 的设定值要小于 B 处显示的 LU 数值 在组态 DDS 时，机械系统设定界面显示得不完整，可以在配置完 DDS 后，通过项目树重新打开机械系统设计界面，如下页图所示	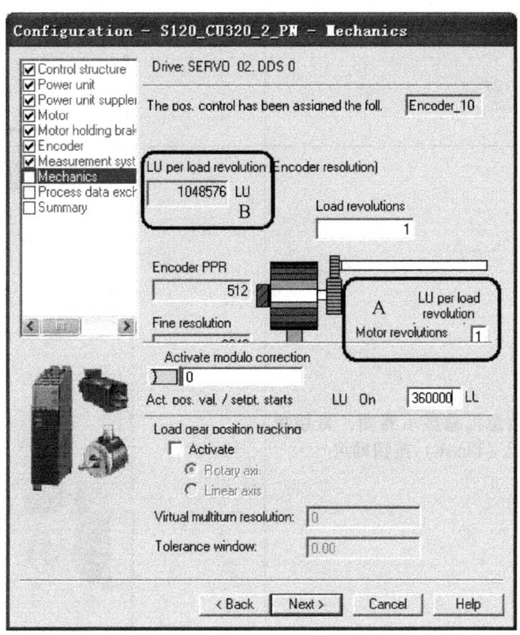

（续）

<table>
<tr><th>序号</th><th>说　　明</th><th>图　　示</th></tr>
<tr><td>2</td><td>在右图中单击 C 处的“Edit”按钮，就可进行 D、E 等处的编辑。其中 D 处就是上页图中的 A 处。E 处可用来设置转速比，如 1:50</td><td>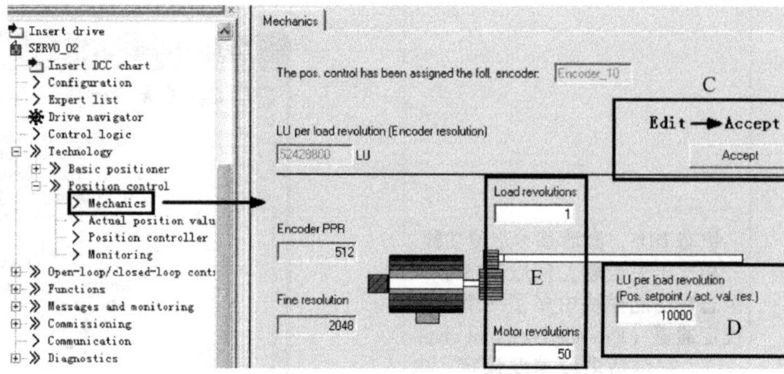
</td></tr>
<tr><td>3</td><td>PROFIdrive 通信报文保持默认
若需要使用 PLC 通过通信控制 S120 系统进行伺服控制，则需要选择相应报文，具体请见第 8 章</td><td>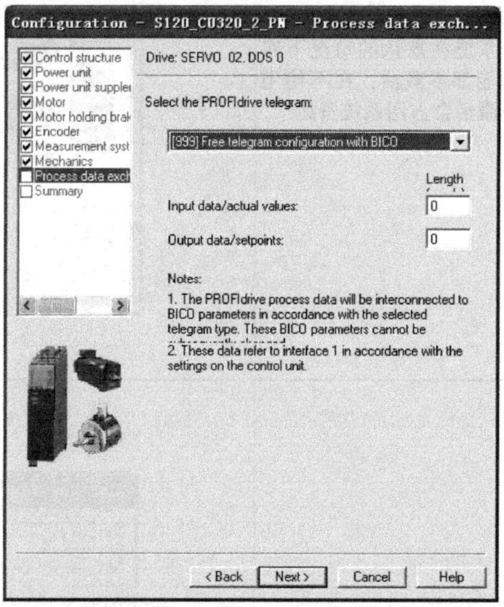
</td></tr>
<tr><td>4</td><td>在信息汇总显示界面，直接单击完成（Finish）按钮即可</td><td>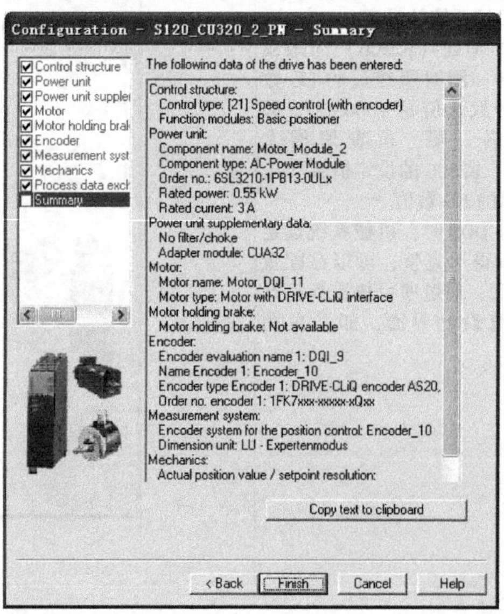
</td></tr>
</table>

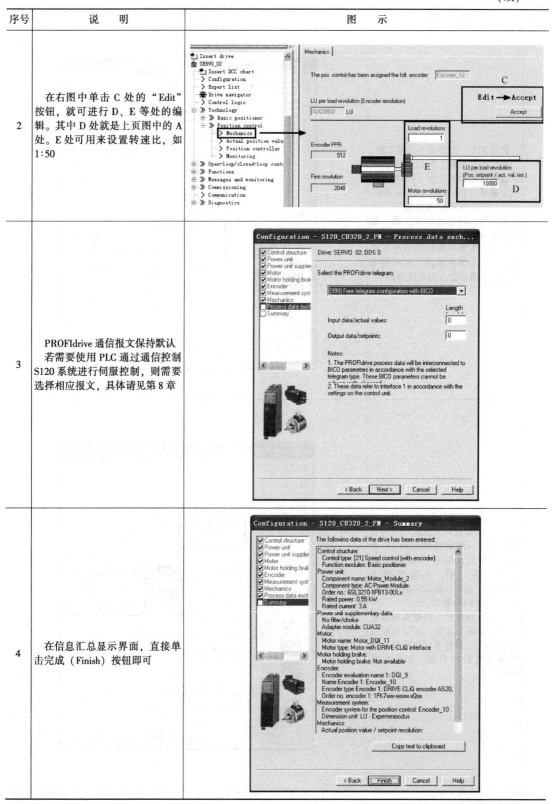

LU 是内部自由长度单位，对于旋转运动，建议将 p2506 的数值设定为 360 的整数倍，这样算出的每 1°对应的 LU 值 = p2506/360，将不会有精确度的损失。例如：令 p2506 = 36000，则每 1°对应的 LU 值 = 36000/360 = 100LU。同理，对于直线运动，推荐将 p2506 的数值设定为负载旋转一圈对应的直线位移的整数倍。

若使用导程（螺距）为 6 mm 的丝杠，当使用默认的 p2506 时，6 mm = 10000LU，则算出 1 mm = 1667 LU。若将 p2506 设定为 6000LU，这样 6 mm = 6000LU，则算出 1mm = 1000 LU。

5.2　案例 14——伺服轴的点动测试

点动测试需要 STARTER 工作在在线模式，具体操作过程见表 5-2。

表 5-2　伺服轴点动测试的操作过程

序号	说　明	图　示
1	打开需要测试轴的控制面板	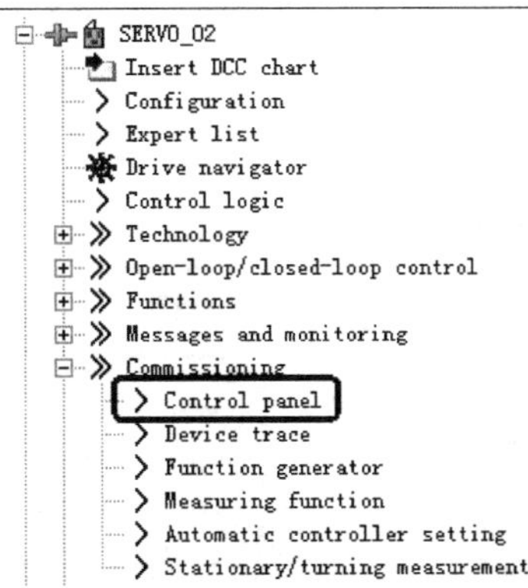
2	伺服轴的测试模式有两种——速度模式与基本定位模式 本例中选择基本定位模式	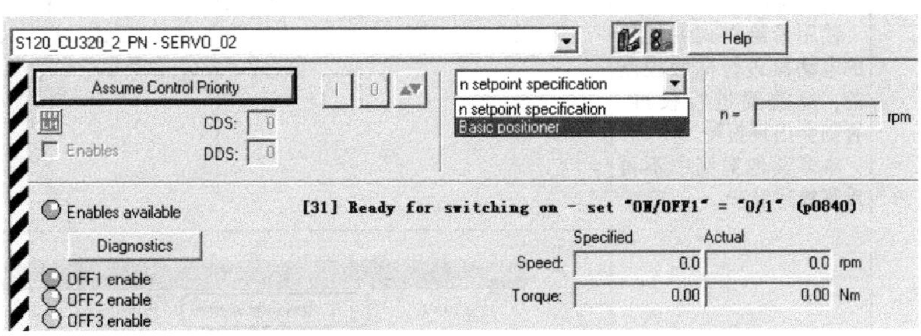
3	在基本定位模式下有三种运行方式可供选择：点动 A、定位 B 及回零 C	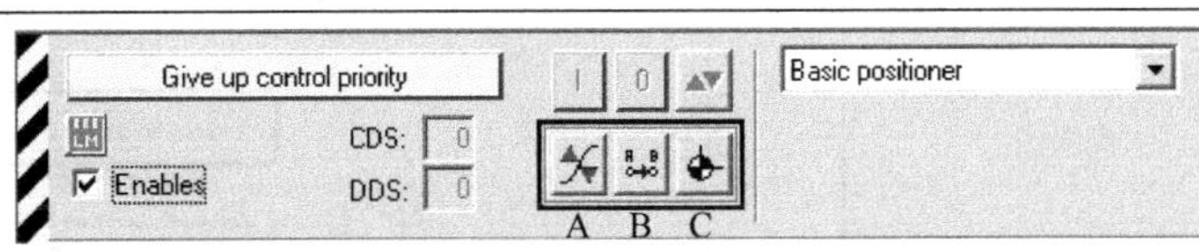
4	获取控制权后，1 使能该轴，2 选择点动运行方式，3 设定速度及比率，4 启动该轴，5 点动运行，6 监控运行状态	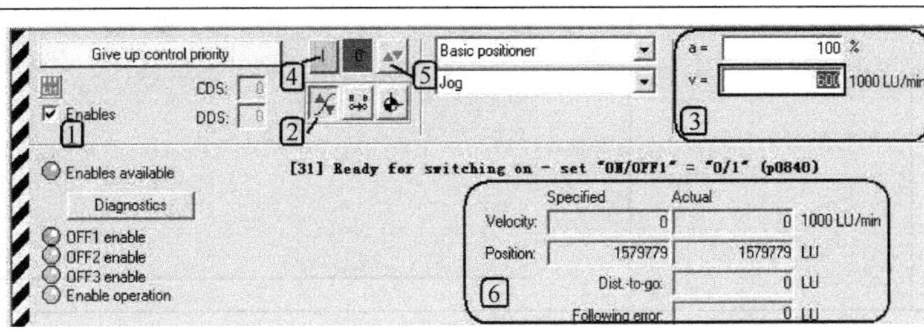

（续）

<table>
<tr><th>序号</th><th>说　明</th><th>图　示</th></tr>
<tr>
<td>5</td>
<td>接下来进行定位运行方式测试
本例的 DEMO 中使用的是绝对式编码器，需要进行校准。单击 A 处的“Homing”，再单击 B 处的按钮，然后选择 C 处的“Absolute encoder adjustment”单选按钮，最后选择 D 处的“Perform absolute value calibration”以完成校准操作
使用带绝对式编码器的电动机进行伺服控制前，都需要进行校准，否则会出现报警
本章其他案例中不再重复描述此步</td>
<td>
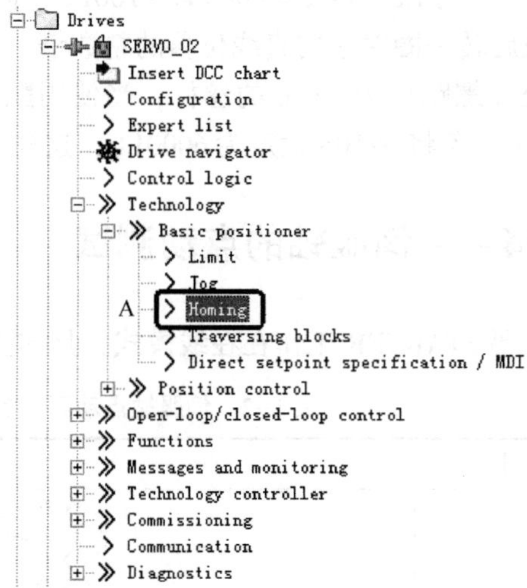

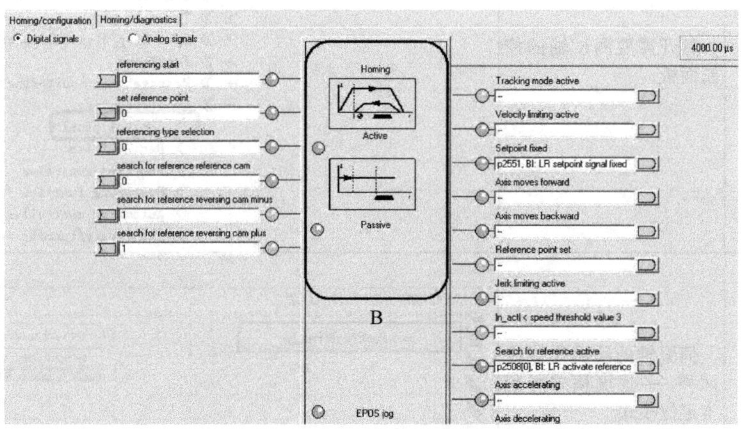

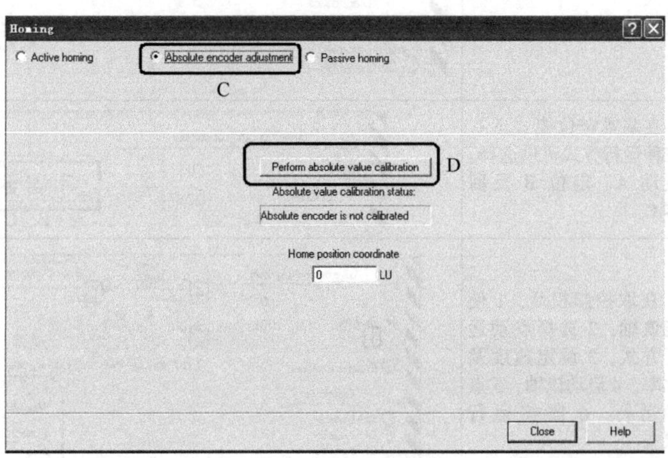

</td>
</tr>
</table>

（续）

序号	说　明	图　示
6	在定位运行模式中，根据编码器类型在 A 处进行相应选择。在 B 处进行速度、速度比率及目标位置的设定	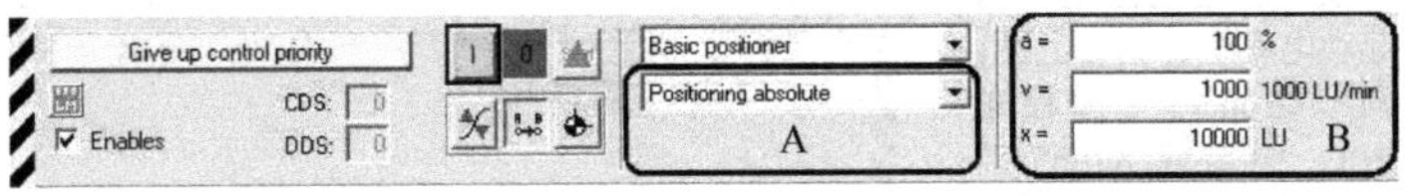

5.3　案例 15——伺服控制器的自动优化

伺服控制功能配置好之后需要进行电动机的静态辨识、编码器调节、动态辨识、控制器优化等，其中静态及动态辨识的过程与矢量控制时的类似，如需了解相关内容，请参考本书 4.3 节。本节将直接进行编码器辨识及控制器的优化，具体步骤详见表 5-3。

注意：

伺服控制模式下，动态辨识时电动机容易飞车，所以不推荐进行该辨识。如果坚持要进行动态辨识，请修改斜坡时间及最大速度，并通过修改 p1959 做只激活转动惯量的辨识。

表 5-3　编码器辨识及伺服控制器自动优化的步骤

序号	说　明	图　示
1	在项目树中选择静态及动态调节	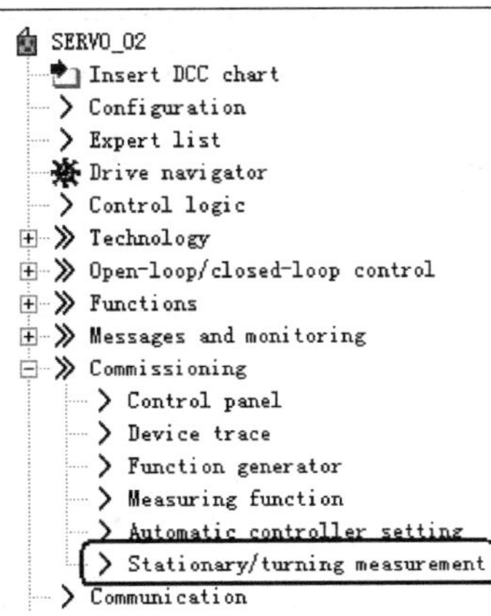
2	选择编码器调节（Encoder adjustment），见右图	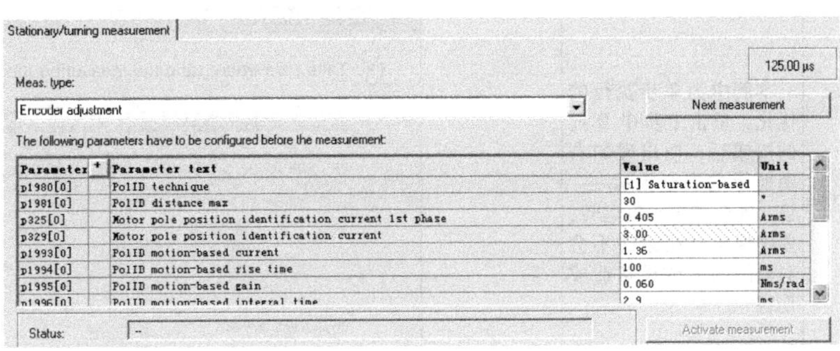

（续）

<table>
<tr><th>序号</th><th>说　明</th><th>图　示</th></tr>
<tr><td>2</td><td>激活后通过控制面板起动电动机，见右上图。调节结束后（过程很短），会出现 A7965 的警告信息，见右下图，它提示我们要进行保存操作——“Copy RAM to ROM”</td><td>

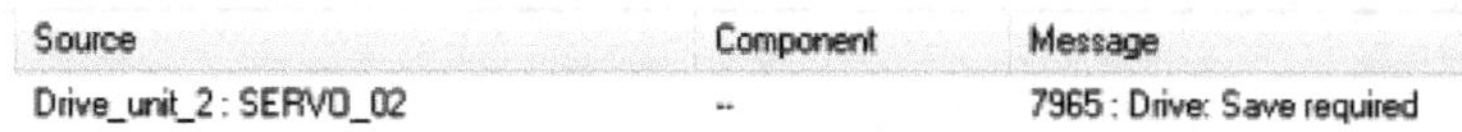
</td></tr>
<tr><td>3</td><td>下面进行控制器的优化，在项目树中选择“Automatic controller setting”</td><td>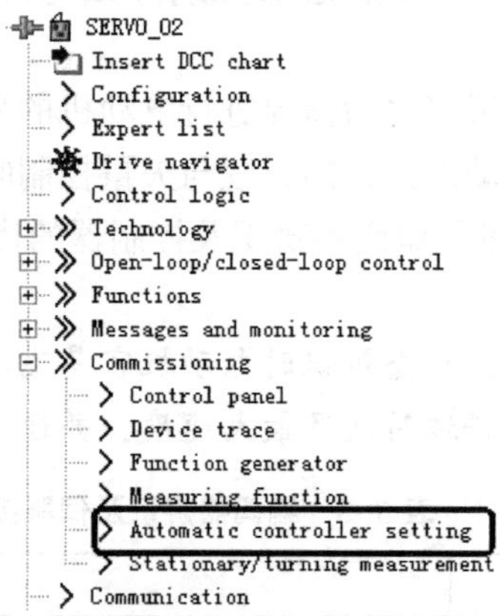
</td></tr>
<tr><td>4</td><td>控制器优化共分 4 步，机械系统的顺时针测量、逆时针测量、电流环辨识及速度环的计算
单击右图被方框选中的位置获取控制权</td><td>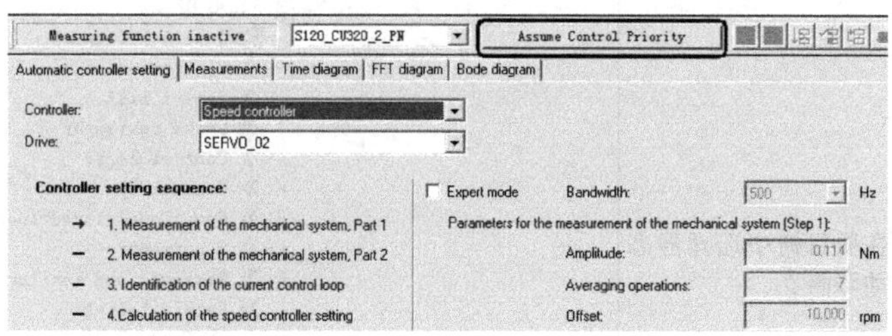
</td></tr>
<tr><td>5</td><td>获取控制权并启动该轴后，单击右图 A 处可选择连续执行所有优化步骤，单击 B 处可进行单步的优化</td><td>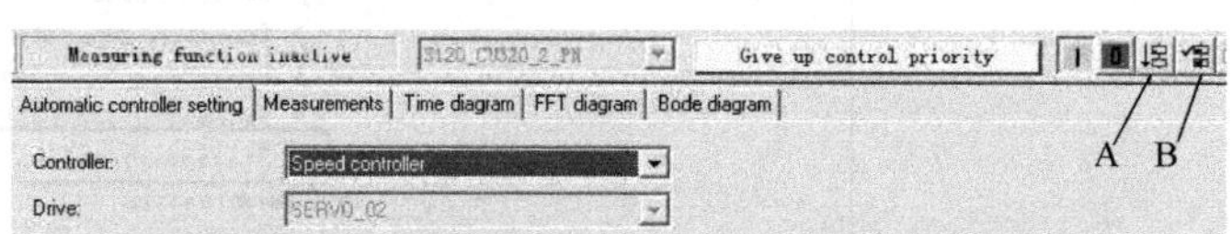
</td></tr>
<tr><td>6</td><td>本例中为单步执行的优化，单击上步中 B 处的按钮后，便出现如右图所示的安全提示——该功能会使电动机运转，要确保电动机运转不会对周围的人或设备造成伤害</td><td>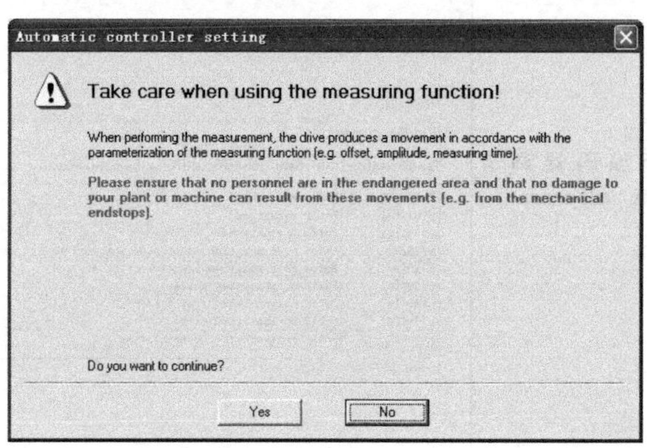
</td></tr>
</table>

（续）

<table>
<tr><th>序号</th><th>说　　明</th><th>图　　示</th></tr>
<tr><td>7</td><td>右图中第 1 步前面的对钩代表该步已完成；第 2 步前的箭头代表下一次要执行的步
说明：第 2 步和第 1 步的注意提示相同</td><td>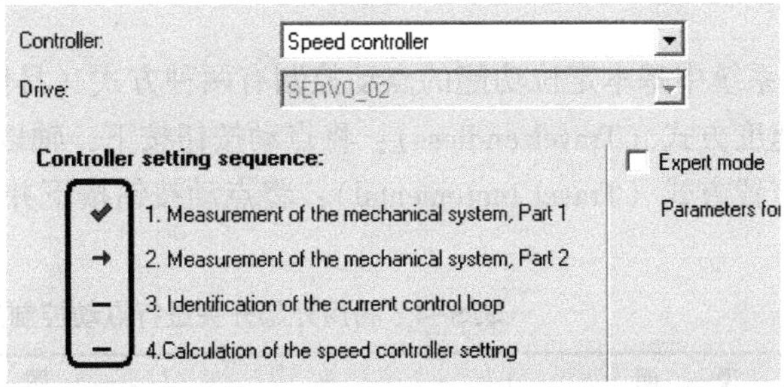
</td></tr>
<tr><td>8</td><td>执行第 3 步时出现如右图所示的提示
说明：第 4 步无提示</td><td>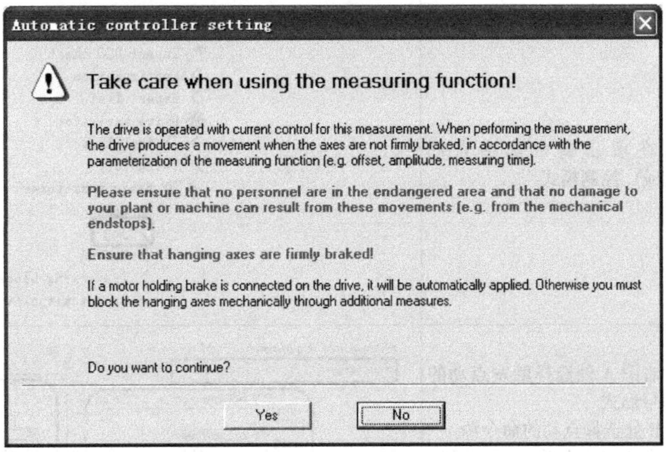
</td></tr>
<tr><td>9</td><td>完成 4 步优化后，右图中的参数将被改变，单击右下角的“Accept values”按钮以接受这些改变</td><td>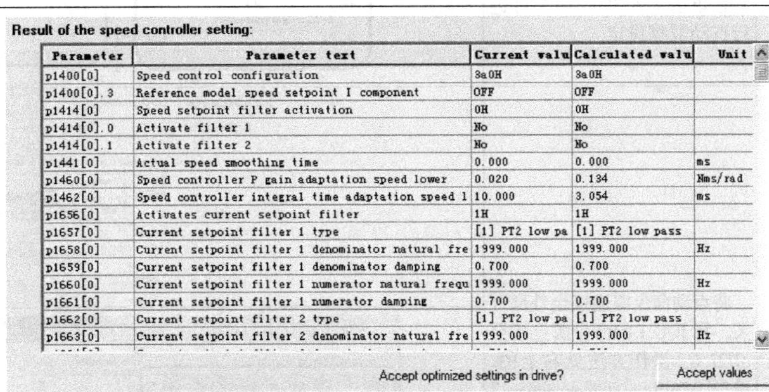
Result of the speed controller setting:
<table>
<tr><th>Parameter</th><th>Parameter text</th><th>Current valu</th><th>Calculated valu</th><th>Unit</th></tr>
<tr><td>p1400[0]</td><td>Speed control configuration</td><td>3a0H</td><td>3a0H</td><td></td></tr>
<tr><td>p1400[0].3</td><td>Reference model speed setpoint I component</td><td>OFF</td><td>OFF</td><td></td></tr>
<tr><td>p1414[0]</td><td>Speed setpoint filter activation</td><td>0H</td><td>0H</td><td></td></tr>
<tr><td>p1414[0].0</td><td>Activate filter 1</td><td>No</td><td>No</td><td></td></tr>
<tr><td>p1414[0].1</td><td>Activate filter 2</td><td>No</td><td>No</td><td></td></tr>
<tr><td>p1441[0]</td><td>Actual speed smoothing time</td><td>0.000</td><td>0.000</td><td>ms</td></tr>
<tr><td>p1460[0]</td><td>Speed controller P gain adaptation speed lower</td><td>0.020</td><td>0.134</td><td>Nms/rad</td></tr>
<tr><td>p1462[0]</td><td>Speed controller integral time adaptation speed 1</td><td>10.000</td><td>3.054</td><td>ms</td></tr>
<tr><td>p1656[0]</td><td>Activates current setpoint filter</td><td>1H</td><td>1H</td><td></td></tr>
<tr><td>p1657[0]</td><td>Current setpoint filter 1 type</td><td>[1] PT2 low pa</td><td>[1] PT2 low pass</td><td></td></tr>
<tr><td>p1658[0]</td><td>Current setpoint filter 1 denominator natural fre</td><td>1999.000</td><td>1999.000</td><td>Hz</td></tr>
<tr><td>p1659[0]</td><td>Current setpoint filter 1 denominator damping</td><td>0.700</td><td>0.700</td><td></td></tr>
<tr><td>p1660[0]</td><td>Current setpoint filter 1 numerator natural frequ</td><td>1999.000</td><td>1999.000</td><td>Hz</td></tr>
<tr><td>p1661[0]</td><td>Current setpoint filter 1 numerator damping</td><td>0.700</td><td>0.700</td><td></td></tr>
<tr><td>p1662[0]</td><td>Current setpoint filter 2 type</td><td>[1] PT2 low pa</td><td>[1] PT2 low pass</td><td></td></tr>
<tr><td>p1663[0]</td><td>Current setpoint filter 2 denominator natural fre</td><td>1999.000</td><td>1999.000</td><td>Hz</td></tr>
</table>
Accept optimized settings in drive?　Accept values</td></tr>
<tr><td>10</td><td>接受数据后，要进行释放控制权、Copy RAM to ROM、Load to PG 及保存项目操作</td><td>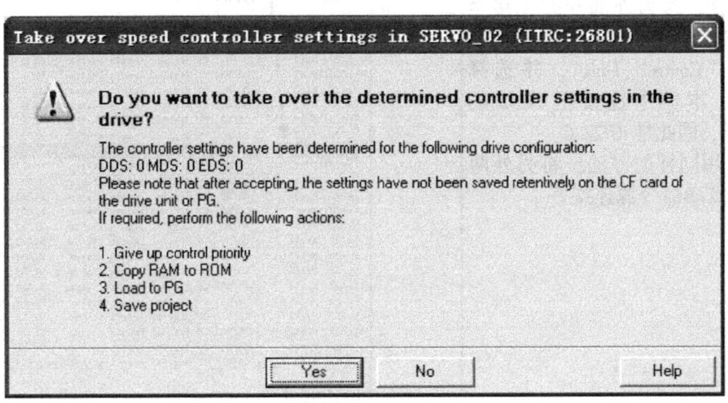
</td></tr>
</table>

5.4 案例 16——利用外部开关进行点动控制

S120 系统中基本定位功能的点动控制有两种方式（具体操作步骤见表 5-4）：

1）速度方式（Travel endless）：将点动按钮按下，轴以设定的速度运行直至按钮释放。

2）位置方式（Travel incremental）：将点动按钮按下并保持，轴以设定的速度运行至目标位置。

表 5-4 利用外部开关进行点动控制的步骤

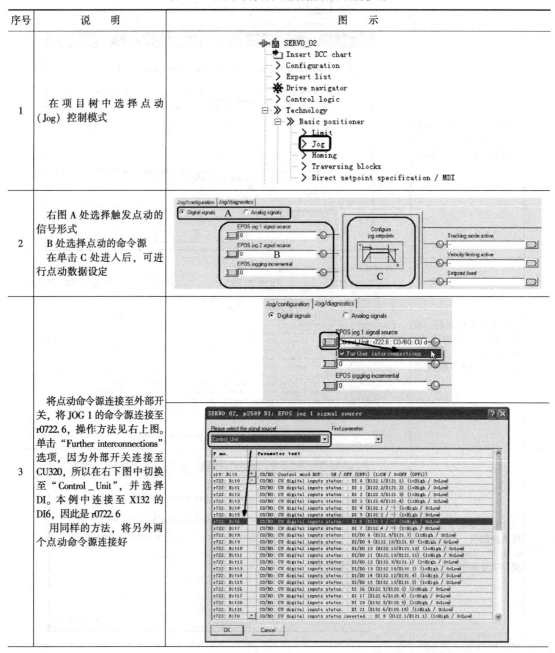

序号	说　明	图　示
1	在项目树中选择点动（Jog）控制模式	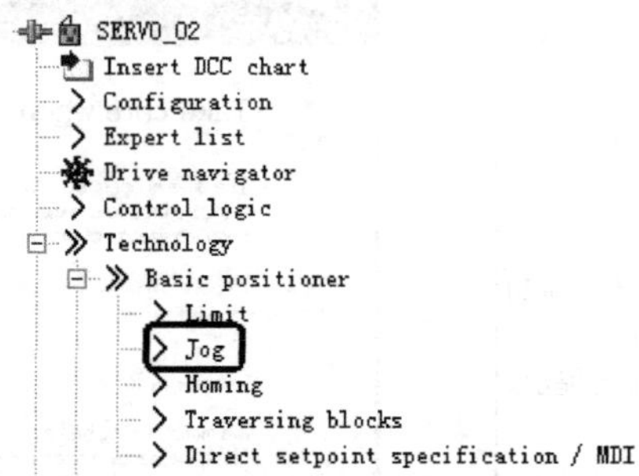
2	右图 A 处选择触发点动的信号形式 B 处选择点动的命令源 在单击 C 处进入后，可进行点动数据设定	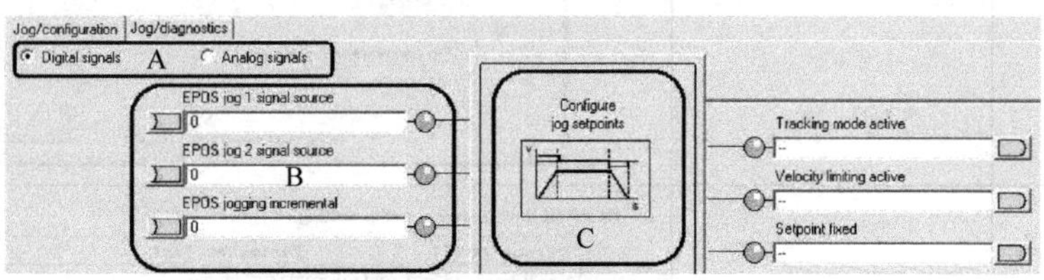
3	将点动命令源连接至外部开关，将 JOG 1 的命令源连接至 r0722.6，操作方法见右上图。单击“Further interconnections”选项，因为外部开关连接至 CU320，所以在右下图中切换至“Control_Unit”，并选择 DI。本例中连接至 X132 的 DI6，因此是 r0722.6 用同样的方法，将另外两个点动命令源连接好	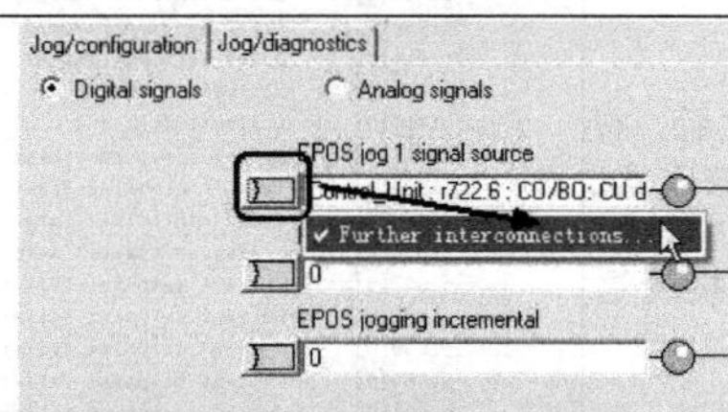 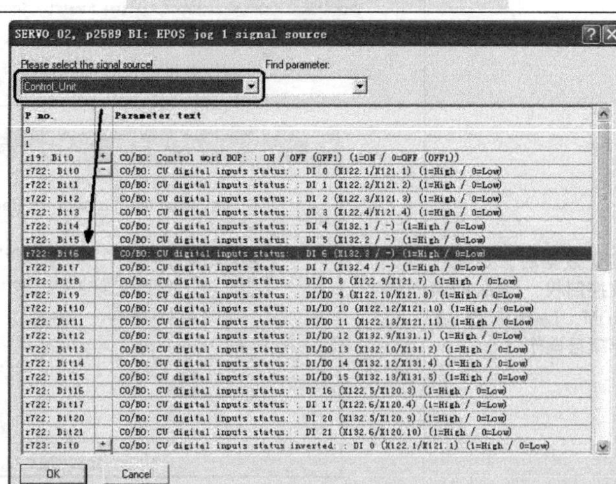

（续）

序号	说　明	图　示
4	点动功能需要使能 S120 的 ON/OFF1（p0840）。该信号需要在 CU320 的输入/输出信号中设定，单击右图中的“Inputs/outputs”	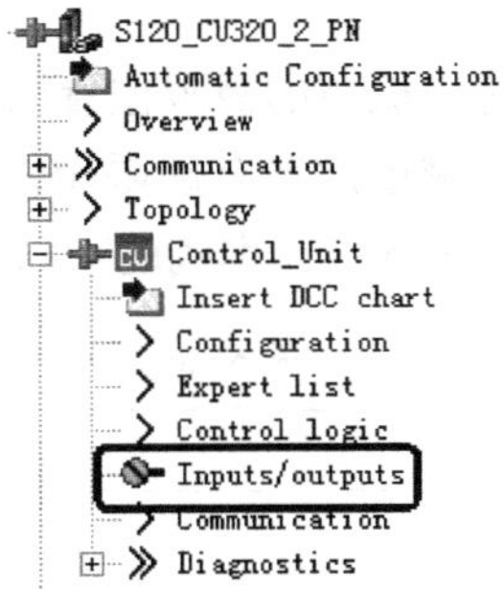
5	本例中 ON/OFF1 信号连接至 X132 的 DI5，操作方法见右图 第 3 步的连接也可以在此进行	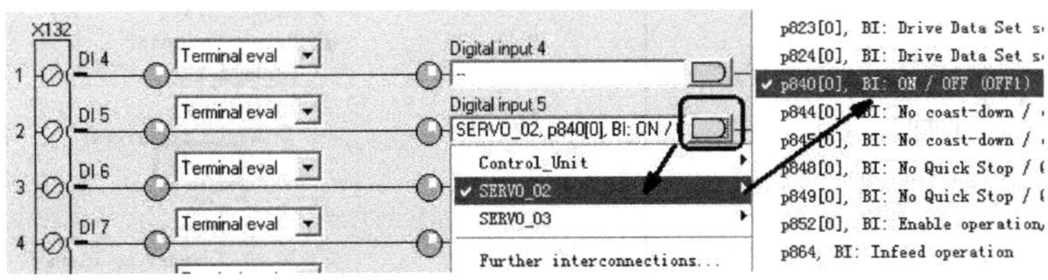
6	点动命令源连接好后，单击“Configure jog setpoints”进行点动数据设定	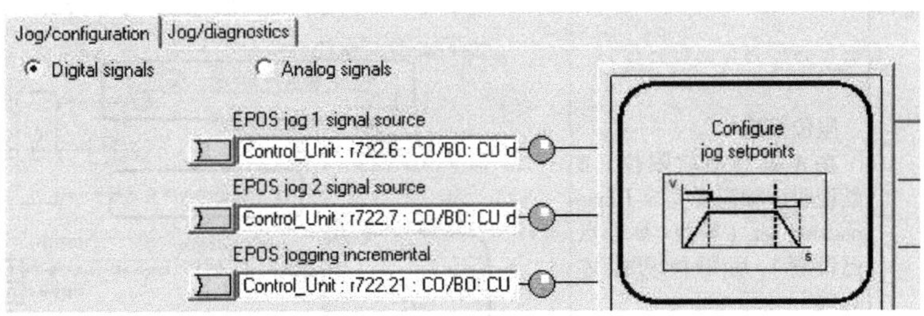
7	点动数据设定 由右图的逻辑关系可知： S120 的点动方式由 C 处决定，其为 0 是速度点动方式，为 1 是位置点动方式。本例中 C 处信号已连接至 X132 的 DI21（r0722.21，见上一步中的截图） JOG 1 和 JOG 2 两个信号的逻辑共同决定速度/位置点动模式时的速度或位置。本例中 JOG 1 已连接至 X132 的 DI6，JOG 2 已连接至 X132 的 DI7 速度点动模式时，JOG 1/2 的速度分别由 p2585 和 p2586 设定 位置点动模式时，JOG 1/2 的目标位置分别由 p2587 和 p2588 设定 本例中 JOG 2 的速度值与 rmp 的换算关系为： 300 × 1000LU/min = 30 × 10000LU(p2506)/min = 30r/min	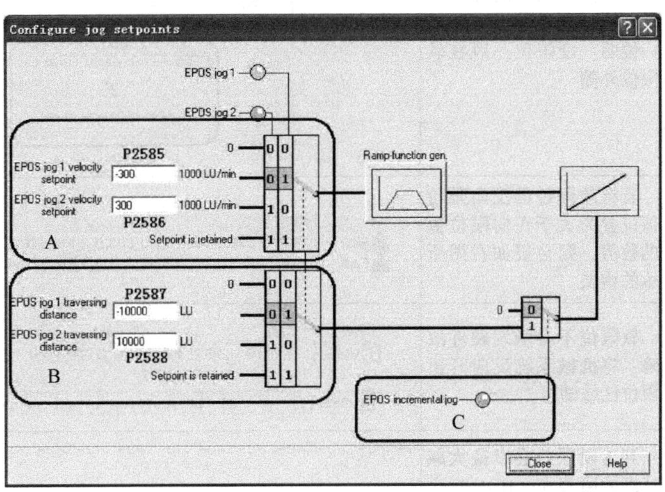

5.5 案例 17——伺服轴的软硬限位

为了防止运行时超出机械的极限位置而发生危险，伺服系统一般都设置有软限位，为防止软限位失效，在其外侧还设置有硬限位。S120 系统在伺服控制功能中也需要设置软硬限位，具体的设置步骤见表 5-5，本例的项目文件在随书下载资源中，名称为“Servo_limit”。

表 5-5　伺服轴的软硬限位设置步骤

序号	说　明	图　示
1	在项目树中选择限位(Limit)	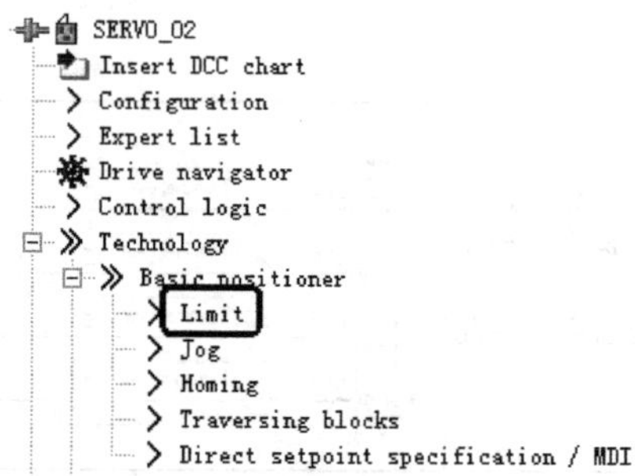
2	限位设定 在 A 处激活软限位，B 处说明该轴需要完成 Home position set（零点/参考点已设置）后限位功能才有效 在 C 处设置正反向软限位的位置值 在 D 处激活硬限位，在 E 处连接硬限位的外部开关，该开关为低电平有效 说明：硬限位一般在软限位外侧	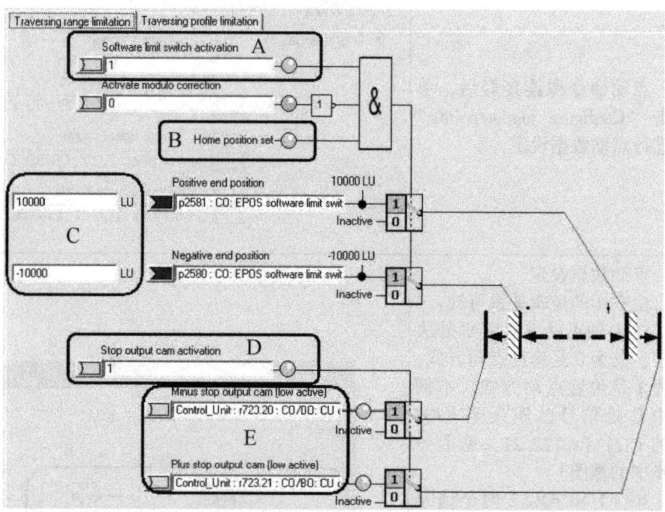
3	若将软限位的反向限位值设置为大于正向限位值的数值，则会报如右图所示的错误	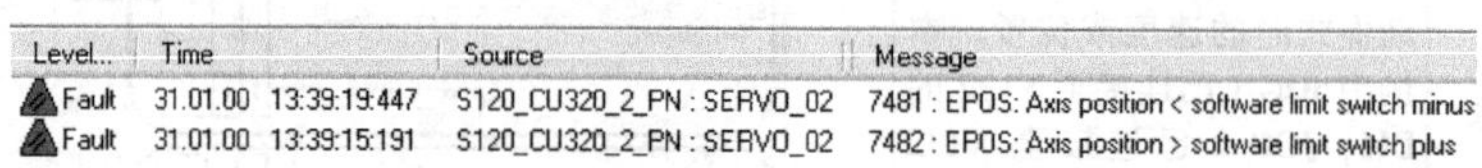
4	软限位不会触发硬件故障，将机械系统反向开出限位区域即可	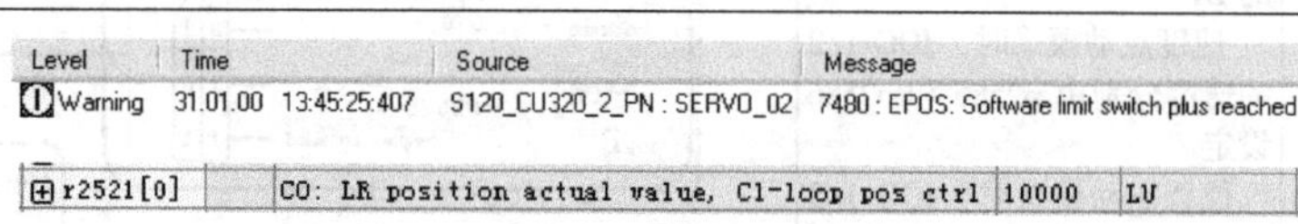
5	到达硬限位会以最大减速度故障停车，RDY 灯会呈红色闪烁状态。需要确认故障信息，才能重新使能该轴并只能反向运行	

可以将限位设置窗口切换至图 5-3，对最大速度（Max velocity）p2571、最大加速度（Max acceleration）p2572、最大减速度（Max deceleration）p2573 及最大加加速度（Max jerk，加加速度是描述加速度变化快慢的物理量）p2573 进行设定。

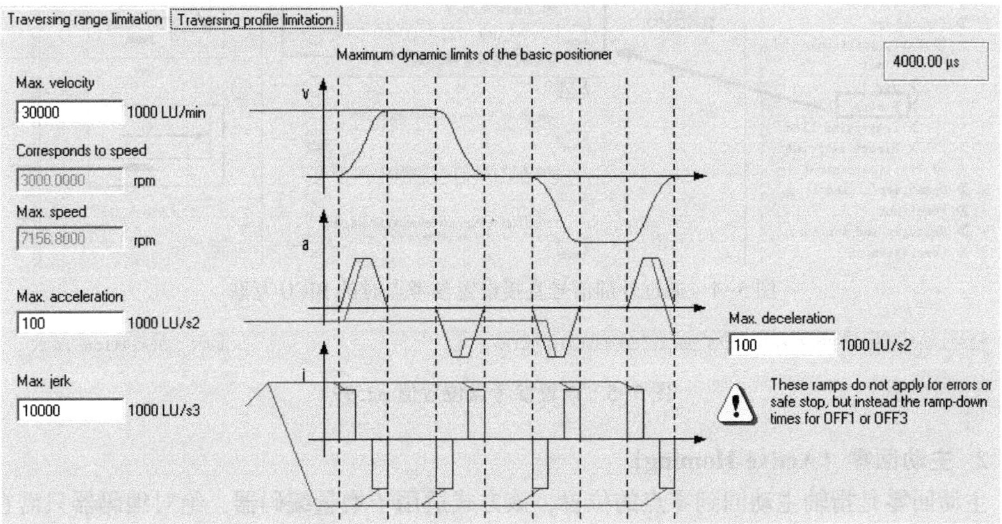

图 5-3　最大速度、加速度、减速度及加加速度的设置窗口

5.6　案例 18——设置回零

机械系统需要建立一个机械零点的位置基准，以在此基础上进行定位。

对于增量编码器（旋转编码器 Reserver、正/余弦编码器 Sin/Cos 或脉冲编码器），由于每次上电时与轴的机械位置之间没有任务匹配关系，因此轴必须被移至预先定义好的零点位置，即执行回零（Homing）功能。

对于绝对编码器，每次上电不必重新回零。

S120 系统的回零有三种方式：直接设定参考点、主动回零和被动回零。

1. 直接设定参考点（Set Reference）

将任意位置直接设置为坐标原点（也可以设置为非坐标原点，参见 p2599——将该值设置为当前的轴位置），一般在系统既无接近开关又无编码器零脉冲（若有可以用被动回零），或者需要将轴设置为一个不同的位置时才使用该方式。

该方式可用于增量编码器和绝对编码器。

该方式可通过外部信号实现，将“set reference point”（p2596）互联至外部信号 X122.1（DI0，r0722.0），如图 5-4 所示。

设置参考点位置值 p2599，若需要设置为机械零点，则为 0，如图 5-5 所示。

闭合外部信号 DI0，激活设置参考点命令，则该轴的当前位置 r2521 将置为 p2599 中设定的数值，如 r2521=0。

直接设定参考点的功能也可以不用外部信号来实现，在“伺服轴的点动测试”（见本书 5.2 节）中的表 5-2 的第 5 步中就进行了在 STARTER 中直接进行参考点设定的操作。

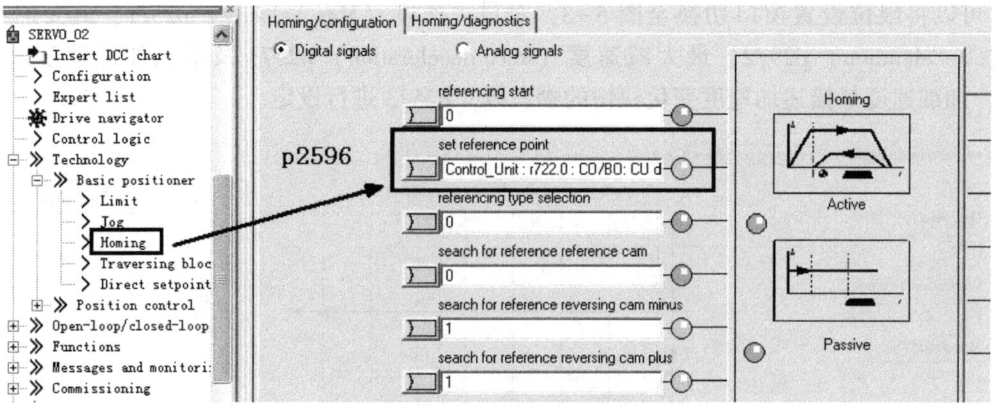

图 5-4　通过外部信号直接设置参考点时的 BICO 互联

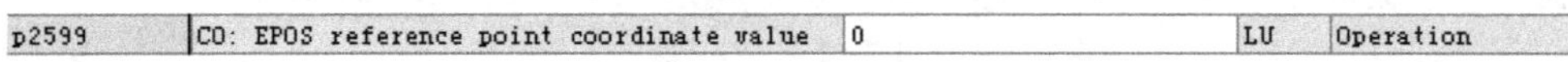

图 5-5　设置参考点位置值 p2599

2. 主动回零（Active Homing）

主动回零是指轴主动回到零点的位置，该方式适用于增量编码器，绝对编码器只需在初始化阶段进行一次编码器校准（直接设定参考点）即可，以后就不必做主动回零了。

主动回零根据回零过程中使用的标志位的不同分为三种方式：

1）仅用编码器零标志位（Encoder zero mark）回零

2）仅用外部零标志位（External zero mask）回零

3）使用接近开关+编码器零标志位（Homing output cam and encoder zero mark）回零。

图 5-6 为主动回零相关信号，其中 A 处为主动回零的信号源 p2595（也是被动回零的信号源）。B 处为主动/被动回零方式选择参数 p2597，为 0 时是主动回零，为 1 时是被动回零。C 处为与带接近开关回零方式相关的参数 p2612～p2614。点击图 5-6 右侧 D 处的图标即可打开如图 5-7 所示的主动/被动回零设置对话框。

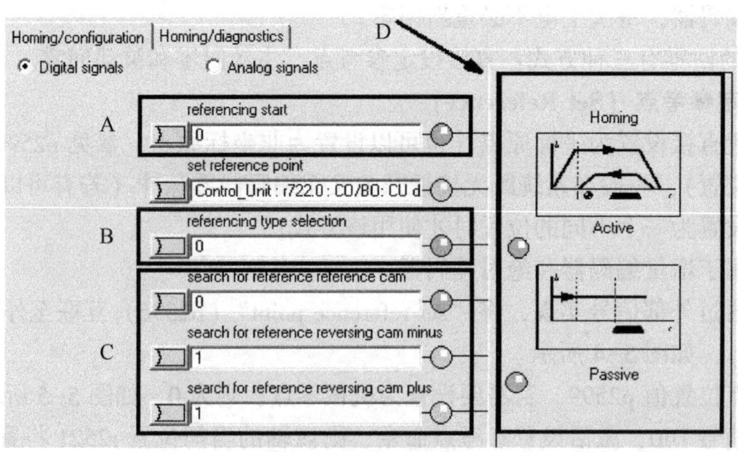

图 5-6　主动回零相关信号

在图 5-7 中，A 处为回零的三种方式选择；B 处为主动回零的三种方式选择；C 处为主动回零的方向选择，为 0 时正向，为 1 时反向；D 处为使用接近开关+编码器零标志位回零时的轴运行图，轴将分三阶段回零：

1）轴以最大加速度（在图 5-3 中设定）正转加速至 p2605 的速度，以该速度去搜索接近开关，搜索到之后会以最大的减速度（同样在图 5-3 中设定）减速至停止。

2）轴将反转加速至 p2608 的速度，去搜索编码器的零标志位/零脉冲位（Zero mark），在遇到第一个零标志后减速停止。

3）轴将正转加速至 p2611 的速度，运行在 p2600 中设置的那段偏差距离，最后停止在零点。如果 p2600 为 0，则轴不会进行这个第三阶段的运行。

说明：

当机械零点的位置取决于机械系统时，编码器或外部其他零标志位的位置很难毫无误差地对应到机械零点的位置，因此该偏差应提前检测出并填写在 p2600 中；当将编码器或外部其他零标志位的位置直接定义为机械零点时，p2600＝0。

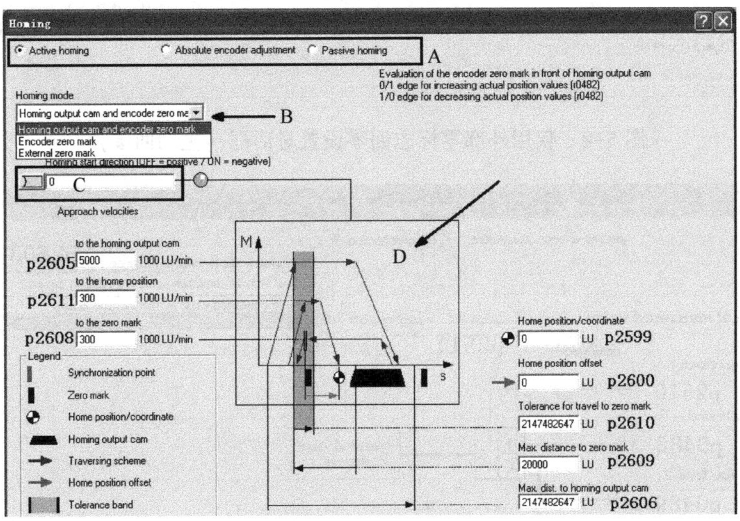

图 5-7　接近开关+编码器零标志位回零设置对话框（主动回零）

接近开关+编码器零标志位回零是相对复杂的一种主动回零方式，理解了这种回零，另外两种主动回零方式就显得简单了。例如图 5-8 所示的仅用外部零标志回零的设置对话框中，轴首先加速至 p2608 的速度去找零标志，找到后再加速至 p2611 的速度去找零点，最后停止在零点。如果 p2600 为 0，则轴找到零标志后就不会再去单独找零点。

3. 被动回零（Passive Homing/Homing on the fly）

为了消除往复运动中产生的误差，提高重复定位精度，可以使用被动回零使轴在检测到零点信号（需要使用外部接近开关等器件）时动态修改当前位置为零（例如：在点动、执行程序步或执行 MDI 时）。如果存在误差，意味着反馈的位置值与实际的位置值存在差异，因此执行被动回零就相当于进行了一次位置同步（位置修正/补偿）。该方式可用于增量编码器和绝对编码器。

被动回零设置对话框如图 5-9 所示，其中 p2510 用来选择 p0488 或 p0489 的外部接近开关，p2511 用来确定接近开关是上升沿有效还是下降沿有效（为 0 时是上升沿有效，为 1 时是下降沿有效）。

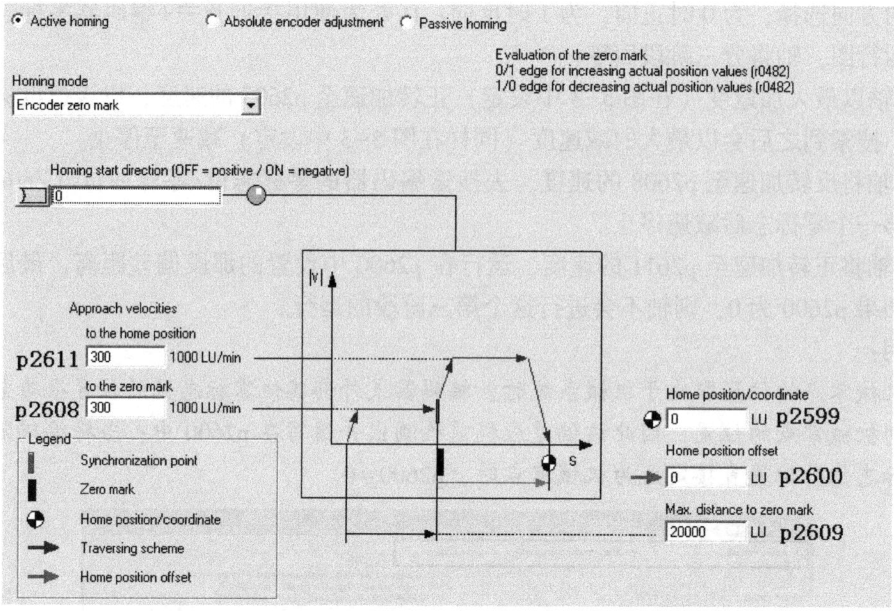

图 5-8　仅用外部零标志回零设置对话框（主动回零）

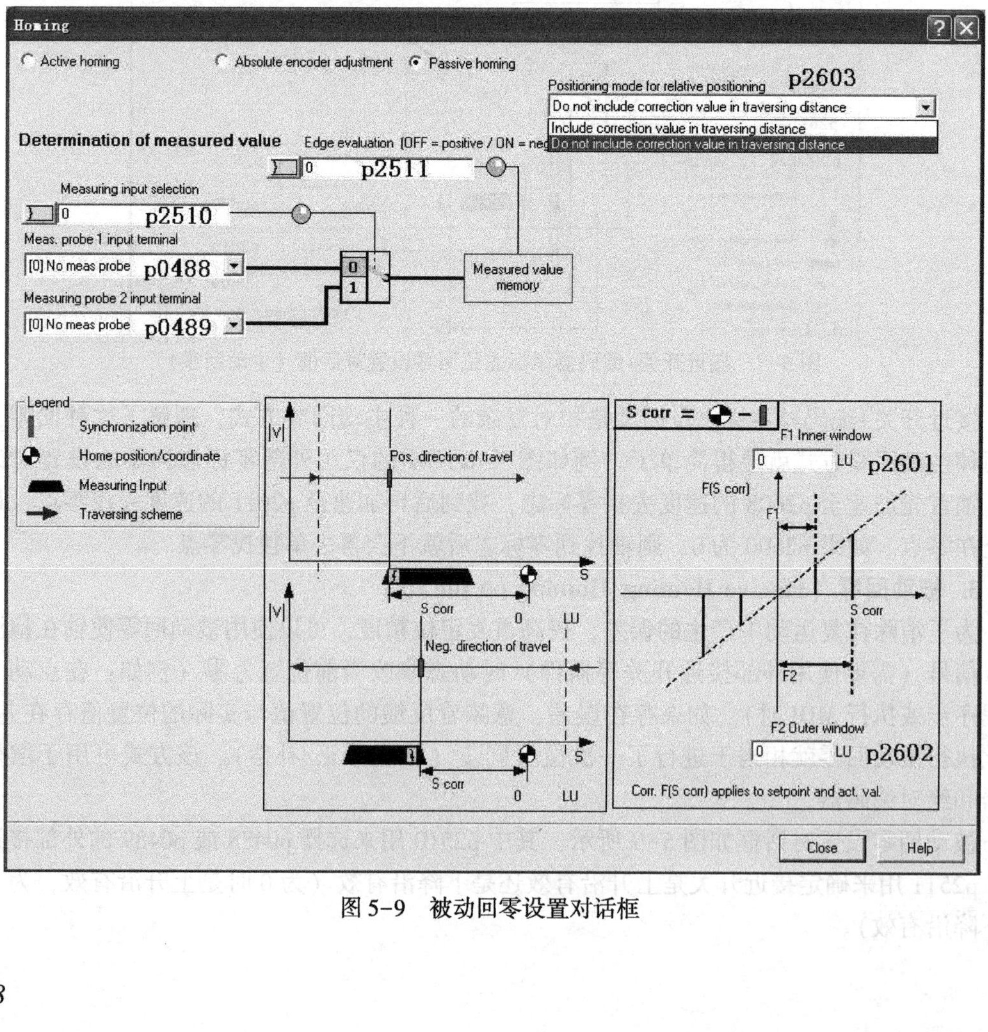

图 5-9　被动回零设置对话框

说明：

p0488/p0489 外部可接 DI8～DI15，这 8 个 DI 为快速输入，输入延迟的典型值为：0→1 时，5 μs；1→0 时，50 μs。相比之下普通 DI（DI0～DI7，DI16/DI17，DI20/DI21）输入延迟的典型值为：0→1 时，50 μs；1→0 时，150 μs。

在执行被动回零之后，当前位置被设置成 0，当选择“Include correction value in traversing distance”，即 p2603=0 时，修正的位置值计入运行行程，轴会重新按照原来的位置给定走完全程；当选择“Do not include correction value in traversing distance”，即 p2603=1 时，修正的位置值不会计入行程，轴只会走完剩余的行程。

轴每次运动到外部接近开关的位置时，检测到的位置与零点的偏差值如果小于 p2601 中的数值，则不执行被动回零；如果大于 p2602 的数值，也不执行被动回零，并输出警告信息 A07489（此时建议检查机械装置，或检查 p2602 的设定值是否不当）；如果在 p2601 和 p2602 之间，则执行被动回零。

5.7　案例 19——利用程序步功能进行位置控制

使用程序步（Traversing blocks）功能，S120 系统可以自动执行一个完整的定位程序，也可以实现由外部信号触发的单步控制，程序步功能在项目树中的位置如图 5-10 所示，双击打开后的组态界面如图 5-11 所示。

图 5-11 中的 A 处（p2631）负责激活程序步，当它连接的外部信号产生上升沿时，程序步功能将被激活，本例中连接的是外部 DI 端子 X122.3（DI2，r722.2）。

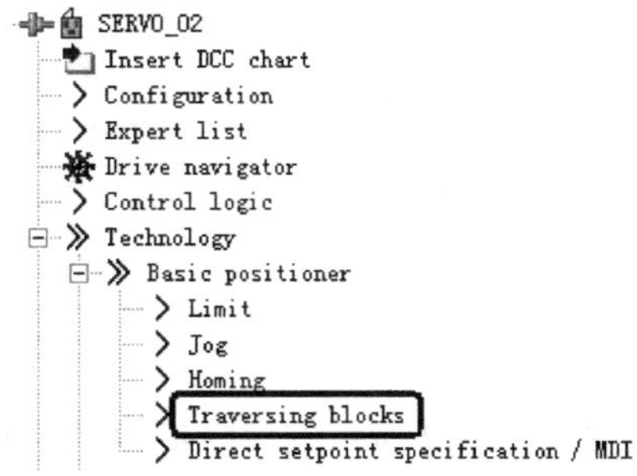

图 5-10　程序步功能在项目树中的位置

B 处（intermediate stop——p2640，reject traversing task——p2641）负责程序步的停止。当 p2640=0 时，该轴将以 p2620 加速度停机；当 p2640=1 时，轴继续运行。当 p2641=0 时，该轴将以最大加速度 p2573 停机；当 p2641=1 时，轴继续运行。本例中 p2640 连接的是外部 DI 端子 X122.1(DI0,r0722.0)，p2641 连接的是外部 DI 端子 X132.6(D121,r0722.21)。

C 处用以实现外部信号对程序步的控制，具体内容见后文。

D 处为 p2625～p2630，用来选择程序步。本例中 p2625 连接的是外部 DI 端子 X132.5(DI20,r0722.20)，p2626 连接的是外部 DI 端子 X132.4(DI7,r0722.7)。

单击图 5-11 中的 E 处，将打开具体的程序步编辑界面，如图 5-12 所示。

图 5-11 中的 F 处为程序步功能运行的相关状态输出。

程序步功能的一般操作步骤如下：

1）首先设置图 5-11 中的参数。

2）设置图 5-12 中的程序步。

3）选择程序步（p2625～p2630）。

4）激活轴的运行命令（p0840）。

5）激活程序步（p2631），上升沿有效，轴就会按照预先设定好的程序步执行。

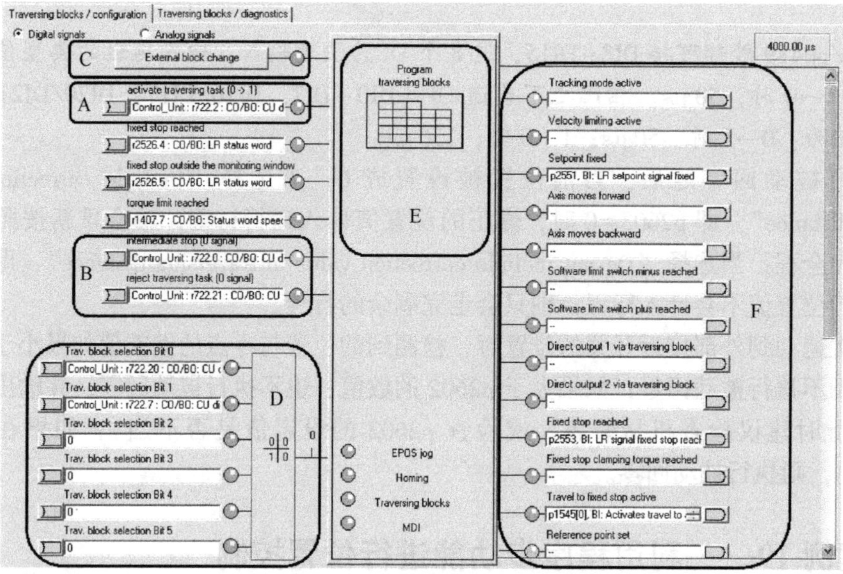

图 5-11　程序步功能设定界面

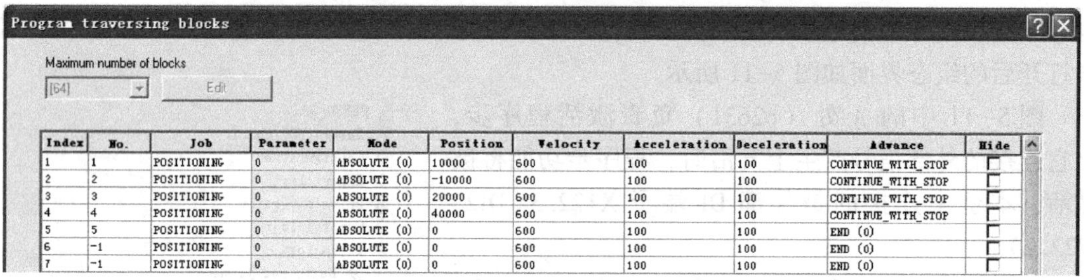

Index	No.	Job	Parameter	Mode	Position	Velocity	Acceleration	Deceleration	Advance	Hide
1	1	POSITIONING	0	ABSOLUTE (0)	10000	600	100	100	CONTINUE_WITH_STOP	
2	2	POSITIONING	0	ABSOLUTE (0)	-10000	600	100	100	CONTINUE_WITH_STOP	
3	3	POSITIONING	0	ABSOLUTE (0)	20000	600	100	100	CONTINUE_WITH_STOP	
4	4	POSITIONING	0	ABSOLUTE (0)	40000	600	100	100	CONTINUE_WITH_STOP	
5	5	POSITIONING	0	ABSOLUTE (0)	0	600	100	100	END (0)	
6	-1	POSITIONING	0	ABSOLUTE (0)	0	600	100	100	END (0)	
7	-1	POSITIONING	0	ABSOLUTE (0)	0	600	100	100	END (0)	

图 5-12　程序步编辑界面

在图 5-12 所示的程序步编辑界面中，从左至右每列的含义分别如下：

1）**Index**：序号，仅说明该程序步在编辑界面的第几行。

2）**No.**（p2616）：每个程序步都要有一个任务号，运行时依此任务号顺序执行（-1 表示无效的任务），通过参数 p2625～p2630 选择相应的任务号并开始执行。

3）**Job**（p2621）：表示该程序步的任务，有 9 种类型任务供选择：

① POSITIONING：定位任务。

② FIXED ENDSTOP：用于夹紧物件。

③ ENDLESS_POS：正向速度模式运行，加速到 p2618 指定速度后一直运行，直到限位/停止命令/程序步切换。

④ ENDLESS_NEG：反向速度模式运行，加速到 p2618 指定速度后一直运行，直到限位/停止命令/程序步切换。

⑤ WAIT：等待命令，等待时间由 p2622 设定（单位：ms），并修正到 p0115［5］（定位采样时间，默认为 4ms）的整数倍。

⑥ GOTO：跳转到 p2622 指定的任务。

⑦ SET_O：置位输出。

⑧ RESET_O：复位输出（r2683.10，r2683.11）。

⑨ JERK：激活或取消 JERK Limit，p2622[x]=0 取消 JERK Limit；p2622[x]=1 激活 JERK Limit，p2575 “Active jerk limitation” 必须设为 0，在 p2574 中设定 “jerk limit”。

4）**Parameter**（p2622）：依赖于不同的 Job，对应不同的 Job 有不同的含义。

5）**Mode**（p2623.8/9）：定义定位方式，绝对还是相对模式，仅当任务（Job）为位置方式（Position）时有效。

6）**Position**（p2617）：设定运动的位置给定。

7）**Velocity**（p2618）：设定运动的速度给定。

8）**Acceleration**（p2619）：设定运动的加速度。

9）**Deceleration**（p2620）：设定运动的减速度。

10）**Advance**（p2623）：选择本任务的结束方式，共有六种结束方式。

① 方式 1（END）：停止 Traversing block，可以通过参数 p2631 重新激活 traversing block，激活时执行的任务步由选择步的六个参数（p2625~p2630）决定（见图 5-11）。

② 方式 2（CONTINUE_WITH_STOP）：先达到停止状态，然后再执行下一个任务。

③ 方式 3（CONTINUE_FLYING）：执行完此任务后不停止，直接执行下一个任务，如果运行方向需要改变，则先达到停止状态再执行下一个任务。

④ 方式 4（CONTINUE_EXTERNAL）：与方式 3 基本相同，但可以通过外部信号直接切换到下一个任务，即外部信号出现后，当前任务步即使未完成也直接切换到下一步。如图 5-11 中的 C 处所示：如果选择 p2632=1，在激活 p2633=r2090.13 上升沿之后，则轴会从当前任务直接跳转到下一个任务；如果选择 p2632=0（external block change via the measuring input），则 measuring input 信号有效之后，轴从当前任务直接跳转到下一个任务，同时将当前的实际位置值（r2521）记入到 r2523 中。

⑤ 方式 5（CONTINUE_EXTERNAL_WAIT）：与方式 4 基本相同，但如果到达目标位置后仍没有外部信号触发，则会保持在目标位置等待外部信号，只有在外部信号触发以后，才会执行下一步任务。

⑥ 方式 6（CONTINUE_EXTERNAL_ALARM）：与方式 5 基本相同，但如果到达目标位置后仍没有外部触发，将输出警告信息 A07463（见图 5-13），此时如果触发外部信号，会继续执行下一步任务，同时报警信号消失。

Level	Time	Source	Component	Message
Warning	31.01.00 21:42:45:094	S120_CU320_2_PN : SERVO_02	--	7463 : EPOS: External block change not requested in the traversing block(1)

图 5-13　警告信息 A07463

11）**Hide**（p2623）：跳过本程序步不执行该任务，如果选择的程序步已经激活了 Hide 功能，则会触发报警 A07462（Selected traversing block number does notoexist）。

说明：

在使用方式 4~6 时，才会用到图 5-11 中 C 处或图 5-18 中的外部触发信号。

按照图 5-12 中的程序步设定，轴会首先执行运行到 10000LU 的位置，停顿一下；再运行到-10000LU 的位置，停顿一下；然后运行到 20000LU 的位置，停顿一下；再运行到 40000LU 的位置，停顿一下；最后运行到 0LU 的位置，停止。轴在每个任务中的加速度、减速度及速度的设定可以不相同。

TRACE 曲线如图 5-14 所示，其中任务 1~4 的 Advance 处选择的都是“CONTINUE_WITH_STOP”，所以，在每个任务的位置达到的时候都会停顿一下，相应的 STARTER 程序可参考随书下载资源中的项目文件“Servo_tr1”。

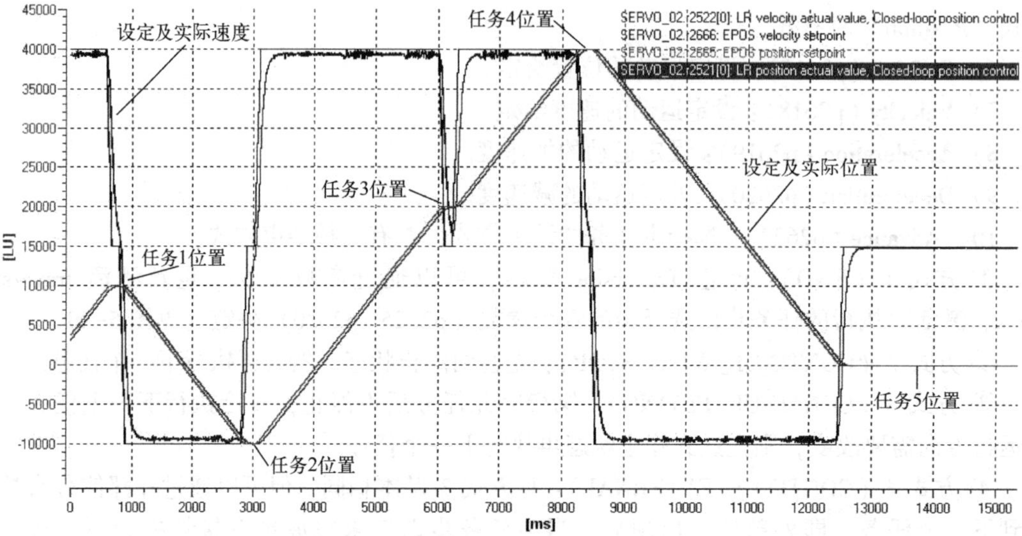

图 5-14 与图 5-12 的程序步设定相对应的 TRACE 曲线

将任务 1~4 的 Advance 处的“CONTINUE_WITH_STOP”修改成“CONTINUE_FLYING”，如图 5-15 所示。

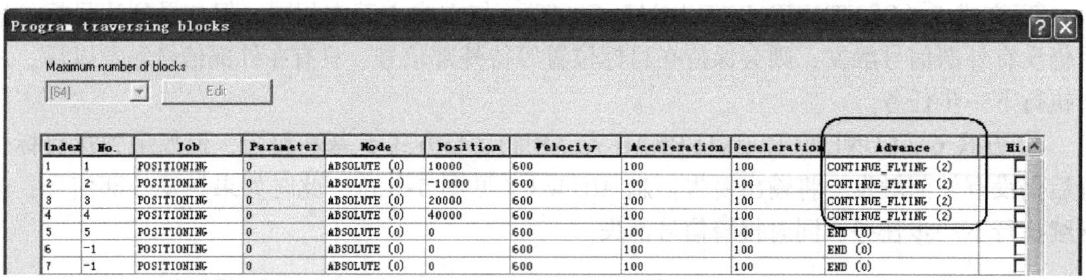
Program traversing blocks

Maximum number of blocks

[64] Edit

Index	No.	Job	Parameter	Mode	Position	Velocity	Acceleration	Deceleration	Advance	Hi
1	1	POSITIONING	0	ABSOLUTE (0)	10000	600	100	100	CONTINUE_FLYING (2)	
2	2	POSITIONING	0	ABSOLUTE (0)	-10000	600	100	100	CONTINUE_FLYING (2)	
3	3	POSITIONING	0	ABSOLUTE (0)	20000	600	100	100	CONTINUE_FLYING (2)	
4	4	POSITIONING	0	ABSOLUTE (0)	40000	600	100	100	CONTINUE_FLYING (2)	
5	5	POSITIONING	0	ABSOLUTE (0)	0	600	100	100	END (0)	
6	-1	POSITIONING	0	ABSOLUTE (0)	0	600	100	100	END (0)	
7	-1	POSITIONING	0	ABSOLUTE (0)	0	600	100	100	END (0)	

图 5-15 结束方式为“CONTINUE_FLYING”的程序步设定

按照该程序步设定，轴同样会首先执行运行到 10000LU 的位置，再运行到-10000LU 的位置，然后运行到 20000LU 的位置，再运行到 40000LU 的位置，最后运行到 0LU 的位置，停止。这样，在到达每个任务位置时轴将不会再停顿。与图 5-12 的设定相比，图 5-15 中的设定仅仅改变的是每个任务之间的衔接状态。

TRACE 曲线如图 5-16 所示，与图 5-14 的区别是，在每个任务结束时，轴并没有停顿。

将任务步修改为图 5-17 所示的设定（项目文件为随书下载资源中的“Servo_tr2”），其中任务 3 的结束方式是需要用到外部信号的“CONTINUE_EXTERNAL_WAIT”，通过外部信

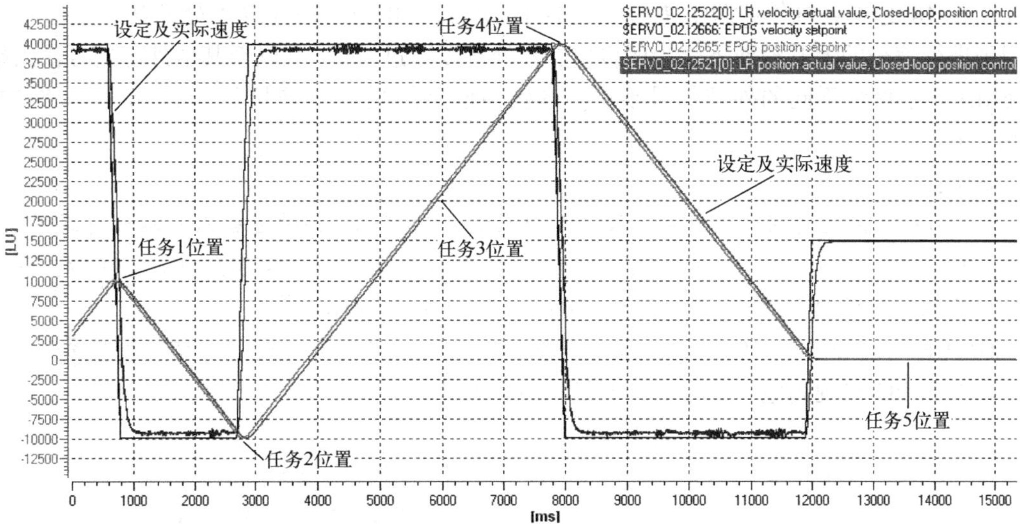

图 5-16　与图 5-15 中的程序步设定相对应的 TRACE 曲线

号切换任务的相关设定需要单击图 5-11 中的 C 处，打开图 5-18 所示的界面。

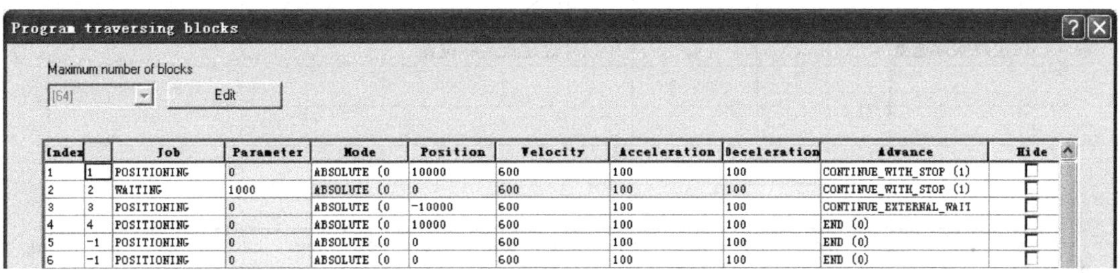

Index		Job	Parameter	Mode	Position	Velocity	Acceleration	Deceleration	Advance	Hide
1	1	POSITIONING	0	ABSOLUTE (0	10000	600	100	100	CONTINUE_WITH_STOP (1)	
2	2	WAITING	1000	ABSOLUTE (0	0	600	100	100	CONTINUE_WITH_STOP (1)	
3	3	POSITIONING	0	ABSOLUTE (0	-10000	600	100	100	CONTINUE_EXTERNAL_WAIT	
4	4	POSITIONING	0	ABSOLUTE (0	10000	600	100	100	END (0)	
5	-1	POSITIONING	0	ABSOLUTE (0	0	600	100	100	END (0)	
6	-1	POSITIONING	0	ABSOLUTE (0	0	600	100	100	END (0)	

图 5-17　结束方式中有“CONTINUE_EXTERNAL_WAIT”的程序步设定

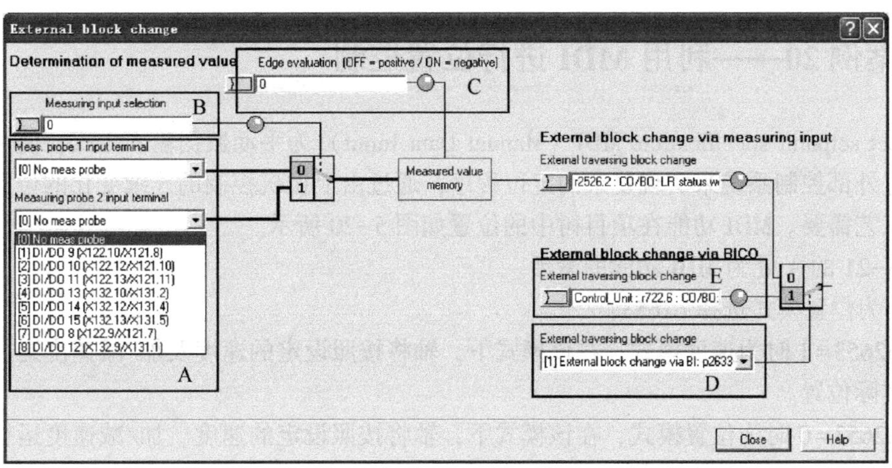

图 5-18　外部触发信号的设定界面

图 5-18 的 A 处可外接两组快速 DI（DI8~DI15），B 处用来选定 A 处的某一组信号，C 处用来进行信号的上升沿或下降沿的设定，E 处可以通过 BICO 互联至其他外部信号输入端，D 处用来切换两种不同的外部信号来源。本例中使用的是 E 处连接的外部 DI 端子 X132.3（DI6，r0722.6）。

说明：

图 5-18 中 A 处的两通道外部可接 DI8~DI15，这 8 个 DI 为快速输入，输入延迟的典型值为：0→1 时，5 μs；1→0 时，50 μs。相比之下普通 DI（DI0~DI7，DI16/DI17，DI20/DI21）输入延迟的典型值为：0→1 时，50 μs；1→0 时，150 μs。

TRACE 曲线如图 5-19 所示，其中任务 3 和任务 4 之间有一段“等待外部信号”的阶段，在外部 DI6 出现高电平信号后，开始执行任务 4。

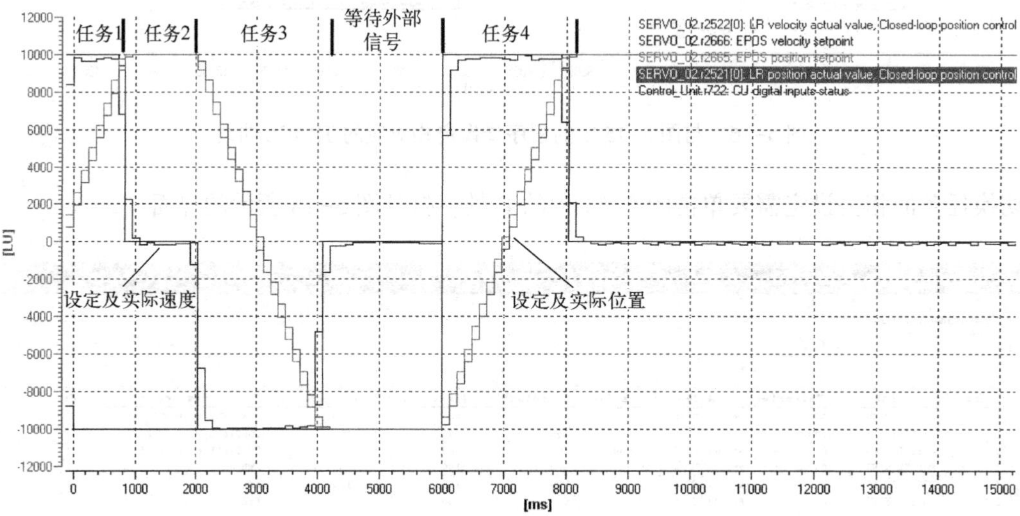

图 5-19　与图 5-17 中的程序步设定相对应的 TRACE 曲线

5.8　案例 20——利用 MDI 进行位置控制

Direct setpoint specification/MDI（Manual Data Input）为手动数据输入方式，使用该方式可以通过外部控制系统来实现复杂的定位程序，通过由上位机控制的连续变化的位置与速度来满足工艺需要。MDI 功能在项目树中的位置如图 5-20 所示。

图 5-21 的 A 处为 MDI 功能的激活。

B 处为位置模式选择 p2653：

当 p2653=1 时为速度模式，在该模式下，轴将按照设定的速度及加/减速度运行，不考虑轴的实际位置。

当 p2653=0 时为位置模式，在该模式下，轴将按照设定的速度、加/减速度运行至指定位置。

两种位置模式可以在线切换。

C 处，类似于程序步，运行时停止命令（intermediate stop）p2640=1、不拒绝任务

（reject traversing task）p2641=1。运行过程中断开与 p2640 连接的外部开关会发出停止命令，则轴将以减速度 p2620 减速停车。

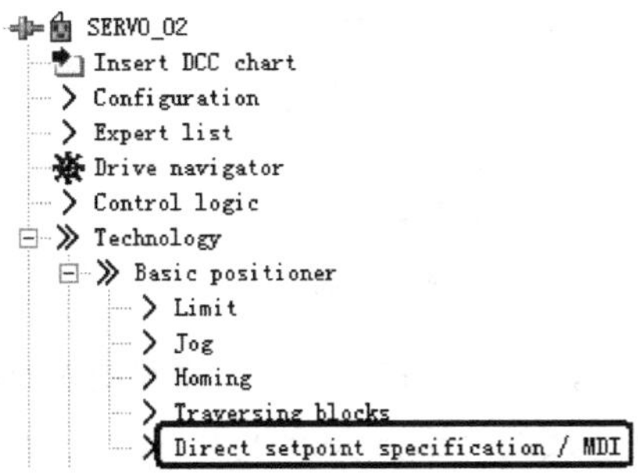

图 5-20 MDI 功能在项目树中的位置

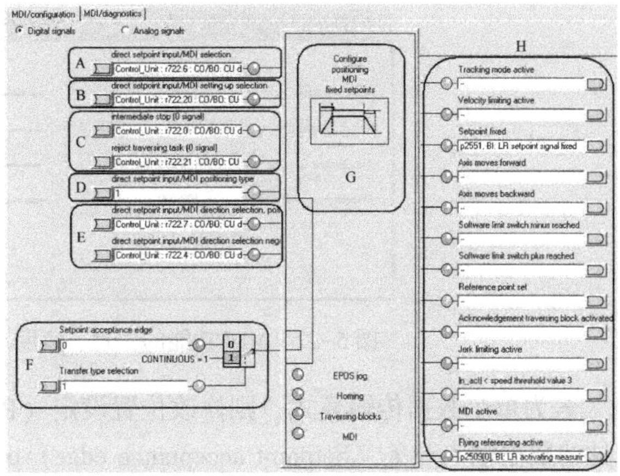

图 5-21 MDI 功能设定界面

若断开与 p2641 连接的外部开关会发出拒绝任务命令，则轴将以最大速度 p2573 减速停车。

D 处为定位方式选择 p2648，绝对位置方式 p2648=1，相对位置方式 p2648=0。

E 处为速度模式方向设定。当 p2651=1 时正向运行，当 p2652=1 时反向运行。同时为 0 或同时为 1 时电动机不转，不报错。

F 处为数据传输模式选择（Transfer type selection）p2649，当 p2649=1 时为连续数据传输，当 p2649=0 时为单步数据传输。选择为单步数据传输时，可以将“Setpoint acceptance edge”（p2650）连接至外部开关。

单击 G 处即可打开图 5-22 所示的位置、速度及加/减速度倍率设定界面。

H 处为 MDI 功能的实时运行状态。

除以上设定外，还需连接该轴的使能信号，本例中将该轴的 p0840[0]连接至 r0722.5（X132.2/DI5）上。

本例实现了（随书下载资源中的项目文件为“Servo_mdi”）如下功能：

r0722.6（X132.3/DI6）闭合时激活 MDI 功能，断开时取消该功能，若其余开关状态不变，重新闭合该开关后轴将自动启动并运行至目标位置；

r0722.20（X132.5/DI20）的开关断开时，为位置模式，闭合时为速度模式；

断开 r0722.0（X122.1/DI0）或 r0722.21（X132.6/DI21）其中之一的开关，轴将停车。若其余开关状态不变，则上述两个开关重新闭合后，轴将自动启动并运行至目标位置；

在速度模式时，r0722.7（X132.4/DI7）闭合且 r0722.4（X132.1/DI4）断开时，轴正转；r0722.7 断开且 r0722.4 闭合时，轴反转。在位置模式时，这两个开关将不起作用。

另外，本例为连续传输数据的绝对定位控制方式，其运行速度为 600LU/min，加/减速度倍率均为 100%，目标位置为 10000LU。如果修改了目标位置，将会立即传输位置数据，轴便会转动至新的目标位置。

需要说明的是，速度模式下会忽略位置给定一直旋转，而位置模式会旋转到位置给定。

连续数据传输模式下修改图 5-22 中的位置设定（Position setpoint）p2690 时，会立即生效，即轴会立即响应并运行至该位置。

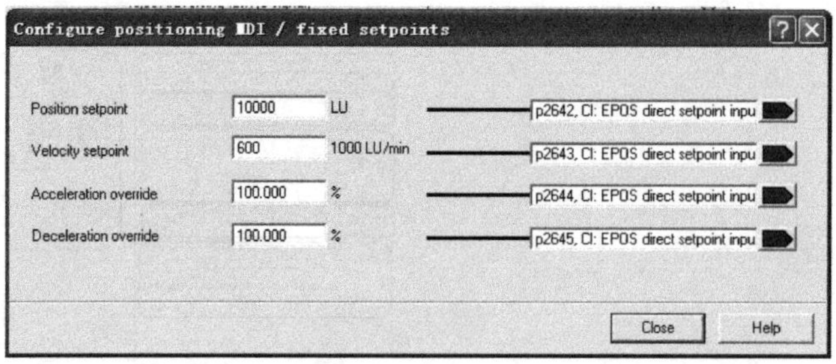

图 5-22　MDI 功能的位置、速度、加/减速度倍率设定界面

若为单步数据传输模式，则修改位置设定（Position setpoint）p2690 后，需要图 5-21 中 F 处的数据输入开关（Setpoint acceptance edge）p2650 连接的外部开关产生上升沿进行触发才会生效。

在相对位置方式 p2648＝0 时，每次数据输入开关（Setpoint acceptance edge）p2650 连接的外部开关产生上升沿时，轴都会以位置设定（Position setpoint）p2690 的值作为位置增量进行移动。相对定位不能进行数据的连续传输，否则会报故障 F07488，如图 5-23 所示。

图 5-23　故障信息 F07488

第 6 章

S120 系统的其他基本功能

S120 系统除了变频调速及伺服控制之外，还有很多功能，本章将以案例的形式列举其中几种。

6.1　进线接触器控制

通过该功能可以控制外部的进线（电源）接触器，并监控进线接触器是否合闸，能否进入运行状态。

当电源接触器启动时（r0863.1=1）DO 输出高电平，电磁铁吸合。在 p0861 设置的监控时间内，p0860 所连接的反馈信号没有接收到进线接触器闭合的信号，会触发故障 F07300 “缺少进线接触器反馈信息”。其功能图如图 6-1 所示。

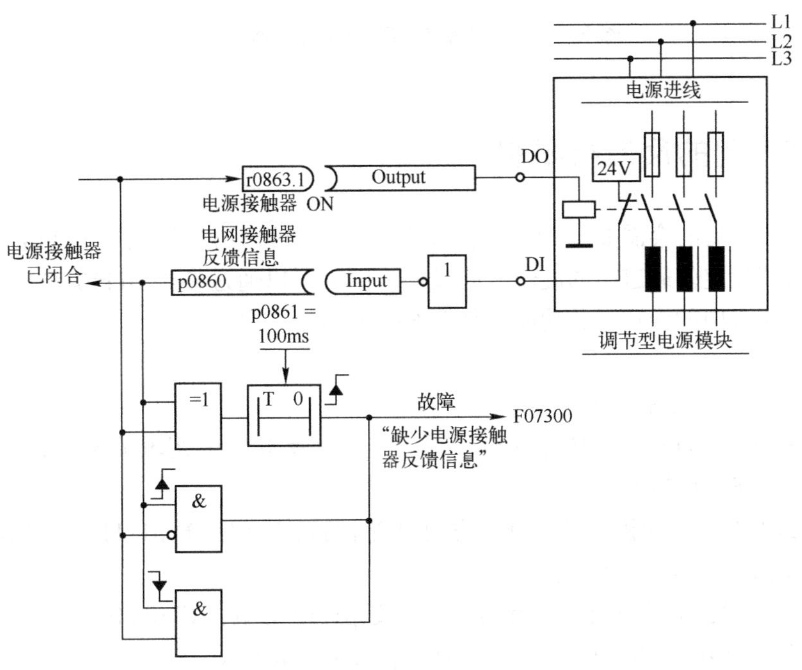

图 6-1　进线接触器的功能图

说明：

1）p0861（电源接触器监控时间）的默认设置时间是 100 ms，最大可设置的时间为 5000 ms。

2）图 6-1 来自于功能图第 2634 页。

进线接触器控制功能的组态对话框如图 6-2 所示。其中 Input（p0860）的默认值为 r0863.1，即默认情况下 Input 直接与 Output 相连接，相当于放弃了监控反馈，当电源接触器闭合时就认为进线接触器反馈信号为 1。如果需要更改，可在该组态对话框中重新进行 BICO 连接。

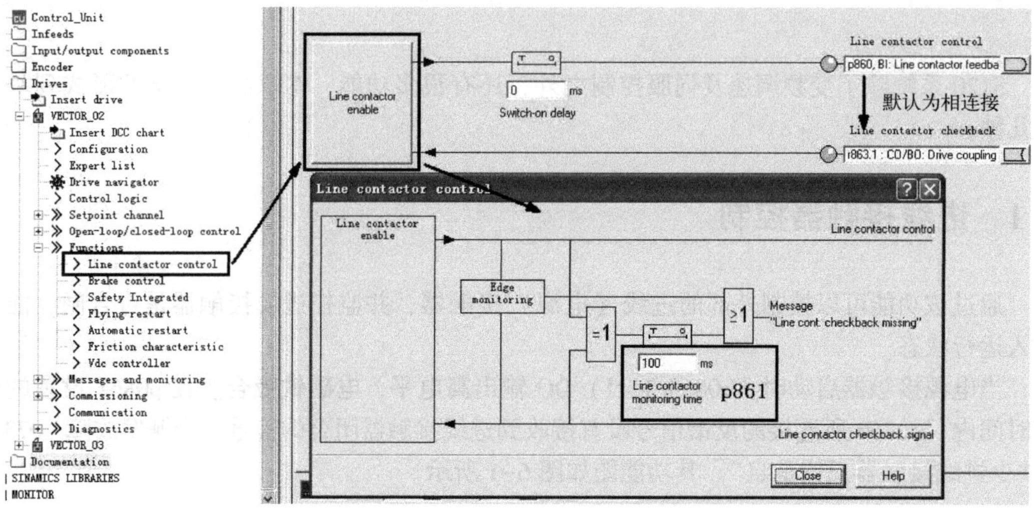

图 6-2　进线接触器功能控制的组态对话框

6.2　旋转方向的反向与限制

电动机运行中有时会需要“旋转方向反向”。此时可以通过控制字 p1113[C]，将设定值取反，来实现设定值通道内的旋转方向反向。同时可以通过参数 p1110[C] 或 p1111[C] 禁止负方向或正方向的旋转。其功能图如图 6-3 所示。

说明：

图 6-3 来自于功能图第 3040 页。

在图 6-3 中，p1113、p1110 和 p1111 是“与”（串联）的逻辑关系，通过改变速度设定值的正负号来影响旋转方向。

当 p1113=0 时，电动机正转，旋转方向只受 p1111 影响，若 p1111=1 时禁止正转，电动机停止，若 p1111=0，电动机正转。

当 p1113=1 时，电动机反转，旋转方向只受 p1110 影响，若 p1110=1 时禁止反转，电动机停止，若 p1110=0，电动机反转。详细逻辑关系见表 6-1。

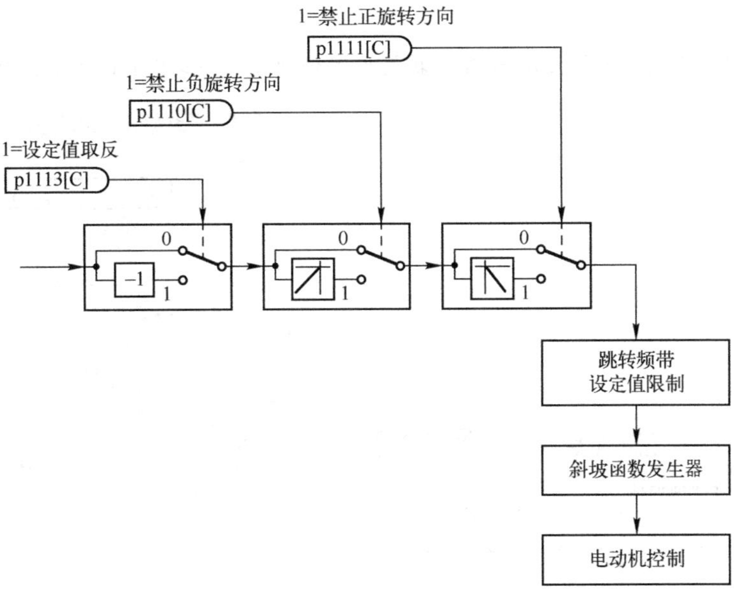

图 6-3　旋转方向控制的功能图

表 6-1　旋转方向控制中的相关参数的逻辑关系

p1113	p1111	p1110	旋转方向
0	0	×	正转
0	1	×	停止
1	×	1	停止
1	×	0	反转

旋转方向控制的组态对话框是在速度设定值通道中，如图 6-4 所示。在电动机运行过程中，不能在组态对话框或专家列表中通过手动修改 p1113 的数值来切换选择方向，否则会出现图 6-5 所示的错误提示。但是 p1113、p1110 和 p1111 都可以通过 BICO 互联到其他参数，实现旋转方向的自动控制。

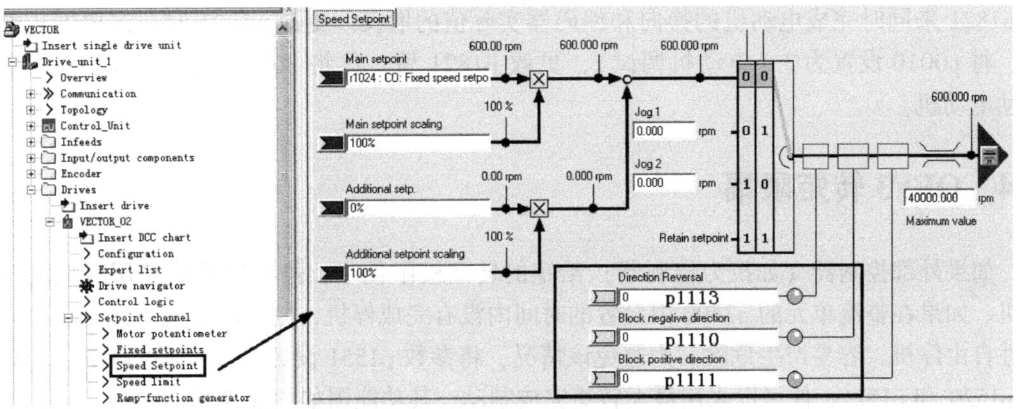

图 6-4　旋转方向控制的组态对话框

注意：

对于伺服控制模式，如果没有激活“扩展设定值通道”，如图 6-6 所示，则 p1113 不可用。

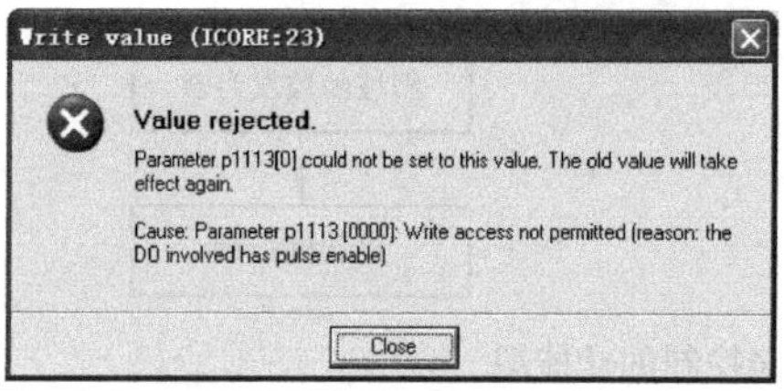

图 6-5　电动机运行时手动修改 p1113 时的错误提示

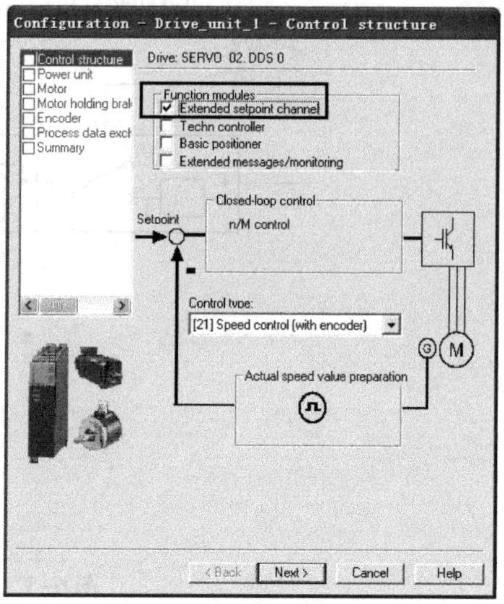

图 6-6　伺服控制模式下的可选功能

6.3　设定值不变的方向调转

在矢量控制模式下，S120 的输出相序可以通过 p1820 进行切换，其效果等同于调换 S120 到电动机之间的动力电缆的线序。

在矢量或伺服控制模式的带编码器运行中，如果使用 p1820 调换了输出相序，则还需要通过 p0410 使编码器反馈的数值取反，否则可能会出现故障 F07900——电动机堵转。更改 p0410 时，需要停止电动机，将 p0010（驱动器调试参数筛选）设置为 4（编码器调试），再更改 p0410 的参数值，然后再将 10 设置为 0（准备就绪）。

若转速设定值/实际值、转矩设定值/实际值及相对的位置变化都保持不变，可以仅通过 p1821 来同时完成电动机的换向和编码器实际值的取反。更改 p1821 时，需要停止电动机，将 p0010 设置为 3（电动机调试），更改 p1821 后，再将 p0010 设置为 0，才能反向起动电动机。

6.4　OFF3 转矩限幅

如果外部控制器（如拉力控制器）给定的转矩极限偏小，停机时只能采用降低的转矩停机。如果在整流单元的 p3490 中设置的时间内没有完成停机，则切断整流单元，驱动会按惯性自由停机，容易产生危险。为避免该情况，将参数 p1551 设置为 0，即可以激活转矩极限 p1520 和 p1521，便可以采用最大转矩完成制动。其功能图如图 6-7 所示。

说明：

图 6-7 来自于功能图第 5630 页。

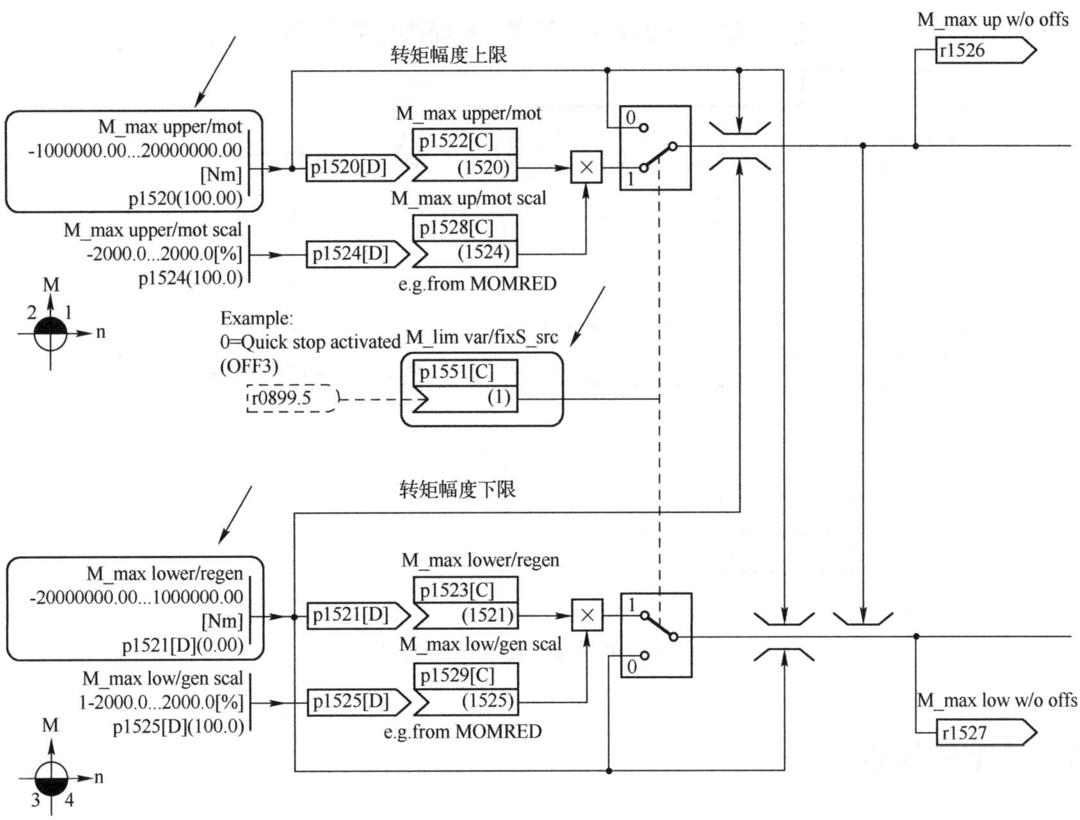

图 6-7　OFF3 转矩限幅的功能图

该功能在 p1551 = 0 时触发，将 p1551 通过 BICO 互联到 r0899.5。由于 r0899.5 = 0 时会激活快速停车 OFF3，而 p1551 = 0 时会激活转矩限幅，因此两个参数连接后，该功能称为 OFF3 转矩限幅。

OFF3 转矩限幅的组态对话框需通过转矩限幅的对话框打开。在图 6-8 中，将 A 处（Motor/regenerative active）的选项调整为 “Yes”，这样转矩的上下限幅就可以显示在一起，然后单击图中 B 处，便可以打开图 6-9 所示的 OFF3 转矩限幅组态对话框。

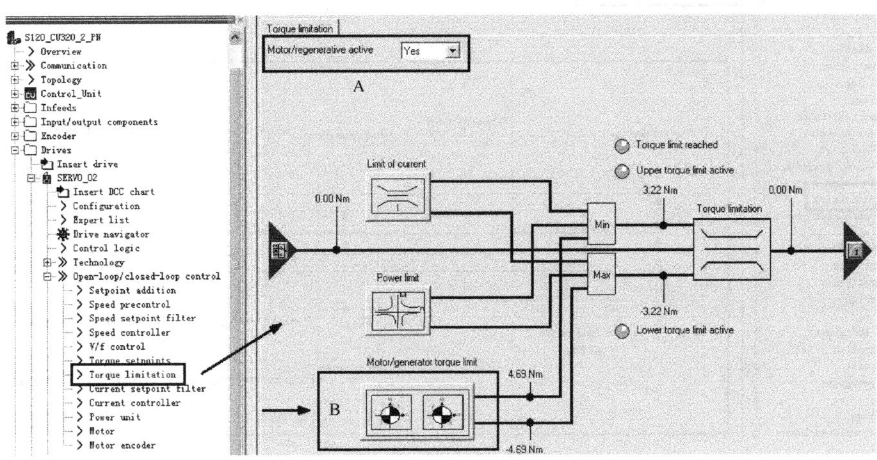

图 6-8　OFF3 转矩限幅组态对话框的打开过程

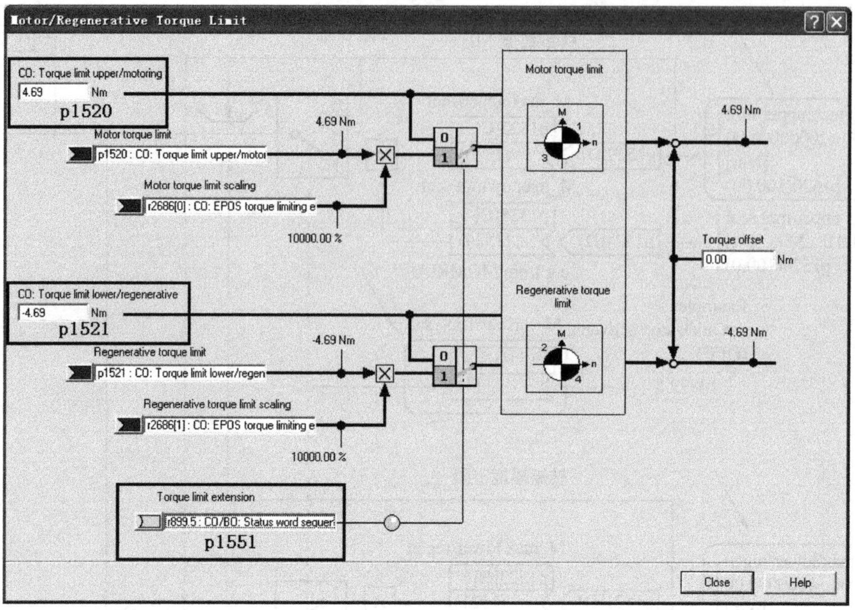

图 6-9　OFF3 转矩限幅组态对话框

6.5　定位监视

S120 在使用基本定位功能时（伺服轴或矢量轴），系统提供了一系列的监视功能来对驱动器的运行状态进行监视，具体的监视功能有：

（1）定位监视（Position Monitoring）

在进行定位操作时，在位置设定值插补结束后，负载的实际位置开始被监视，称为定位监视，这并不代表到达了目标位置，而是实际位置进入一个范围内，这个范围叫作定位窗口（p2544，Positioning window）。定位监视功能组态对话框如图 6-10 所示。

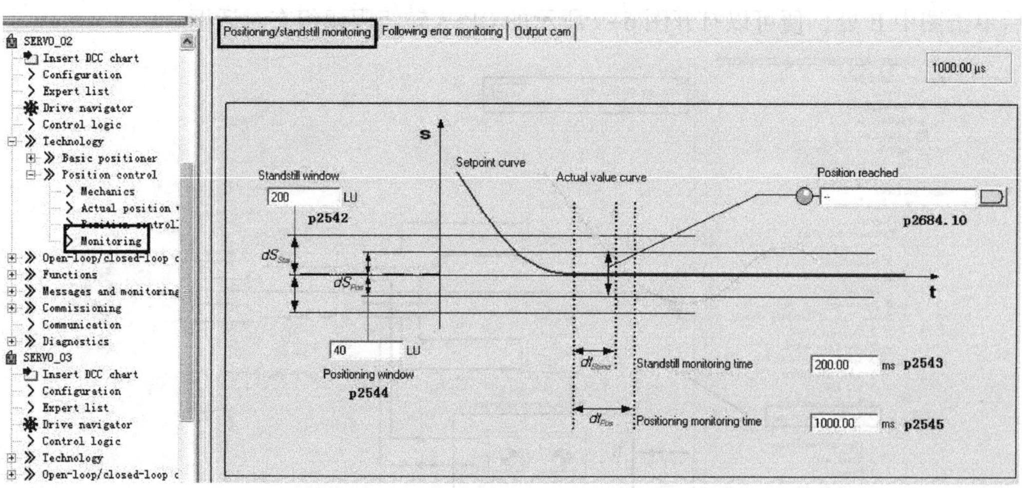

图 6-10　定位监视功能组态对话框

在进行定位操作时，位置设定值插补完成后“定位监视时间”(p2545，Positioning monitoring time）定时器开始计时。

如果在“定位监视时间”内，位置实际值未进入定位窗口，系统会报“F07451，*LR*：*Position monitoring has responded*”错误，驱动器的默认反应是 OFF1 停车，定位监视功能也随之结束；反之则定位完成。

实际应用中，可以根据实际情况调整 p2544 和 p2545。如果将定位窗口 p2544 设为 0，那么定位监视功能将被禁用。

（2）零速监视（Standstill Monitoring）

在驱动器使能状态下，如果轴没有执行定位命令或者位置设定值插补结束后，零速监视功能将处于激活状态。

类似定位监视，零速监视有“零速监视窗口”(p2542，Standstill window）和“零速监视时间”（p2543，Standstill monitoring time)。零速监视功能组态对话框如图 6-10 所示。

零速监视错误“F07450 *LR*：*Standstill monitoring has responded*”被触发后驱动器的默认反应是 OFF1 停车。以下两种情况会触发零速监视错误：

1）在进行定位操作时，位置设定值插补完成后，位置实际值在“零速监视时间”内未进入“零速监视窗口”，系统会报 F07450 错误。

2）在驱动器使能状态下，没有执行定位命令时，实际位置离开“零速监视窗口”时，系统会报 F07450 错误。

实际应用中，可以根据实际情况调整 p2542 和 p2543。如果监视窗口 p2542 设为 0，那么零速监视功能将被禁用。

（3）跟随误差监视（Following Error Monitoring）

在进行定位的过程中，负载的实际位置必然滞后于设定位置，两者之间有一个偏差 r2563。跟随误差监视功能就是对这个偏差进行监视，如图 6-11 所示，如果该偏差超过“最大允许误差范围”(p2546，Maximum dynamic following error)，则系统会报“F07452，*LR*：*Following error too high*”，驱动器的默认反应是 OFF1 停车。

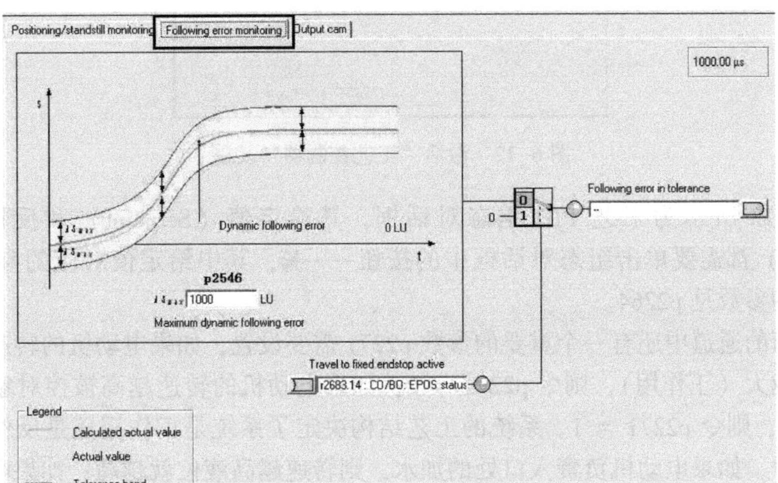

图 6-11　跟随误差功能组态对话框

在驱动器使能状态下，没有执行定位命令时，该功能同样处于激活状态，如果跟随误差 r2563 大于 p2546，系统会报 F07452 错误。

实际应用中，可以根据实际情况调整 p2546。如果最大允许误差 p2546 设为 0，则跟随误差监视功能将被禁用。

如果定位监视功能的相关阈值设置得不合适、驱动器的特性优化得不理想或者机械系统本身有问题，则很可能会出现相关错误信息，所以要根据实际情况灵活调整，以完全发挥这些监视功能的作用。

6.6 工艺 PID

在 S120 系统中集成有工艺 PID 功能，所谓工艺 PID 是指类似于 PLC 或 DCS 系统中的 PID（PI），它控制的是与生产工艺有关的流量、液位、温度、压力等指标，而不是指驱动系统中的电流环、速度环或位置环中的 PID（PI）。

S120 系统的工艺 PID 需要在组态驱动轴的 DDS 时激活“工艺控制器”功能，如图 6-12 所示。

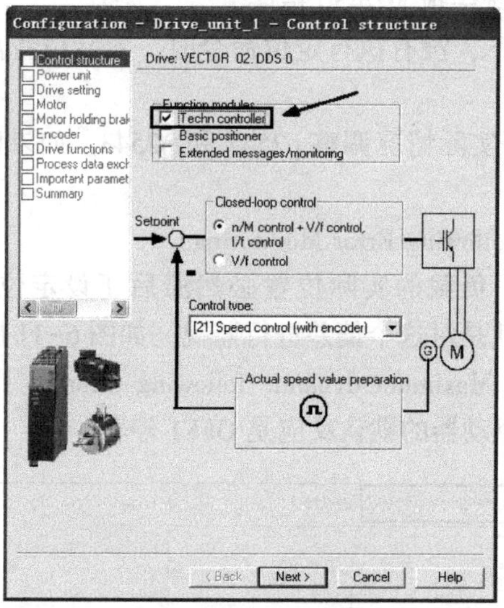

图 6-12　激活“工艺控制器”功能

如图 6-13 所示为工艺 PID 组态对话框，其给定值（Setpoint）和反馈值/实际值（Actual value）都需要单击组态对话框中的按钮——，其中给定值对应的参数为 p2253，反馈值对应的参数是 p2264。

在反馈值的通道中还有一个重要的参数 p2271 需要设置，如果电动机的转速越高被控对象的反馈值越大（正作用），则令 p2271 = 0；如果电动机的转速越高被控对象的反馈值越小（反作用），则令 p2271 = 1。系统的工艺结构决定了系统是正作用还是反作用，例如进行液位控制时，如果电动机负责入口处的加水，则转速越高液位就越高；如果电动机负责出口处的抽水，则转速越高液位就越低。

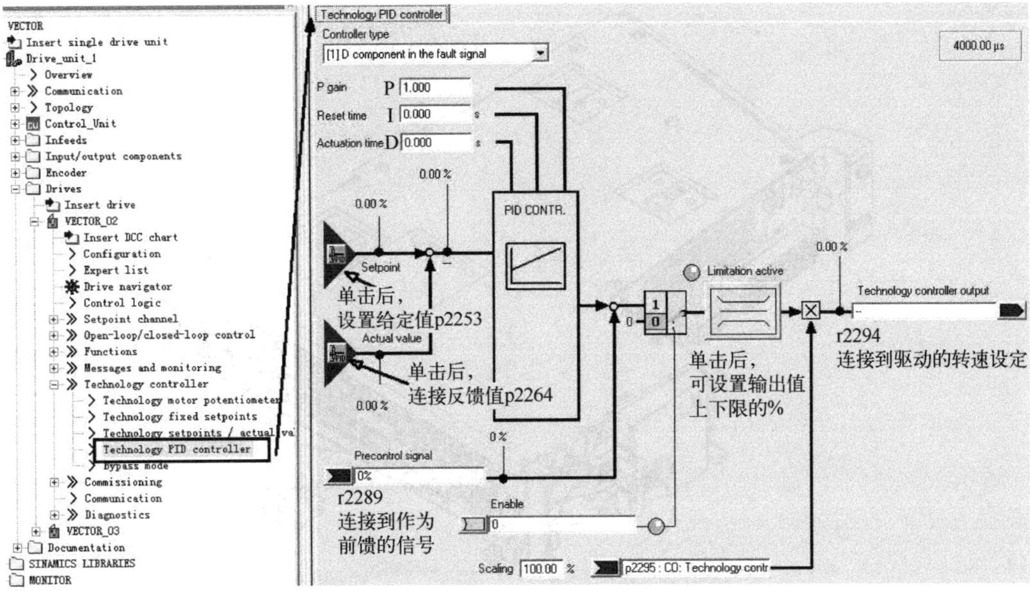

图 6-13　工艺 PID 组态对话框

r2294——PID 的输出，以百分比的形式连接到驱动的转速设定通道。

PID 的控制效果主要包括两方面：快速性（暂态指标）和准确性（稳态指标），它们主要受比例增益（P gain）、积分时间（Reset time）和微分时间（Actuation time）三个参数的影响，它们都不宜过大或过小。其中，比例增益（p2280）负责让被控对象的反馈值逼近给定值，如果过小会出现很大的误差，如果过大会使反馈值在较大范围内振荡，适宜的比例增益会让反馈值较快速地稳定在小于给定值的不远位置；积分时间（p2285）与比例增益相配合，它负责消除最终的稳态误差，由于积分时间在 PID 公式的分母上，因此如果设置得过大，误差消除的速度会很慢，如果设置得过小又会使反馈值在较大范围内振荡，适宜的积分时间会让反馈值与给定值之间的稳态误差在允许的范围内；微分时间（p2274）一般用于具有较大惯性或滞后的被控对象（其余的被控对象可仅用 PI 控制），它负责根据反馈值的变化趋势提前改变控制量，如果过大会抑制反馈值的变化，导致消除误差的能力减弱，还会使系统抵抗干扰噪声的能力降低，如果过小则作用不明显，适宜的微分时间会让系统的超调量减小，调节时间缩短。

该工艺 PID 还支持前馈控制功能（p2289）。

6.7　测量接口

在 CU320-2 PN/CU320-2 DP 的下方有一个测量接口（插口），如图 6-14 所示。可以将 S120 系统中的电压、电流、轴速度等信息以 0~5 V 模拟量的形式输出至该接口。

测量接口的功能用于没有调试软件也没有操作面板的特定调试或维修的场合。

注意：

官方的技术手册中强调，该测量只能由经受过相应培训的专业人员执行，并且不允许在设备运行时连接，否则可能会影响其电磁兼容性 EMC。

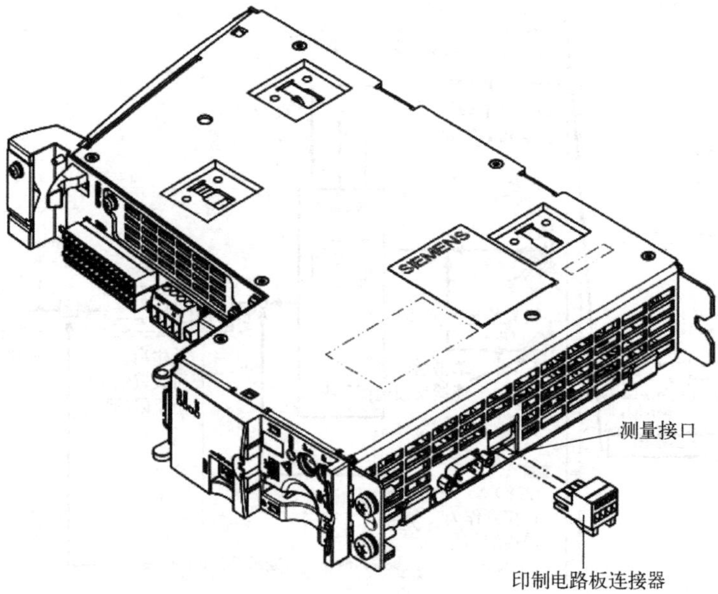

图 6-14　CU320-2 PN/CU320-2 DP 下方的测量接口

测量接口有三个通道 T_0~T_2，它们的技术参数见表 6-2。

表 6-2　测量接口的技术参数

	接　口	功　能	技 术 参 数
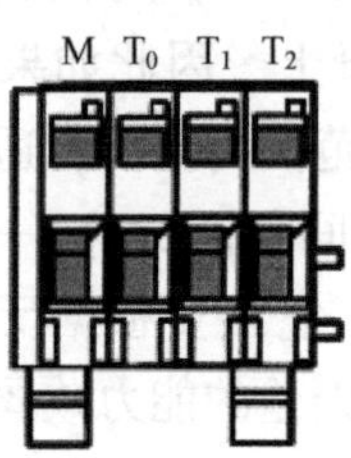	M	接地	电压：0~5 V 分辨率 8 位 负载电流：最大 3 mA 具有持续抗短路能力 参考电位为端子 M
	T_0	测量端子 0	
	T_1	测量端子 1	
	T_2	测量端子 2	
印制电路板连接器，菲尼克斯公司，型号：ZEC 1，0/ 4-ST-3，5 C1 R1，4，产品编号：1893708			

图 6-15 为测量接口在 STARTER 中的组态对话框，其中 A 处用来连接 S120 系统中的电压、电流、轴速度等参数，B 处用来设定该参数与 0~5 V 的对应关系。

C 处的 “Offset”（p0783）用来给该测量接口施加电压偏移量。

当 C 处的 “Limit”（p0784）设置为 Limiting on 时（p0784 = 1），如果输出信号超出允许的测量范围，则会将信号限制为 4.98V 或 0 V；当 “Limit” 设置为 Limiting off 时（p0784 = 0），如果输出信号超出允许的测量范围，会导致信号溢出。溢出时，信号将会从 0 V 跳至 4.98 V 或者从 4.98 V 跳至 0 V。

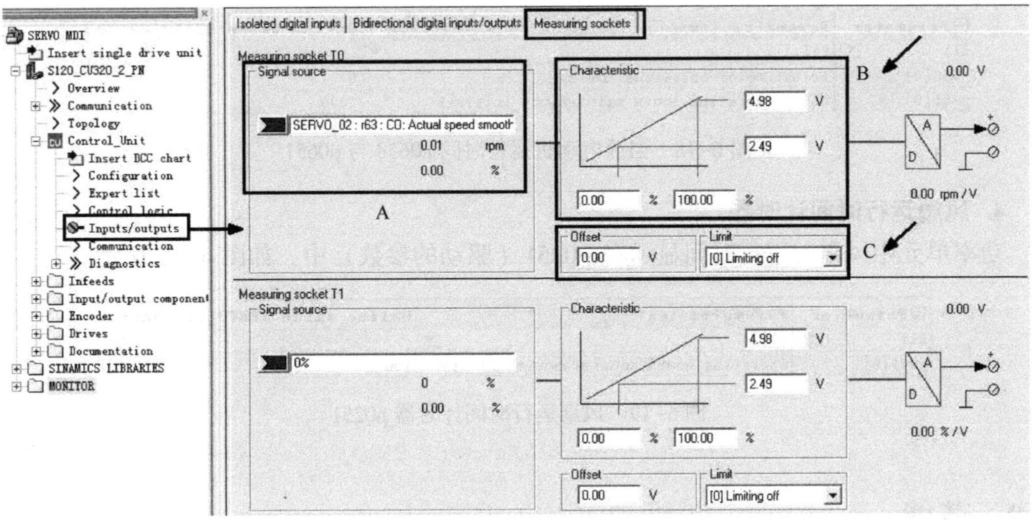

图 6-15　测量接口在 STARTER 中的组态对话框

6.8　运行时间

1. 系统总运行时间（显示）

系统总运行时间在 r2114（控制单元的参数）中显示，如图 6-16 所示：其中索引 0 以毫秒显示系统运行时间，达到 86400000 ms 即 24 小时后便复位；索引 1 以天数显示系统运行时间。在下电时会保存计时值。驱动装置上电后，计时器会以上次下电时保存的值继续计时。

Parameter	Parameter text	Online value Control_Unit
All	All	
r2114	System runtime total	
r2114[0]	Milliseconds	79040653
r2114[1]	Days	32

图 6-16　系统总运行时间参数 r2114

2. 系统相对运行时间

从上一次上电开始计算的系统相对运行时间显示在 p0969（控制单元）中，如图 6-17 所示。该值单位为 ms，满 49 天后计时器溢出。

Parameter	Parameter text	Online value Control_Unit	Unit
All	All		All
p969	System runtime relative	430047	ms

图 6-17　系统相对运行时间参数 p0969

3. 当前电动机运行时间

电动机运行时间计时器 p0650（驱动的参数，见图 6-18）在每次出现脉冲使能时计时。脉冲使能取消后，计时器停止，时间值被保存。如果 p0651 为 0，则计时器被禁用。达到 p0651 中设定的维护间隔时，会输出报警 A01590。完成电动机的维护工作后，请重新设置维护间隔。

⊞Parameter	Parameter text	Online value SERVO_02	Unit
All	All		All
p650[0]	Actual motor operating hours	0	h
p651[0]	Motor operating hours maintenance interval	2000	h

图 6-18　当前电动机运行时间 p0650 与 p0651

4. 风扇运行时间计时器

功率单元中风扇的运行时间显示在 p0251（驱动的参数）中，如图 6-19 所示。

⊞Parameter	Parameter text	Online value SERVO_02	Unit
All	All		All
p251[0]	Operating hours counter power unit fan	106	h

图 6-19　风扇运行时间计时器 p0251

6.9　节能

流程工业中，在调节流量时，相比传统的改变开度的控制方法，采用转速闭环控制可显著降低能耗。特别是对于负载特性曲线为抛物线型的涡轮机，例如离心泵和鼓风机。

传统的改变开度的控制方法，在需要降低流量时，通过调节滑阀或节流阀减少了输送量，而驱动电动机却保持之前的额定转速恒速运行，因此设备效率会大幅降低。甚至在滑阀或节流阀完全闭合的情况下，即输送量 $Q=0$ 时电动机也会消耗能源。此外该流程还会造成不期望的状况，例如涡轮机中的空化现象，或者设备及介质受到额外的温升状况。

使用节能控制模式，会通过转速对特定流量特征的涡轮机输送量进行控制，即输送量会根据涡轮机转速线性成比例变化。

使用节能模式时，需要定义一条带 5 个特征点的流量特征曲线，公式为 $P=f(n)$，即需要输入五组功率与转速的关系值（参考值为额定功率/额定转速）。该流量特性曲线在 p3320~p3329 中输入，其中 p3320、p3322、p3324、p3326 和 p3328 对应五个功率点，p3321、p3323、p3325、p3327 和 p3329 对应五个速度点。

说明：

此功能仅适用于矢量控制方式。

在脉冲使能后会自动激活此功能，节约的电能在参数 r0041 中显示，如图 6-20 所示。

⊞Parameter	Parameter text	Online value VECTOR_02	Unit
All	All		All
p40	Reset energy consumption display	0	
r41	Energy consumption saved	12.50	kWh

图 6-20　节能显示参数 r0041

需要复位节能显示时，设置 p0040 = 1，将参数 r0041 的值复位为 0，重新开始节能累计，同时 p0040 会自动恢复为 0 值。

第 7 章

DCC 功能

7.1 DCC 功能概述

1. DCC 基本信息

DCC（Drive Control Chart）是西门子公司专门为 SINAMICS 驱动器/SIMOTION 控制器提供的、基于过程导向功能配置的编程环境，它相当于在 S120 内部集成了一个 PLC，用图形化编程语言 CFC 来实现驱动系统相关的功能，也可以通过编写程序来实现特定工艺的需求。

DCC 是 STARTER 的一个附加组件。

2. DCC 的组成

DCC 功能由两部分组成：

1）DCC 功能块库：包含了大量的控制、算法和逻辑块以及丰富的开环和闭环控制功能块。它有两种不同的库文件：SINAMICS 和 SIMOTION 库文件。

2）CFC 编辑器：这是一种基于图形化编程的系统，它为用户提供了一个编程平台，用户可以通过组合各种功能块，实现所要求的功能。

说明：

CFC 编辑器除了可用于 SINAMICS/SIMOTION 的 DCC，还可用于 DCS 的 PCS7 和 TDC 的 D7-ES（D7-SYS）。

3. DCC 的基本功能

DCC 的功能块有下列几种：

1）逻辑功能（Logic）：与、或、非、定时、计数、脉冲、选择开关等。

2）运算功能（Arithmetic）：加、减、乘、除、最大/最小值、数值取反等。

3）数据类型转换功能（Conversion）：位→字、字→位、整数/实数/字之间的转换等。

4）闭环控制功能（Closed-loop）：P/PI 控制器、积分器、斜坡函数发生器等。

5）工艺功能（Technology）：直径计算、惯量计算、摇摆功能等。

6）系统功能（System）：数据取样、参数读写等。

DCC 的基本功能就是通过 BICO 和参数系统无缝集成，从而得到控制所需的各种数据，再通过功能块编写控制逻辑，并将控制命令发送给驱动系统。

7.2 案例 21——使用 DCC 功能实现电动机起停及延时反转

DCC 功能实现的一般步骤如下：

(1) 激活 DCC 功能

1) DCC 的安装与授权。

2) 向 CF 卡下载工艺包。

3) 导入库文件（DCB 库）。

(2) 编写程序并声明参数

(3) 分配执行组

(4) 编译下载

(5) 运行调试

说明：

1) DCC 已经包含在 STARTER 软件的安装包中，无须额外安装。

2) DCC 需要单独授权。

使用 DCC 功能实现电动机起停及延时反转的操作步骤请参考表 7-1，其中外部起停开关接到 X132.2（DI5，r0722.5），延时反转激活开关接到 X132.3（DI6，r0722.6）。该项目文件在随书下载资源中，名称为“S120-DCC”。

表 7-1 DCC 功能的实现步骤

序 号	说 明	图 示
1	先将项目在线，右击“Drive_unit_1”，在弹出的快捷菜单中选择“Select technology packages”以查看 STARTER 中的 DCC 版本是否与 S120 中的一致 如果是第一次使用则需要将“Action”选择为“Load into target”下载其对应的工艺包	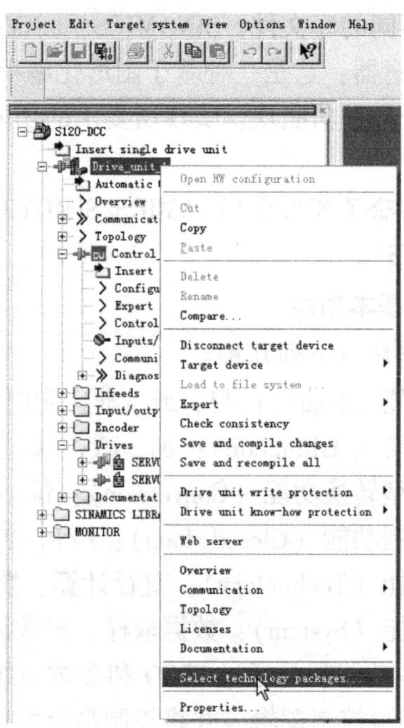

（续）

序　号	说　　明	图　　示
1	先将项目在线，右击“Drive_unit_1”，在弹出的快捷菜单中选择“Select technology packages”以查看 STARTER 中的 DCC 版本是否与 S120 中的一致 如果是第一次使用则需要将“Action”选择为“Load into target”下载其对应的工艺包	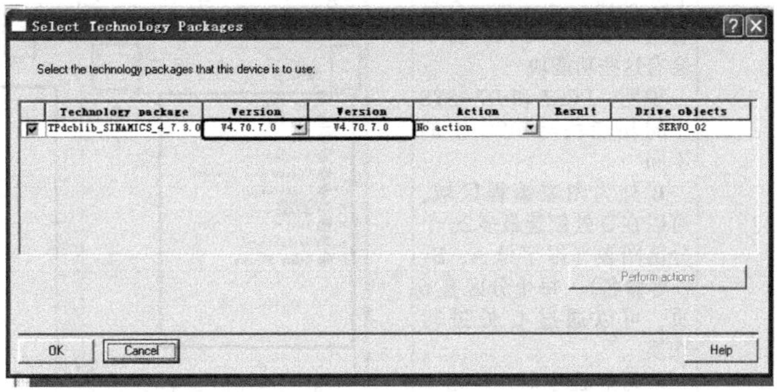
2	导入库文件 单击驱动轴下的“Insert DCC chart”，建立 DCC chart 并命名，见右上图 在弹出的导入 DCB 库文件的窗口中，将库文件导入 说明： 1）DCC chart 有三种形式：基本图表、子图表和分区图表 2）每个驱动对象只能插入一个 DCC chart	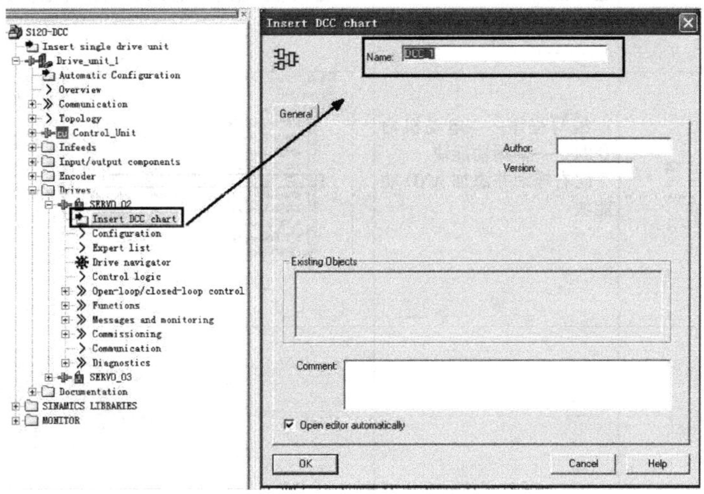 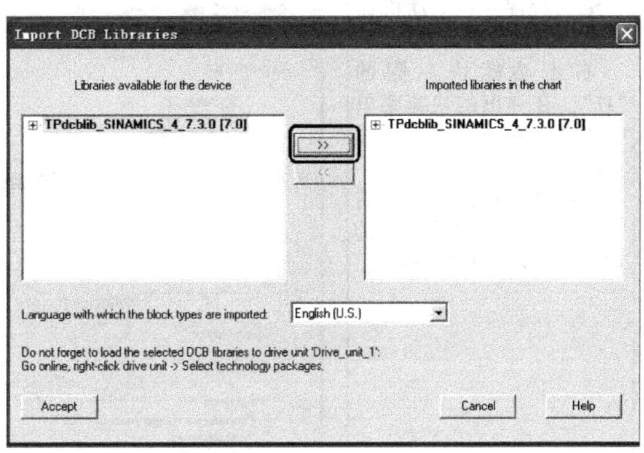

（续）

序　号	说　　明	图　　示
3	打开 DCC 编辑器，其中 A 处为 DCC 功能块，若没有上一步的库导入，将不会有这些功能块 说明：PCS7 和 D7-SYS 中的功能块与 DCC 中的不同 B 处为图表编程区域，可以在 D 处创建最多 26 个分区图表（以字母 A、B、C 等命名），每个分区有 6 页，可以通过 C 处进行切换 编写好程序后，单击 E 处进行编译 下载后，可以通过 F 处进行监控	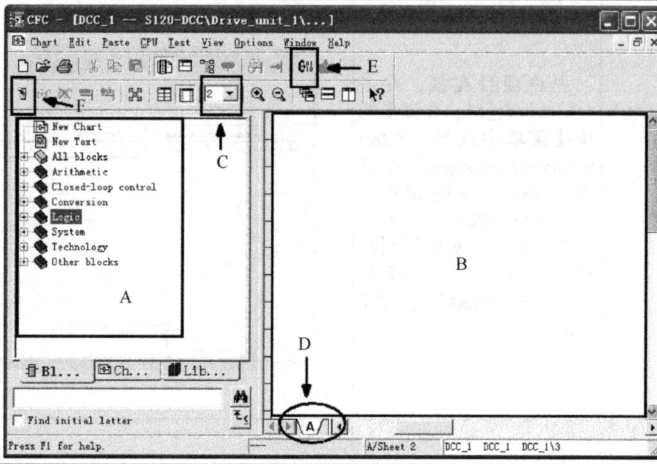
4	编写程序——电动机命令源——调用功能块 向右拖动并添加 AND 功能块	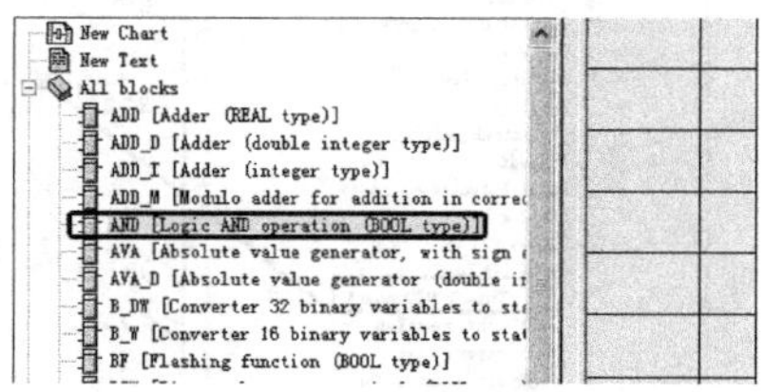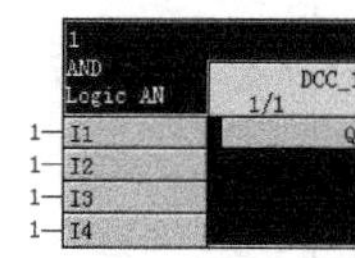
5	编写程序——电动机命令源——连接外部端子 右击功能块左侧的“I1”，在弹出的快捷菜单中选择互联至地址，如右上图所示 在弹出的对话框中（右下图）将其互联到 CU 的 X132.2（DI5，r0722.5）上	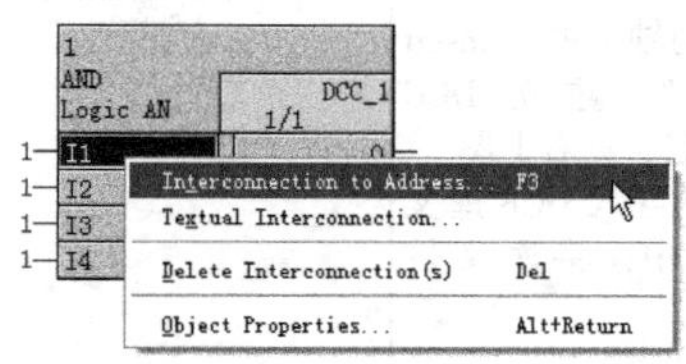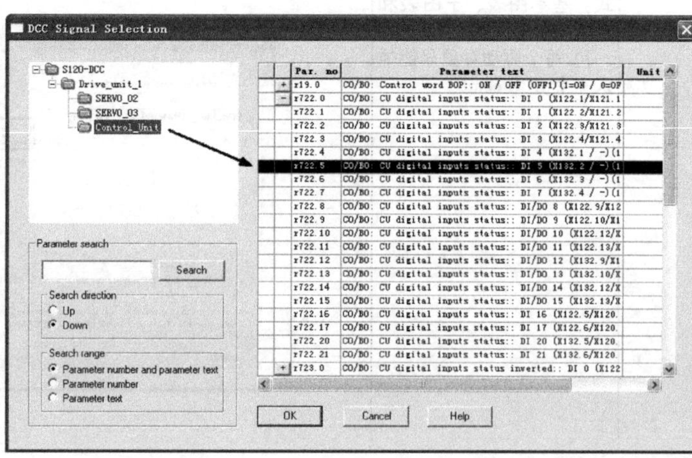

（续）

序　号	说　　明	图　　示
6	编写程序——电动机命令源——声明参数 右击功能块左侧的“I1”在弹出的快捷菜单中，选择对象属性，见右上图 在“Comment”中对其进行声明。声明后该引脚就成了 S120 的一个参数。声明方式为：@∗参数号 参数名（参数号和参数名之间有一个空格）。如右下图所示，将 I1 声明为“@∗121 DI1” 说明： 1）I1 的声明中有一个“∗”，这代表它为 BICO 型参数，它可用于参数互联，还可用于监视或记录波形；没有“∗”的为直接赋值型参数，仅用于监视或记录波形 2）每个驱动对象中都有一个参数段专为这种自定义参数保留，其开始于 21500，即实际参数号 = 21500+参数号（参数号范围为 0~4499）	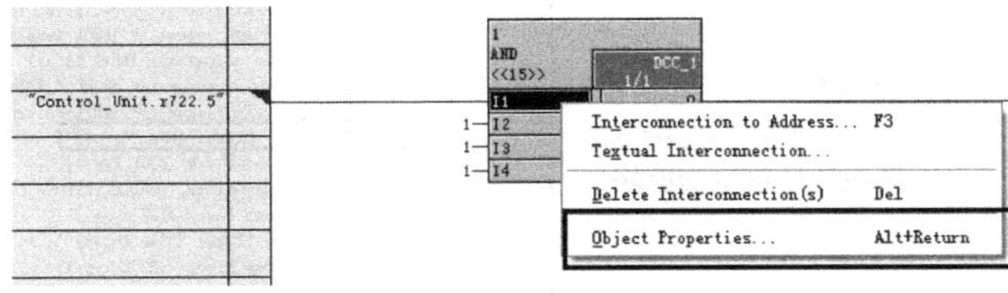 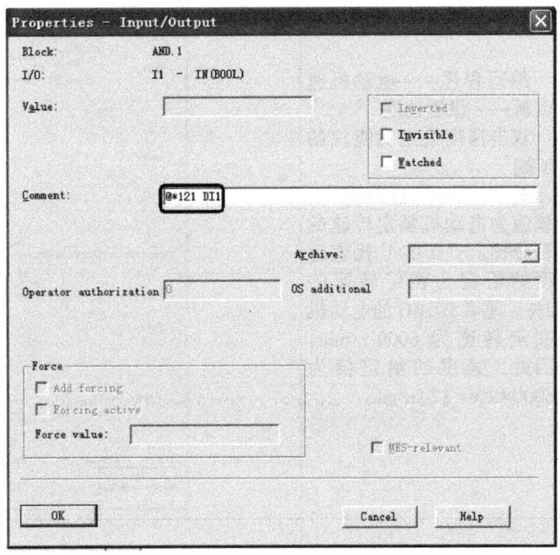
7	编写程序——电动机命令源——连接并声明参数 用同样的方法为输出端子连接所用驱动使能 p0840，见右上图，并将其声明为“@∗122 ON”，见右下图	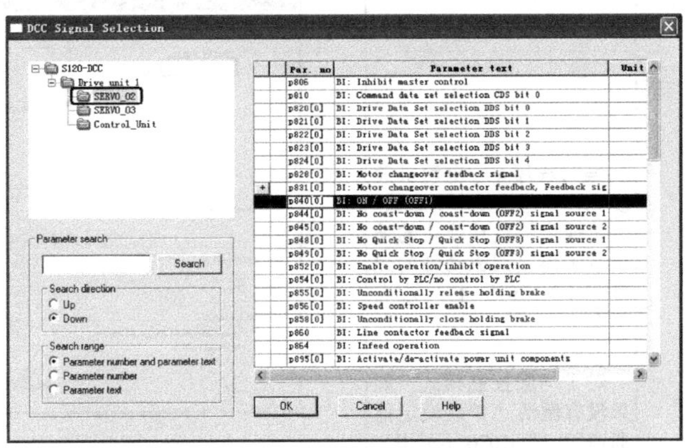 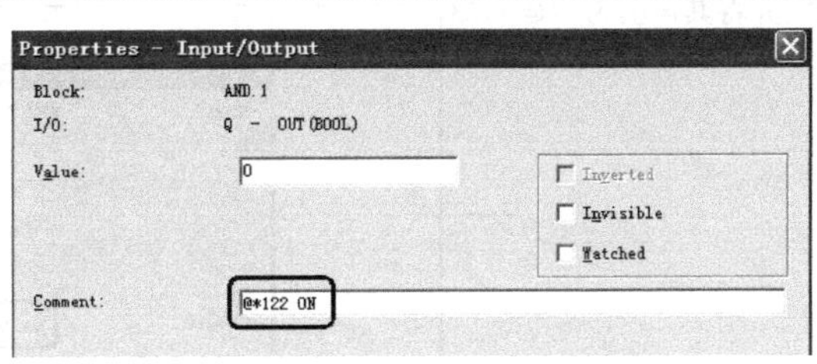

（续）

<table>
<tr><th>序 号</th><th>说 明</th><th>图 示</th></tr>
<tr><td>8</td><td>编写程序——电动机速度源——调用功能块
调用速度给定功能块</td><td>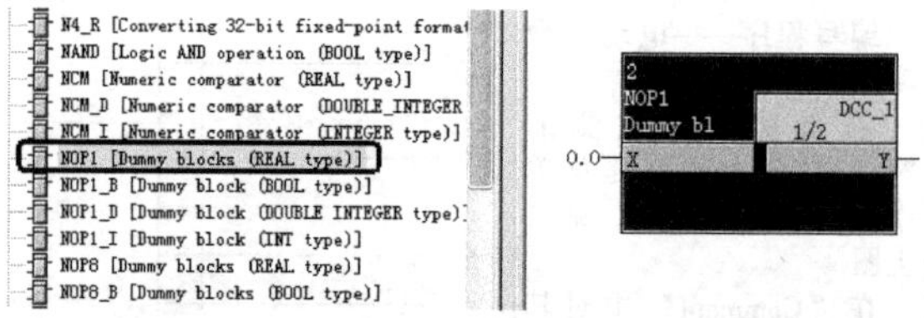
</td></tr>
<tr><td>9</td><td>编写程序——电动机速度源——设置速度
双击速度给定功能块的X端
对“Value”进行设定，该值为电动机额定转速的百分比。“0.02”代表速度的给定为额定转速的2%。笔者DEMO的电动机额定转速为6000 r/min，因此，速度的给定值为6000×2% = 120 r/min</td><td>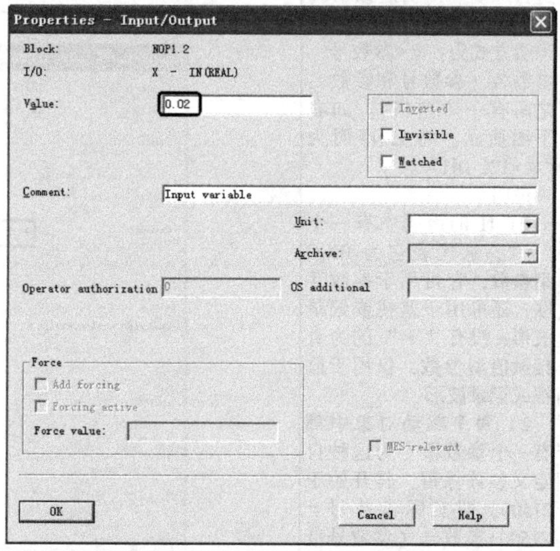
</td></tr>
<tr><td>10</td><td>编写程序——电动机速度源——连接并声明参数
将速度给定功能块的输出端子连接到驱动轴的速度给定 p1070 上，见右上图
说明：
对于伺服控制模式，如果没有激活“扩展设定值通道”，则 p1070 不可用
并将其声明为“@*123 SP”，见右下图</td><td>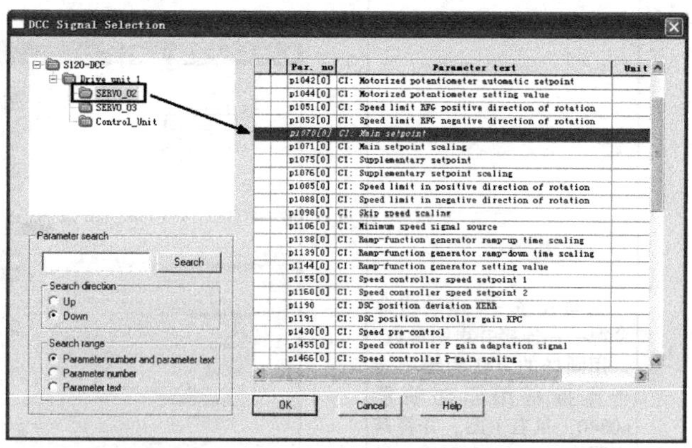

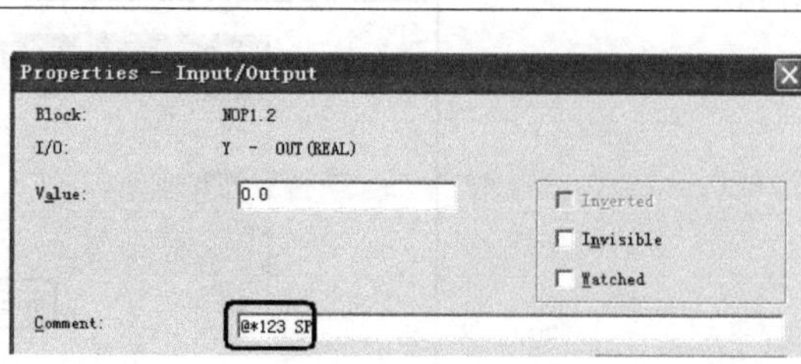
</td></tr>
</table>

（续）

序号	说明	图示
11	编写程序——电动机延时反转——调用功能块 调用设备接通延时功能块 PDE	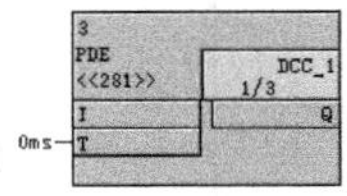
12	编写程序——电动机延时反转——连接并声明参数 将 PDE 功能块的 I 引脚连接至外部延时反转激活开关 X132.3（DI6，r0722.6），见右上图 并将其声明为"@＊124 timer"，见右下图	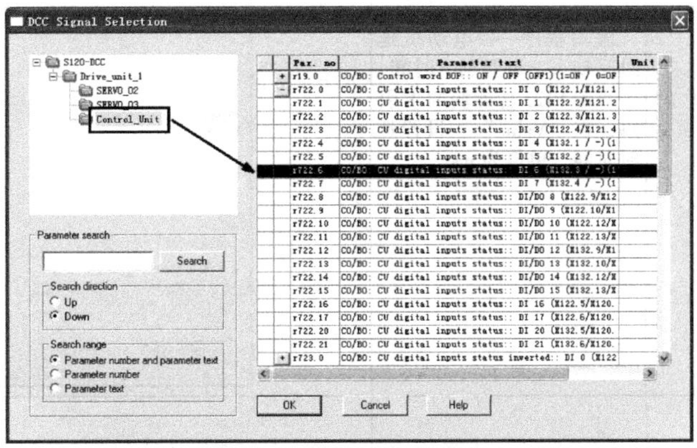 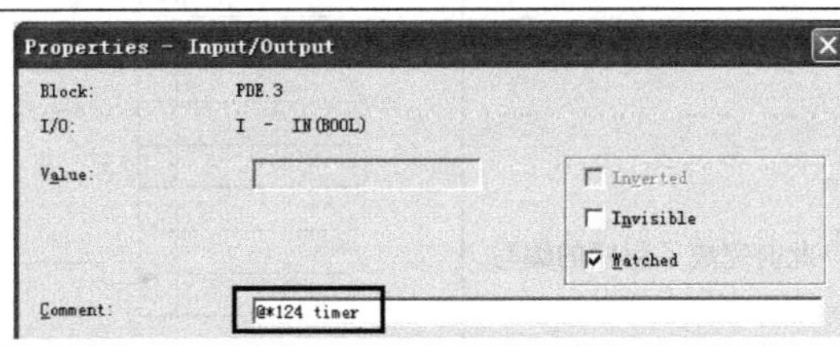
13	编写程序——电动机延时反转——连接并声明参数 将 PDE 功能块的 Q 引脚连接至驱动轴的 p1113，见右上图 并将其声明为"@＊125 p1113"，见右下图	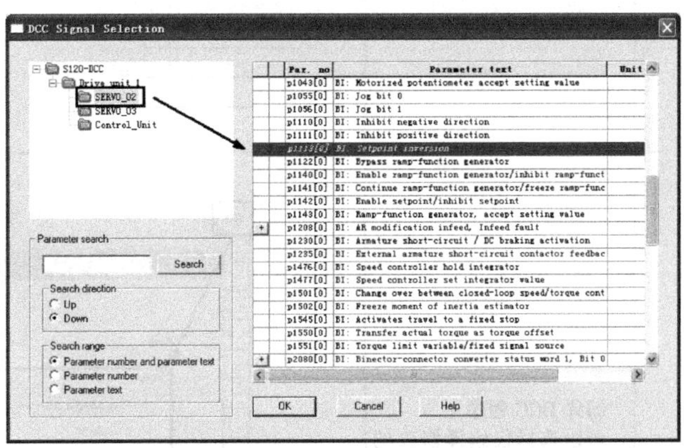 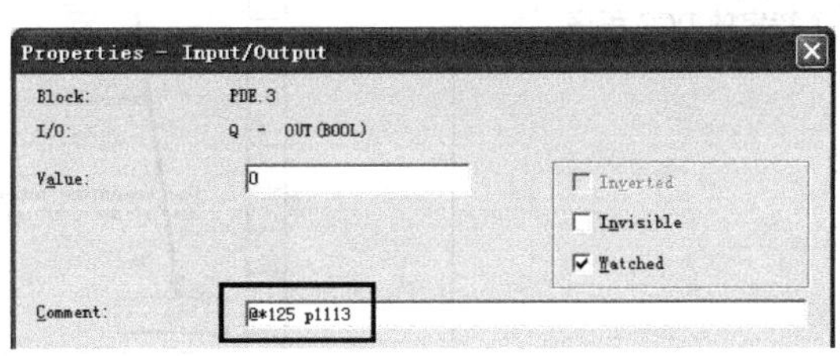

（续）

序　号	说　　明	图　　示
14	编写程序——电动机延时反转——设置延时时间 双击 PED 功能块的 T 引脚，在“Value”中设置延时时间，单位为 ms	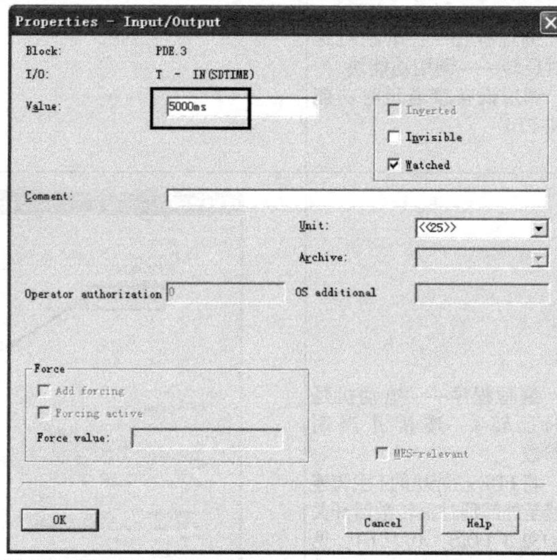
15	此时完成了程序的编写	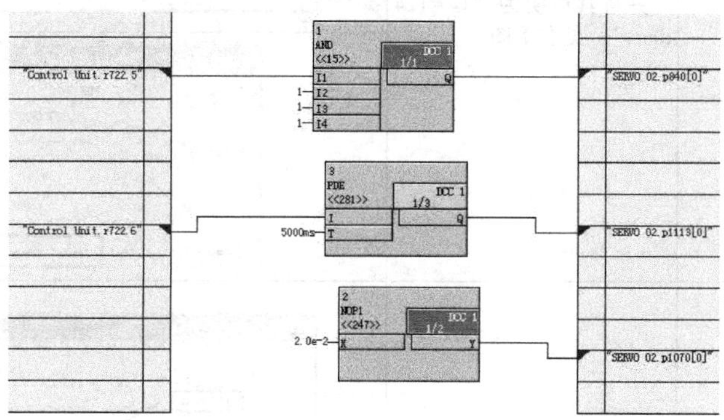
16	编译 DCC 程序 可以选择仅编译修改的部分，全部编译或编译某个特定的 DCC 程序	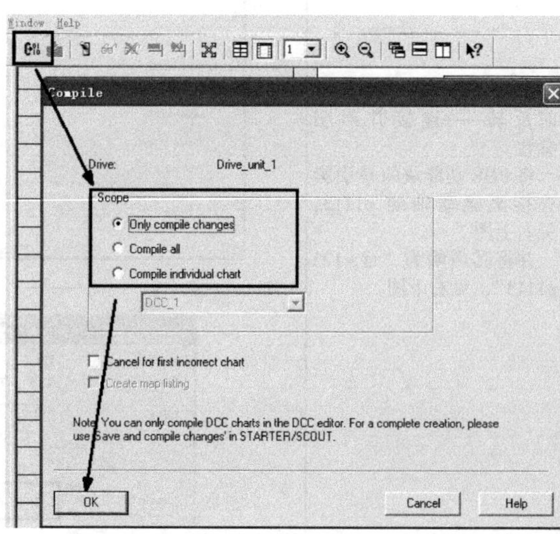

（续）

<table>
<tr><th>序　号</th><th>说　　明</th><th>图　　示</th></tr>
<tr><td>17</td><td>编译后无错误无警告方可继续</td><td>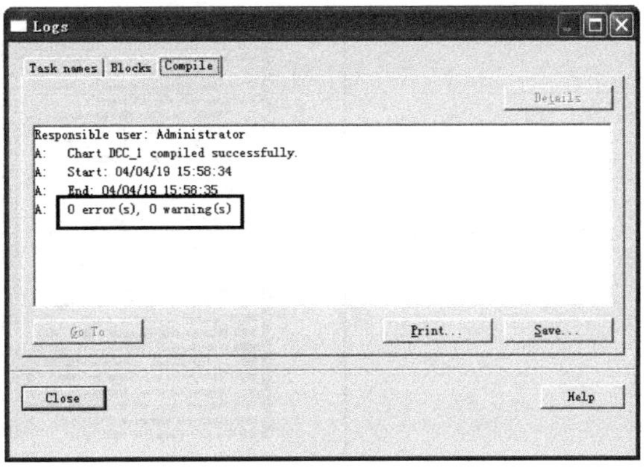
</td></tr>
<tr><td>18</td><td>设置执行组
右击“DCC_1”在弹出的快捷菜单中选择“Set execution groups”，设置执行组（循环时间），见右上图
由于本例进行了速度给定，所以此处选择执行组“BEFORE speed setpoint channel”，见右下图</td><td>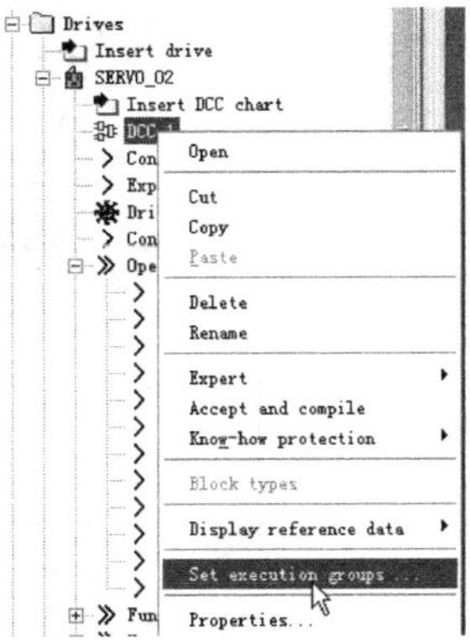

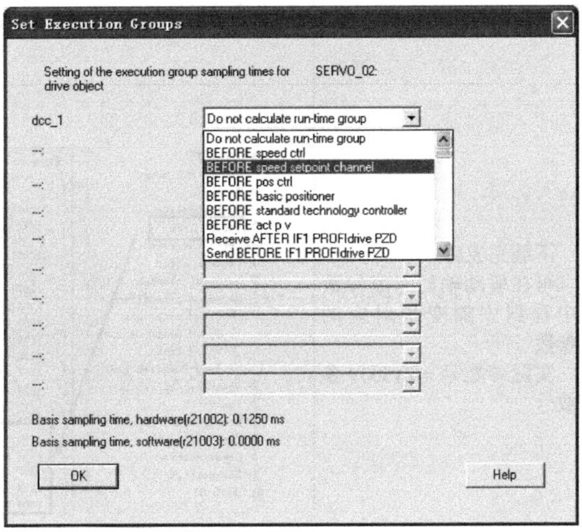
</td></tr>
</table>

（续）

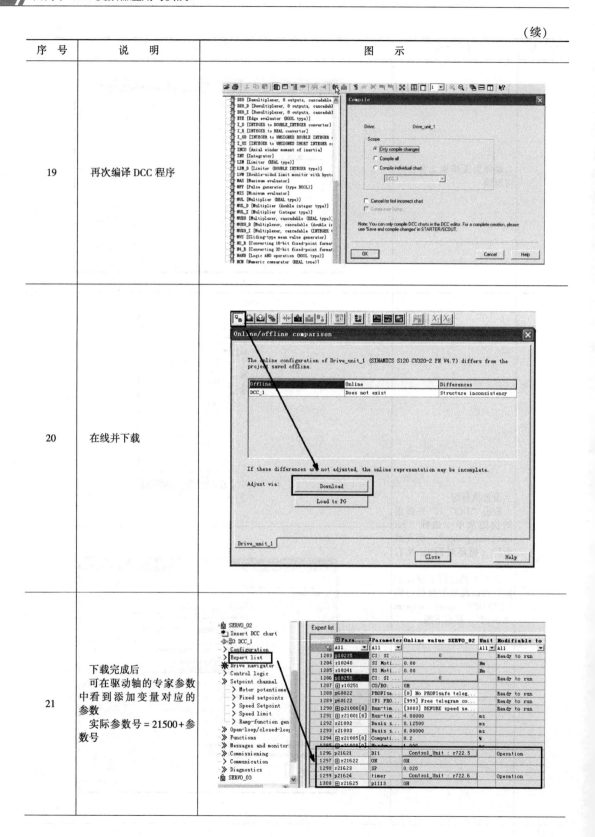

<table>
<tr><th>序　号</th><th>说　　明</th><th>图　　示</th></tr>
<tr><td>19</td><td>再次编译 DCC 程序</td><td>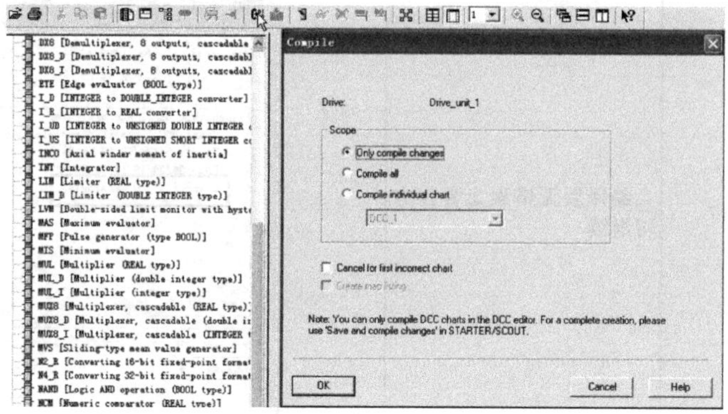
</td></tr>
<tr><td>20</td><td>在线并下载</td><td>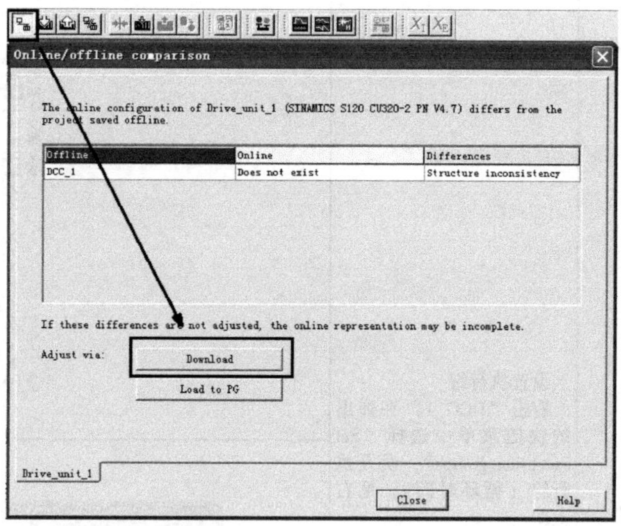
</td></tr>
<tr><td>21</td><td>下载完成后
可在驱动轴的专家参数中看到添加变量对应的参数
实际参数号 = 21500 + 参数号</td><td>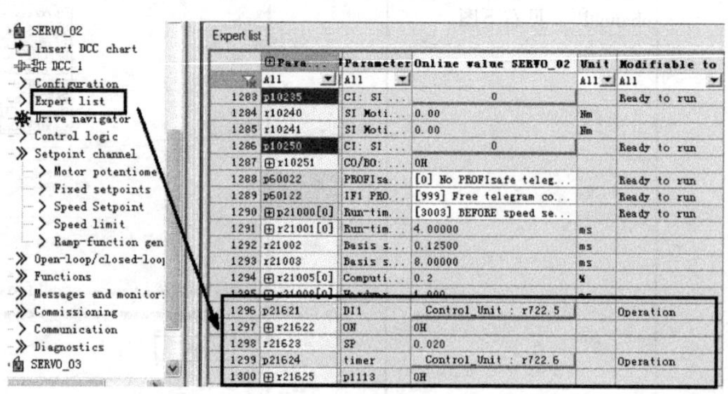
</td></tr>
</table>

（续）

序　号	说　　明	图　　示
22	在速度给定通道可看到 DCC 的参数已经 BICO 到了设定值（A 处）和设定值取反（B 处），通过 C 处可看到 120 r/min 的设定值已经设置成功。	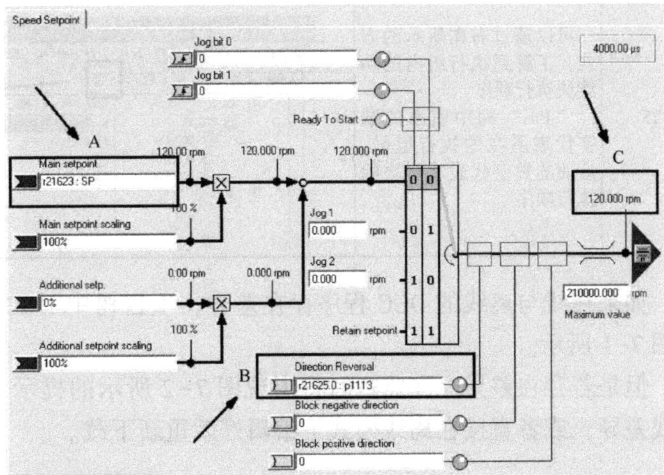
23	在程序中监视 先单击 Test Mode 图标（右上图 A 处）。对每个端子右击，在弹出的快捷菜单中选择“Add I/O”（右上图 B 处） 右下图中显示出全部功能块都被监视	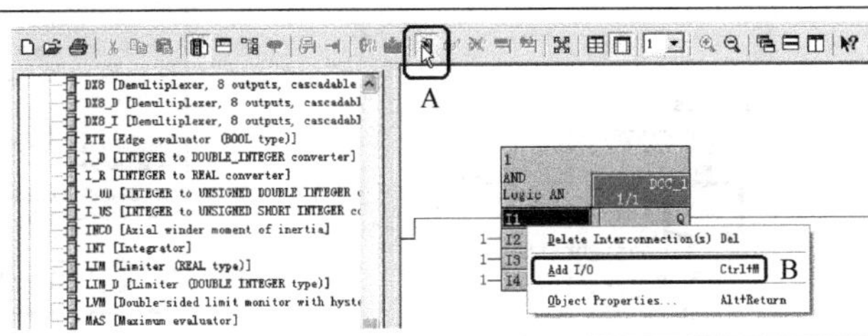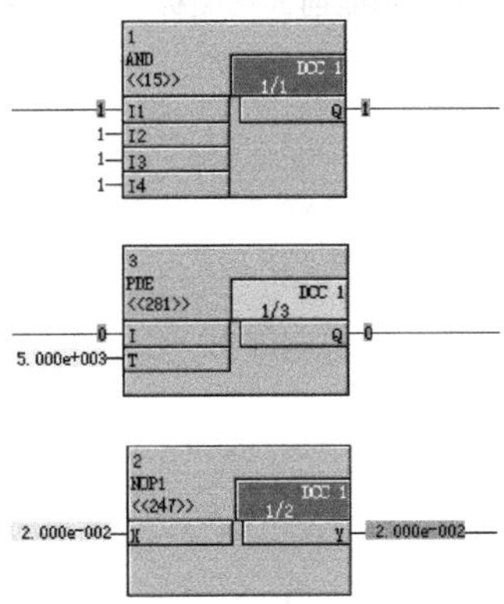
24	在监视状态下可以修改给定速度 双击右图功能块的 X 引脚，更改数值后单击“OK”按钮即可	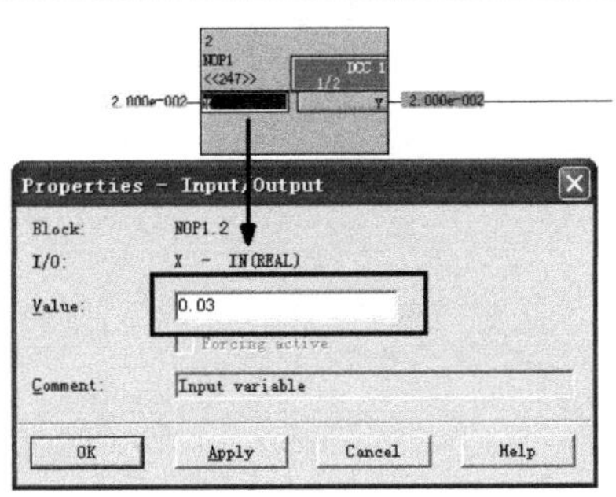

（续）

序　号	说　　明	图　　示
25	可以通过右图所示的方式，了解到执行组内的功能块执行顺序 “Pos”列中前面的数字代表所在的执行组号，后面的数字代表功能块的执行顺序	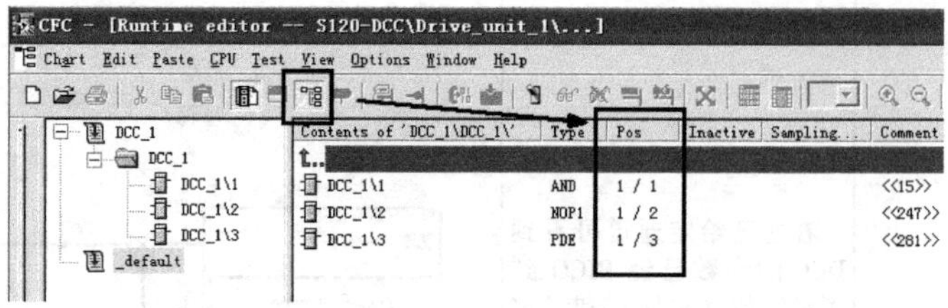

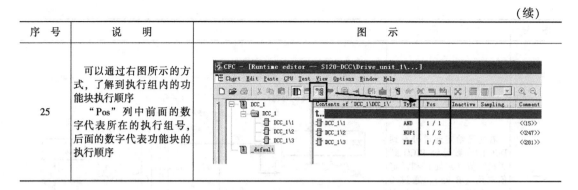

如果在线与离线的 DCC 程序存在差异，项目树中 DCC 前面的图标可能不会显示出来，如图 7-1 所示。

但是若存在差异，在监视时将出现图 7-2 所示的提示。这时可以使用在线离线比较去寻找差异，或者直接在离线模式下编辑好后重新下载。

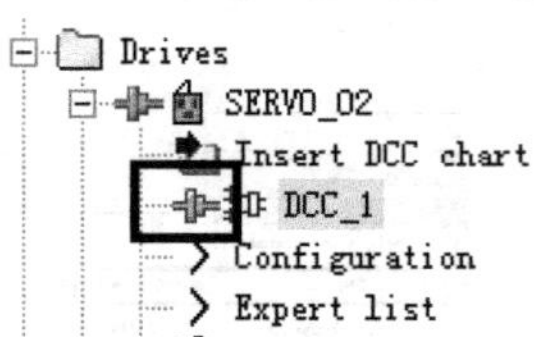

图 7-1　项目树中 DCC 功能前面的图标

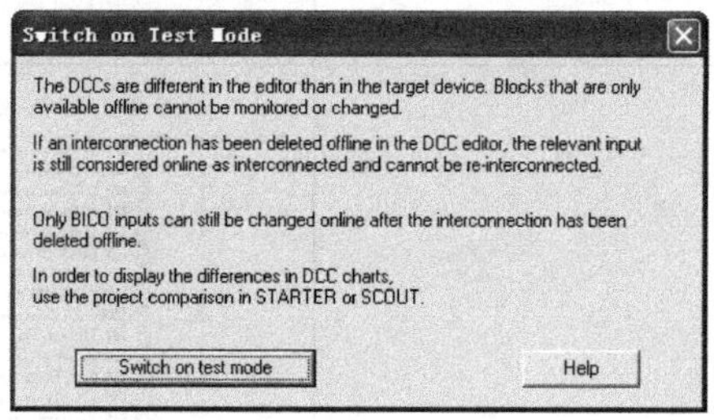

图 7-2　监控 DCC 功能时的提示（在线与离线有差异时）

第 8 章

S120 系统的 PROFIdrive 通信

S120 系统的 PROFIBUS、PROFINET 通信统称为 PROFIdrive 通信。S120 系统可以与 S7-300/400 PLC 进行 PROFIdrive 通信，本章将基于经典 STEP 7 平台介绍该通信；S120 系统也可以与 S7-1200/1500 PLC 进行 PROFIdrive 通信，本章将以 S7-1500 PLC 为例介绍该通信；S120 系统还可以与 HMI 直接通信，本章将以精智系列 HMI 为例介绍该通信。

PROFIdrive 主要有两种通信服务，即周期性通信和非周期性通信。

说明：

随书下载资源中有本章的部分项目文件。

8.1 周期性与非周期性通信

8.1.1 PROFIdrive 报文

PROFIdrive 报文分为三类：标准报文、制造商专用报文和自由报文。

(1) 标准报文

根据 PROFIdrive 协议构建。具体的报文编号通过参数 p0922 的值设置，过程数据的内部互联根据设置的报文编号自动进行。标准报文见表 8-1。

表 8-1 标准报文

p0922 的值	报文名称
1	转速设定值 16 位
2	转速设定值 32 位
3	转速设定值 32 位，1 个位置编码器
4	转速设定值 32 位，2 个位置编码器
5	转速设定值 32 位，1 个位置编码器和 DSC
6	转速设定值 32 位，2 个位置编码器和 DSC
7	定位报文 7——基本定位器
9	定位报文 9——直接给定的基本定位器
20	转速设定值 16 位 VIK-NAMUR
81	编码器报文，1 编码器通道
82	扩展编码器报文，1 编码器通道 + 转速实际值 16 位
83	扩展编码器报文，1 编码器通道 + 转速实际值 32 位

（2）制造商专用报文

根据公司内部定义创建。具体的报文编号通过参数 p0922 的值进行设置，过程数据的内部互联根据设置的报文编号自动进行。制造商专用报文见表 8-2。

表 8-2　可通过 p0922 设置的专用报文

p0922 的值	报文名称
102	转速设定值 32 位，1 个位置编码器和转速降低
103	转速设定值 32 位，2 个位置编码器和转速降低
105	转速设定值 32 位，1 个位置编码器、转速降低和 DSC
106	转速设定值 32 位，2 个位置编码器、转速降低和 DSC
110	定位报文 10（基本定位器、MDI、倍率和 XIST_A）
111	定位报文 11（MDI 方式中的基本定位器）
116	转速设定值 32 位，2 个位置编码器、转矩降低和 DSC，另外还有负载、转矩、功率和电流实际值
118	转速设定值 32 位，2 个外部位置编码器、转矩降低和 DSC，另外还有负载、转矩、功率和电流实际值
125	带转矩前馈控制的 DSC，1 个位置编码器（编码器 1）
126	带转矩前馈控制的 DSC，2 个位置编码器（编码器 1 和编码器 2）
136	带转矩前馈控制的 DSC，2 个位置编码器（编码器 1 和编码器 2），4 个跟踪信号
138	带转矩前馈控制的 DSC，2 个位置编码器（编码器 2 和编码器 3），4 个跟踪信号
139	有/无 DSC 和转矩前馈控制的转速/位置控制，1 个位置编码器，电压状态，附加实际值
220	转速设定值 32 位，金属工业
352	转速设定值 16 位，PCS7（仅 SINAMICS G 系列）
370	电源
371	电源，金属工业
390	控制单元，带输入/输出
391	控制单元，带输入/输出和 2 个测头
392	控制单元，带输入/输出和 6 个测头
393	控制单元，带输入/输出、8 个测头以及 1 个模拟输入
394	控制单元，带输入/输出
395	控制单元，带输入/输出和 16 个测头
700	Safety Info Channel

注意：

报文 139 与 WEISS 公司的主轴驱动相配套。报文 139 基于报文 136，此报文只能在 WEISS 主轴中实现兼容，其他用户使用此报文时可能会出现不兼容的状况。

（3）自由报文（p0922 = 999）

用户可通过 BICO 功能，自定义发送和接收过程数据的互联配置。

上述报文的载体都是 PZD（过程数据），每个 PZD 占一个字的空间。不同的报文有着不同数量的 PZD。例如：本书 10.1 节案例 30 和 31 用到的报文 111，包含着 12 个发送 PZD 和 12 个接收 PZD。每个驱动对象适用特定报文和自由报文时所使用的 PZD 最大数量各有不同，具体见表 8-3。

各种报文具体的组成结构请参考《SINAMICS S120/S150 参数手册》中的功能图 2415、2416、2419、2420、2422 以及 2423。

表 8-3　各种驱动对象的特定报文和自由报文适用的 PZD 的最大数量

<table>
<tr><th rowspan="2">驱 动 对 象</th><th rowspan="2">非自由报文（p0922≠999 时），所使用的特定报文</th><th colspan="2">自由报文（p0922=999 时）PZD 的最大数量</th></tr>
<tr><th>发　送</th><th>接　收</th></tr>
<tr><td>ALM</td><td>370,371</td><td>10</td><td>10</td></tr>
<tr><td>BLM</td><td>370,371</td><td>10</td><td>10</td></tr>
<tr><td>SLM</td><td>370,371</td><td>10</td><td>10</td></tr>
<tr><td>伺服</td><td>1,2,3,4,5,6,102,103,105,106,116,118,125,126,136,138,139,166,220</td><td rowspan="2">28</td><td rowspan="2">20</td></tr>
<tr><td>伺服（EPOS）</td><td>7,9,110,111</td></tr>
<tr><td>矢量</td><td>1,2,20,166,220,352</td><td rowspan="2">32</td><td rowspan="2">32</td></tr>
<tr><td>矢量（EPOS）</td><td>7,9,110,111</td></tr>
<tr><td>编码器</td><td>81,82,83</td><td>12</td><td>4</td></tr>
<tr><td>TM15DI_DO</td><td>没有定义特定报文</td><td>5</td><td>5</td></tr>
<tr><td>TM31</td><td>没有定义特定报文</td><td>5</td><td>5</td></tr>
<tr><td>TM41</td><td>3</td><td>28</td><td>20</td></tr>
<tr><td>TM120</td><td>没有定义特定报文</td><td>5</td><td>5</td></tr>
<tr><td>TM150</td><td>没有定义特定报文</td><td>5</td><td>5</td></tr>
<tr><td>TB30</td><td>没有定义特定报文</td><td>5</td><td>5</td></tr>
<tr><td>CU-S</td><td>390,391,392,393,394,395,396</td><td>25</td><td>20</td></tr>
</table>

说明：

由表 8-3 可知，如果在组态 DDS 时选中了基本定位功能（EPOS），则矢量轴的报文 1、2、20、166 等会不被支持，伺服轴的报文 1、2、3、4、5、6、102 等也不支持。

8.1.2　周期性通信概述

周期性通信主要用于交换对时间要求苛刻的过程数据，用于此类通信的指令当 RLO 为 1 时便会执行，即高电平触发，因此若指令前没有其他指令的限制，则其周期便取决于所在程序块的执行周期。

周期性通信通过相应的报文（PROFIdrive 报文）传输过程数据。在驱动设备中，报文由 p0922 参数进行选择。从驱动设备角度看，接收到的过程数据是接收字，发送的过程数据是发送字。接收字和发送字由下列元素组成：接收字由控制字或设定值组成；发送字由状态字或实际值组成。

8.1.3　非周期性通信概述

非周期性通信主要是用于读取或写入相应参数，用于此类通信的指令需要上升沿信号触发，所以非周期性通信的执行可以通过程序逻辑进行控制，即仅在执行了相应的请求之后才进行读取或写入参数的操作，如图 8-1 所示。

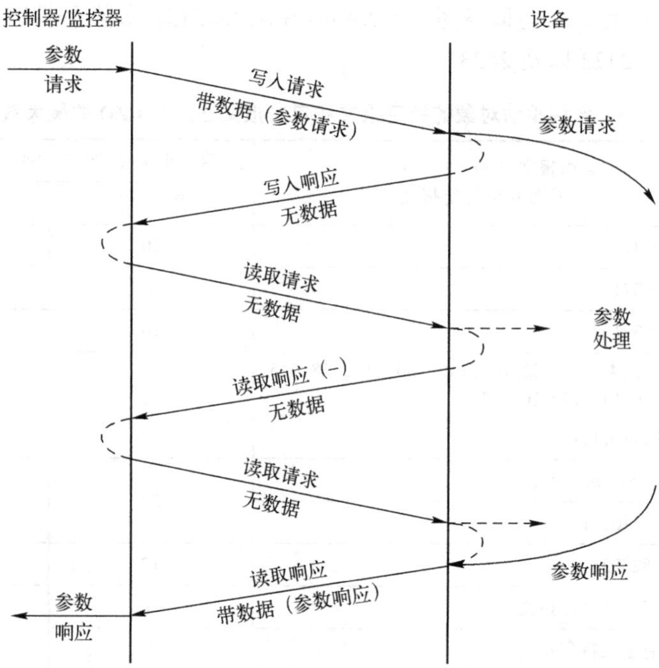

图 8-1　非周期性通信读取和写入数据示意图

非周期性通信主要有三种“动作”：参数的读取请求、写入请求和读取应答（响应）。基于 PROFIBUS-DP 的非周期性通信使用 SFC58 实现参数的读取请求或写入请求，使用 SFC59 完成参数的读取应答。基于 PROFINET 的非周期性通信使用 SFB53 实现参数的读取请求或写入请求，使用 SFB52 完成参数的读取应答。

说明：

在西门子 SINAMICS 系列变频器中，周期及非周期性通信都使用 PZD；而在西门子的 SIMOVERT MASTERDRIVES（6SE70）、MICROMASTER 4（MM4）等系列变频器中，周期性通信使用 PZD，非周期性通信使用 PKW。

8.2　基于经典 STEP 7 平台的通信

8.2.1　案例 22——使用 CPU 的 PN 进行 PROFINET 周期性通信

在本案例中，将使用 CPU 的 PN 接口利用报文 111 进行 PROFINET 的周期性通信。软硬件组成见表 8-4。

表 8-4　本案例的软硬件组成

设备或软件	订 货 号	版 本
CPU 315-2PN/DP	6ES7315-2EH14-0AB0	V3.1
CU320-2PN	6SL3040-1MA01-0AA0	V4.7
电源模块适配器（2 个）	6SL3040-0PA01-0AA0	—

（续）

设备或软件	订货号	版本
电源模块（2 个）	6SL3210-1PB13-0UL0	—
伺服电动机（2 台）	1FK7032-2AK71-1QA0	—
STARTER 软件	—	V4. 4. 0. 3
STEP 7 软件	—	V5. 5. 4. 1

通信示意图如图 8-2 所示。

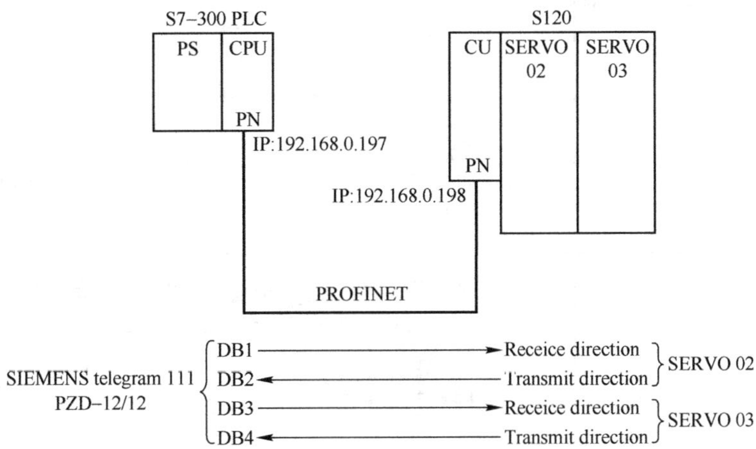

图 8-2 本案例的通信示意图

为完成本案例的通信，需要先在 STEP 7 中对 PLC 侧进行组态和编程，然后再使用 STARTER 对 S120 侧进行组态。STARTER 项目可集成在 STEP 7 项目中。

PLC 侧的组态步骤见表 8-5。

表 8-5 PLC 侧的组态步骤

序号	说明	图示
1	在 STEP 7 中创建项目，并进行基本的硬件组态	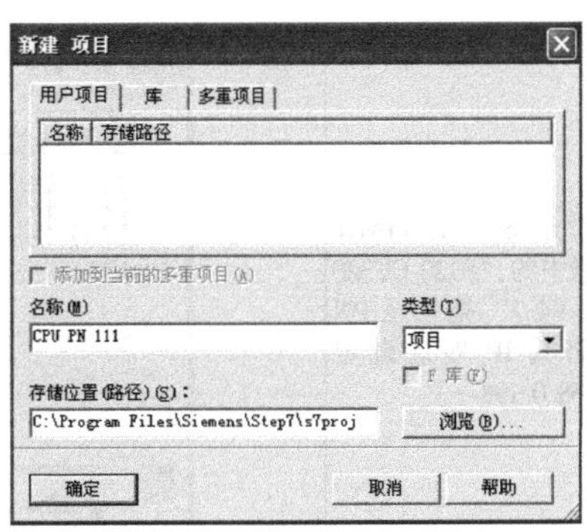

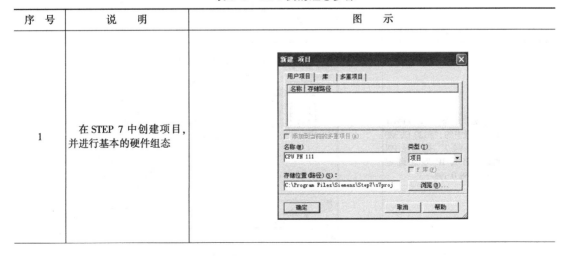

（续）

序　号	说　　明	图　　示
2	在硬件组态中选择 PLC 的 CPU，创建一条新的 PROFINET 网络，并设置 CPU 的 IP 地址	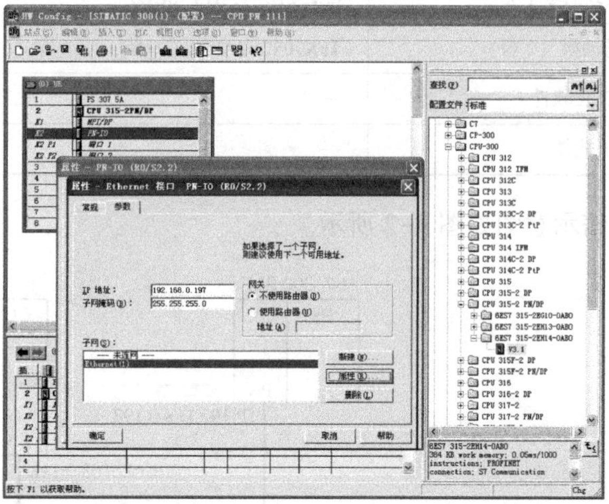
3	右击 CPU 的 X2 接口“PN-IO”，在弹出的快捷菜单中选择“插入 PROFINET IO 系统”	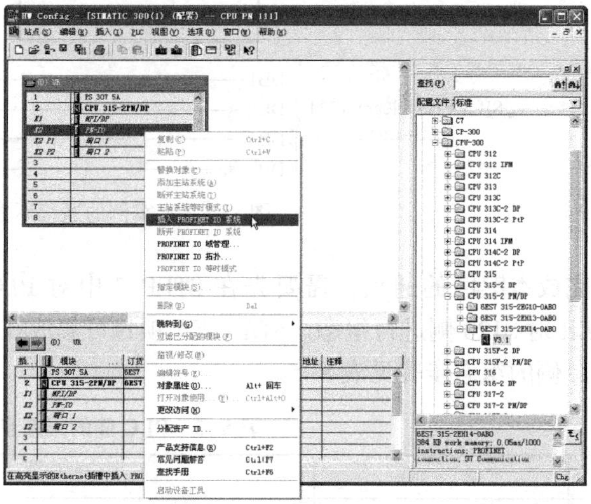
4	将硬件组态“PROFINET IO”目录中的“S120 CU320-2 PN→V4.7”拖动至 PN 网络，将其 IP 地址设定为 192.168.0.198	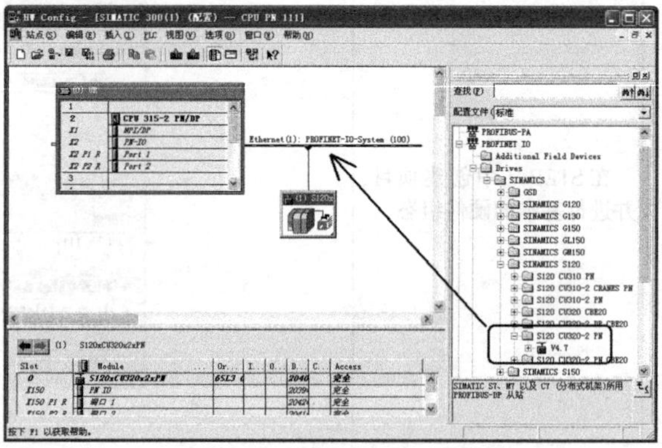

（续）

序 号	说　明	图　示
5	双击从站 S120，打开其属性设置界面。设置 CU320-2PN 的“Device name”，此处默认为“S120xCU320x2xPN”	u 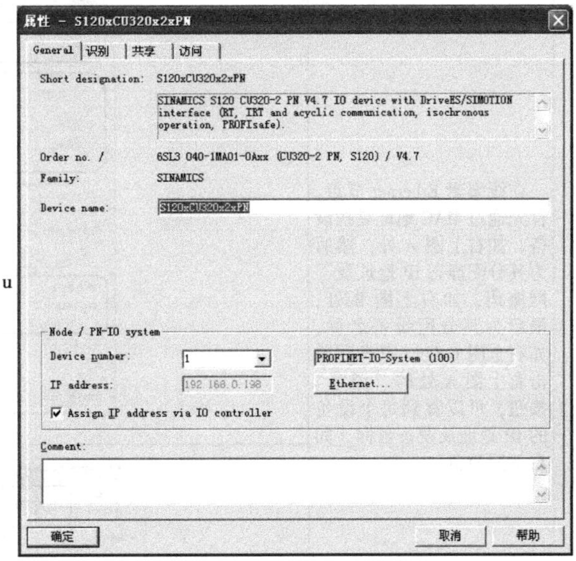
6	在 CU320 模块的子槽中插入两个“Drive object”，见右图中 A 处。两个“Drive object”对应 S120 系统的两个轴。然后将通信报文“Standard telegram”修改为“111”。见右图中 B、C 处。编译无误后下载即可	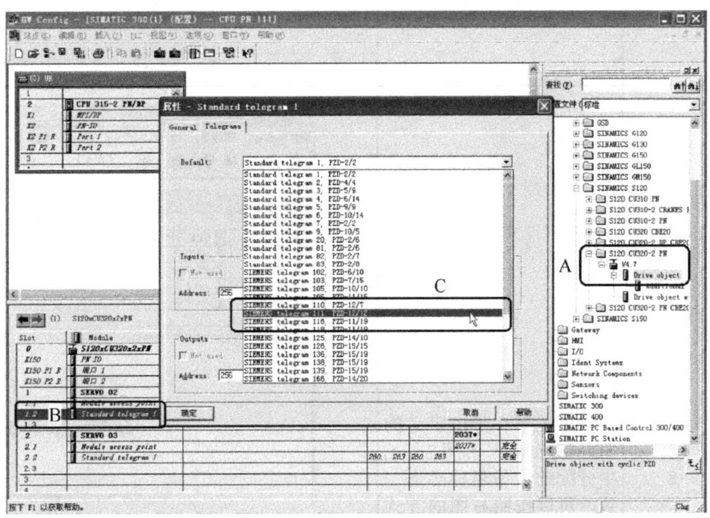
7	在线编辑 Ethernet 节点。首先通过 MAC 地址寻找设备，如下页图 A 处；然后为其分配静态 IP 地址及子网掩码，如下页图 B 处；最后为其分配设备名称，如下页图 C 处。完成后单击下页图 A 处的“浏览”按钮，可以看到每个设备的 IP 地址及设备名称，如下页图 D 处	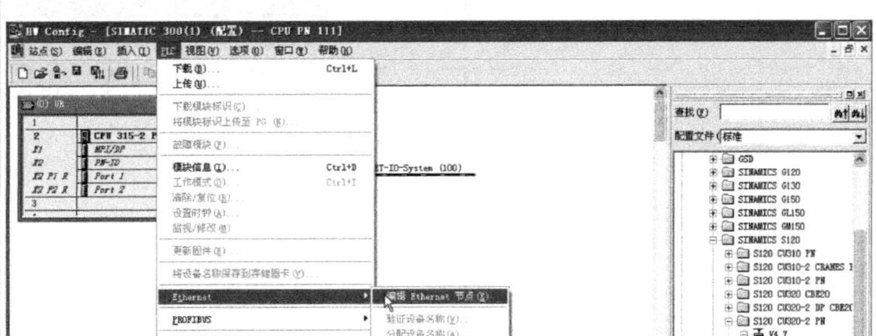

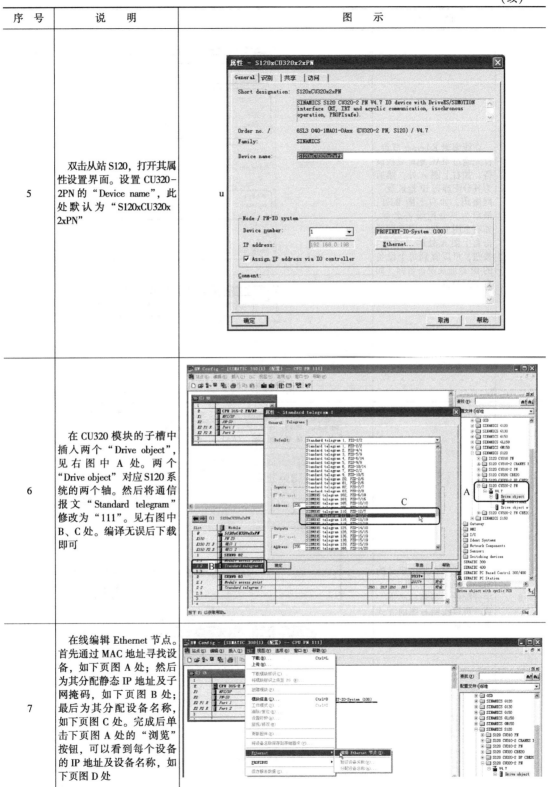

（续）

<table>
<tr><th>序 号</th><th>说 明</th><th>图 示</th></tr>
<tr><td rowspan="2">7</td><td rowspan="2">在线编辑 Ethernet 节点。首先通过 MAC 地址寻找设备，如右上图 A 处；然后为其分配静态 IP 地址及子网掩码，如右上图 B 处；最后为其分配设备名称，如右上图 C 处。完成后单击右上图 A 处的“浏览”按钮，可以看到每个设备的 IP 地址及设备名称，如右下图 D 处</td><td>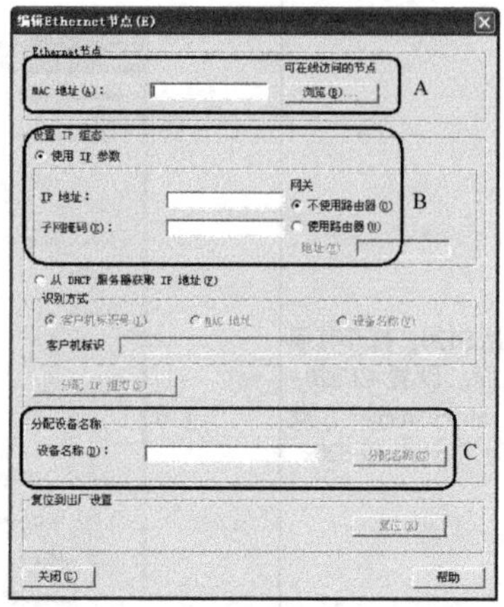
</td></tr>
<tr><td>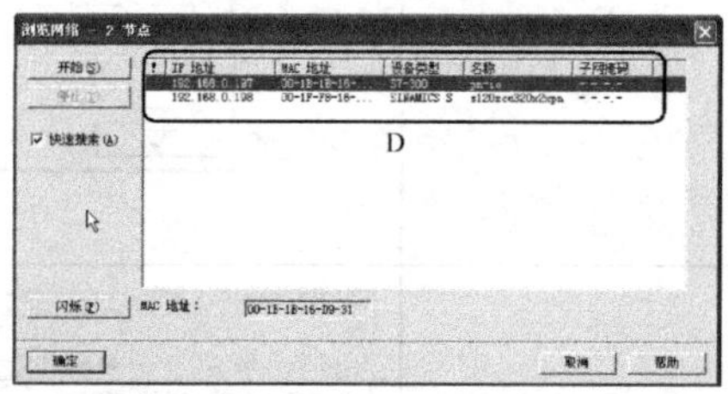
</td></tr>
<tr><td rowspan="2">8</td><td rowspan="2">在上述第 5 步中定义的“Device name”和第 7 步 C 中分配的设备名称必须一致。可以按照右图的方式进行验证</td><td>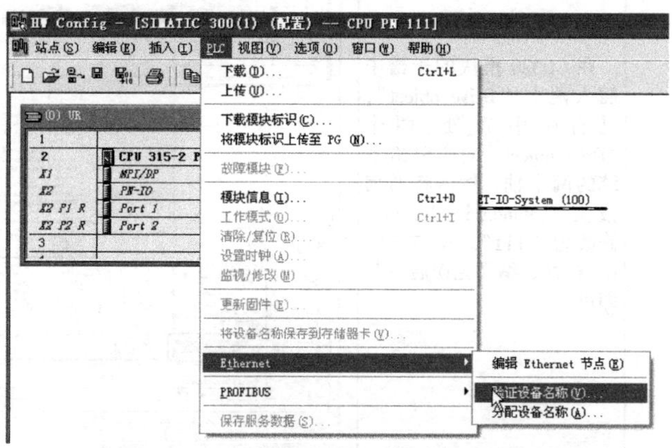
</td></tr>
<tr><td>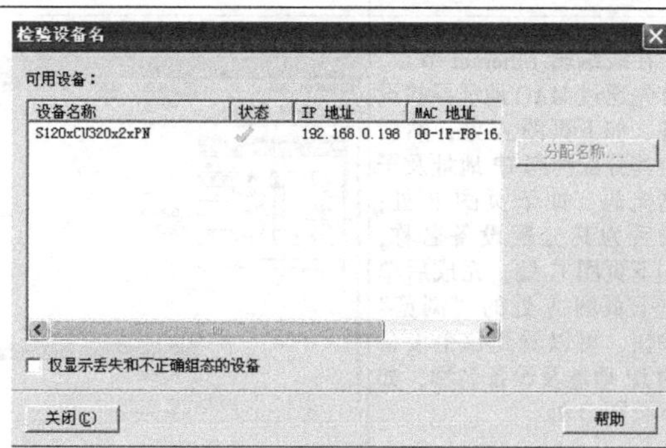
</td></tr>
</table>

完成硬件组态之后，进行通信程序的编写，程序如图 8-3 所示。

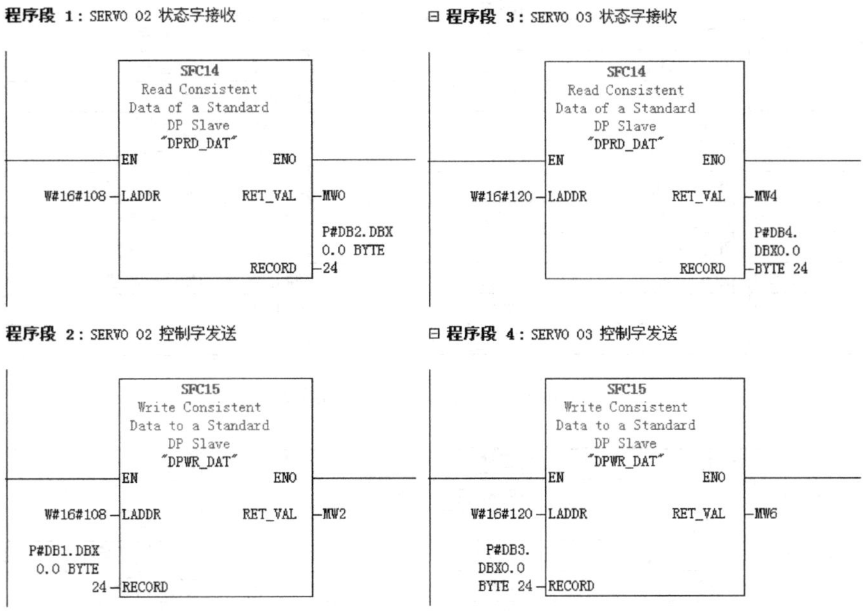

图 8-3　CPU 自带 PN 接口与 CU320-2PN 的通信程序

使用 CPU 集成的 PN 接口与 CU320-2PN 通信时，使用的指令是 SFC14 和 SFC15（指令位于：库/Standard Library/System Function Blocks 中）。图 8-3 中 LADDR 引脚需要填写对应轴在 PLC 侧的起始 I/O 地址，两轴的地址范围如图 8-4 所示。SERVO 02 轴的起始 I/O 地址均为 264，写成十六进制的 WORD 格式常数为 W#16#108。同样，SERVO 03 轴的起始 I/O 地址均为 288，写成十六进制的 WORD 格式常数为 W#16#120。

Slot	Module	Order number	I address	O address	Diagnostics address	Comment	Access
0	S120xCU320x2xPN	6SL3 040-1MA01-0Axx (CU320-2 PN, S120)			2040*		完全
X150	PN IO				2039*		完全
X150 P1 R	端口 1				2042*		完全
X150 P2 R	端口 2				2041*		完全
1	SERVO 02				2038*		
1.1	Module access point				2038*		完全
1.2	SIEMENS telegram 111		264...287	264...287			完全
1.3							
2	SERVO 03				2037*		
2.1	Module access point				2037*		完全
2.2	SIEMENS telegram 111		288...311	288...311			完全

图 8-4　CU320 子槽中的 I/O 地址

图 8-3 中的“RECORD”引脚填写的是相应数据区域的范围。PLC 通过 DB1 将控制字发送给 SERVO 02，PLC 接收 SERVO 02 的状态字到 DB2 中。PLC 通过 DB3 将控制字发送给 SERVO 03，PLC 接收 SERVO 03 的状态字到 DB4 中。其中，DB1 和 DB3 的内容如图 8-5 所示；DB2 和 DB4 的内容如图 8-6 所示。（111 报文信息请参考《SINAMICS S120 功能手册》的 PROFIdrive 部分）

说明：

本例中提到的 DB1～DB4 需要手动创建。

地址	名称	类型	初始值	注释
0.0		STRUCT		
+0.0	STW1	WORD	W#16#0	控制字1
+2.0	POS_STW1	WORD	W#16#0	定位控制字1
+4.0	POS_STW2	WORD	W#16#0	定位控制字2
+6.0	STW2	WORD	W#16#0	控制字2
+8.0	OVERRIDE	WORD	W#16#0	定位运行中的倍率
+10.0	MDI_TARPOS	DINT	L#0	MDI目标位置
+14.0	MDI_VELOCITY	DINT	L#0	MDI速度
+18.0	MDI_ACC	WORD	W#16#0	MDI加速度
+20.0	MDI_DEC	WORD	W#16#0	MDI减速度
+22.0	FREE	WORD	W#16#0	
=24.0		END_STRUCT		

图 8-5　111 报文控制字的组成

地址	名称	类型	初始值	注释
0.0		STRUCT		
+0.0	ZSW1	WORD	W#16#0	状态字1
+2.0	POS_ZSW1	WORD	W#16#0	定位状态字1
+4.0	POS_ZSW2	WORD	W#16#0	定位状态字2
+6.0	ZSW2	WORD	W#16#0	状态字2
+8.0	MELDW	WORD	W#16#0	信息字
+10.0	XIST_A	DINT	L#0	位置实际值
+14.0	NIST_B	DINT	L#0	速度实际值
+18.0	FAULT_CODE	WORD	W#16#0	故障代码
+20.0	WARN_CODE	WORD	W#16#0	警告代码
+22.0	FREE	WORD	W#16#0	
=24.0		END_STRUCT		

图 8-6　111 报文状态字的组成

控制字和状态字中各变量的含义，可查看《SINAMICS S120 功能手册》的 PROFIdrive 部分。

完成了 PLC 部分的组态和程序编写后，接下来要在 STARTER 中进行 S120 系统的组态，具体步骤见表 8-6。

表 8-6　S120 侧的组态步骤

序　号	说　　明	图　　示
1	通过 STEP 7 打开 STARTER 软件。完成表 8-5 的前 6 步，即可生成右图的项目	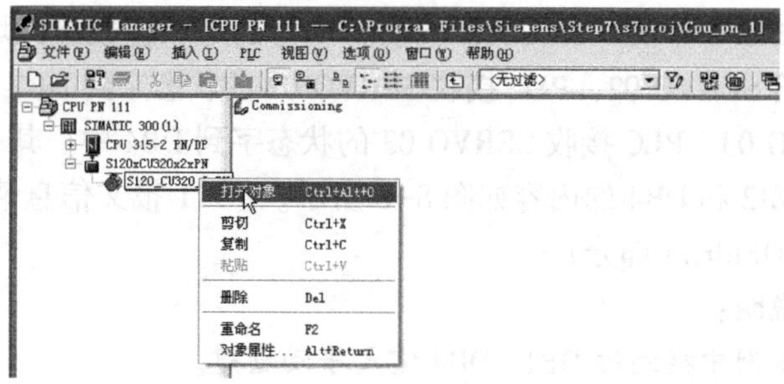

（续）

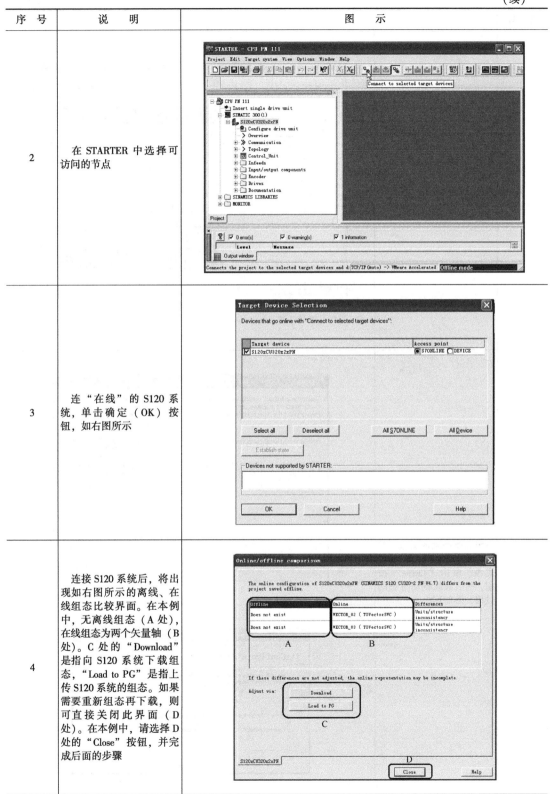

序　号	说　　明	图　　示
2	在 STARTER 中选择可访问的节点	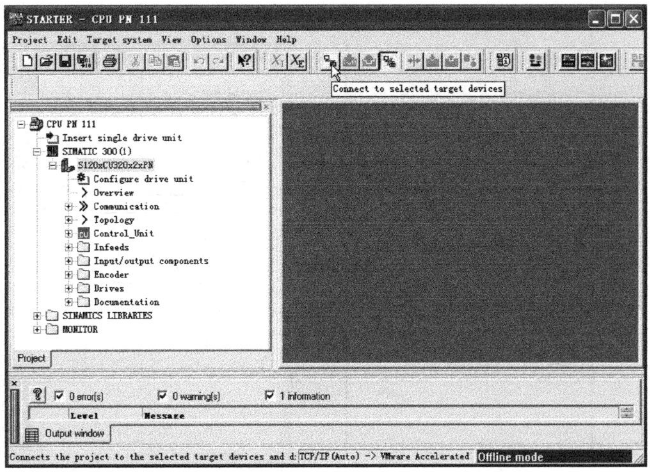
3	连“在线”的 S120 系统，单击确定（OK）按钮，如右图所示	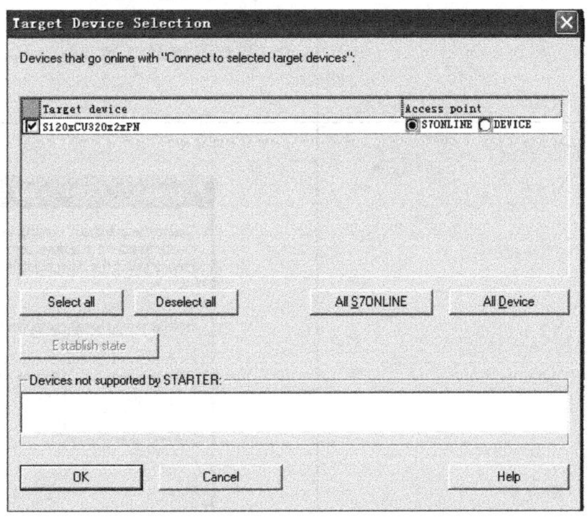
4	连接 S120 系统后，将出现如右图所示的离线、在线组态比较界面。在本例中，无离线组态（A 处），在线组态为两个矢量轴（B 处）。C 处的“Download”是指向 S120 系统下载组态，“Load to PG”是指上传 S120 系统的组态。如果需要重新组态再下载，则可直接关闭此界面（D 处）。在本例中，请选择 D 处的“Close”按钮，并完成后面的步骤	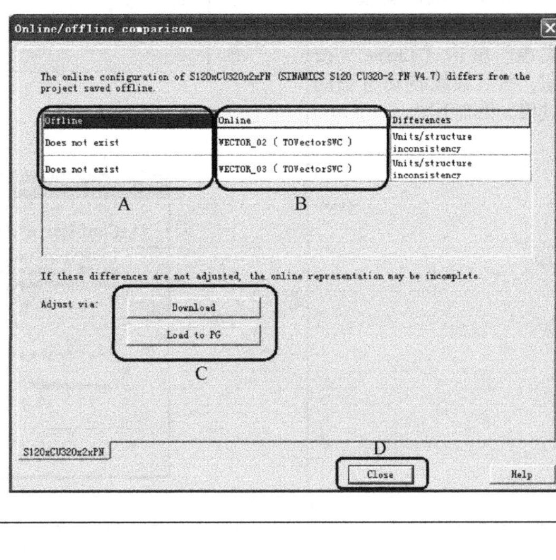

（续）

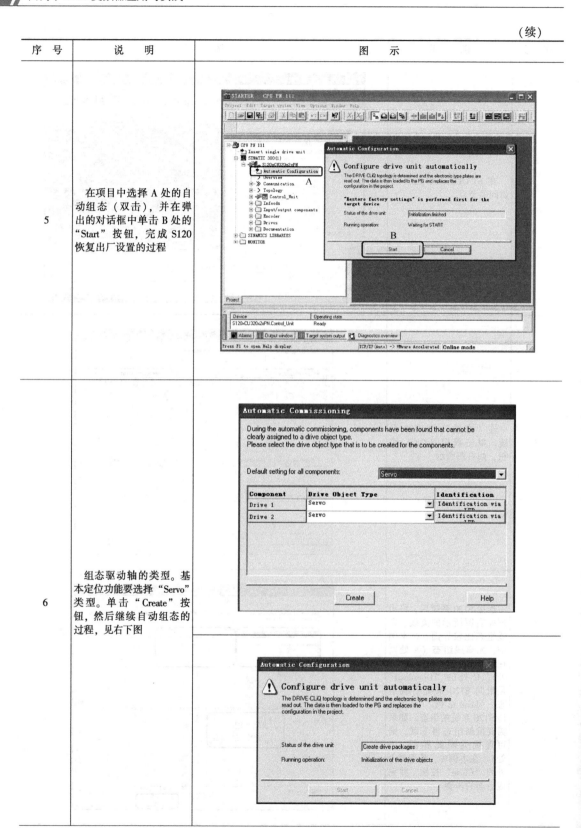

<table>
<tr><th>序 号</th><th>说 明</th><th>图 示</th></tr>
<tr><td>5</td><td>在项目中选择 A 处的自动组态（双击），并在弹出的对话框中单击 B 处的“Start”按钮，完成 S120 恢复出厂设置的过程</td><td>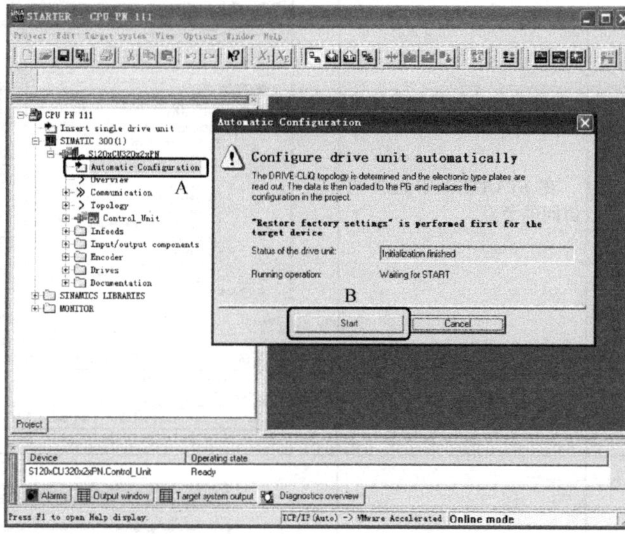
</td></tr>
<tr><td>6</td><td>组态驱动轴的类型。基本定位功能要选择“Servo”类型。单击“Create”按钮，然后继续自动组态的过程，见右下图</td><td>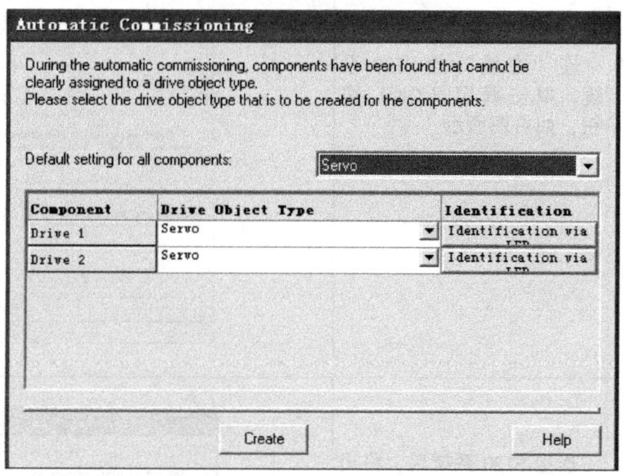

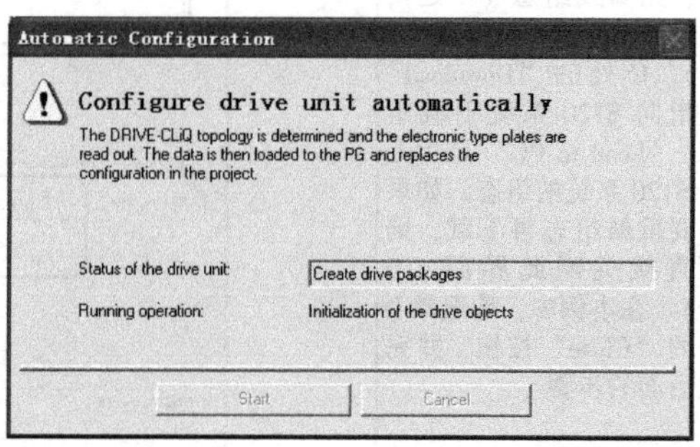
</td></tr>
</table>

（续）

序　号	说　　明	图　　示
7	组态轴的 DDS 在使用伺服轴的基本定位功能时，选择“Function modules”选项组中的“Techn controller”和“Basic positioner”复选框	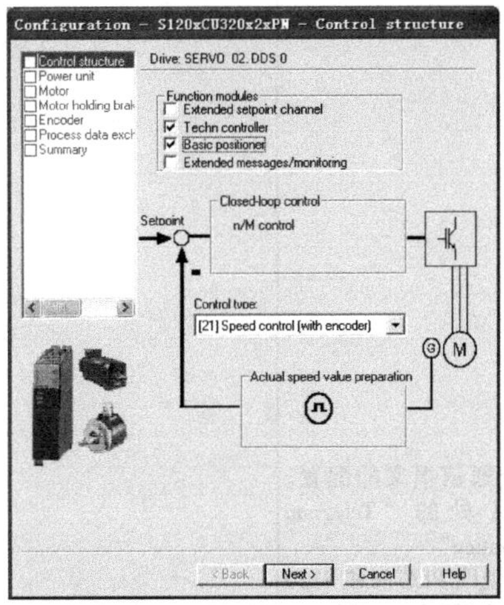
	右图中 A 处（p2506）用来设置负载转一圈时所经过的 LU 数量，它的默认值是 10000LU，即负载正转一圈，位置值增大 10000LU。p2506 的设定值要小于 B 处显示的 LU 数值	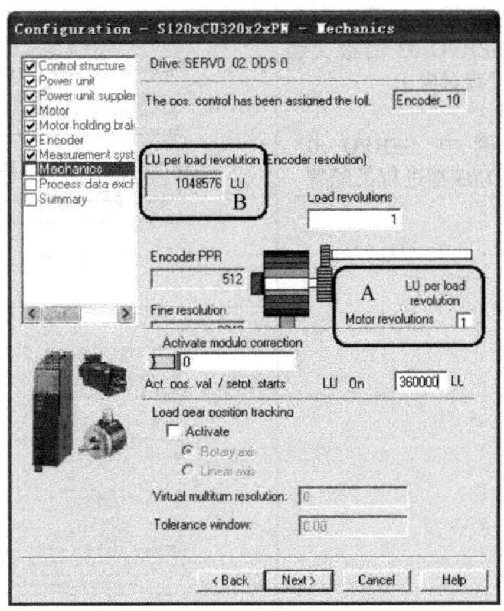
8	选择 111 报文，并完成 DDS 的组态	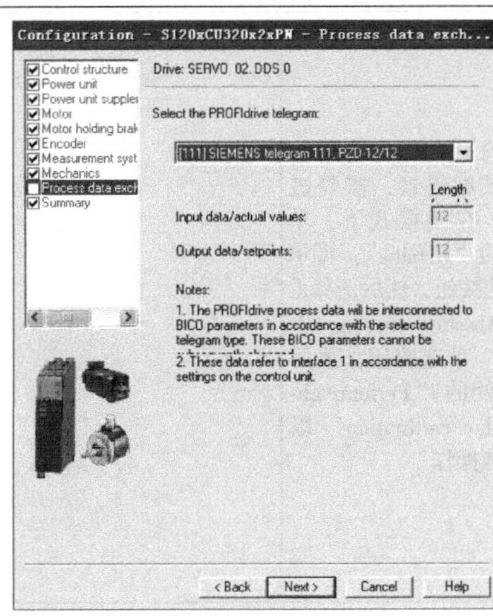

（续）

<table>
<tr><th>序　号</th><th>说　　明</th><th>图　　示</th></tr>
<tr><td>9</td><td>检查通信报文的配置。打开 A 处的“Telegram configuration”
B 处说明 PLC 侧和 S120 侧的报文组态对应得上
C 处说明 PLC 侧和 S120 侧在 SERVO 03 的报文组态上没有对应上
说明：
本例中 SERVO 02、SERVO 03 都进行了配置</td><td>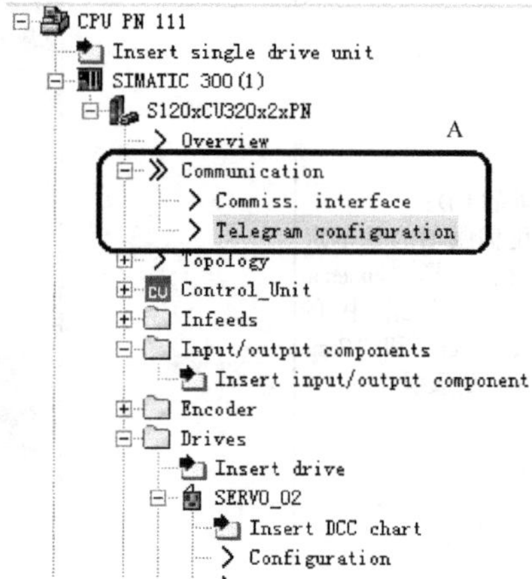

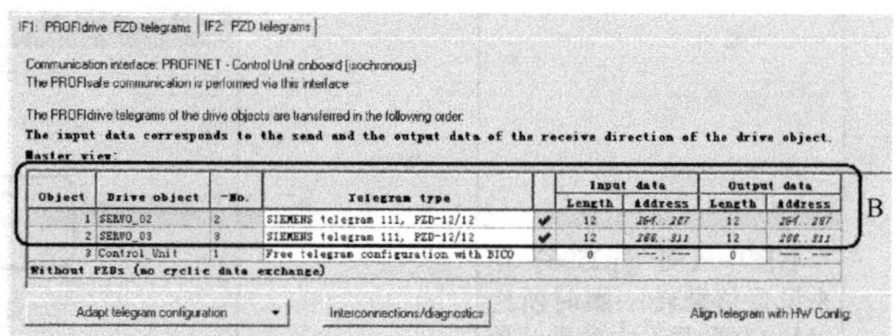

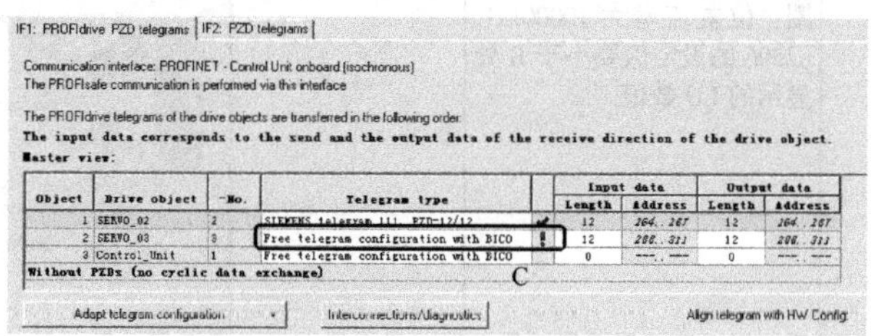
</td></tr>
<tr><td>10</td><td>本例的 DEMO 中使用的是绝对式编码器，需要进行校准。在线模式下，单击 A 处的“Homing”，再单击 B 处的按钮，然后选择 C 处的“Absolute encoder adjustment”单选按钮，最后单击 D 处的“Perform absolute value calibration”以完成校准操作</td><td>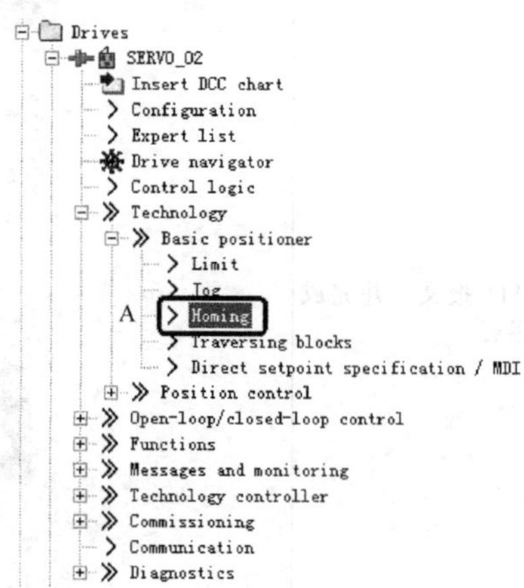
</td></tr>
</table>

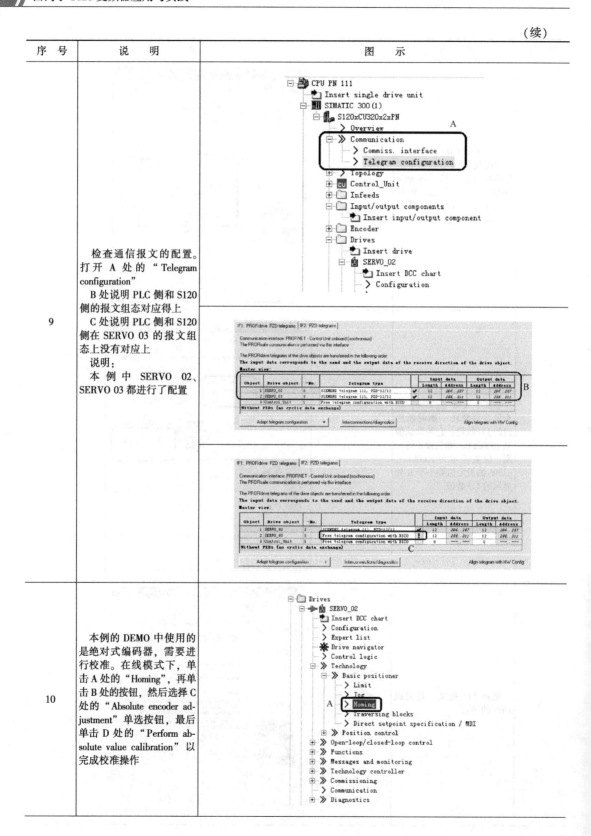

（续）

<table>
<tr><th>序　号</th><th>说　　明</th><th>图　　示</th></tr>
<tr><td rowspan="2">10</td><td rowspan="2">本例的 DEMO 中使用的是绝对式编码器，需要进行校准。在线模式下，单击 A 处的“Homing”，再单击 B 处的按钮，然后选择 C 处的“Absolute encoder adjustment”单选按钮，最后单击 D 处的“Perform absolute value calibration”以完成校准操作</td><td>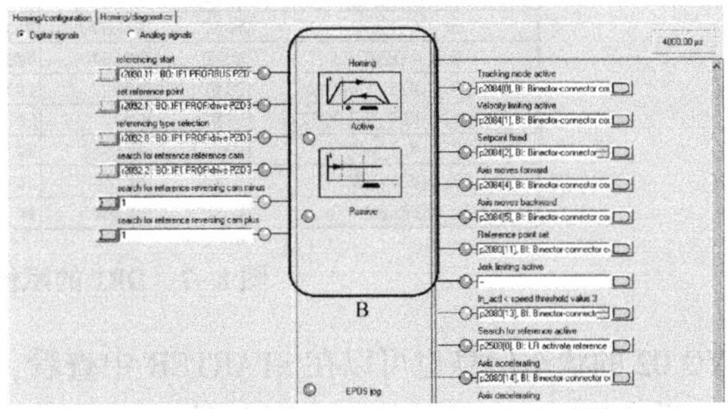
</td></tr>
<tr><td>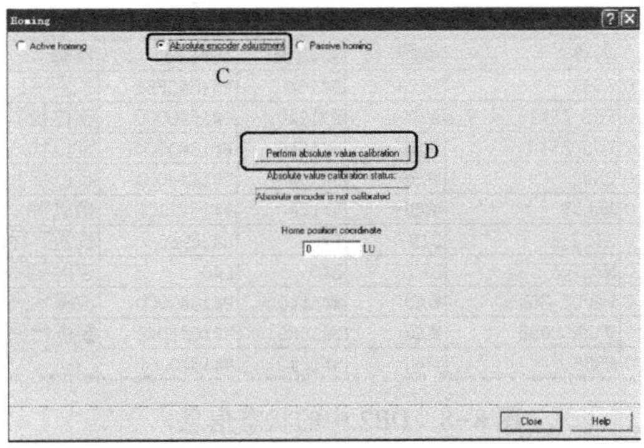
</td></tr>
<tr><td rowspan="2">11</td><td rowspan="2">完成校准后，执行“Copy RAM to ROM”命令即可完成 S120 侧的组态</td><td>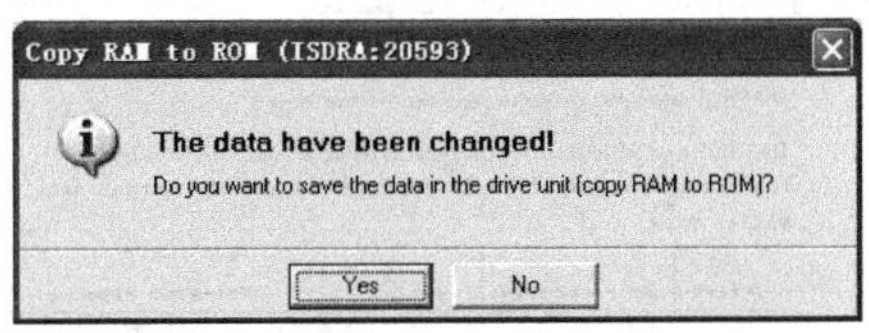
</td></tr>
<tr><td>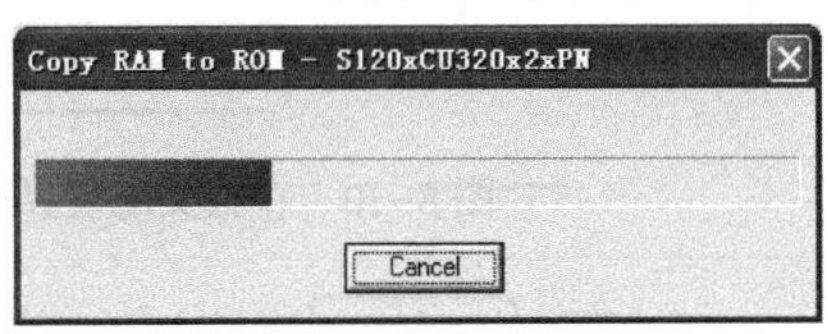
</td></tr>
</table>

通信验证：

将组态好的 CPU 和 S120 进行下载，以 SERVO 02 为例，在数据视图的监控模式下，打开 DB1，按照图 8-7 输入各变量值。然后将其中 STW1 的“W#16#047E”改为“W#16#047F”，并保存下载，SERVO 02 的电动机将完成一圈的旋转。（在 SERVO 02 的 DDS 配置中将其每圈对应的 LU 设置为 36000，而图 8-7 中的 MDI_TARPOS 也设置为 36000，所以正好是转一圈）

在 DB2 中可以看到 SERVO 02 的状态信息，如图 8-8 所示，为完成一圈旋转之后的状态信息。

地址	名称	类型	初始值	实际值	注释
0.0	STW1	WORD	W#16#0	W#16#047E	控制字1
2.0	POS_STW1	WORD	W#16#0	W#16#9100	定位控制字1
4.0	POS_STW2	WORD	W#16#0	W#16#0000	定位控制字2
6.0	STW2	WORD	W#16#0	W#16#0000	控制字2
8.0	OVERRIDE	WORD	W#16#0	W#16#4000	定位运行中的倍率
10.0	MDI_TARPOS	DINT	L#0	L#36000	MDI目标位置
14.0	MDI_VELOCITY	DINT	L#0	L#2000	MDI速度
18.0	MDI_ACC	WORD	W#16#0	W#16#4000	MDI加速度
20.0	MDI_DEC	WORD	W#16#0	W#16#4000	MDI减速度
22.0	FREE	WORD	W#16#0	W#16#0000	

图 8-7　DB1 的赋值

SERVO 02 的状态信息也可以在 STARTER 中查看，如图 8-9~图 8-11 的 A 至 D 处所示。如果需要查看 SERVO 03 轴的状态，则在图 8-10 中选择 SERVO 03 轴，然后再单击 B 处即可。

地址	名称	类型	初始值	实际值	注释
0.0	ZSW1	WORD	W#16#0	W#16#2FB1	状态字1
2.0	POS_ZSW1	WORD	W#16#0	W#16#0000	定位状态字1
4.0	POS_ZSW2	WORD	W#16#0	W#16#0004	定位状态字2
6.0	ZSW2	WORD	W#16#0	W#16#0000	状态字2
8.0	MELDW	WORD	W#16#0	W#16#11CF	信息字
10.0	XIST_A	DINT	L#0	L#35986	位置实际值
14.0	NIST_B	DINT	L#0	L#0	速度实际值
18.0	FAULT_CODE	WORD	W#16#0	W#16#0000	故障代码
20.0	WARN_CODE	WORD	W#16#0	W#16#1D48	警告代码
22.0	FREE	WORD	W#16#0	W#16#0000	

图 8-8　DB2 中的状态信息

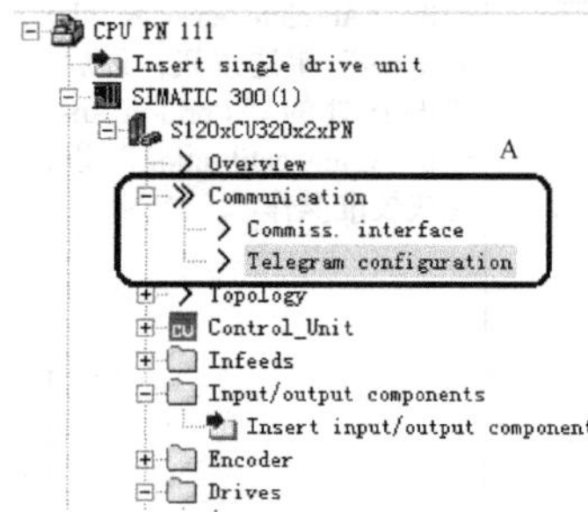

图 8-9　STARTER 的项目树

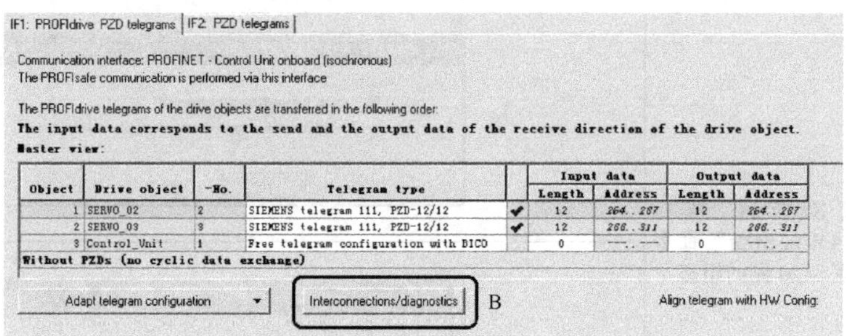

图 8-10　在报文配置界面中打开监控界面

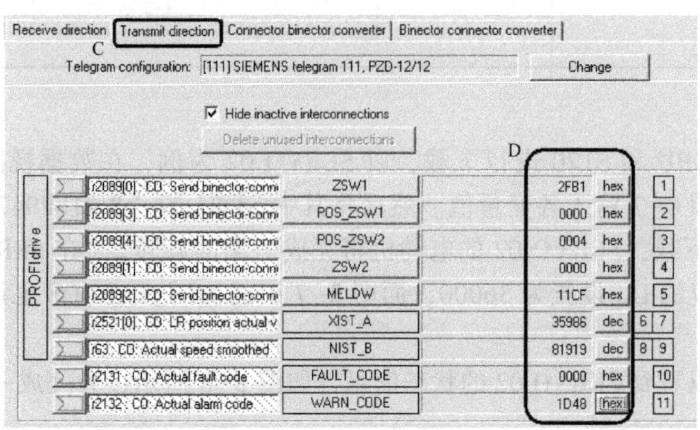

图 8-11　在 Transmit direction 中查看状态字信息

说明：

由于本章后文的 STARTER 侧的操作与 8.2.1 小节的类似，因此为节省篇幅，后文中对于 STARTER 侧的描述较为简略，敬请谅解，如有需要请参见 8.2.1 小节的案例 22。

8.2.2　案例 23——使用 CP 的 PN 进行 PROFINET 周期性通信

在本案例中，将使用 CP 的 PN 接口利用报文 111 进行 PROFINET 的周期性通信。

软硬件组成见表 8-7。

表 8-7　本案例的软硬件组成

设备或软件	订 货 号	版　本
CPU315-2DP	6ES7315-2AG10-0AB0	V2.6
CP343-1	6ES7343-1EX30-0XE0	V2.4
CU320-2PN	6SL3040-1MA01-0AA0	V4.7
电源模块适配器（2 个）	6SL3040-0PA01-0AA0	—
电源模块（2 个）	6SL3210-1PB13-0UL0	—
伺服电动机（2 台）	1FK7032-2AK71-1QA0	—
STARTER 软件	—	V4.4.0.3
STEP 7 软件	—	V5.5.4.1

通信示意图如图 8-12 所示。

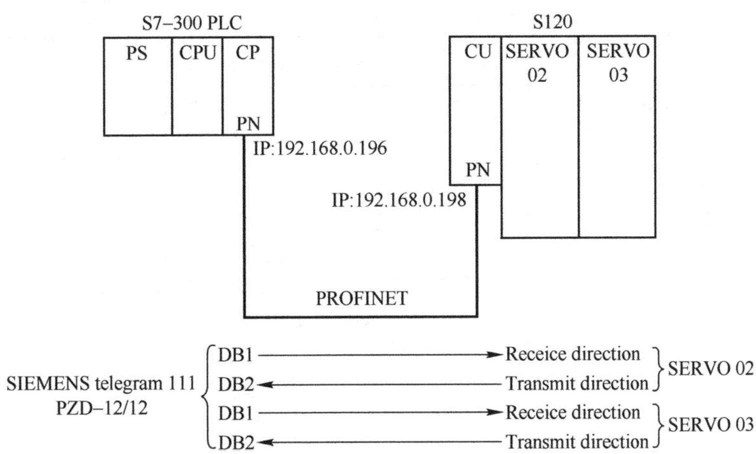

图 8-12　本案例的通信示意图

为完成本案例的通信，需要先在 STEP 7 中对 PLC 侧进行组态和编程，然后再使用 STARTER 对 S120 侧进行组态。STARTER 项目可集成在 STEP 7 项目中。

PLC 侧的组态步骤见表 8-8。

表 8-8　PLC 侧的组态步骤

序　号	说　　明	图　　示
1	在 STEP 7 中创建项目，并进行基本的硬件组态	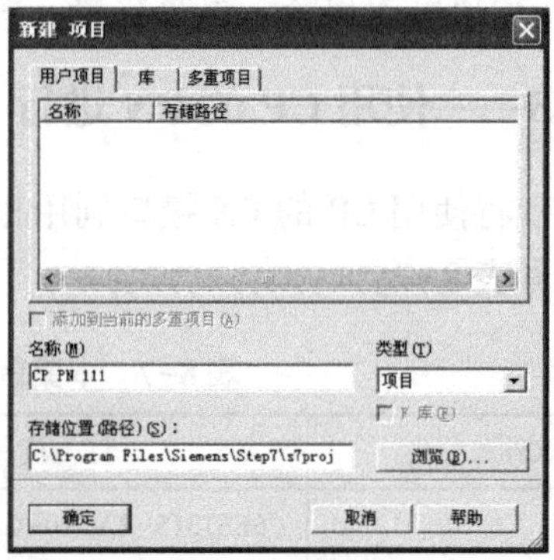
2	在硬件组态中选择相应的 CP 模块，创建一条新的 PROFINET 网络，并设置 CP 的 IP 地址。右击 CP 的 X1 接口“PN-IO”，在弹出的快捷菜单中选择“插入 PROFINET IO 系统”命令	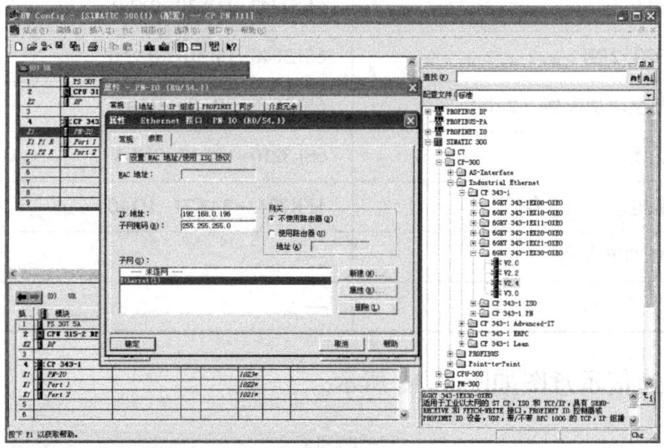
3	将硬件组态“PROFINET IO”目录中的“S120 CU320-2→PN→V4.7”拖动至 PN 网络，将其 IP 地址设定为 192.168.0.198	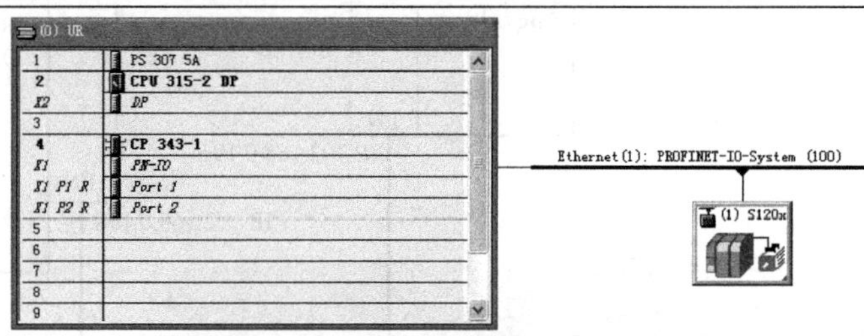
4	双击从站 S120，打开其属性设置界面。设置 CU320-2PN 的“Device name”，此处默认为“S120xCU320x2xPNxCP”	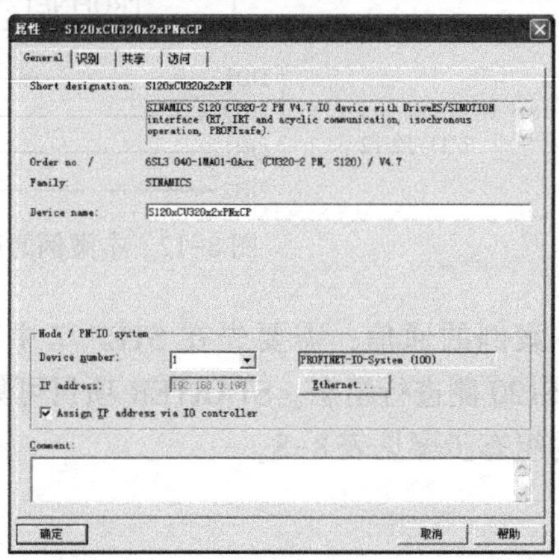

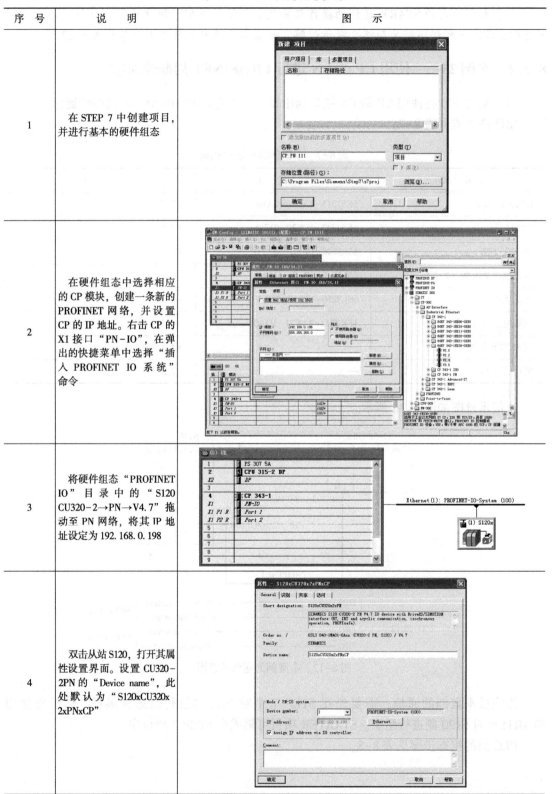

（续）

序　号	说　　明	图　　示
5	在 CU320 模块的子槽中插入 2 个“Drive object”。修改报文为 111，并把轴 1 的地址范围改为“0…23”，将轴 2 的地址范围改为“24…47”。编译无误后下载即可	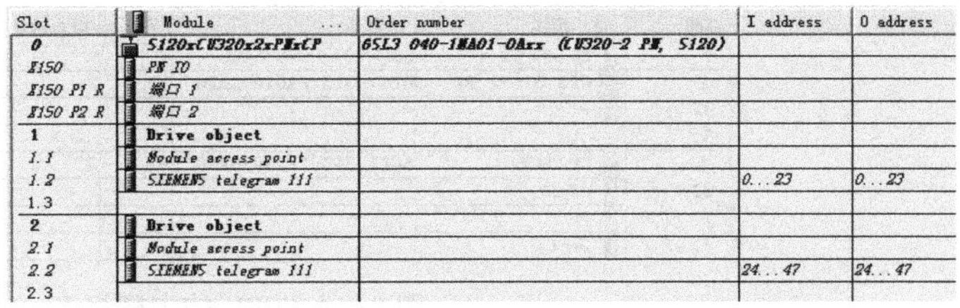
6	在线编辑 Ethernet 节点。分配静态 IP 地址及子网掩码、分配设备名称，完成后进行验证。同样，在上述第 4 步中定义的“Device name”和本步中分配的设备名称必须一致。可以按照右图的方式进行验证。详细步骤可参考表 8-5 中的第 8 步	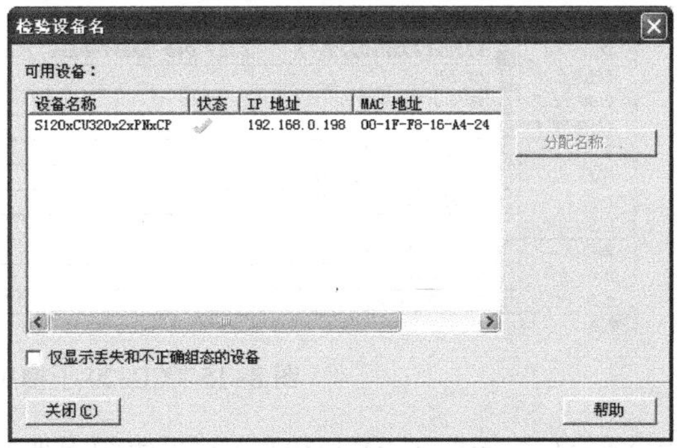

完成硬件组态之后，进行通信程序的编写，通信程序如图 8-13 所示。

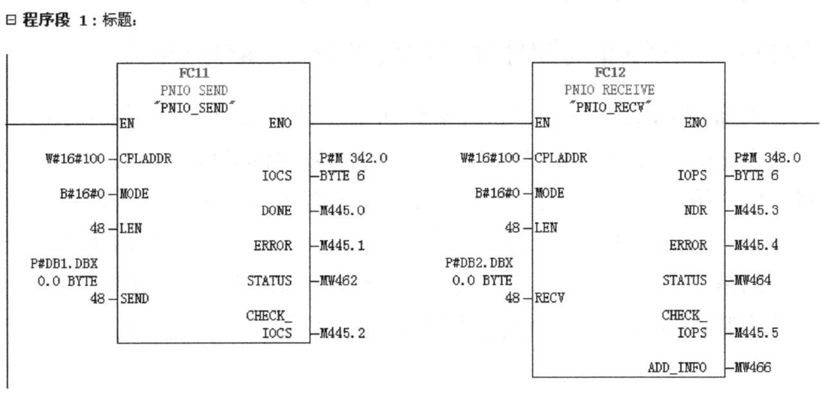

图 8-13　CP 的 PN 接口与 CU320-2PN 的通信程序

通过 CP 的 PN 接口与 CU320-2PN 通信时，使用的指令是 FC11 和 FC12（在指令库 SIMATIC_NET_CP 的 CP 300 目录中）。

图 8-13 中“CPLADDR”引脚需要填写 CP 模块的起始 I/O 地址，其起始地址如图 8-14 所示，均为 256，写成十六进制的 WORD 格式常数便是 W#16#100。

图 8-13 中 FC11 的“SEND”及 FC12 的“RECV”引脚填写的是相应数据区域的范围。与通过 CPU 直接通信的情况不同，此处 PLC 通过 DB1 统一将控制字发送给 SERVO 02 和 SERVO 03，PLC 统一接收 SERVO 02 和 SERVO 03 的状态字到 DB2 中，如通信示意图 8-12 所示。其中“SEND”引脚的“P#DB1. DBX0. 0 BYTE 48”对应的起始 Q 地址为 0（SERVO 02 的 0…23 和 SERVO 03 的 24…47，共 48 个字节），“RECV”引脚的“P#DB2. DBX0. 0

BYTE 48”对应的起始 I 地址为 0。这两个“0”都是 CU320 子槽中的地址，如图 8-15 所示。此处一定要对应上，否则通信将无法建立。

插槽	模块	订货号	固件	MPI 地址	I 地址	Q 地址
1	PS 307 5A	6ES7 307-1EA00-0AA0				
2	CPU 315-2 DP	6ES7 315-2AG10-0AB0	V2.6	2		
X2	DP				2047*	
3						
4	CP 343-1	6GK7 343-1EX30-0XE0	V2.4	3	256...271	256...271
X1	PN-IO				1023*	
X1 P1 R	Port 1				1022*	
X1 P2 R	Port 2				1021*	

图 8-14　CPU 的主槽组态

Slot	Module	Order number	I address	O address
0	S120xCU320x2xPNxCP	6SL3 040-1MA01-0Axx (CU320-2 PN, S120)		
X150	PN IO			
X150 P1 R	端口 1			
X150 P2 R	端口 2			
1	Drive object			
1.1	Module access point			
1.2	SIEMENS telegram 111		0...23	0...23
1.3				
2	Drive object			
2.1	Module access point			
2.2	SIEMENS telegram 111		24...47	24...47
2.3				

图 8-15　CU320 子槽中组态

111 报文信息请参考《SINAMICS S120 功能手册》的 PROFIdrive 部分，或参考案例 22。

S120 侧的组态同案例 22，此处不再赘述。

通信的验证过程基本与案例 22 相同，此处不再赘述。

8.2.3　案例 24——使用非周期性通信读取参数（PROFINET）

本案例中，将通过 PROFINET 的非周期性通信，读取 SERVO 02 的参数。在读取参数时，需要使用两个指令：参数的读取请求 SFB53 和参数的读取应答 SFB52。

本案例将讲解读取参数的方法，并且选取了两种典型的情况，即读取一个参数的情况和读取多于一个参数的情况。案例 25 将讲解写入参数的方法，同样选取了两种典型的情况，即写入一个参数的情况和写入多于一个参数的情况。它们的程序基本相同，只是通信数据区略有不同。因此为节省篇幅，本案例将会详细讲述，案例 25 将会简略，建议读者按照顺序阅读。

软硬件组成见表 8-9。

表 8-9　本案例的软硬件组成

设备或软件	订　货　号	版　　本
CPU 315-2PN/DP	6ES7315-2EH14-0AB0	V3.1
CU320-2PN	6SL3040-1MA01-0AA0	V4.7
电源模块适配器（2 个）	6SL3040-0PA01-0AA0	—
电源模块（2 个）	6SL3210-1PB13-0UL0	—
伺服电动机（2 台）	1FK7032-2AK71-1QA0	—
STARTER 软件	—	V4.4.0.3
STEP 7 软件	—	V5.5.4.1

为完成本案例的通信，需要在 STEP 7 中对 PLC 侧进行编程，并且保证控制器与驱动设备之间的 PROFIdrive 周期性通信正常。

1. 读取一个参数

下面将通过非周期性通信读取一个驱动器的参数，例如读取 SERVO 02 的 r0296 参数。通过 STARTER 中 SERVO 02 的 Expert List 在线查看到其值为 150，如图 8-16 所示。

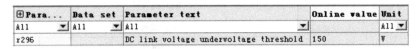

⊞Para...	Data set	Parameter text	Online value	Unit
All	All	All		All
r296		DC link voltage undervoltage threshold	150	V

图 8-16　在 STARTER 中查看 r0296 参数

编写基于 PROFINET 进行非周期性通信程序，如图 8-17 所示。SFB53 和 SFB52 的执行与否都是通过 REQ 端的上升沿来控制的。

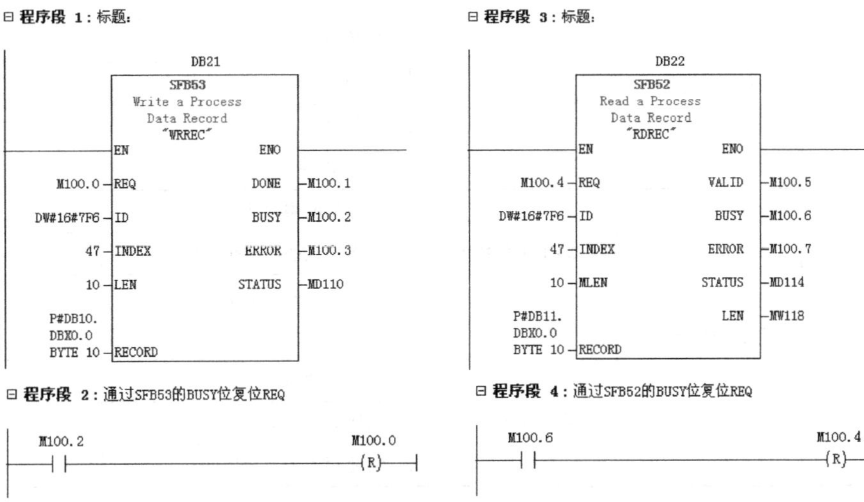

图 8-17　基于 PROFINET 的非周期性通信程序——读取一个参数

ID 引脚是相应轴的诊断地址。如图 8-18 所示，SERVO 02 和 SERVO 03 的诊断地址分别是 2038 和 2037，写成十六进制的 WORD 格式为 W#16#7F6 和 W#16#7F5。图 8-17 程序为与 SERVO 02 通信的程序，所以 SFB52、SFB53 的 ID 引脚均为 W#16#7F6。

Slot	Module	Order number	I address	O address	Diagnostics address
0	S120xCU320x2xPN	6SL3 040-1MA01-0Axx (CU320-2 PN, S120)			2040*
X150	PN IO				2039*
X150 P1 R	端口 1				2042*
X150 P2 R	端口 2				2041*
1	Drive object				2038*
1.1	Module access point				2038*
1.2	SIEMENS telegram 111		264...287	264...287	
1.3					
2	Drive object				2037*
2.1	Module access point				2037*
2.2	SIEMENS telegram 111		288...311	288...311	
2.3					

图 8-18　基于 PROFINET 的非周期性通信程序

“INDEX”引脚均为 47（0x002F），因为 PROFIdrive 的非周期性通信使用的是此参数通道。“RECORD”引脚为通信数据区，其组成变量见表 8-10 和表 8-11。

表 8-10　参数的请求结构

请求类别	参数请求结构（非周期性通信 SFB53 的 RECORD 数据区结构）			地址偏移
同时读取和写入参数的请求	读取参数的请求	请求标题	请求参考[1]	0
			请求 ID[2]	1
			轴的编号[4]	2
			参数数量[5]	3
		第 1 个参数地址	参数属性[6]	4
			值的个数[7]	5
			参数号[8]	6
			子索引[9]	8
		…		
		第 *n* 个参数地址	参数属性[6]	
			值的个数[7]	
			参数号[8]	
			子索引[9]	
	写入参数的请求	第 1 个参数值	参数值的格式[10]	
			需要写入的值的个数[11]	
			需要写入的参数值[12]	
		…		
		第 *n* 个参数值	参数值的格式[10]	
			需要写入的值的个数[11]	
			需要写入的参数值[12]	

表 8-11　参数的应答结构

应答类别	参数应答结构（非周期性通信 SFB52 的 RECORD 数据区结构）		地址偏移
仅用于应答对应 SFB53 产生的读取参数的请求	应答标题	校验对应 SFB53 中的请求参考[1]	0
		校验对应 SFB53 中的请求 ID（应答 ID）[3]	1
		校验对应 SFB53 中的轴编号[4]	2
		校验对应 SFB53 中的参数数量[5]	3
	第 1 个参数值	参数格式辨识[10]	4
		值的个数	5
		参数值	6
	第 *n* 个参数值	参数格式辨识[10]	
		值的个数	
		参数值	

表 8-10 和表 8-11 中的上标部分，请见表 8-12。

表 8-12　非周期性通信数据区各部分的数据类型、数值及注释

标　号	项　　目	数据类型	数　　值	注　　释
1	请求参考	无符号 8 位数	0x01…0xFF	每一次新的请求主站改变“请求参考”，从站在其应答时镜像“请求参考”
2	请求 ID	无符号 8 位数	0x01	读请求
			0x02	写请求
3	应答 ID	无符号 8 位数	0x01	读请求（+）
			0x02	写请求（+）
			0x81	读请求（-）
			0x82	写请求（-）
4	轴的编号	无符号 8 位数	0x00…0xFF	对于多个驱动单元设定相应设备 ID
5	参数数量	无符号 8 位数	0x01…0x27	No. 1…39 对于请求多个参数时的参数数量，=1 为请求一个参数
6	参数属性	无符号 8 位数	0x10	数值型
			0x20	描述型（不可用）
			0x30	文本型（不可用）
7	值的个数	无符号 8 位数	0x00	特定功能
			0x01…0x75	No. 1…117，数组数量
8	参数号	无符号 16 位数	0x0001…0xFFFF	No. 1…65535
9	子索引	无符号 16 位数	0x0001…0xFFFF	No. 1…65535
10	参数值的格式（SFB53 中）/参数格式辨识（SFB52 中）	无符号 8 位数	0x02	8 位整型数
			0x03	16 位整型数
			0x04	32 位整型数
			0x05	无符号 8 位数
			0x06	无符号 16 位数
			0x07	无符号 32 位数
			0x08	浮点数
			0x40	0
			0x41	字节
			0x42	字
			0x43	双字
			0x44	错误
			Other values	见 PROFIdrive Profile
11	需要写入的值的个数	无符号 8 位数	0x00…0xEA	0…234
12	需要写入的参数值或错误值	无符号 16 位数	0x0000…0x00FF	读或写的参数值；应答错误值

其中 DB10 和 DB11 中的定义如图 8-19 和图 8-20 所示。

地址	名称	类型	初始值	注释
0.0		STRUCT		
+0.0	REQUEST_REF	BYTE	B#16#0	请求参考
+1.0	REQUEST_ID	BYTE	B#16#0	请求ID
+2.0	AXIS	BYTE	B#16#0	轴的编号
+3.0	NUM_OF_PARA	BYTE	B#16#0	参数数量
+4.0	PARA_ATTRIBUTE	BYTE	B#16#0	参数属性
+5.0	NUM_OF_ELEMENT	BYTE	B#16#0	值的个数
+6.0	PARA_NO	WORD	W#16#0	参数号
+8.0	SUBINDEX	WORD	W#16#0	子索引
=10.0		END_STRUCT		

图 8-19　DB10 的组成

地址	名称	类型	初始值	注释
0.0		STRUCT		
+0.0	REQUEST_REF	BYTE	B#16#0	校验对应SFB53中的请求参考
+1.0	REQUEST_ID	BYTE	B#16#0	校验对应SFB53中的请求ID
+2.0	AXIS_MIRROR	BYTE	B#16#0	校验对应SFB53中的轴编号
+3.0	NUM_OF_PARA	BYTE	B#16#0	校验对应SFB53中的参数数量
+4.0	PARA_FORMAT	BYTE	B#16#0	参数格式辨识
+5.0	NUM_OF_ELEMENT	BYTE	B#16#0	值的个数
+6.0	VALUE	REAL	0.000000e	参数值
=10.0		END_STRUCT		

图 8-20　DB11 的组成

将 DB10 和 DB11 建立在名为 ReadOnePara 的变量表中并调试，如图 8-21 所示。

说明：

图 8-21 的变量表是基于经典 STEP 7 的，在博途软件中用于变量调试的类似表格叫作监控表。

变量 - [ReadOnePara -- @CPU PN 111\SIMATIC 300(1)\CPU 315-2PN/DP\S7 程序(1)　ONLINE]

表格(T)　编辑(E)　插入(I)　PLC　变量(A)　视图(V)　选项(O)　窗口(W)　帮助(H)

	地址		符号	显示格式	状态值	修改数值
1	M　100.0			BOOL	false	true
2	DB10.DBB	0	"SERVO_02_ReadRequestDB".REQUEST_REF	HEX	B#16#01	B#16#01
3	DB10.DBB	1	"SERVO_02_ReadRequestDB".REQUEST_ID	HEX	B#16#01	B#16#01
4	DB10.DBB	2	"SERVO_02_ReadRequestDB".AXIS	HEX	B#16#02	B#16#02
5	DB10.DBB	3	"SERVO_02_ReadRequestDB".NUM_OF_PARA	HEX	B#16#01	B#16#01
6	DB10.DBB	4	"SERVO_02_ReadRequestDB".PARA_ATTRIBUTE	HEX	B#16#10	B#16#10
7	DB10.DBB	5	"SERVO_02_ReadRequestDB".NUM_OF_ELEMENT	HEX	B#16#01	B#16#01
8	DB10.DBW	6	"SERVO_02_ReadRequestDB".PARA_NO	HEX	W#16#0128	W#16#0128
9	DB10.DBW	8	"SERVO_02_ReadRequestDB".SUBINDEX	HEX	W#16#0000	
10						
11	M　100.4			BOOL	false	true
12	DB11.DBB	0	"SERVO_02_ReadResponseDB".REQUEST_REF	HEX	B#16#01	
13	DB11.DBB	1	"SERVO_02_ReadResponseDB".REQUEST_ID	HEX	B#16#01	
14	DB11.DBB	2	"SERVO_02_ReadResponseDB".AXIS_MIRROR	HEX	B#16#02	
15	DB11.DBB	3	"SERVO_02_ReadResponseDB".NUM_OF_PARA	HEX	B#16#01	
16	DB11.DBB	4	"SERVO_02_ReadResponseDB".PARA_FORMAT	HEX	B#16#06	
17	DB11.DBB	5	"SERVO_02_ReadResponseDB".NUM_OF_ELEMENT	HEX	B#16#01	
18	DB11.DBD	6	"SERVO_02_ReadResponseDB".VALUE	BIN	2#0000_0000_1001_0110_0000_0000_0000_0000	
19	DB11.DBW	6		DEC	150	
20						

CPU PN 111\SIMATIC 300(1)\...\S7 程序(1)　RUN　Abs < 5.2

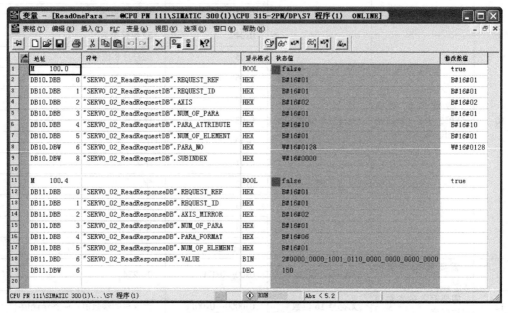

图 8-21　建立变量表 ReadOnePara 并调试

下面将图 8-21 中的各变量数值参考表 8-10～表 8-12 进行分析：

行 1 的 M100.0 连接的是 SFB53 的 REQ，它的上升沿会触发 SFB53 的执行。

行 2 的请求参考定义为 B#16#01，在执行后，行 12 对应的校验请求参考也变为 B#16#01。行 2 处如果定义为其他数值如 B#16#11，则执行后行 12 处也会自动变为此数值。

行 3 的请求 ID 为 B#16#01，即读请求。

行 4 为轴的编号。在 STARTER 的 Communication 的 Telegram Configuration 中可以查看，如图 8-22 所示。SERVO_02 的轴编号（No）为 2，SERVO_03 的轴编号（No）为 3。本例中使用的是 SERVO 02，因此行 4 的值为 B#16#02。

Object	Drive object	-No.	Telegram type		Input data		Output data	
					Length	Address	Length	Address
1	SERVO_02	2	SIEMENS telegram 111, PZD-12/12	✔	12	264..287	12	264..287
2	SERVO_03	3	SIEMENS telegram 111, PZD-12/12	✔	12	288..311	12	288..311
3	Control_Unit	1	Free telegram configuration with BICO		0	---..---	0	---..---
Without PZDs (no cyclic data exchange)								

图 8-22　在 STARTER 中查看轴编号

行 5 为请求读取的参数的数量，本例中为 1 个，故为 B#16#01。

行 6 为参数的属性，数值类型为 B#16#10。

行 7 为此参数中数值的个数，本例中用到的 r0296 参数中只有一个数值，故为 B#16#01。

行 8 为参数号，r0296 中的 296 转换为十六进制为 128，故为 B#16#0128。

由于此参数中只有一个数值，因此行 9 未用到。

行 11 连接的是 SFB52 的 REQ，它的上升沿会触发 SFB52。

行 12～行 15 均为参数应答部分校验（映射）参数请求部分的内容，不再赘述。

行 16 为参数格式辨识，B#16#06 代表此参数为无符号 16 位数。

行 17，类似于行 7，为值的个数。

行 18 和行 19 为参数值。当此参数值为 16 位时，从行 19 中读出；如果为 32 位，则从行 18 中读出（DB11.DBW6 是 DB11.DBD6 的高 16 位）。本例的参数为无符号的 16 位数，因此行 19 的值为 150，与 STARTER 中读到的值相同，另见图 8-16。

2. 读取两个参数

下面再进一步编写一个读取两个参数的程序，例如读取 SERVO 02 的 p1226 和 p1227。通过 STARTER 中 SERVO 02 的 Expert List 在线查看到其值分别为 20.0 和 4.0，如图 8-23 所示。

⊞Para...	Data set	Parameter text	Online value	Unit
All	All	All		All
p1226[0]	D	Threshold for zero speed detection	20.00	rpm
p1227		Zero speed detection monitoring time	4.000	s

图 8-23　在 STARTER 中查看 p1226 和 p1227 参数

编写通信程序，如图 8-24 所示。其中不同的只有连接 RECORD 区的 DB12 和 DB13 的组成，DB12 和 DB13 的定义如图 8-25 和图 8-26 所示。

将 DB12 和 DB13 建立在名为 ReadTwoPara 的变量表中，并调试。如图 8-27 所示。下面将图 8-27 中的各变量数值参考表 8-10～表 8-12 进行分析：

行 5 为参数的数量，本例为 2 个，故为 B#16#02。

行 8 为参数 01 的参数号，W#16#04CA 的十进制值为 1226。

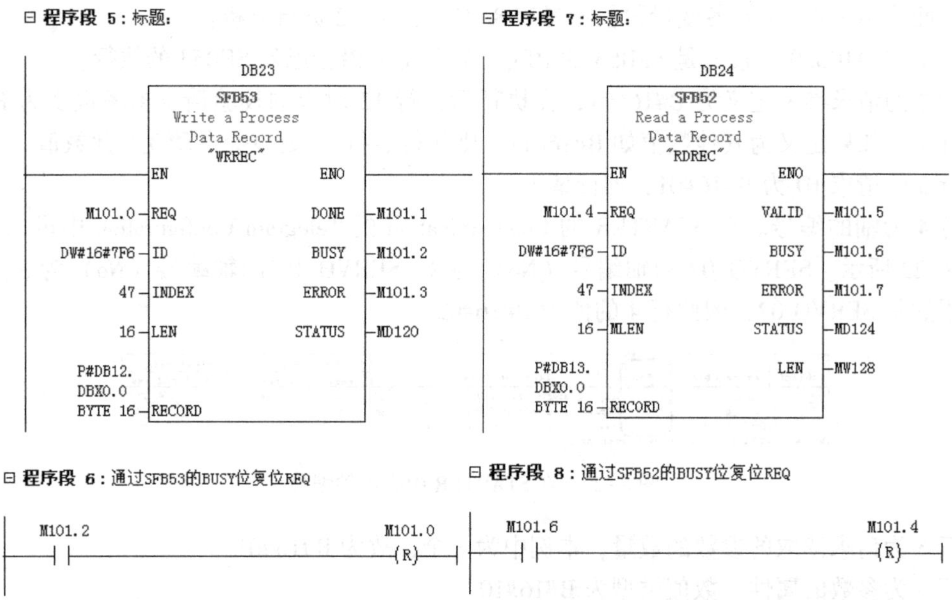

图 8-24　基于 PROFINET 的非周期通信程序——读取两个参数

地址	名称	类型	初始值	注释
0.0		STRUCT		
+0.0	REQUEST_REF	BYTE	B#16#0	请求参考
+1.0	REQUEST_ID	BYTE	B#16#0	请求ID
+2.0	AXIS	BYTE	B#16#0	轴的编号
+3.0	NUM_OF_PARA	BYTE	B#16#0	参数数量
+4.0	PARA_ATTRIBUTE_01	BYTE	B#16#0	参数01的参数属性
+5.0	NUM_OF_ELEMENT_01	BYTE	B#16#0	参数01值的个数
+6.0	PARA_NO_01	WORD	W#16#0	参数01的参数号
+8.0	SUBINDEX_01	WORD	W#16#0	参数01的子索引
+10.0	PARA_ATTRIBUTE_02	BYTE	B#16#0	参数02的参数属性
+11.0	NUM_OF_ELEMENT_02	BYTE	B#16#0	参数02值的个数
+12.0	PARA_NO_02	WORD	W#16#0	参数02的参数号
+14.0	SUBINDEX_02	WORD	W#16#0	参数02的子索引
-16.0		END_STRUCT		

图 8-25　DB12 的组成

地址	名称	类型	初始值	注释
0.0		STRUCT		
+0.0	REQUEST_REF	BYTE	B#16#0	校验对应SFB53中的请求参考
+1.0	REQUEST_ID	BYTE	B#16#0	校验对应SFB53中的请求ID
+2.0	AXIS_MIRROR	BYTE	B#16#0	校验对应SFB53中的轴编号
+3.0	NUM_OF_PARA	BYTE	B#16#0	校验对应SFB53中的参数数量
+4.0	PARA_FORMAT_01	BYTE	B#16#0	参数01的格式辨识
+5.0	NUM_OF_ELEMENT_01	BYTE	B#16#0	参数01值的个数
+6.0	VALUE_01	REAL	0.000000e+000	参数01的值
+10.0	PARA_FORMAT_02	BYTE	B#16#0	参数02的格式辨识
+11.0	NUM_OF_ELEMENT_02	BYTE	B#16#0	参数02值的个数
+12.0	VALUE_02	REAL	0.000000e+000	参数02的值
=16.0		END_STRUCT		

图 8-26　DB13 的组成

行 12 为参数 01 的参数号，W#16#04CB 的十进制值为 1227。

行 20 与行 23 为参数 01 及 02 的格式辨识，B#16#08 代表这两个参数均为浮点数。

行 22 与行 25 为参数 01 及 02 的值。

与图 8-21 所示的读取一个参数的例子中相同的变量不再赘述。

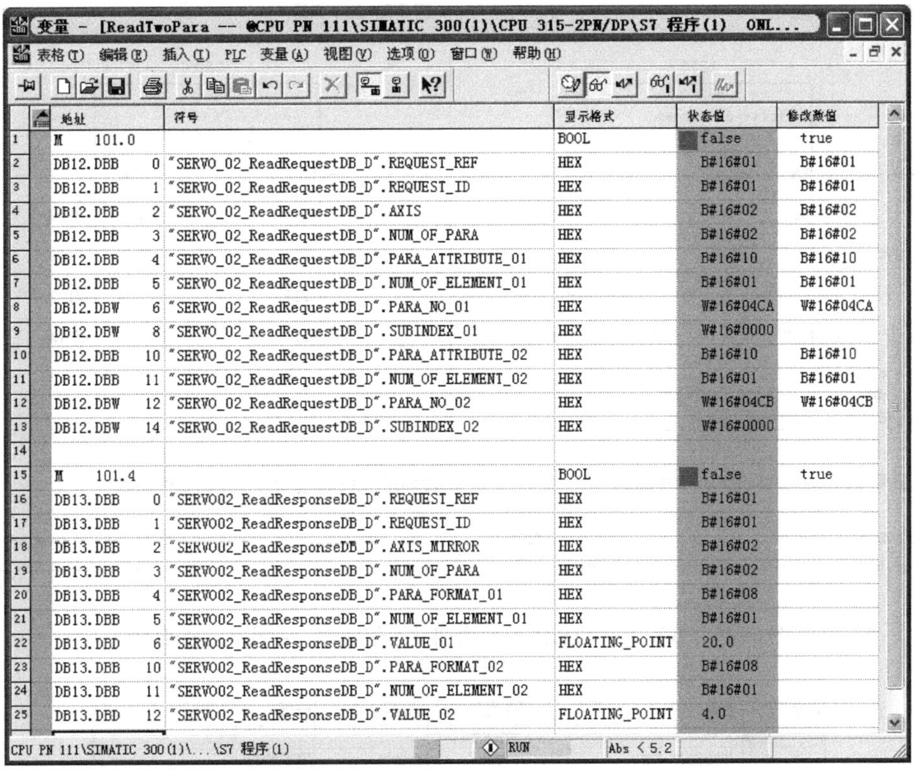

	地址		符号	显示格式	状态值	修改数值
1	M 101.0			BOOL	false	true
2	DB12.DBB	0	"SERVO_02_ReadRequestDB_D".REQUEST_REF	HEX	B#16#01	B#16#01
3	DB12.DBB	1	"SERVO_02_ReadRequestDB_D".REQUEST_ID	HEX	B#16#01	B#16#01
4	DB12.DBB	2	"SERVO_02_ReadRequestDB_D".AXIS	HEX	B#16#02	B#16#02
5	DB12.DBB	3	"SERVO_02_ReadRequestDB_D".NUM_OF_PARA	HEX	B#16#02	B#16#02
6	DB12.DBB	4	"SERVO_02_ReadRequestDB_D".PARA_ATTRIBUTE_01	HEX	B#16#10	B#16#10
7	DB12.DBB	5	"SERVO_02_ReadRequestDB_D".NUM_OF_ELEMENT_01	HEX	B#16#01	B#16#01
8	DB12.DBW	6	"SERVO_02_ReadRequestDB_D".PARA_NO_01	HEX	W#16#04CA	W#16#04CA
9	DB12.DBW	8	"SERVO_02_ReadRequestDB_D".SUBINDEX_01	HEX	W#16#0000	
10	DB12.DBB	10	"SERVO_02_ReadRequestDB_D".PARA_ATTRIBUTE_02	HEX	B#16#10	B#16#10
11	DB12.DBB	11	"SERVO_02_ReadRequestDB_D".NUM_OF_ELEMENT_02	HEX	B#16#01	B#16#01
12	DB12.DBW	12	"SERVO_02_ReadRequestDB_D".PARA_NO_02	HEX	W#16#04CB	W#16#04CB
13	DB12.DBW	14	"SERVO_02_ReadRequestDB_D".SUBINDEX_02	HEX	W#16#0000	
14						
15	M 101.4			BOOL	false	true
16	DB13.DBB	0	"SERVO02_ReadResponseDB_D".REQUEST_REF	HEX	B#16#01	
17	DB13.DBB	1	"SERVO02_ReadResponseDB_D".REQUEST_ID	HEX	B#16#01	
18	DB13.DBB	2	"SERVO02_ReadResponseDB_D".AXIS_MIRROR	HEX	B#16#02	
19	DB13.DBB	3	"SERVO02_ReadResponseDB_D".NUM_OF_PARA	HEX	B#16#02	
20	DB13.DBB	4	"SERVO02_ReadResponseDB_D".PARA_FORMAT_01	HEX	B#16#08	
21	DB13.DBB	5	"SERVO02_ReadResponseDB_D".NUM_OF_ELEMENT_01	HEX	B#16#01	
22	DB13.DBD	6	"SERVO02_ReadResponseDB_D".VALUE_01	FLOATING_POINT	20.0	
23	DB13.DBB	10	"SERVO02_ReadResponseDB_D".PARA_FORMAT_02	HEX	B#16#08	
24	DB13.DBB	11	"SERVO02_ReadResponseDB_D".NUM_OF_ELEMENT_02	HEX	B#16#01	
25	DB13.DBD	12	"SERVO02_ReadResponseDB_D".VALUE_02	FLOATING_POINT	4.0	

图 8-27　建立变量表 ReadTwoPara 并调试

8.2.4　案例 25——使用非周期性通信写入参数（PROFINET）

本案例中，将通过 PROFINET 的非周期性通信，写参数到 SERVO 02 中。在写入参数时，仅需要使用一个指令：参数的写入请求 SFB53。

软硬件组成同案例 24。

为完成本案例的通信，需要在 STEP 7 中对 PLC 侧进行编程，并且保证控制器与驱动设备之间的 PROFIdrive 周期性通信正常。

1. 写入一个参数

下面将通过非周期性通信写入一个驱动器的参数，例如写入 SERVO 02 的 p1121 参数。通过 STARTER 中 SERVO 02 的 Expert List 在线查看到其默认值为 10.0，如图 8-28 所示。

编写通信程序，如图 8-29 所示。其中与读取参数案例中不同的只有 DB14 和 DB15 的组成，DB14 和 DB15 的定义如图 8-30 和图 8-31 所示。写入参数仅需要写入请求，但是为了在 PLC 能够读取已写入的参数，加入了读取应答的程序。另外，写入请求同时可作为读取请求来使用。

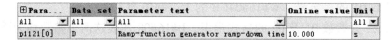

Para...	Data set	Parameter text	Online value	Unit
All	All	All		All
p1121[0]	D	Ramp-function generator ramp-down time	10.000	s

图 8-28　在 STARTER 中查看 p1121 参数

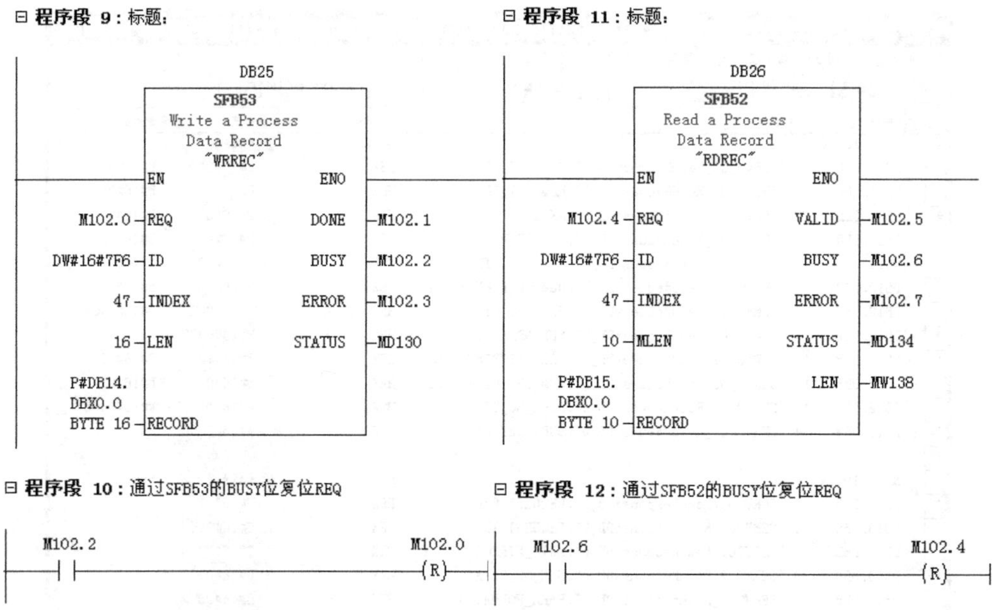

图 8-29　基于 PROFINET 的非周期性通信程序——写入一个参数

地址	名称	类型	初始值	注释
0.0		STRUCT		
+0.0	REQUEST_REF	BYTE	B#16#0	请求参考
+1.0	REQUEST_ID	BYTE	B#16#0	请求ID
+2.0	AXIS	BYTE	B#16#0	轴的编号
+3.0	NUM_OF_PARA	BYTE	B#16#0	参数数量
+4.0	PARA_ATTRIBUTE	BYTE	B#16#0	参数属性
+5.0	NUM_OF_ELEMENT	BYTE	B#16#0	值的个数
+6.0	PARA_NO	WORD	W#16#0	参数号
+8.0	SUBINDEX	WORD	W#16#0	子索引
+10.0	VALUE_FORMAT	BYTE	B#16#0	参数值的格式
+11.0	NUM_OF_ELEMENT_TO_WRITE	BYTE	B#16#0	需要写入的值的个数
+12.0	VALUE	REAL	0.000000e+000	需要写入的参数值
=16.0		END_STRUCT		

图 8-30　DB14 的组成

地址	名称	类型	初始值	注释
0.0		STRUCT		
+0.0	REQUEST_REF	BYTE	B#16#0	校验对应SFB53的请求参考
+1.0	REQUEST_ID	BYTE	B#16#0	校验对应SFB53中的请求ID
+2.0	AXIS_MIRROR	BYTE	B#16#0	校验对应SFB53中的轴编号
+3.0	NUM_OF_PARA	BYTE	B#16#0	校验对应SFB53中的参数数量
+4.0	PARA_FORMAT	BYTE	B#16#0	参数格式辨识
+5.0	NUM_OF_ELEMENT	BYTE	B#16#0	值的个数
+6.0	VALUE	REAL	0.000000e	参数值
=10.0		END_STRUCT		

图 8-31　DB15 的组成

将 DB14 和 DB15 建立在名为 WriteOnePara 的变量表中，并调试，如图 8-32 及图 8-33 所示。

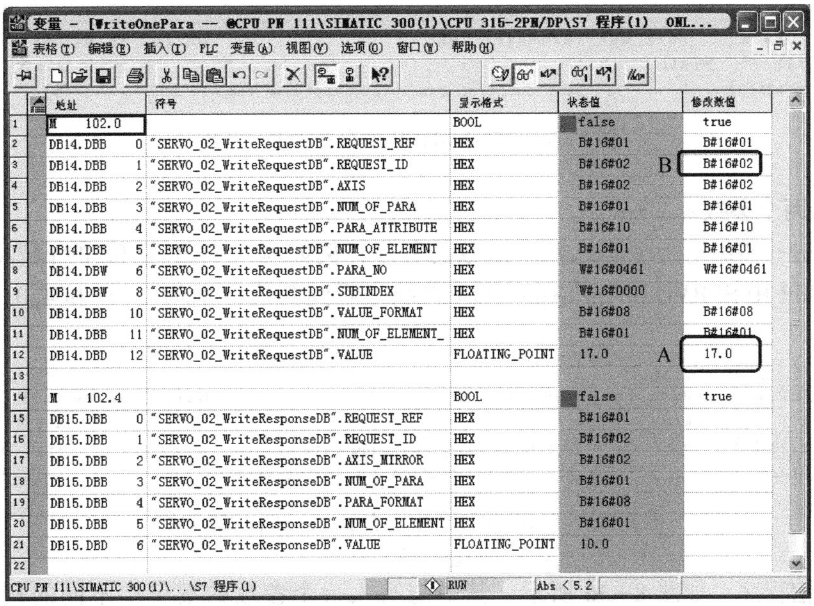

图 8-32　建立变量表 WriteOnePara 并完成写入操作

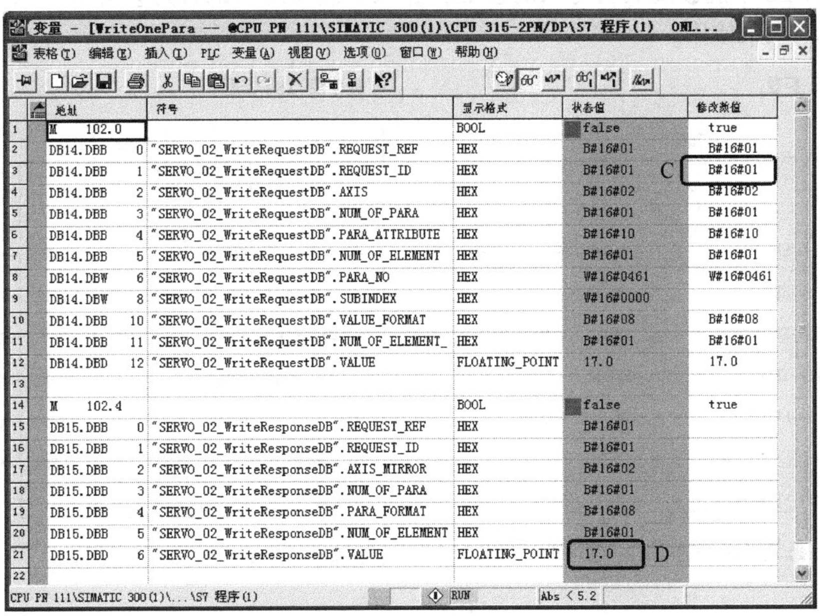

图 8-33　在变量表 WriteOnePara 中完成读取操作

下面参考表 8-10~表 8-12，简要分析图 8-32 及图 8-33 所示变量表的操作过程：

在图 8-32 的 A 处修改参数值为 17.0，在 B 处将请求代码修改为 B#16#02——写请求。完成此操作后，实际上 p1121 的参数已经修改成功了，如图 8-34 所示。将图 8-33 中的 C

处的请求代码修改为 B#16#01——读请求，即可在 PLC 侧读到此参数修改后的值了，如图 8-33 的D 处。

⊞Para...	Data set	Parameter text	Online value	Unit
All	All	All		All
p1121[0]	D	Ramp-function generator ramp-down time	17.000	s

图 8-34　在 STARTER 中查看 p1121 参数

2. 写入两个参数

下面再进一步编写一个写入两个参数的程序，例如写入 SERVO 02 的 p1226 和 p1227。通过 STARTER 中 SERVO 02 的 Expert List 在线查看到其值分别为 20.0 和 4.0，如图 8-35 所示。

⊞Para...	Data set	Parameter text	Online value	Unit
All	All	All		All
p1226[0]	D	Threshold for zero speed detection	20.00	rpm
p1227		Zero speed detection monitoring time	4.000	s

图 8-35　在 STARTER 中查看 p1226 和 p1227 参数

编写通信程序，如图 8-36 所示。其中与写入一个参数的案例中不同的只有 DB16 和 DB17 的组成，DB16 和 DB17 的定义如图 8-37 和图 8-38 所示。写入参数仅需要写入请求，但是为了在 PLC 中能够读取已写入的参数，加入了读取应答的程序。另外，写入请求同时可作为读取请求来使用。

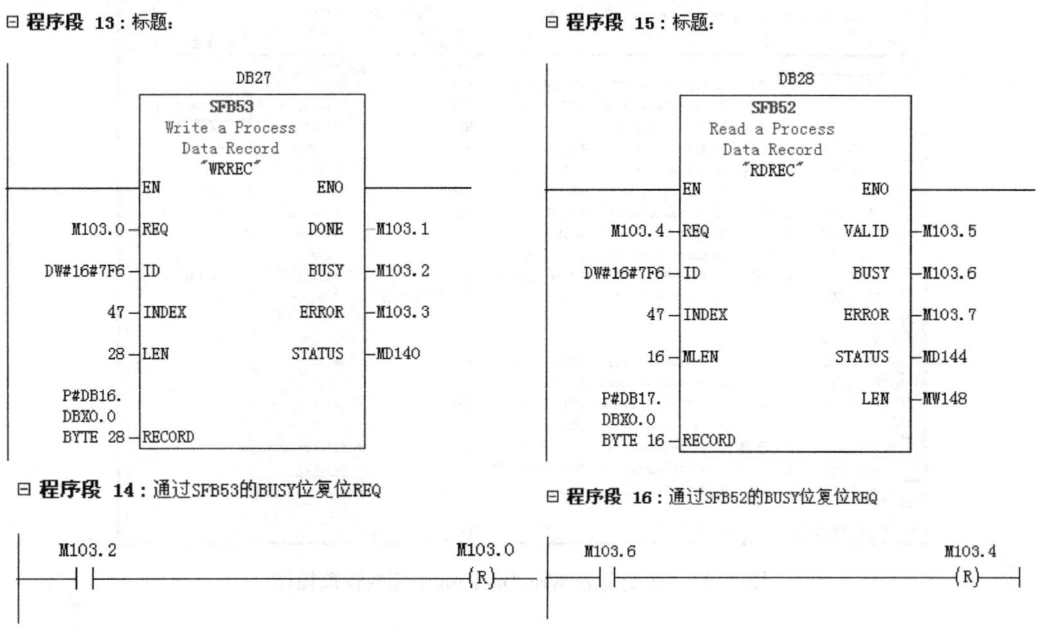

图 8-36　基于 PROFINET 的非周期性通信程序——写入两个参数

将 DB16 和 DB17 建立在名为 WriteTwoPara 的变量表中，并调试，如图 8-39 及图 8-40 所示。

地址	名称	类型	初始值	注释
0.0		STRUCT		
+0.0	REQUEST_REF	BYTE	B#16#0	请求参考
+1.0	REQUEST_ID	BYTE	B#16#0	请求ID
+2.0	AXIS	BYTE	B#16#0	轴的编号
+3.0	NUM_OF_PARA	BYTE	B#16#0	参数数量
+4.0	PARA_ATTRIBUTE_01	BYTE	B#16#0	参数01的参数属性
+5.0	NUM_OF_ELEMENT_01	BYTE	B#16#0	参数01的值的个数
+6.0	PARA_NO_01	WORD	W#16#0	参数01的参数号
+8.0	SUBINDEX_01	WORD	W#16#0	参数01的子索引
+10.0	PARA_ATTRIBUTE_02	BYTE	B#16#0	参数02的参数属性
+11.0	NUM_OF_ELEMENT_02	BYTE	B#16#0	参数02的值的个数
+12.0	PARA_NO_02	WORD	W#16#0	参数02的参数号
+14.0	SUBINDEX_02	WORD	W#16#0	参数02的子索引
+16.0	VALUE_FORMAT_01	BYTE	B#16#0	参数01的值的格式
+17.0	NUM_OF_ELEMENT_TO_WRITE1	BYTE	B#16#0	参数01中需要写入的值的个数
+18.0	VALUE_01	REAL	0.000000e	需要写入参数01的值
+22.0	VALUE_FORMAT_02	BYTE	B#16#0	参数02的值的格式
+23.0	NUM_OF_ELEMENT_TO_WRITE2	BYTE	B#16#0	参数02中需要写入的值的个数
+24.0	VALUE_02	REAL	0.000000e	需要写入参数02的值
=28.0		END_STRUCT		

图 8-37　DB16 的组成

地址	名称	类型	初始值	注释
0.0		STRUCT		
+0.0	REQUEST_REF	BYTE	B#16#0	校验对应SFB53中的请求参考
+1.0	REQUEST_ID	BYTE	B#16#0	校验对应SFB53中的请求ID
+2.0	AXIS_MIRROR	BYTE	B#16#0	校验对应SFB53中的轴编号
+3.0	NUM_OF_PARA	BYTE	B#16#0	校验对应SFB53中的参数数量
+4.0	PARA_FORMAT_01	BYTE	B#16#0	参数01的格式辨识
+5.0	NUM_OF_ELEMENT_01	BYTE	B#16#0	参数01值的个数
+6.0	VALUE_01	REAL	0.000000e	参数01的值
+10.0	PARA_FORMAT_02	BYTE	B#16#0	参数02的格式辨识
+11.0	NUM_OF_ELEMENT_02	BYTE	B#16#0	参数02值的个数
+12.0	VALUE_02	REAL	0.000000e	参数02的值
=16.0		END_STRUCT		

图 8-38　DB17 的组成

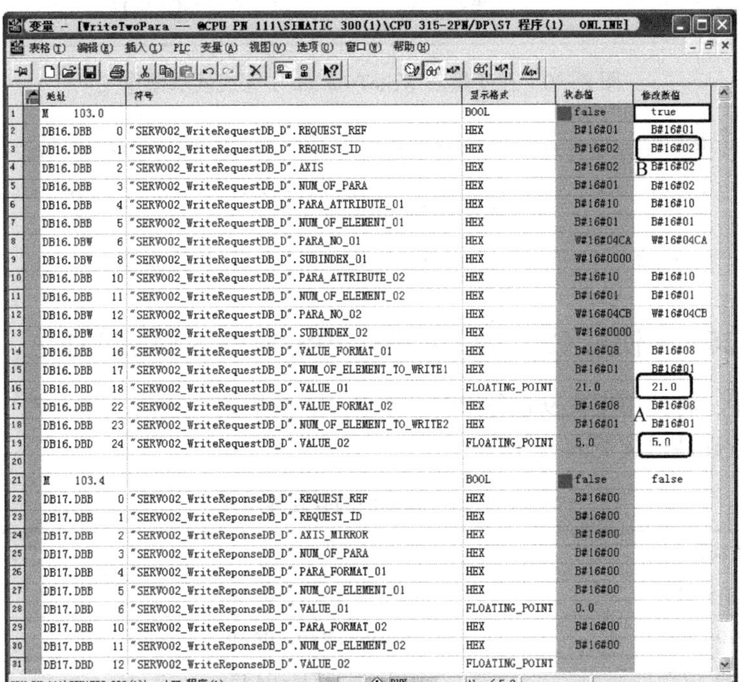

	地址		符号	显示格式	状态值	修改数值
1	M 103.0			BOOL	false	true
2	DB16.DBB	0	"SERVO02_WriteRequestDB_D".REQUEST_REF	HEX	B#16#01	B#16#01
3	DB16.DBB	1	"SERVO02_WriteRequestDB_D".REQUEST_ID	HEX	B#16#02	B#16#02
4	DB16.DBB	2	"SERVO02_WriteRequestDB_D".AXIS	HEX	B#16#02	B#16#02
5	DB16.DBB	3	"SERVO02_WriteRequestDB_D".NUM_OF_PARA	HEX	B#16#01	B#16#02
6	DB16.DBB	4	"SERVO02_WriteRequestDB_D".PARA_ATTRIBUTE_01	HEX	B#16#10	B#16#10
7	DB16.DBB	5	"SERVO02_WriteRequestDB_D".NUM_OF_ELEMENT_01	HEX	B#16#01	B#16#01
8	DB16.DBW	6	"SERVO02_WriteRequestDB_D".PARA_NO_01	HEX	W#16#04CA	W#16#04CA
9	DB16.DBW	8	"SERVO02_WriteRequestDB_D".SUBINDEX_01	HEX	W#16#0000	
10	DB16.DBB	10	"SERVO02_WriteRequestDB_D".PARA_ATTRIBUTE_02	HEX	B#16#10	B#16#10
11	DB16.DBB	11	"SERVO02_WriteRequestDB_D".NUM_OF_ELEMENT_02	HEX	B#16#01	B#16#01
12	DB16.DBW	12	"SERVO02_WriteRequestDB_D".PARA_NO_02	HEX	W#16#04CB	W#16#04CB
13	DB16.DBW	14	"SERVO02_WriteRequestDB_D".SUBINDEX_02	HEX	W#16#0000	
14	DB16.DBB	16	"SERVO02_WriteRequestDB_D".VALUE_FORMAT_01	HEX	B#16#08	B#16#08
15	DB16.DBB	17	"SERVO02_WriteRequestDB_D".NUM_OF_ELEMENT_TO_WRITE1	HEX	B#16#01	B#16#01
16	DB16.DBD	18	"SERVO02_WriteRequestDB_D".VALUE_01	FLOATING_POINT	21.0	21.0
17	DB16.DBB	22	"SERVO02_WriteRequestDB_D".VALUE_FORMAT_02	HEX	B#16#08	B#16#08
18	DB16.DBB	23	"SERVO02_WriteRequestDB_D".NUM_OF_ELEMENT_TO_WRITE2	HEX	B#16#01	B#16#01
19	DB16.DBD	24	"SERVO02_WriteRequestDB_D".VALUE_02	FLOATING_POINT	5.0	5.0
20						
21	M 103.4			BOOL	false	false
22	DB17.DBB	0	"SERVO02_WriteReponseDB_D".REQUEST_REF	HEX	B#16#00	
23	DB17.DBB	1	"SERVO02_WriteReponseDB_D".REQUEST_ID	HEX	B#16#00	
24	DB17.DBB	2	"SERVO02_WriteReponseDB_D".AXIS_MIRROR	HEX	B#16#00	
25	DB17.DBB	3	"SERVO02_WriteReponseDB_D".NUM_OF_PARA	HEX	B#16#00	
26	DB17.DBB	4	"SERVO02_WriteReponseDB_D".PARA_FORMAT_01	HEX	B#16#00	
27	DB17.DBB	5	"SERVO02_WriteReponseDB_D".NUM_OF_ELEMENT_01	HEX	B#16#00	
28	DB17.DBD	6	"SERVO02_WriteReponseDB_D".VALUE_01	FLOATING_POINT	0.0	
29	DB17.DBB	10	"SERVO02_WriteReponseDB_D".PARA_FORMAT_02	HEX	B#16#00	
30	DB17.DBB	11	"SERVO02_WriteReponseDB_D".NUM_OF_ELEMENT_02	HEX	B#16#00	
31	DB17.DBD	12	"SERVO02_WriteReponseDB_D".VALUE_02	FLOATING_POINT		

图 8-39　建立变量表 WriteTwoPara 并完成写入操作

下面参考表 8-10～表 8-12，简要分析图 8-39 及图 8-40 的操作过程：

在图 8-39 的 A 处修改参数值 01 为 21.0，修改参数值 02 为 5.0。在 B 处将请求代码修改为 B#16#02——写请求。完成此操作后，实际上 p1226 和 p1227 的参数值已经修改成功了，如图 8-41 所示。将图 8-40 中的 C 处的请求代码修改为 B#16#01——读请求，即可在 PLC 侧读到此参数修改后的值了，如图 8-40 的 D 处。

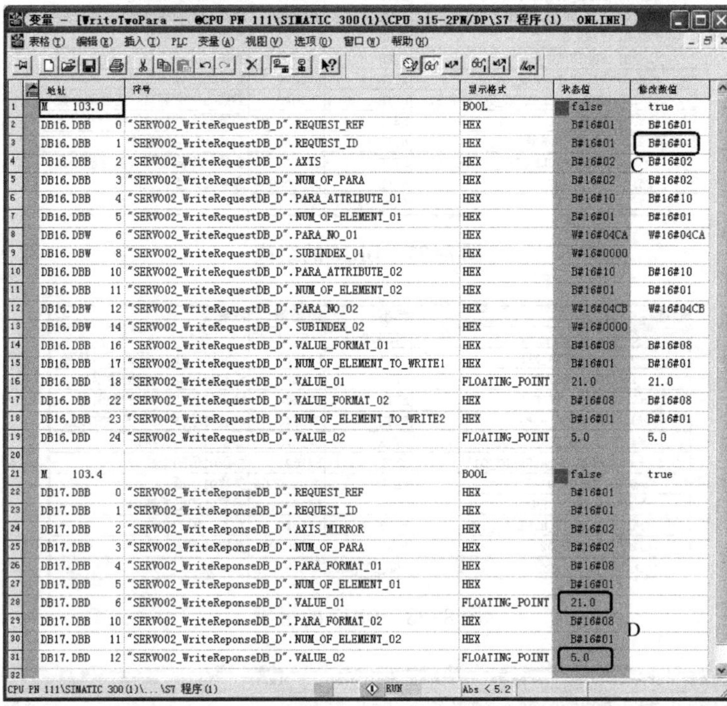

图 8-40　在变量表 WriteTwoPara 中完成读取操作

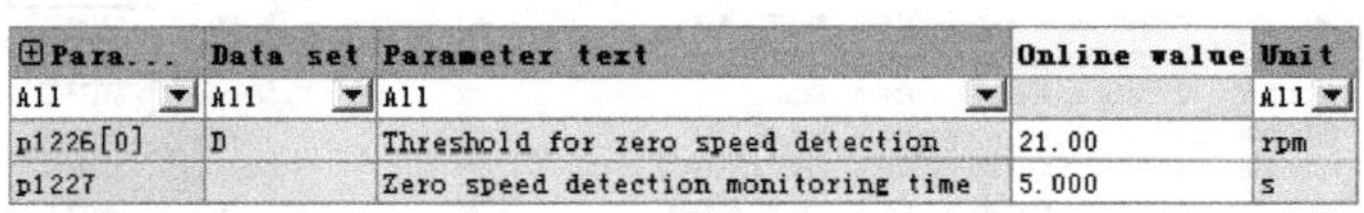

Para... Data set Parameter text Online value Unit
All All All All
p1226[0] D Threshold for zero speed detection 21.00 rpm
p1227 Zero speed detection monitoring time 5.000 s

图 8-41　在 STARTER 中查看 p1226 和 p1227 参数

8.2.5　案例 26——使用 CPU 的 DP 进行 PROFIBUS 周期性通信

在本案例中，将使用报文 9 进行 PROFIBUS-DP 的周期性通信。

本案例的软硬件组成见表 8-13。

表 8-13　本案例的软硬件组成

设备或软件	订　货　号	版　　本
CPU 315-2DP	6ES7315-2AG10-0AB0	V2.6
CU320-2DP	6SL3040-1MA01-0AA0	V4.4
电源模块（2 个）	6SL3210-1TE13-0AA3	—
伺服电动机（2 台）	1FK7022-5AK71-1LG3	—

（续）

设备或软件	订　货　号	版　　本
STARTER 软件	—	V4. 4. 0. 3
STEP 7 软件	—	V5. 5. 4. 1

本案例与 8. 2. 1 小节中的相似，首先需要在 STEP 7 中对 PLC 侧进行组态和编程，然后使用 STARTER 对 S120 侧进行组态，PLC 侧的组态过程类似于案例 22（只是添加的网络为 PROFIBUS-DP），具体步骤略。

其通信程序类似于案例 22，也是使用 SFC14/SFC15，如图 8-42 所示。

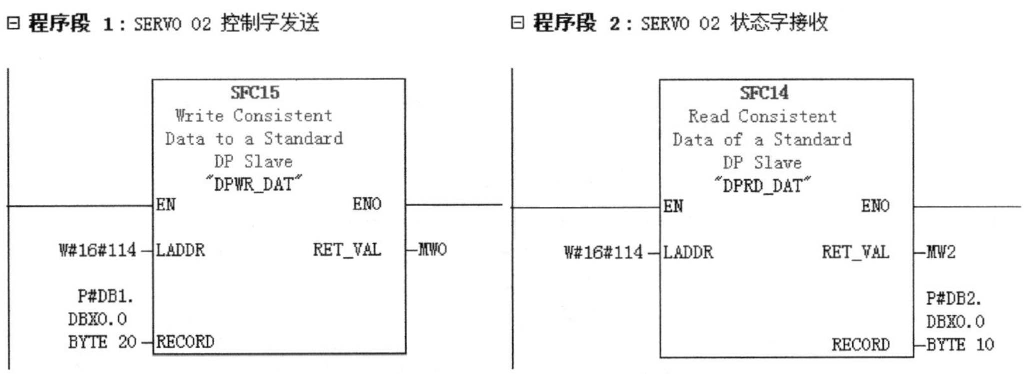

图 8-42　CPU 自带 DP 接口与 CU320-2DP 的通信程序

S120 侧的组态步骤见表 8-14，由于大多数步骤与案例 22 相似，因此表 8-14 中列出的步骤较简略。

表 8-14　S120 侧的组态步骤

序号	说　　明	图　　示
1	在 STEP 7 项目中打开 S120 系统（STARTER 软件），并在 STARTER 中连接“在线”的 S120 系统	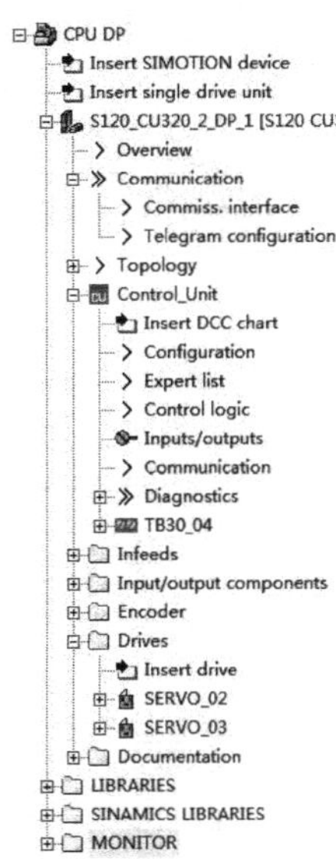

（续）

<table>
<tr><th>序号</th><th>说　明</th><th>图　示</th></tr>
<tr><td>2</td><td>检查通信报文的配置。如图，则说明 PLC 侧和 S120 侧的报文组态对应得上
说明：本例中未使用 SERVO 03 进行通信</td><td>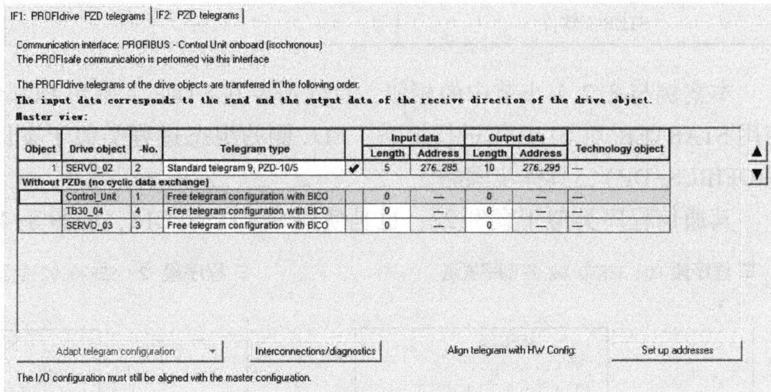
</td></tr>
<tr><td rowspan="3">3</td><td rowspan="3">S120 侧组态完成后，进行通信验证。打开 DB1，为各变量赋值，并在“Transmit direction”选项卡中查看状态字信息</td><td>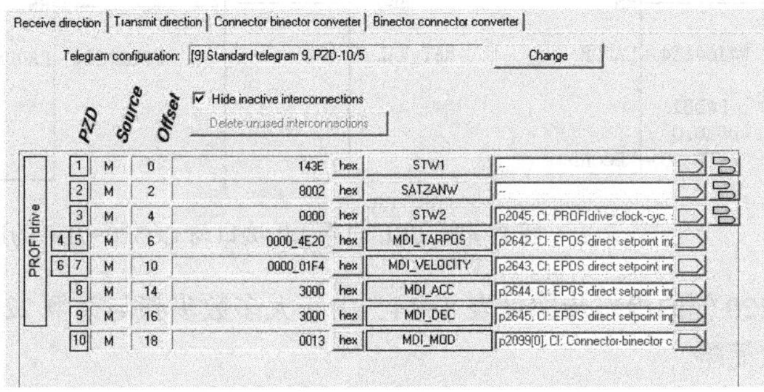
</td></tr>
<tr><td>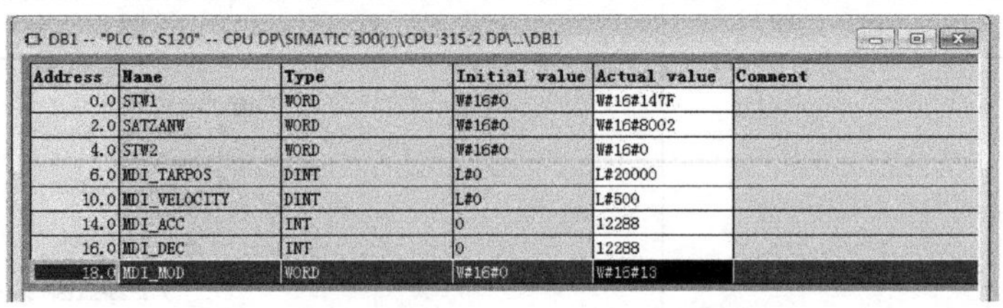
</td></tr>
<tr><td>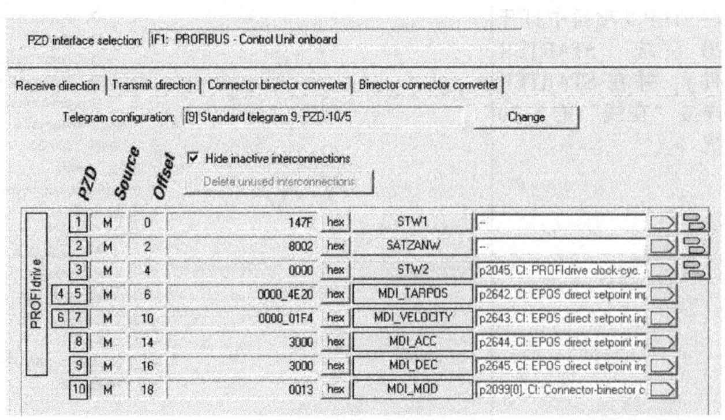
</td></tr>
</table>

8.3　基于博途平台的通信

本小节的四个案例将使用基于博途软件平台的 PLC 或触摸屏（HMI），关于博途软件的介绍，请参见 9.1 小节。

本小节四个案例所使用的软硬件为同一套，其组成见表 8-15。

表 8-15　本小节的软硬件组成

说　　明	订　货　号	版　　本
CPU 1516-3 PN/DP	6ES7516-3AN00-0AB0	V1.8
CU320-2PN	6SL3040-1MA01-0AA0	V4.7
TP700 Comfort（HMI）	6AV2124-0JC01-0AX0	V13
电源模块适配器（2 个）	6SL3040-0PA01-0AA0	—
电源模块（2 个）	6SL3210-1PB13-0UL0	—
伺服电动机（2 台）	1FK7032-2AK71-1QA0	—
TIA Portal	—	V13 SP1
STARTER	—	V4.4

8.3.1　案例 27——S7-1500 通过 TO 功能实现 S120 位置控制

TO 功能是指工艺对象功能。在 PROFIdrive 通信下，PLC 可以使用运动控制指令启动工艺对象的运动控制工作。

在本例中，S7-1500 PLC 将使用内置的 PLCopen 运动控制指令，并通过工艺对象功能对 S120 进行位置控制。在此方式下，位置控制由 PLC 的工艺对象负责，S120 仅负责速度控制。具体的操作过程见表 8-16。

表 8-16　S7-1500 通过 TO 功能实现 S120 位置控制的操作过程

序号	说　　明	图　　示
1	在“STARTER”中创建项目，并配置好驱动，将所用驱动轴设置成 5 号报文。组态 SERVO_02 的 DDS 时不要激活基本定位，否则将不支持 5 号报文	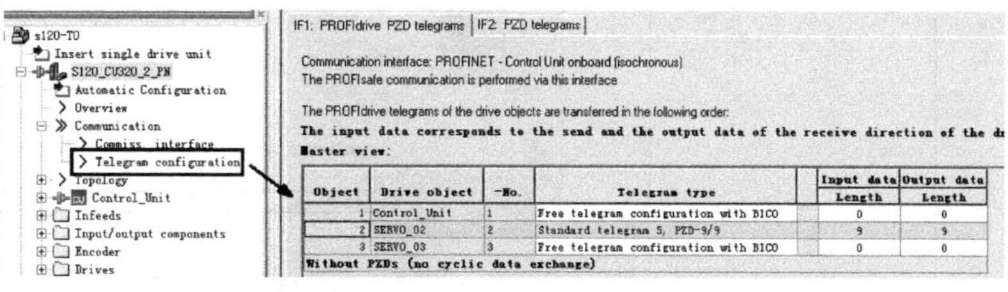
2	在博途软件中创建项目，并根据实际情况添加 S7-1500 设备。本例中采用在线获取的方式 选择非指定的 1500 CPU，并选择“获取”的方式进行自动组态检测	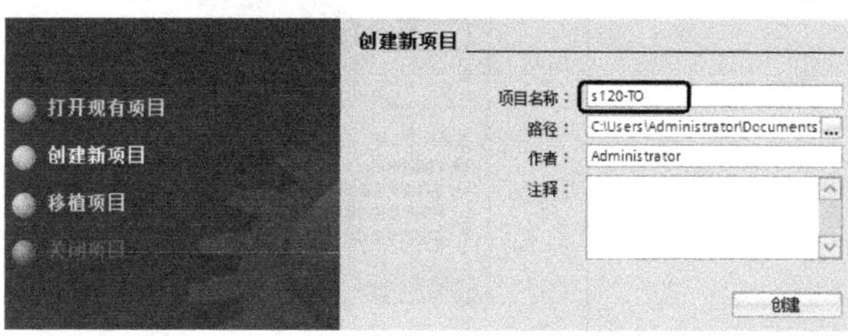

（续）

<table>
<tr><th>序号</th><th>说　明</th><th>图　示</th></tr>
<tr><td>3</td><td>在 A 处选择相应的 PG/PC 接口，单击“开始搜索”按钮（B 处），会在 C 处出现相应的可访问节点。选择 D 处的“闪烁 LED”复选框，PLC 的 CPU 的 LED 灯将会闪烁，这可以帮助我们确定该可访问节点是否是现场实际的某个 PLC
最后单击 E 处的“检测”按钮进行设备的自动检测，即可将 CPU 所在框架的模块自动检测出来</td><td>

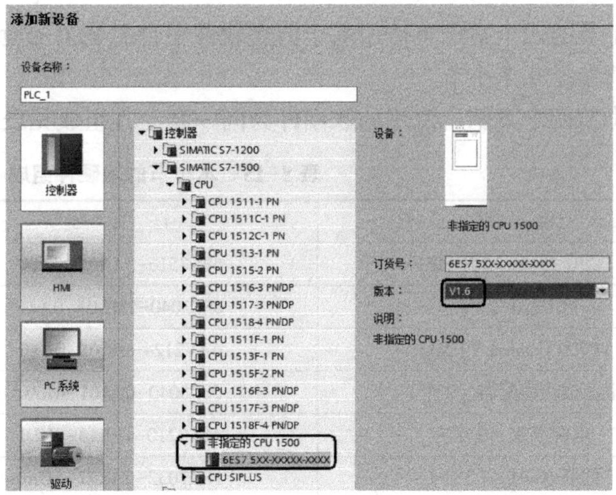

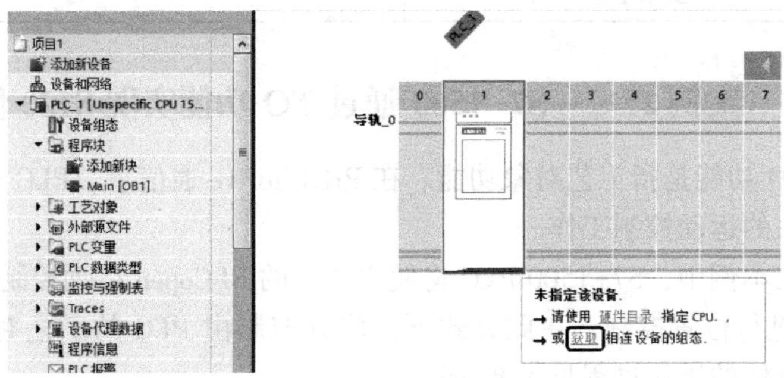

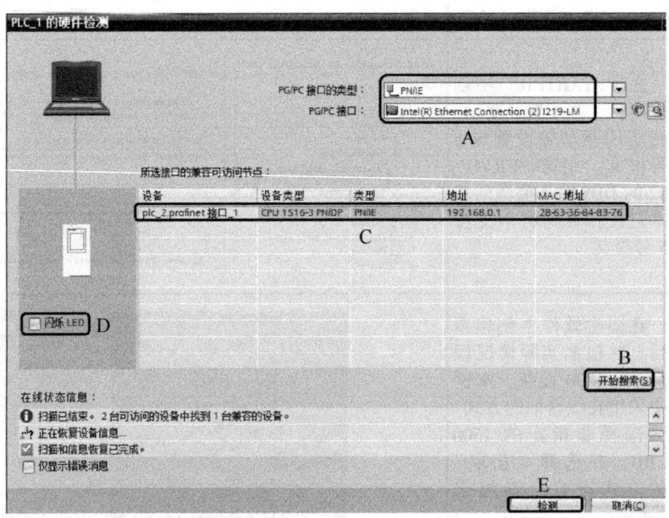

</td></tr>
</table>

（续）

序号	说　明	图　示
4	设置 PLC 的 X1 端口的 IP 地址	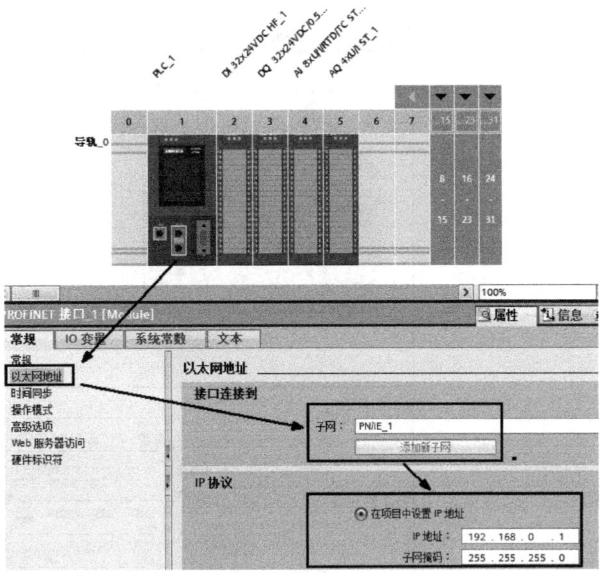
5	切换至网络视图，添加并连接 S120 的控制单元	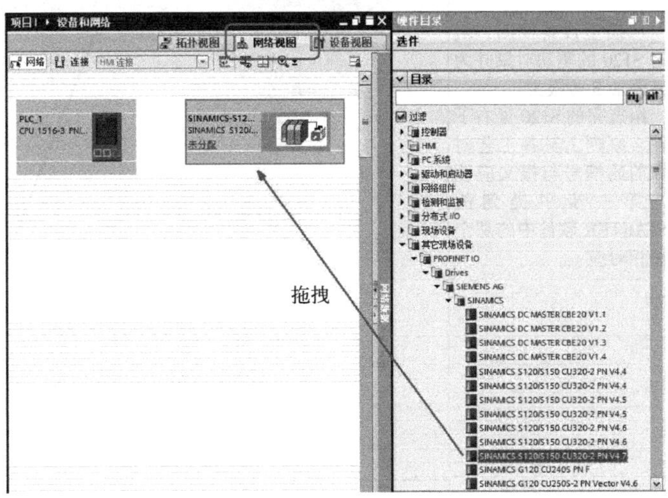 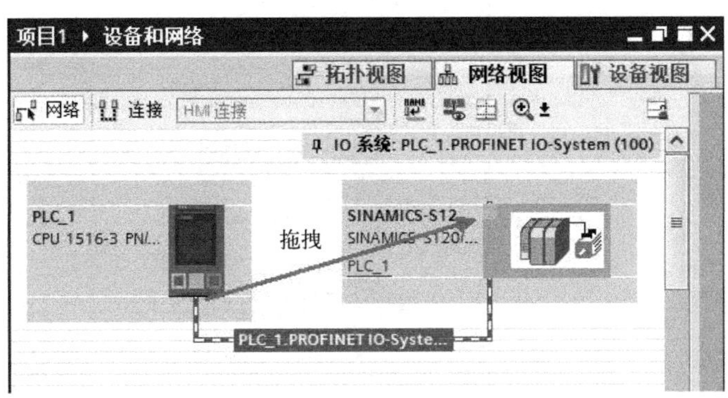

（续）

序号	说　　明	图　　示
6	切换至设备视图，组态 S120 的驱动对象并为其添加 5 号报文 组态完的 S120 见右下图，原则上其各工艺对象的插槽号与报文应该与第一步中提到的 STARTER 软件中的那个图相对应	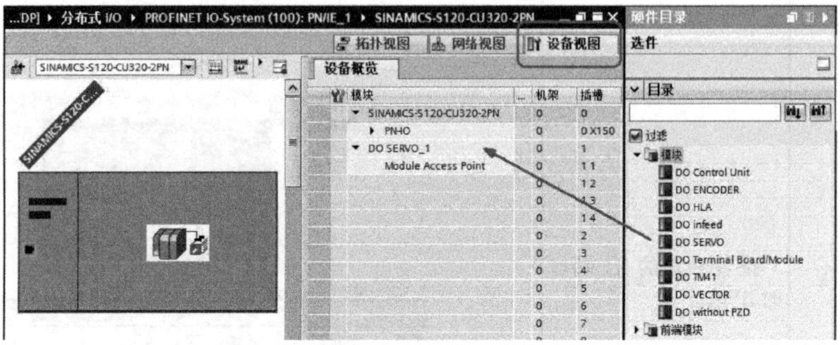 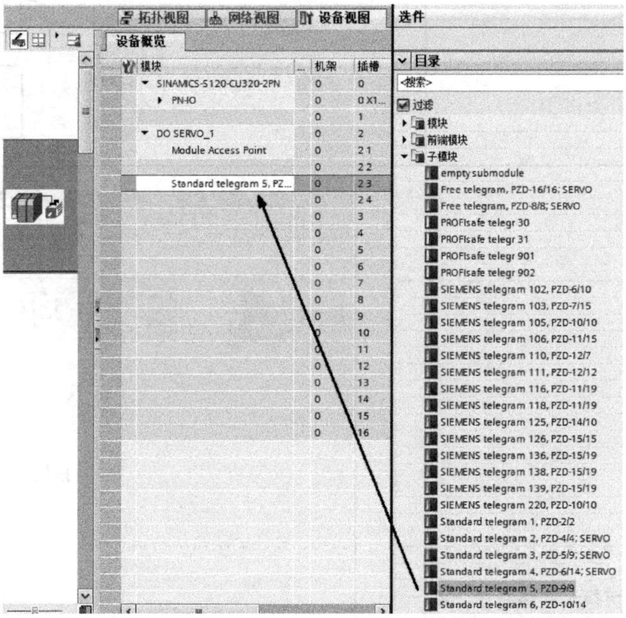 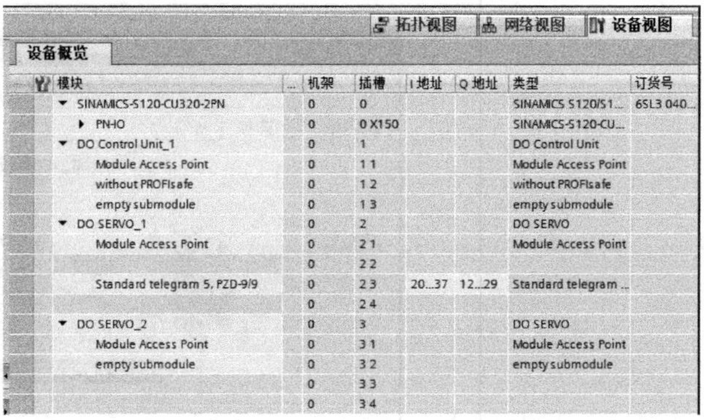

（续）

<table>
<tr><th>序号</th><th>说　明</th><th>图　示</th></tr>
<tr>
<td>7</td>
<td>根据“STARTER”中设置的 CU 的 X150 端口的名称和 IP 地址来设置博途软件中 CU 的 X1 端口的 IP 地址及驱动名称
如果名称不一致可以使用博途软件进行修改，见右下图。IP 地址的修改也类似</td>
<td>
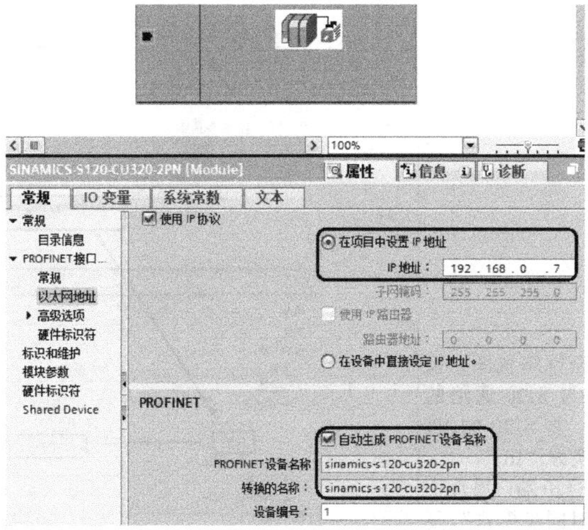

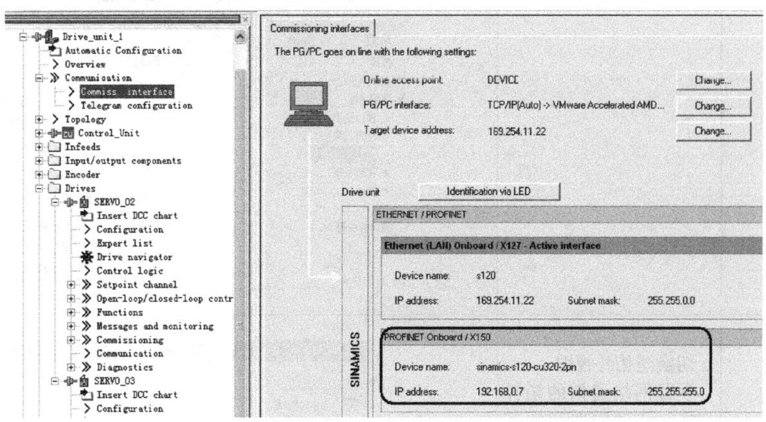

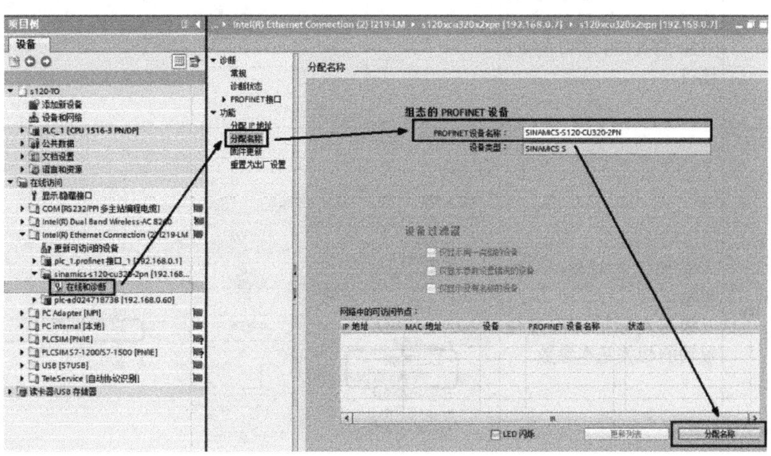

</td>
</tr>
</table>

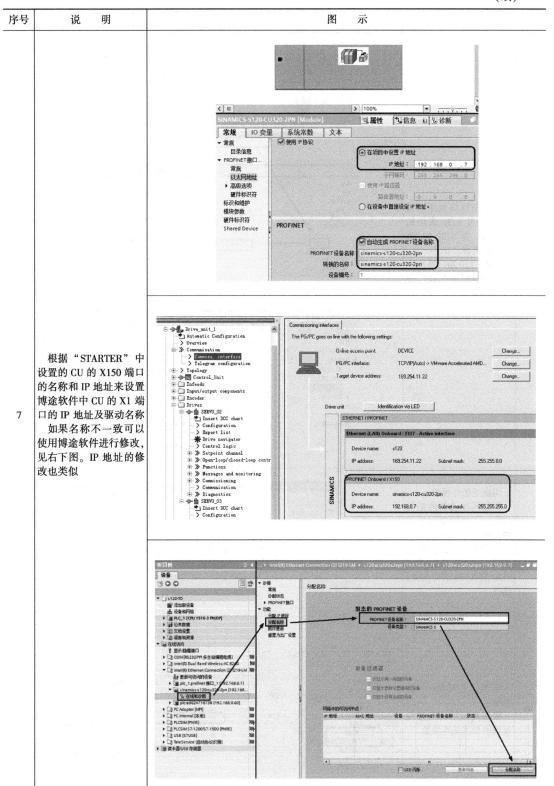

（续）

序号	说　明	图　示
8	切换至网络视图，设置 PLC 与 S120 通信的同步域，将 S120 的 RT 等级切换为“IRT” 并将 S120 端口属性中的“等时同步模式”复选框勾选上	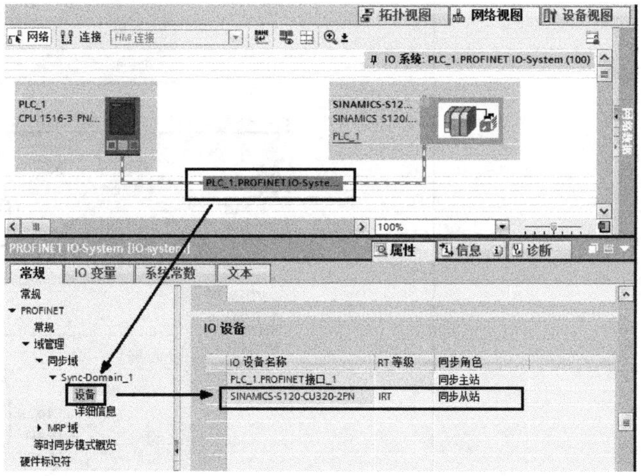 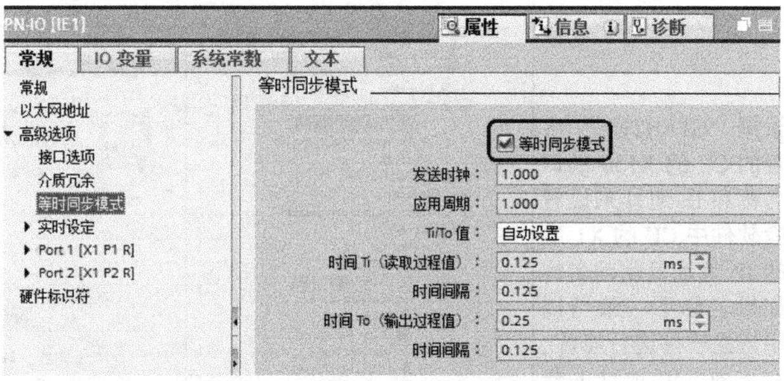
9	切换至拓扑视图 设置网络通信的拓扑连接，注意需要和实际的物理连接一致 本例中 S7-1500 的 X1 端口的 P1 接口连接到 S120 的 X150 端口的 P1 接口	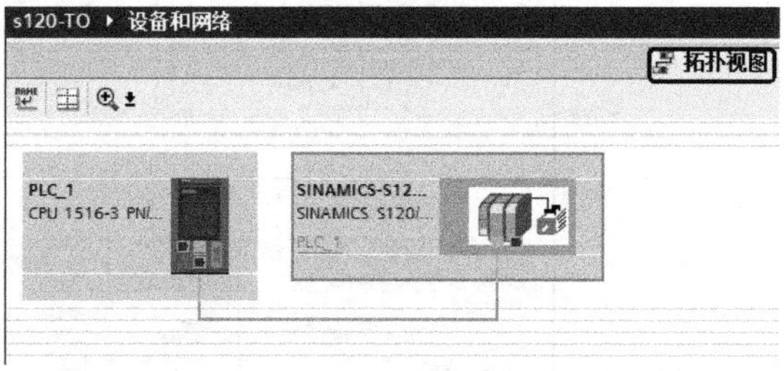
10	添加工艺对象——位置轴 根据实际情况配置位置轴的相关基本参数	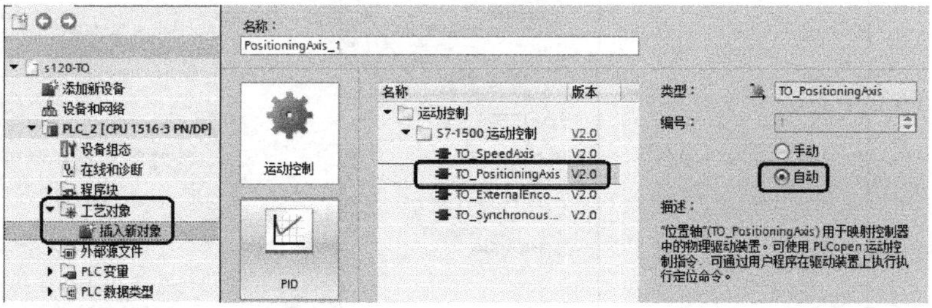

（续）

<table>
<tr><th>序号</th><th>说　　明</th><th>图　　示</th></tr>
<tr><td>11</td><td>若机械的终端为旋转运动，应该将轴类型选择为“旋转”，此时位置的单位是度，速度的单位是度每秒
若机械终端是直线运动，应该将轴类型选择为“线性”，此时位置的单位是毫米，速度的单位是毫米每秒
该处的设定与运动控制指令上的位置及速度设定值有关，请准确设定
说明：本例为旋转运动</td><td>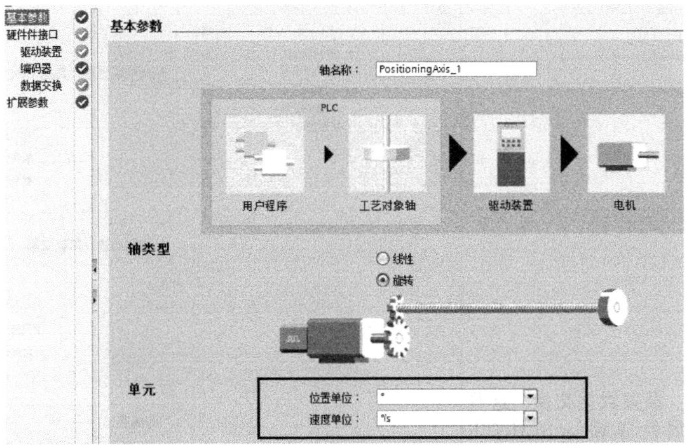

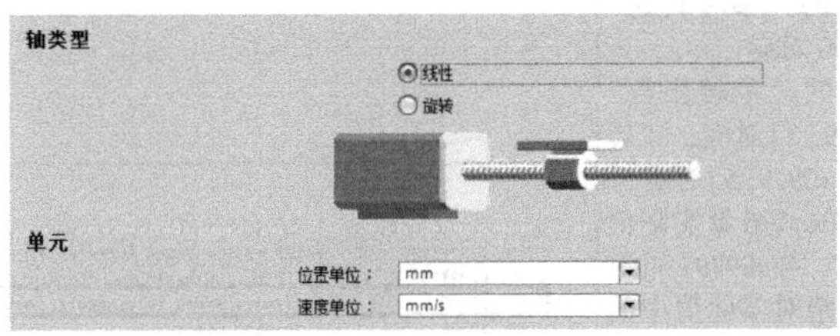
</td></tr>
<tr><td>12</td><td>并将其与组态的驱动对象相连接</td><td>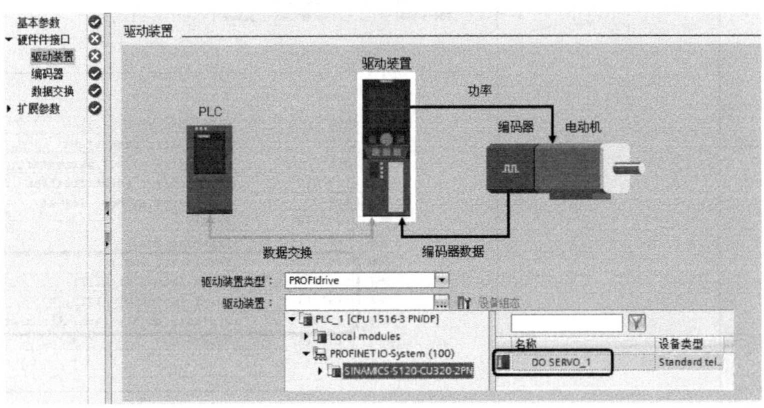
</td></tr>
<tr><td>13</td><td>根据实际选择对应的编码器</td><td>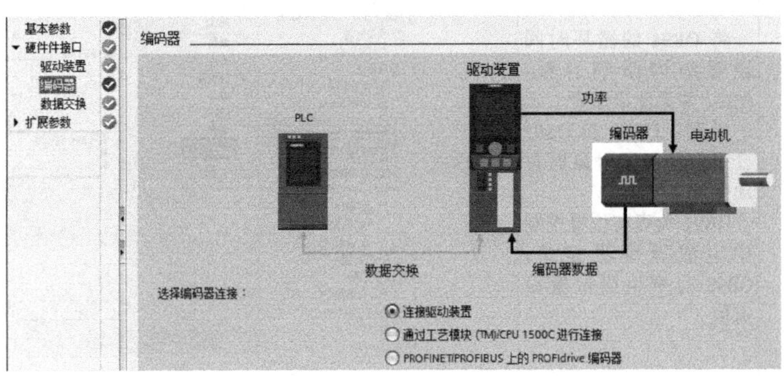
</td></tr>
</table>

（续）

<table>
<tr><th>序号</th><th>说　　明</th><th>图　　示</th></tr>
<tr><td rowspan="3">14</td><td rowspan="3">设置数据交换，这些属性应该与 STARTER 中的相关参数对应
A 处的“参考转速”与 p2000 对应
B 处的“单转步数”与 r0979[2]对应，“转数”与 r0979[5]对应
C 处的“增量实际值中的位”与 r0979[3]对应，“绝对实际值中的位”与 r0979[4]对应</td><td>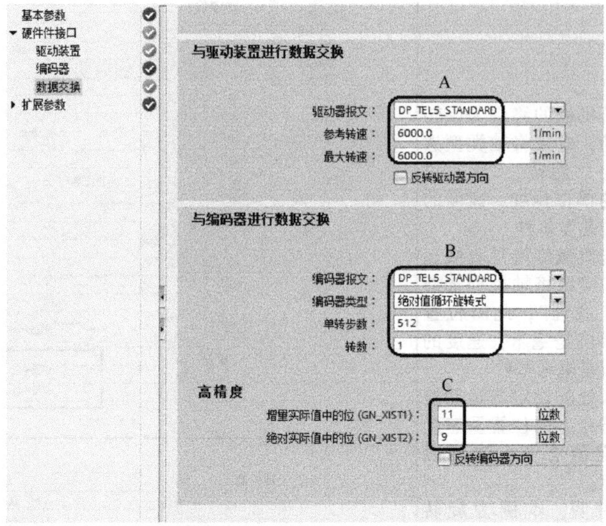
</td></tr>
<tr><td>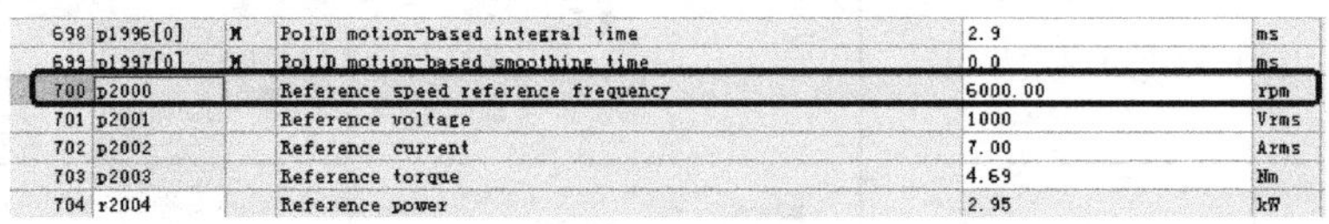
</td></tr>
<tr><td>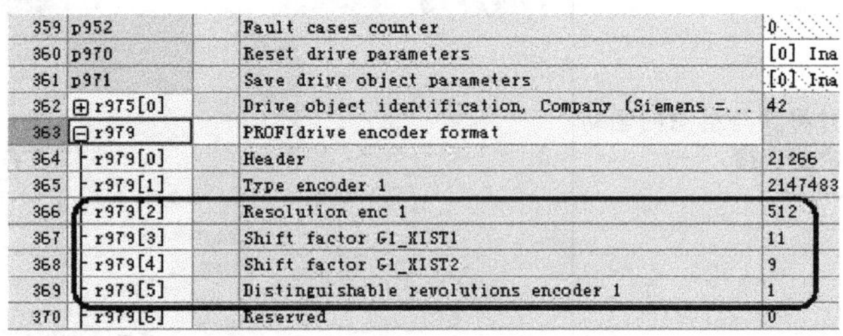
</td></tr>
<tr><td>15</td><td>将 OB91 的循环时间设置为同步到总线。OB92 并无此项设置
说明：OB91 和 OB92 已于创建工艺对象时自动生成
OB91 负责在位置控制中生成速度设定值；OB92 负责生成位置设定值</td><td>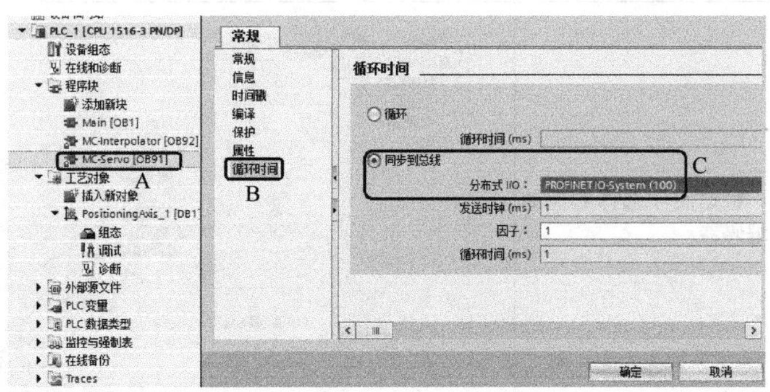
</td></tr>
</table>

（续）

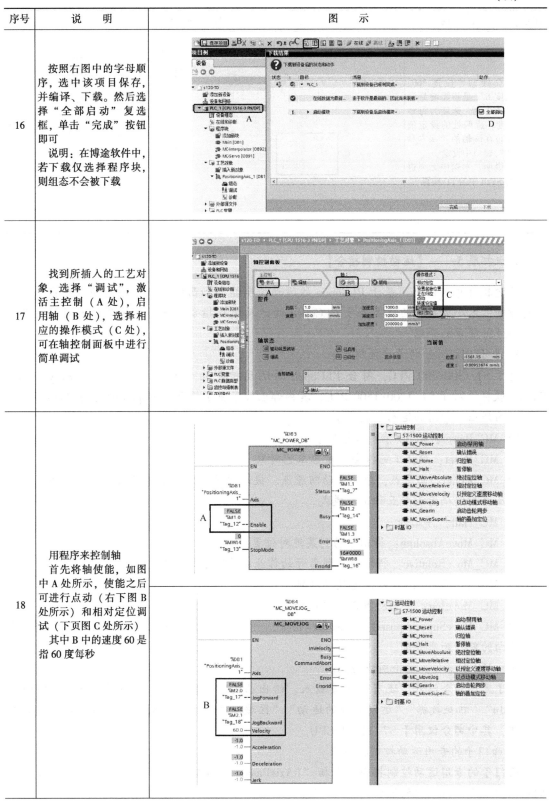

序号	说　明	图　示
16	按照右图中的字母顺序，选中该项目保存，并编译、下载。然后选择“全部启动”复选框，单击“完成”按钮即可 说明：在博途软件中，若下载仅选择程序块，则组态不会被下载	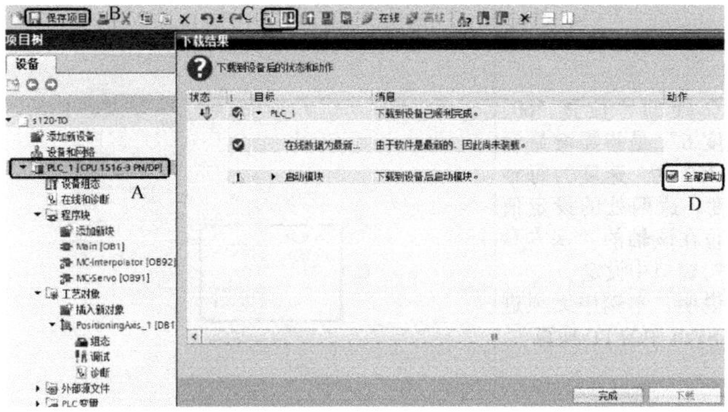
17	找到所插入的工艺对象，选择“调试”，激活主控制（A 处），启用轴（B 处），选择相应的操作模式（C 处），可在轴控制面板中进行简单调试	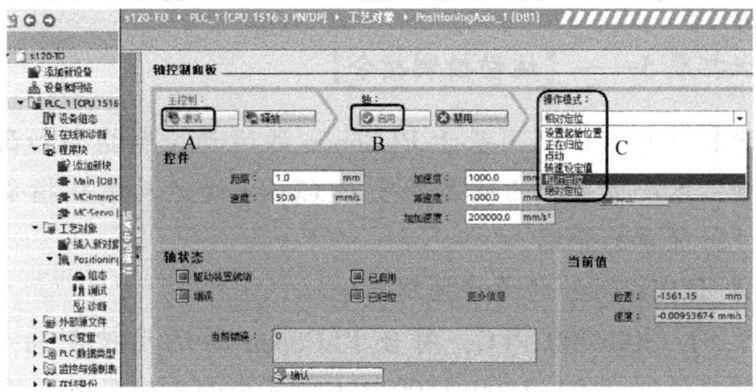
18	用程序来控制轴 首先将轴使能，如图中 A 处所示，使能之后可进行点动（右下图 B 处所示）和相对定位调试（下页图 C 处所示） 其中 B 中的速度 60 是指 60 度每秒	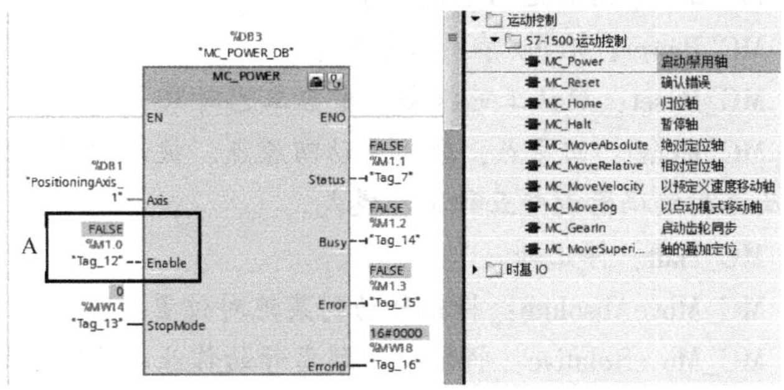 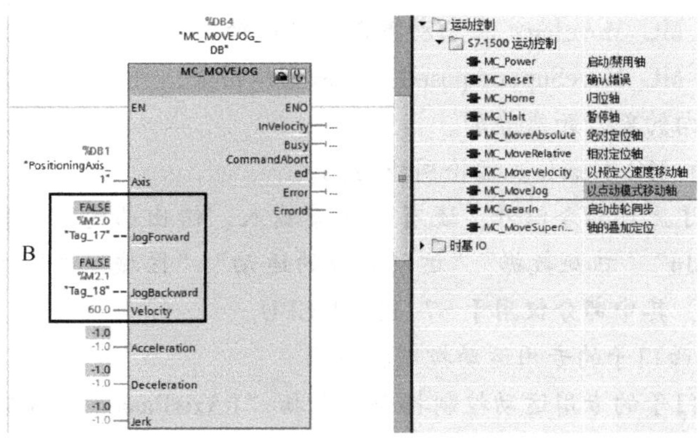

（续）

序号	说　明	图　示
18	C 处的“位置 360、速度 6”是指需增量运动 360 度，速度为每秒 6 度。这两处的设定值单位在该轴的“基本参数”窗口中设定 说明：本例中无须进行 S120 中的 LU 换算	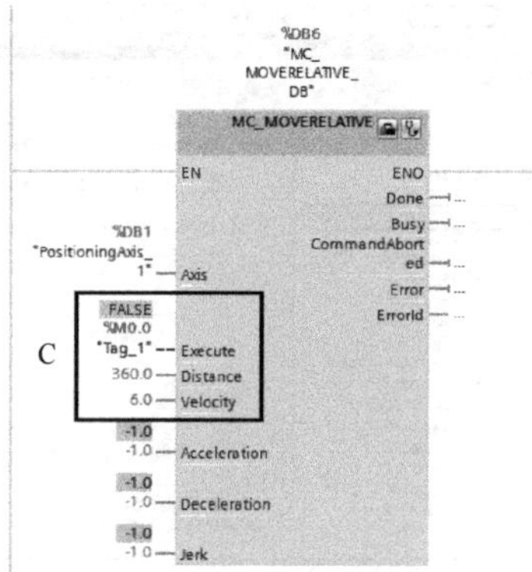 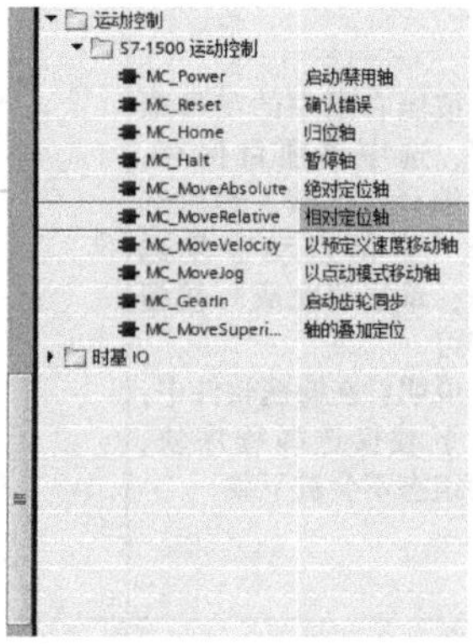

知识拓展 5——【运动控制指令】

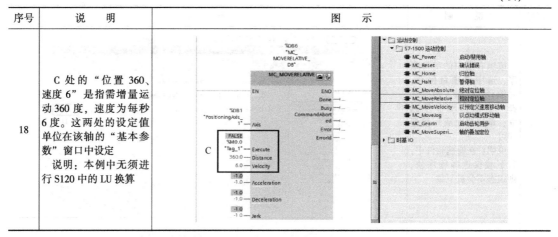

博途软件中可以利用基于 PLCopen 的运动控制指令和西门子专用的运动控制指令对轴进行控制，本小节采用的就是基于 PLCopen 的运动控制指令，下面对这两种不同的运动控制指令进行简单的介绍。

1. 基于 PLCopen 的运动控制指令

对于 S7－300/400 PLC，符合 PLCopen 的运动控制指令的调用需要安装 Easy Motion Control 软件；对于 S7-1200/1500 PLC，其内部已经集成了符合 PLCopen 的运动控制指令。

下面列出了常用的运动控制指令：

1）MC_Power：启用/禁用工艺对象。

2）MC_Reset：确认工艺报警，重启工艺对象。

3）MC_Home：回原点，分为主动回原点、被动回原点、设置实际位置、实际位置的相对位移及绝对编码器调整五种工作模式。

4）MC_Halt：停止轴。

5）MC_MoveAbsolute：将轴移动到某绝对位置。

6）MC_MoveRelative：将轴移动到离开始作业时某距离的位置。

7）MC_MoveVelocity：以某速度移动轴。

8）MC_MoveJog：在点动模式下移动轴。

9）MC_MoveSuperimposed：定位叠加指令，可叠加到定位指令上，对该定位过程进行正向或反向的额外距离叠加。

10）MC_GearIn：齿轮同步功能。

除了上述指令以外，还有“测量输入、输出凸轮、凸轮轨迹”“同步运动”“凸轮”“MotionIn”“扭矩数据”“运动系统的运动”“区域”“工具”以及“坐标系”等运动控制指令组，其中部分仅用于 S7-1500T CPU。

2. 西门子的专用运动控制指令库

西门子的专用运动控制指令库包括“LAxisBasics”“LAxisCtrl”和“DriveLib”，使用它们可以实现更为标准化的编程。

其中使用指令库“LAxisBasics”编程可以实现轴控制与诊断等的基本功能，具体指令如图 8-43 所示。

图 8-43　指令库“LAxisBasics”

该库中还包含专为 HMI（TP900）开发的轴画面，如图 8-44 所示。

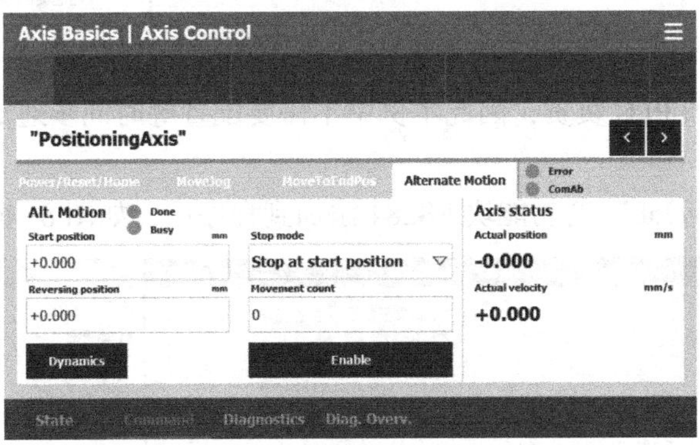

图 8-44　“LAxisBasics”的 HMI 画面

“LAxisCtrl”指令库则拥有各种运动控制功能，包括单轴的基本运动控制功能及多轴的同步运动控制功能，附加功能包括电动机抱闸开合及轴的状态反馈等。

这两个指令库都需要导入到博途的全局库，下载地址为：

https://support. industry. siemens. com/cs/ww/en/view/109749348

“DriveLib”指令库的内容请见下一节。

8.3.2　案例 28——S7-1500 通过 FB284 控制 S120

FB284（SINA_POS）是西门子公司专为运动控制开发的功能块，它集回零、相对定位、绝对定位、连续位置运行、点动模式以及增量模式点动等功能于一身。

S7-1500 通过 FB284 控制 S120 时，速度及位置的控制都由 S120 负责，PLC 仅负责发送给定值。

S7-1500 PLC 通过 FB284 实现 S120 基本定位控制的过程如下：

1. 使用 STARTER 组态 S120

激活驱动的基本定位功能，并选择报文 111。使用 FB284 时，必须使用 111 报文。

2. 在博途软件中组态

组态 S7-1500 PLC 及 S120，并添加 111 报文，如图 8-45 所示。然后设置 S120 的 IP 地址及名称，其中省略的步骤与案例 27 相同。

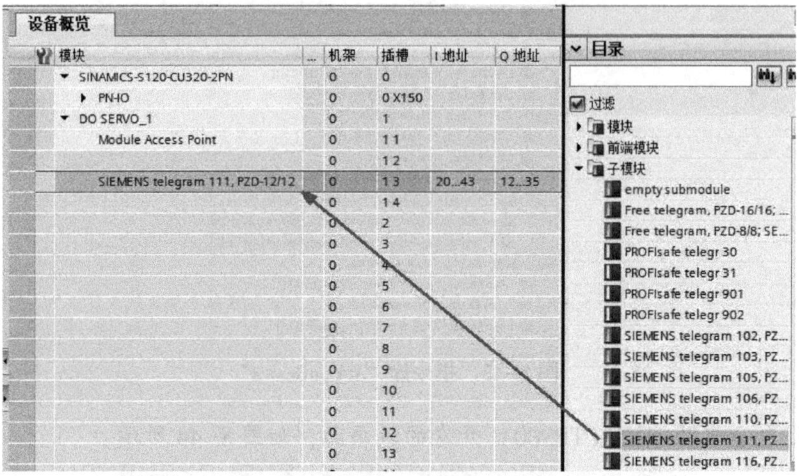

图 8-45　在博途软件中组态 S120

由于位置控制无须 PLC 负责，因此本例中不需要配置等时同步通信。

3. 编写程序

将全局库中“DriveLib”的功能块 FB284 添加到程序中，如图 8-46 所示。

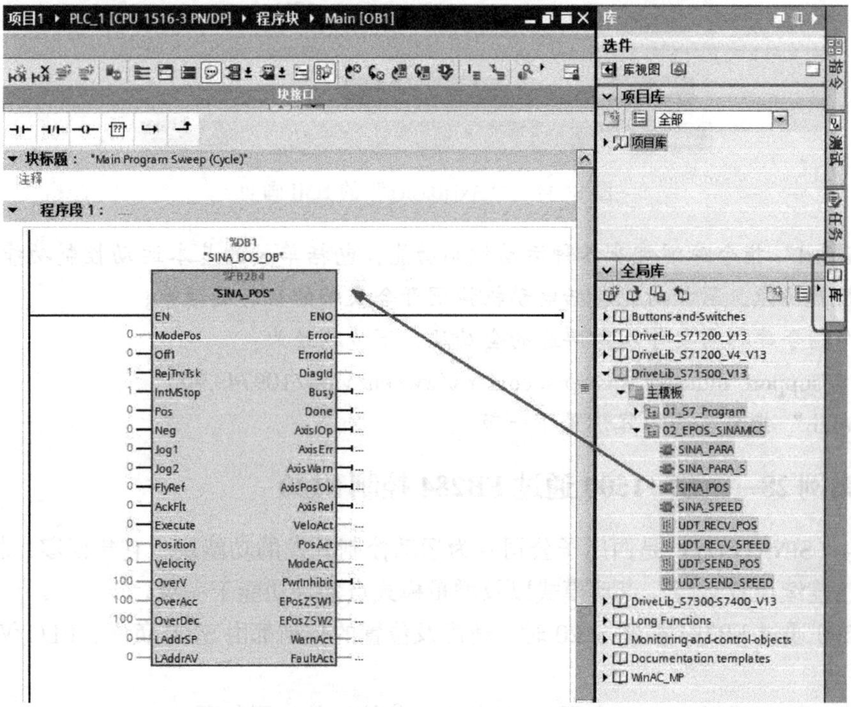

图 8-46　将 FB284 添加到程序中

FB284 指令的引脚比较多，由于篇幅所限，这里不能一一列举，各引脚详细功能请参考随书下载资源中的手册《SINAMICS_blocks_TIAP_V14_122018_EN》。

本例将以绝对定位控制为例进行说明。

先回零（直接设置参考点，参见 5.6 小节），将 ModePos 设置为 5——set reference point，再令 ExecuteMode（Execute）产生上升沿后，若输出状态中的 AxisRef 为 1，则说明零点设置成功。

再进行绝对定位控制，将 ModePos 设置为 2——absolute positioning，令轴使能 EnableAxis（off1）= 1。令 CancelTraversing（RejTrvTsk）为 1，IntermediateStop（IntMStop）为 1，这两个引脚在 5.7 和 5.8 小节提到过，分别对应驱动的 p2641 和 p2640，它们其中一个为 0 时，轴将停止。令 Jog1/Jog2 为 0，Positive（Pos）/Negative（Neg）为 0。

通过 Velocity 给定速度，它的单位是 LU/min，通过 Position 给定位置，它的单位是 LU。最后令 ExecuteMode（Execute）产生上升沿触发定位运动。位置到达后，AxisPosOk 将为 1。

变量设置好后编译并下载。CPU 转至在线模式，进行监控，对变量进行修改即可实现相应的控制功能。

说明：

不同版本中博途软件的 FB284 的引脚名称略有不同，括号中为 V13 版的引脚名称。

博途中安装了 Startdrive 就会在全局库中带有“Drivelib”指令库，也可以通过下列地址自行下载导入：

https://support.industry.siemens.com/cs/document/109475044/sinamics-blocks-drivelib-for-the-control-in-the-tia-portal?dti=0&lc=en-WW

另外，S7-300/400/1200/1500 PLC 都可以使用 FB284 功能块，但是需要从各自对应的库中调出；SINAMICS G120/V90/S110 等驱动可以使用 FB284 功能块。

除 FB284 以外，DriveLib 库中还有使用报文 1 进行速度控制的 FB285（SINA_SPEED）、进行多参数读写的 FB286（SINA_PARA）、进行单参数读写的 FB287（SINA_PARA_S）、控制整流单元的 FB288（SINA_INFEED）等功能块。

8.3.3　案例 29——通过 HMI 直接修改与监视 S120 的参数

HMI（Human Machine Interface）是指人机界面或人机接口。从广义的角度讲，按钮、指示灯、报警器、操作站以及触摸屏等可实现人机沟通的都可称为 HMI。在工业控制中，HMI 一般特指触摸屏。

本节案例将使用西门子精智系列触摸屏，通过 PROFINET 对 S120 的参数直接进行修改与监视。操作过程见表 8-17。

表 8-17　通过 HMI 直接修改与监视 S120 参数的操作过程

序号	说　明	图　示
1	在“STARTER”中新建项目并组态 S120，其中通信报文为自由报文即可。其中“No”（轴编号）将用在本例通信的地址中	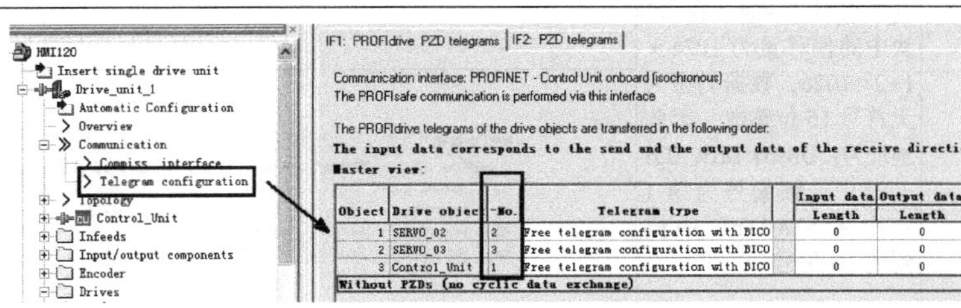

（续）

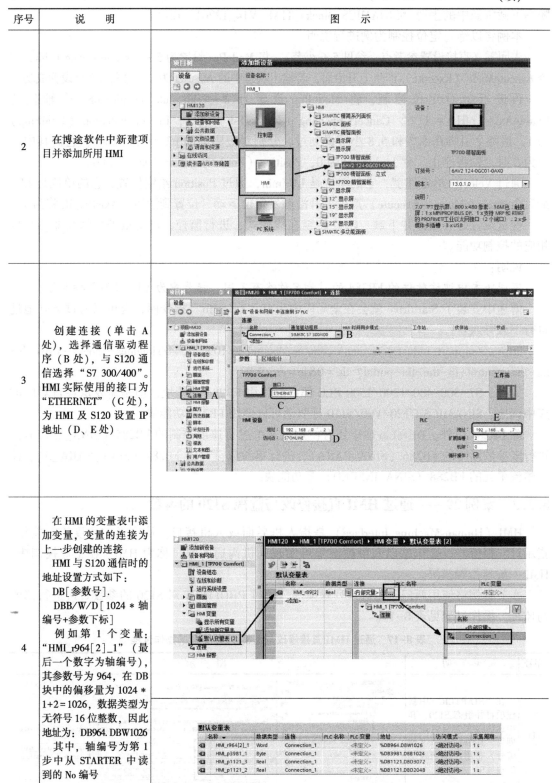

序号	说　明	图　示
2	在博途软件中新建项目并添加所用 HMI	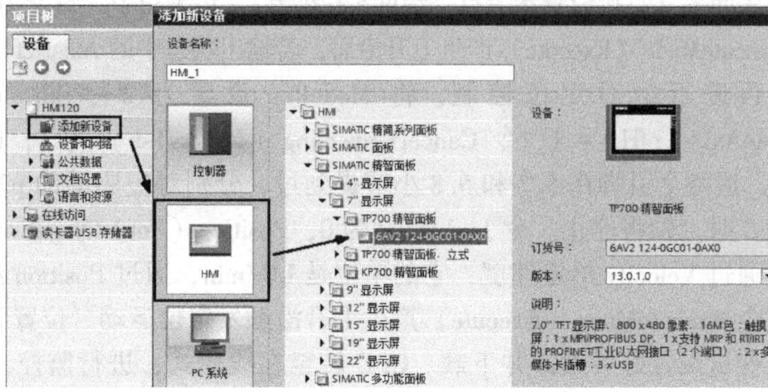
3	创建连接（单击 A 处），选择通信驱动程序（B 处），与 S120 通信选择“S7 300/400”。HMI 实际使用的接口为“ETHERNET”（C 处），为 HMI 及 S120 设置 IP 地址（D、E 处）	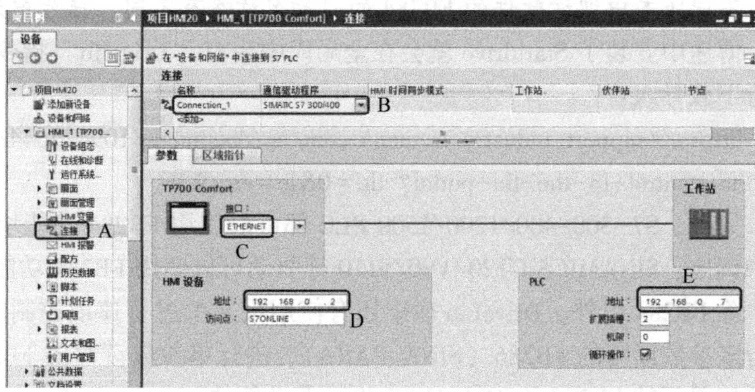
4	在 HMI 的变量表中添加变量，变量的连接为上一步创建的连接 HMI 与 S120 通信时的地址设置方式如下： DB[参数号]. DBB/W/D[1024 * 轴编号+参数下标] 例如第 1 个变量：“HMI_r964[2]_1”（最后一个数字为轴编号），其参数号为 964，在 DB 块中的偏移量为 1024 * 1+2=1026，数据类型为无符号 16 位整数，因此地址为：DB964.DBW1026 其中，轴编号为第 1 步中从 STARTER 中读到的 No 编号	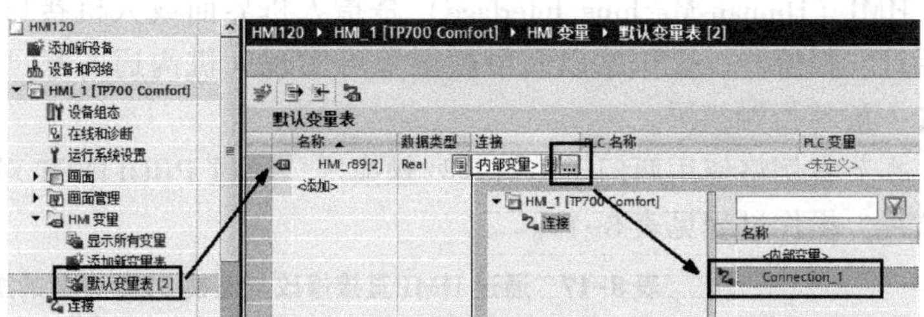 

（续）

<table>
<tr><th>序号</th><th>说　明</th><th>图　示</th></tr>
<tr><td>5</td><td>在画面中添加 I/O 域对象，为每个 I/O 域连接变量，并根据数据类型为每个 I/O 域设置数据的显示格式（见右上图）
也可以根据实际需要调节其他属性
四个变量的 I/O 域都配置完成后，在画面中将如右下图所示</td><td>
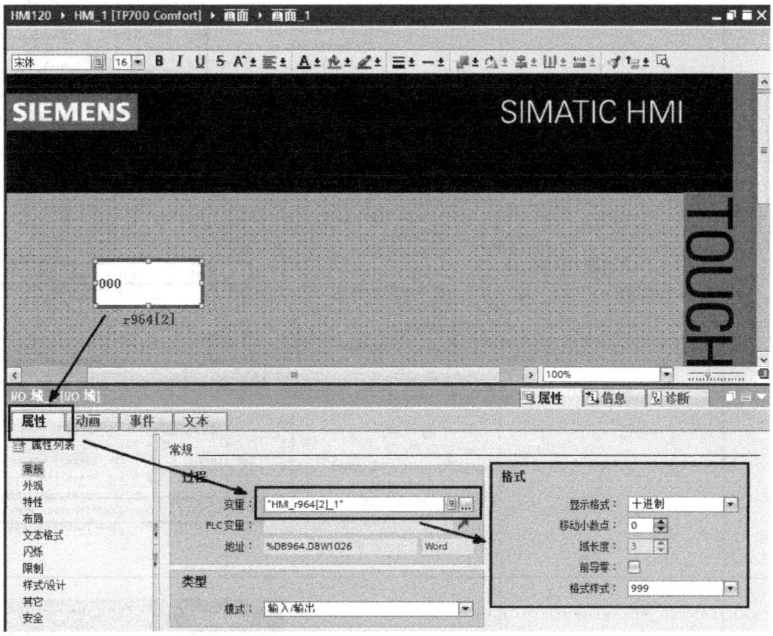

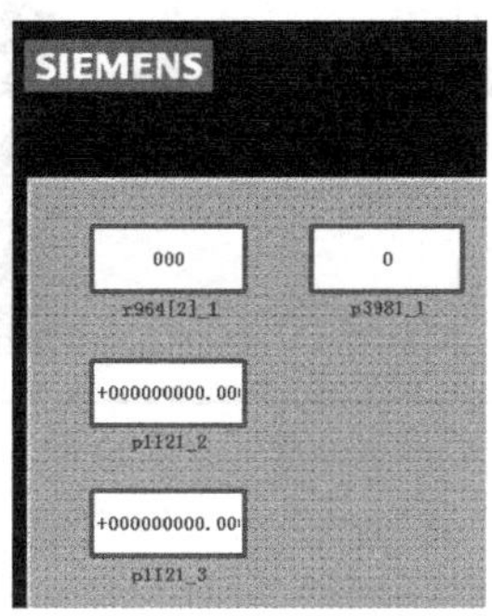

</td></tr>
<tr><td>6</td><td>保存项目并编译下载到 HMI 设备中
选择计算机与 HMI 连接的正确 PG/PC 接口（A 处），确认可访问的 HMI 后（B 处）进行下载</td><td>
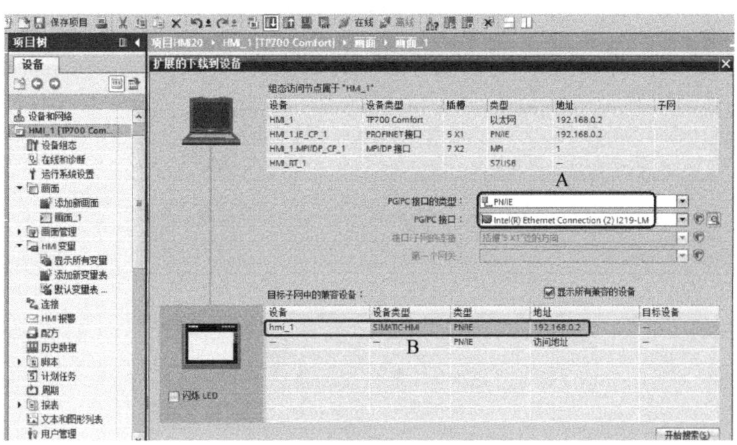

</td></tr>
</table>

（续）

序号	说　明	图　示
7	在 STARTER 中监控这四个参数	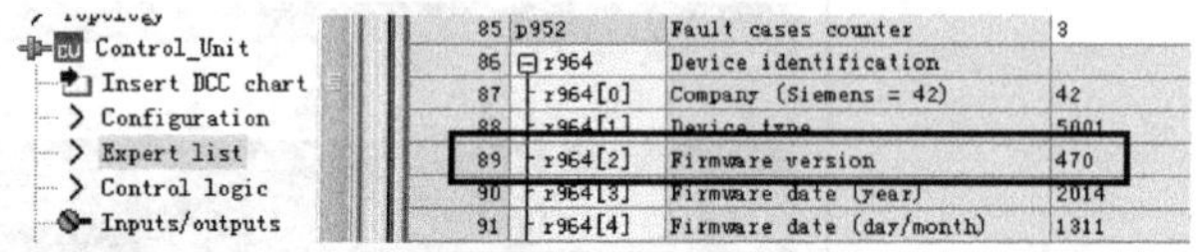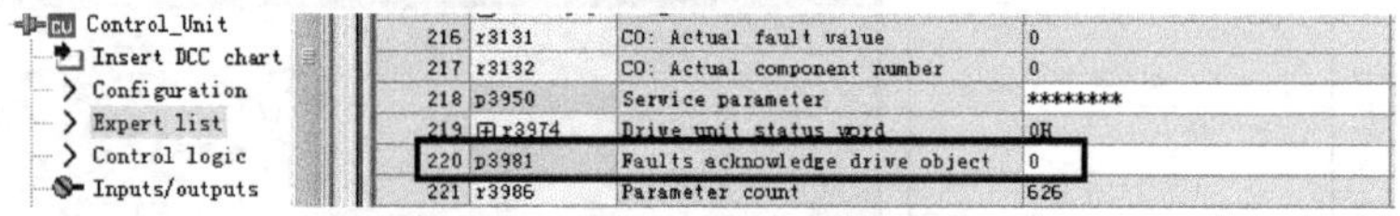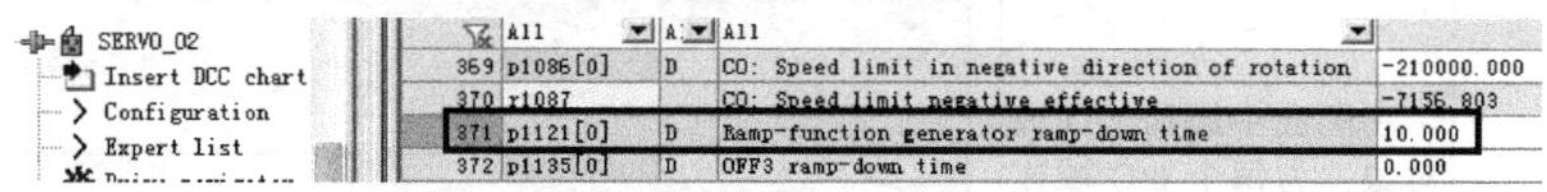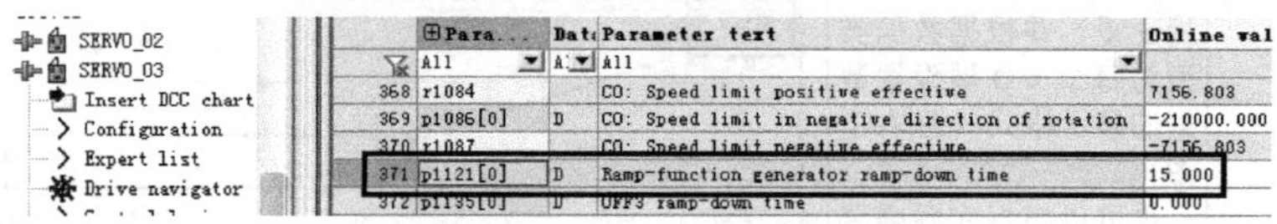
8	从 HMI 中可以看到与 STARTER 中相同的数值。其中 p 参数还可以通过 HMI 进行修改	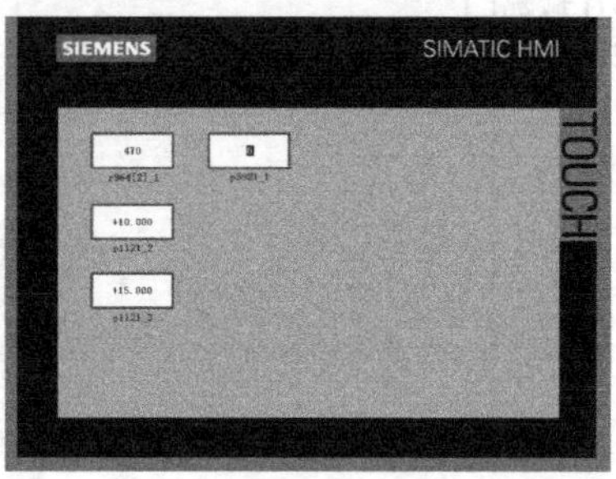

第 9 章

S120 系统的博途软件调试

9.1 博途软件概述

博途是西门子新一代的工程软件。

在使用传统软件设计控制系统时，编写 PLC 程序需要一款软件，编辑 HMI 控制界面也需要一款软件，配置现场的变频器还需要另一款软件，而各个软件却需要紧密联系才能构成一个完整的控制系统。如果使用一款统一的软件完成上述所有的工作，将非常有益于整个系统的构建。博途软件就是这样的一款软件，西门子大多数的工控产品都可以统一集成在这款软件中进行相应的配置、编程和调试。

博途软件有如下几个特点：

1）友好的界面。在博途软件的界面上，以项目树（图 9-1 的 A 处）为核心。项目中所有元素通过树形逻辑结构，合理整合在项目树中。单击项目树中的元素，可以在详细视图（图 9-1 的 B 处）显示出所选元素的详细信息。双击项目树中的元素，可以在工作区（图 9-1 的 C 处）打开该元素的编辑窗口，同时在巡视窗口（图 9-1 的 D 处）中显示相应的属性信息。各个资源卡（图 9-1 的 E 处）智能地根据编辑的元素选择当前所需的资源，例如组态时资源卡中会出现硬件选择目录，编程时会出现指令，制作 HMI 时会出现操作界面所需的对象等。

上述 A~E 处的每个窗口都可以固定位置，也可以游离到主窗口之外的任意位置，便于多屏编辑时使用。

2）方便的帮助系统。博途软件不仅编辑了大量的帮助信息，并将这些信息有效编排和索引。同时，在进行编辑的时候，如果需要对某个按钮或属性值查询帮助，只需将鼠标放在其上方，便会显示一个概括的帮助信息。如果单击这个帮助信息，会展开一个更详尽的帮助信息。如果再次单击其中的超链接，会进入帮助系统。这样的设计，使得项目的实施可以高效进行，如图 9-2 所示。

3）FB 块的调用和修改更加方便。当 FB 块的调用被建立或删除的时候，软件可以自行管理背景数据库的建立、删除和分配。当 FB 块被修改后，其对应的所有背景数据块也会自行更新。

4）变量的内置 ID 机制。在变量表中，每一个变量除了绝对地址和符号地址以外，还对应有一个内置的 ID 号。这样，任意修改一个变量的绝对地址或符号地址，都不会影响程序中相关变量的访问。

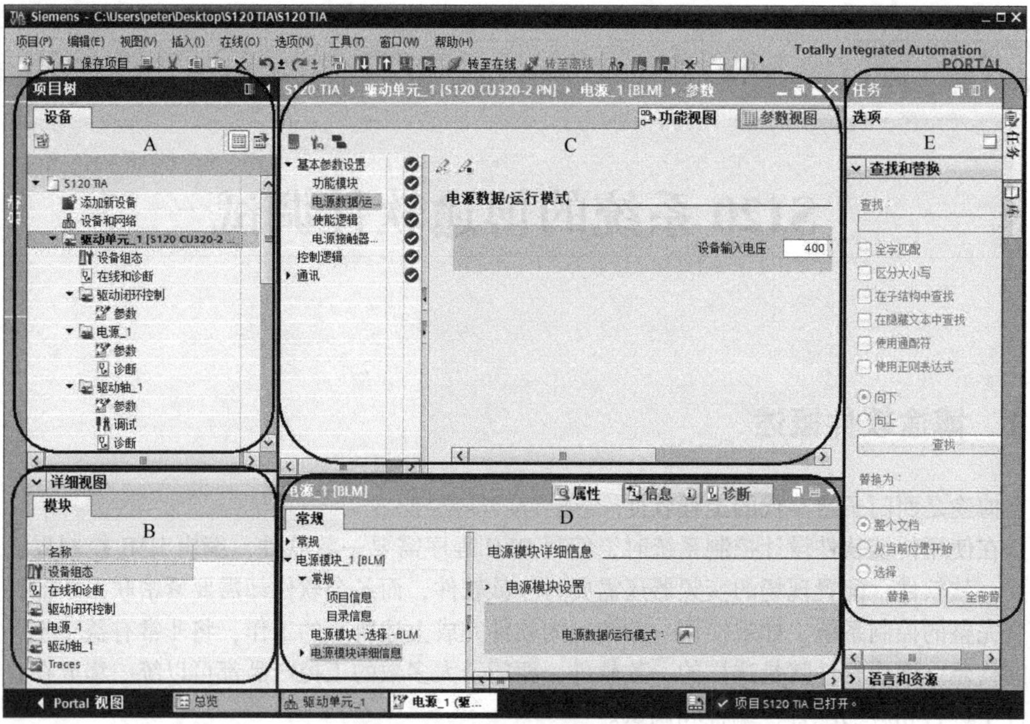

图 9-1　博途软件的项目视图

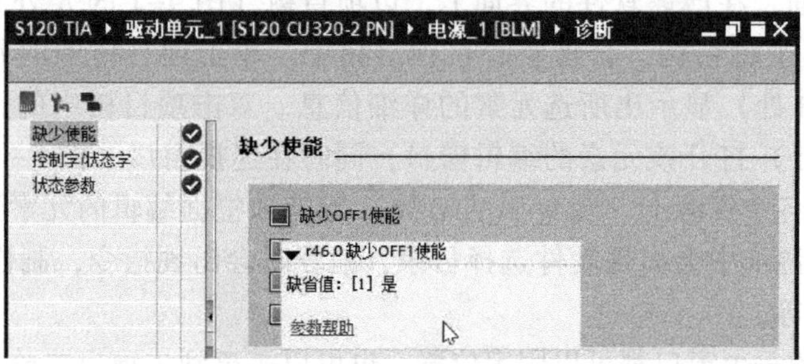

图 9-2　博途软件中某元素附近的帮助信息

5）与 Excel 软件实现互联互通。在博途软件中的所有表格都可以与 Excel 软件的表格之间实现复制、粘贴。

6）SCL、Graph 语言的使用更加灵活。无须任何附加软件，可直接添加这两种语言的程序块。

7）优化的程序块功能更加强大。对于优化的 OB 块，对中断 OB 内的临时变量进行了重新梳理，使用更加便利。对于优化的 DB 块，CPU 访问数据更加快速，并可以在不改变原有数据的情况下向某 DB 块内添加新变量（下载而不初始化 DB 块的功能）。

8）更加丰富的指令系统。重新规划了全新的指令系统，将经典 STEP 7 下很多库中的功能整合在指令中。在全新的指令体系下，增添了 IEC 标准指令、工艺指令。

9）更加丰富的调试工具。除优化原有的调试功能外，还增加了很多新功能。如跟踪功能（Trace），可以基于某个 OB 块的循环周期采样记录某个变量的变化状况。

10）HMI、PLC 之间资源的高度共享。PLC 中的变量可以直接拖到 HMI 界面上，软件会自动将该变量添加到 HMI 的变量词典中。

11）整合了 HMI 面板下的一些常用功能。如时间同步、在 HMI 上显示 CPU 诊断缓存等功能，不再需要通过烦琐的程序和设置来实现，可直接通过简单设置和相应控件完成。

12）从 V11 版起，博途软件也可以对 S7-300/400 PLC 进行组态及编程等操作（限 2007 年 10 月 1 日前未退市的硬件）。

13）从 V15 版起，博途软件可以对 SINAMICS S120 系统进行组态及调试。

9.2　S120 系统基于博途软件的调试

本书绝大部分的篇幅都是使用 STARTER 软件介绍 S120 的调试，本小节将简要地使用类比的方式介绍 S120 系统基于博途软件的调试。

如果学会了通过 STARTER 软件调试 S120 的方法，并且使用博途软件调试过 PLC，那么使用博途软件调试 S120 将不成问题，能很快上手。因为在 STARTER 软件中 S120 的驱动对象、组态对话框、参数列表、BICO 互联、拓扑结构、Trace 曲线等概念和功能在博途软件中都有，只是博途软件中对应的具体操作上会有一些差别。下面对这两种软件在操作上的一些异同进行简单的列举：

1. 在线访问

在博途软件中，S120 可以像 PLC 或 HMI 那样，即使没有离线项目也可以进行在线访问，通过该访问可以得到 IP 地址、名称、固件版本、诊断状态等信息，也可以通过该访问分配 IP 地址或设备名称。在项目树中选择“在线访问”，并选择计算机与 S120 相连接的网卡，然后双击“更新可访问的设备”，即可出现如图 9-3、图 9-4 所示的界面。如果访问的设备尚无 IP 地址且无设备名称，则会显示出默认设备名称和 MAC 地址，如图 9-3 所示。

如果要访问的驱动已经有 IP 地址和设备名称，则会显示出 IP 地址和设备名称，如图 9-4 所示。

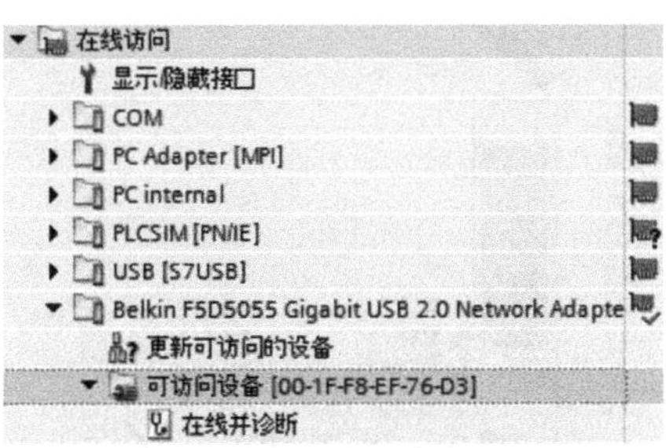

图 9-3　在线访问时显示 MAC 地址和默认名称的情况

图 9-4　在线访问时显示 IP 地址和设备名称的情况

2. 项目创建与配置驱动组件

在 STARTER 中，本书介绍了三种创建项目的方法“离线创建项目并下载”“在线创建项目”以及“上传并创建项目”（详见本书第 3 章的 3.2.1~3.2.3 小节）。在博途软件中同样可以用这三种方法创建项目。

在博途软件中进行离线创建时，需要对驱动组件进行二次选择，如图 9-5 所示。手册中未进行二次选择的驱动组件称为“未说明”的驱动组件（驱动组件中显示为白色），二次选择后的驱动组件称为“已说明”的驱动组件（驱动组件中显示为深蓝色），已说明的驱动组件如图 9-6 所示。

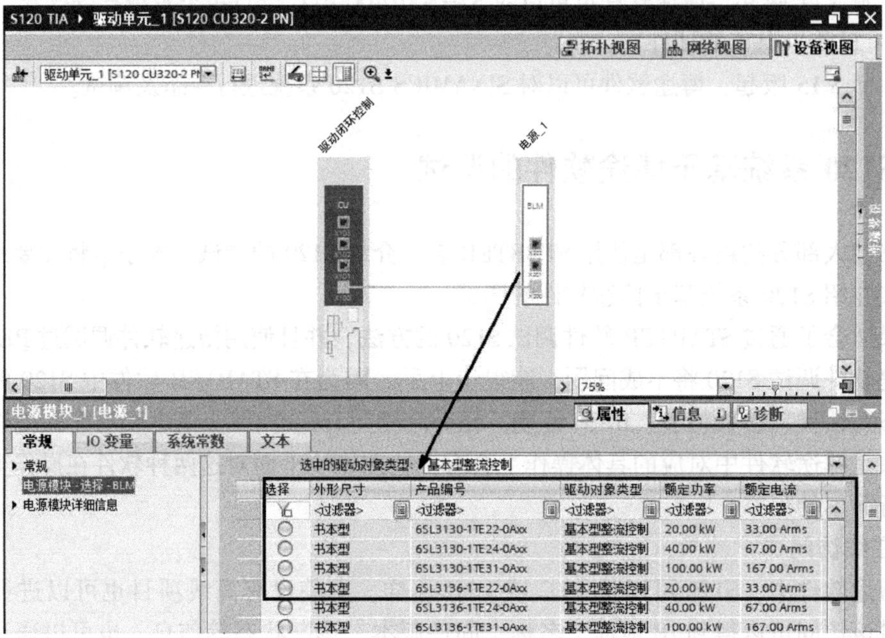

图 9-5　博途软件中组态驱动组件时的二次选择

在线创建时，右键单击 CU320，并在弹出的快捷菜单中选择“设备配置检测”命令，即可进行自动识别，如图 9-7 所示，然后再根据需要离线进行完整的组态。

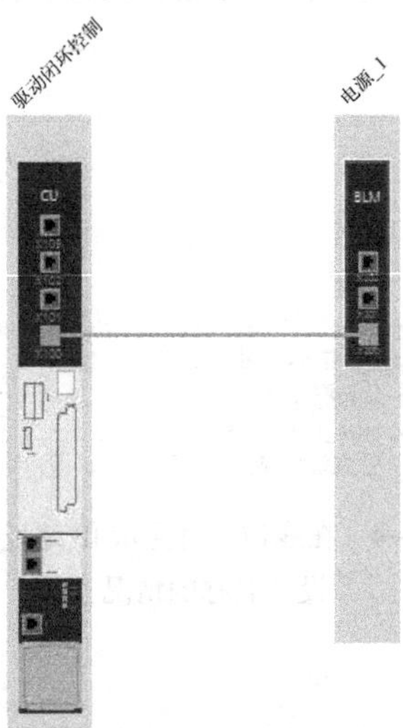

图 9-6　驱动组件二次选择后的显示

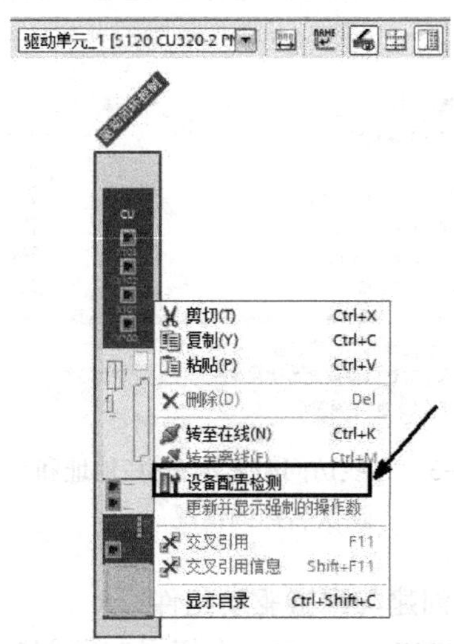

图 9-7　驱动组件的自动识别

上传并创建项目时，可按图 9-8 所示进行上传。

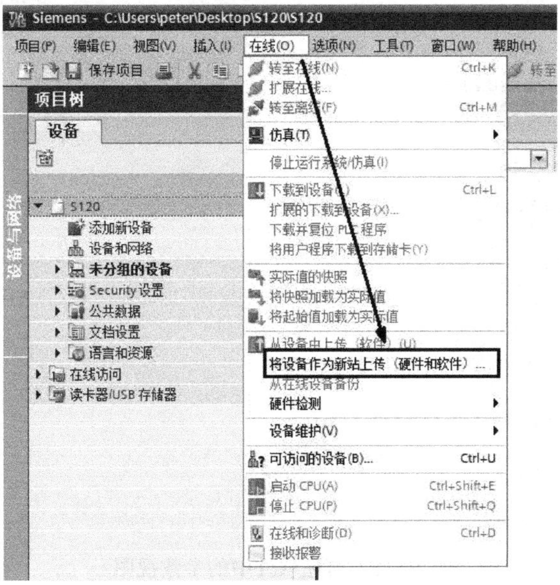

图 9-8　博途软件中的站点上传

3. 功能调试

功能调试就是组态 DDS 和 CDS 等，在 STARTER 中，可以通过组态对话框（功能图形式）或专家列表（参数列表形式）进行组态和调试。在博途软件中也类似，可以通过功能视图（见图 9-9）或参数视图（见图 9-10）进行组态和调试。

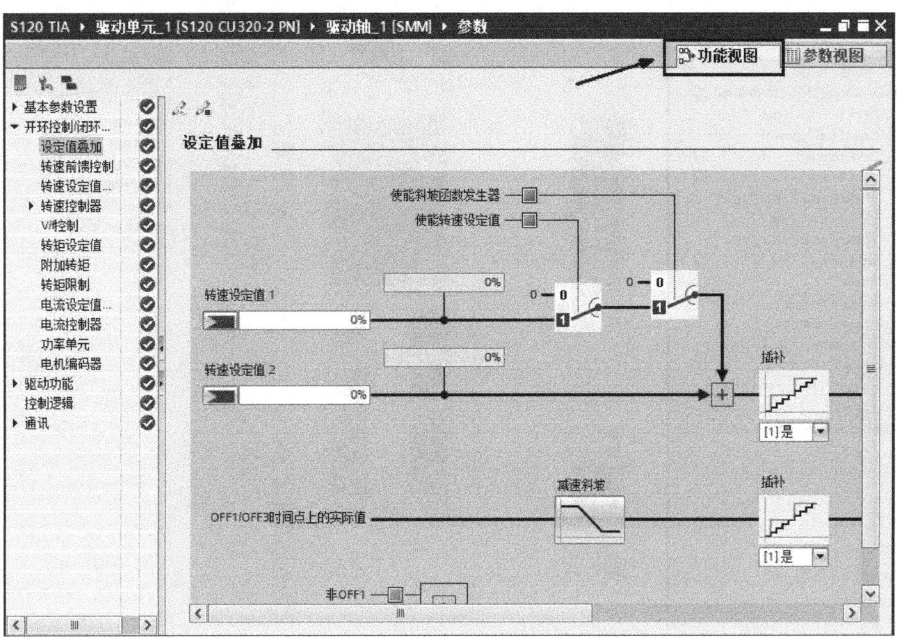

图 9-9　博途软件中的功能视图

图 9-10　博途软件中的参数视图

4. 设备故障诊断

当设备中存在故障、报警或需要维护时，博途软件中将出现与 PLC 故障时一样风格的在线状态，如图 9-11 所示，双击其中的红色扳手图标，即可打开对应的诊断界面。

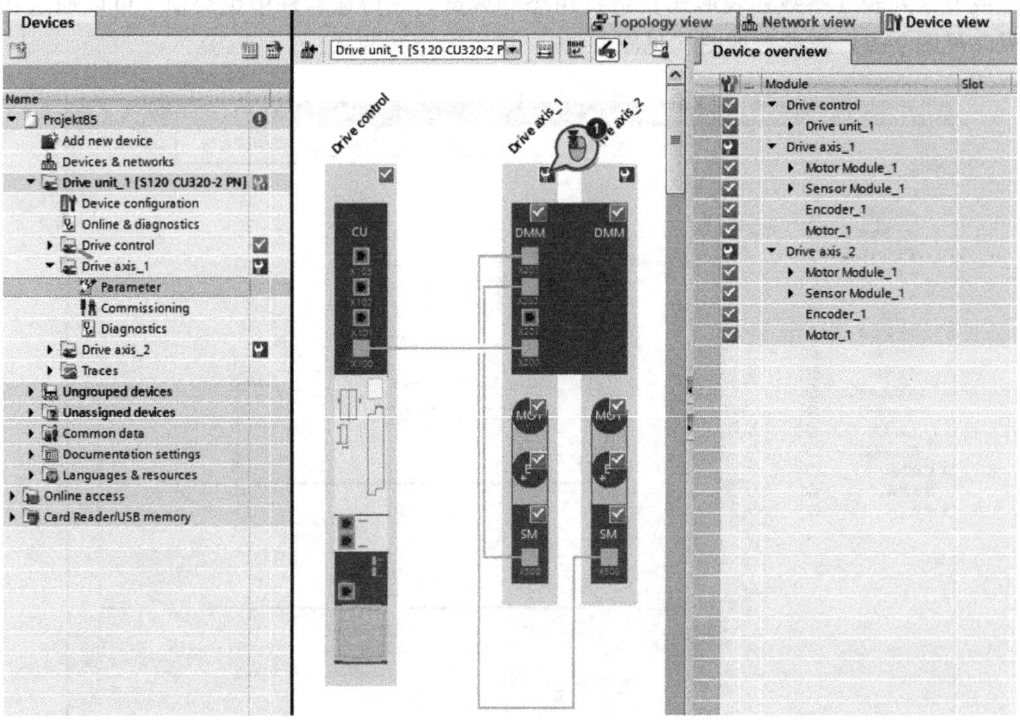

图 9-11　博途软件中的设备故障诊断

第 10 章

维护与故障诊断

10.1 维护

本节将着重讲解固件和项目版本的升级、更换备件后的数据一致性问题。关于如何更换备件，以及更换备件时的安全注意事项等请参阅相关手册。

10.1.1 固件和项目版本升级

随着 SINAMICS S120 产品的发展，已经出现了多个版本，主要有 V2.5、V2.6、V4.3、V4.4、V4.5、V4.6、V4.7、V4.8 及 V5.1 等。用户在维护产品时可能会遇到版本的转换问题，例如：原有设备的控制单元坏了，版本比较低，但是现在只能买到高版本的控制单元，这种情况就需要升级固件，同时由于固件发生了升级，相应的项目文件也要进行升级，具体情况描述如下：

1. 系统兼容性判断

在项目升级前，需要对要升级的系统进行硬、软件兼容性的判断，确定系统是否满足升级的条件。

首先对控制单元进行判断，目前一共有两代产品，即两个硬件版本：

1）第一代（旧版本）：CU320、CU310。

2）第二代（新版本）：CU320-2、CU310-2。

说明：

若不涉及第一代的产品，可忽略本小节的内容。

每个版本支持的固件版本不同，详见表 10-1。

表 10-1 CU 与固件版本的匹配

控制单元	固件版本	CF 卡订货号
CU320	V2.6（含）以下	6SL3054-0CX0X-1AA0
CU310	V2.6（含）以下	6SL3054-0CX0X-1AA0
CU320-2	V4.3（含）以上	6SL3054-0EX0X-1BA0
CU310-2	V4.4（含）以上	6SL3054-0EX0X-1BA0

注意：

请严格按照对应的版本关系选择 CF 卡，其中“X”根据实际需要的版本和授权进行选择，更多详情请查阅选型手册。

在确定了控制单元后，更换设备硬件时要考虑版本兼容性，新版本的 CU320-2 和 CU310-2 对硬件组件有一定的限制条件，对照关系详见表 10-2。

表 10-2　CU320-2 控制单元与硬件组件兼容表

CU320-2 连接的组件		简短订货号	功　率	订货号尾号要求
有源整流单元	书本型	6SL313 *		≥3
	装机装柜型	6SL333 *		≥3
回馈整流单元	书本型	6SL313 *	5 kW、10 kW	无限制
	书本型	6SL313 *	16 kW、36kW	≥3
	紧凑书本型	6SL343 *		无限制
	装机装柜型	6SL333 *		≥3
基本整流单元	书本型	6SL313 *		无限制
	紧凑书本型	6SL333 *		≥3
逆变单元	书本型	6SL31 *		≥3
	紧凑书本型	6SL34 *		无限制
	装机装柜型	6SL332 *		≥3
功率模块	PM340	6SL32 *		无限制
	装机装柜型	6SL331 *		≥3
端子模块	TM31	6SL3055 *		≥1
	TM41	6SL3055 *		≥1
	TM54F	6SL3055 *		无限制
	TM120	6SL3055 *		无限制
编码器模块	SMC10	6SL3055 *		无限制
	SMC20	6SL3055 *		无限制
	SMC30	6SL3055 *		≥2
	SME20	6SL3055 *		≥3
	SME25	6SL3055 *		≥3
	SME120	6SL3055 *		无限制
	SME125	6SL3055 *		无限制
DRIVE-CLiQ 集线器	DMC20	6SL3055 *		无限制
	DME20	6SL3055 *		无限制
VSM 电压检测模块	VSM10	6SL3053 *		无限制
CUA 控制单元适配器	CUA31	6SL3040 *		≥1
	CUA32	6SL3040 *		无限制

表 10-2 中所列的订货号尾号是指订货号的最后一位数字，列出限制要求的几款组件一般是要求订货号尾号“≥1”“≥2”或“≥3”，因为尾号小于这几个数字的产品可能已经淘

汰或停产。例如对于 TM31，其尾号为 0 的订货号 6SL3055-0AA00-3AA0，对应的产品已在 2009 年 3 月宣布淘汰和停产，而尾号≥1 的订货号 6SL3055-0AA00-3AA1，其对应的产品在 2009 年 1 月才刚刚上市，因此 TM31 的尾号要求为≥1。

2. 固件（Firmware）升级

S120 的运行需要有一个 CF 卡，该卡不支持热插拔，在断开控制单元的电源之后，才可以插入或拔出。

可以使用普通的读卡器对 S120 的 CF 卡进行读写。

图 10-1 所示为通过 Windows 浏览 S120 的 CF 卡的截图，CF 卡中包含的内容有以下几个：

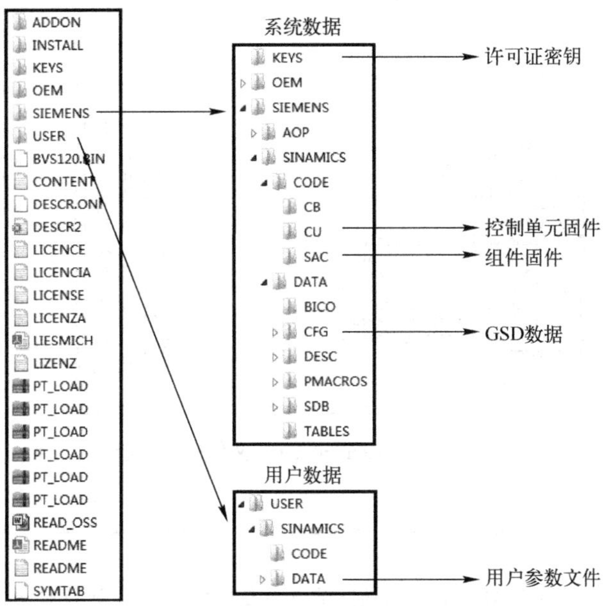

图 10-1　CF 卡中的文件

（1）启动引导程序

若没有启动引导程序，控制器不可能启动。对 CF 卡进行完全格式化，将会删除自动引导程序。如果误删了启动引导程序，需要返厂修复 CF 卡。

SINAMICS 的 CF 卡和 SIMOTION 的 CF 卡的启动引导程序不同。SINAMICS 的启动引导程序不能从 SIMOTION SCOUT/STARTER 写入 CF 卡中，这一点与 SIMOTION 的 CF 卡不同。

引导程序的版本可以从参数 r0197 和 r0198 中读取，STARTER 不能升级 CF 卡的启动引导程序。

（2）许可证密钥

某些功能，如性能扩展、高级安全功能等都需要专门授权。

（3）系统数据

包括控制单元等组件的固件及 GSD 数据。

（4）用户数据

主要指“从 RAM 复制到 ROM”功能传输至 CF 卡的用户参数组。

可以通过 CF 卡中的“Content. txt”文件查看固件信息，如图 10-2 所示，“Content. txt”

文件中列出了全部固件及其版本号，例如 CF 卡的版本号是：V04.07.00.07。这里看到的是实际的版本号。除了这里还可以在 STARTER 中，在查看可访问节点时看到其实际的版本号（见图 10-3），以及通过 STARTER 中项目树的 Overview 查看（见图 10-4），而 CF 卡上面印着的版本号可能不是实际的，因为它可能被升级过。

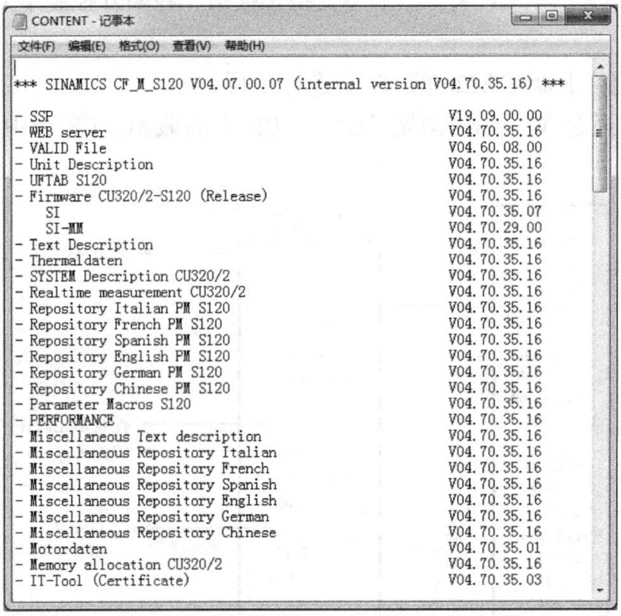

图 10-2 “Content.txt”文件中的内容

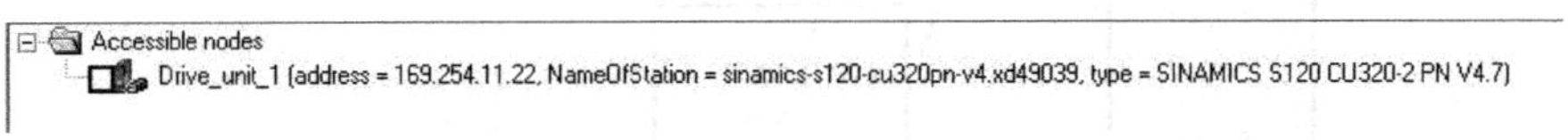

图 10-3 在 STARTER 的可访问节点中查看 CF 卡的实际版本（V4.7）

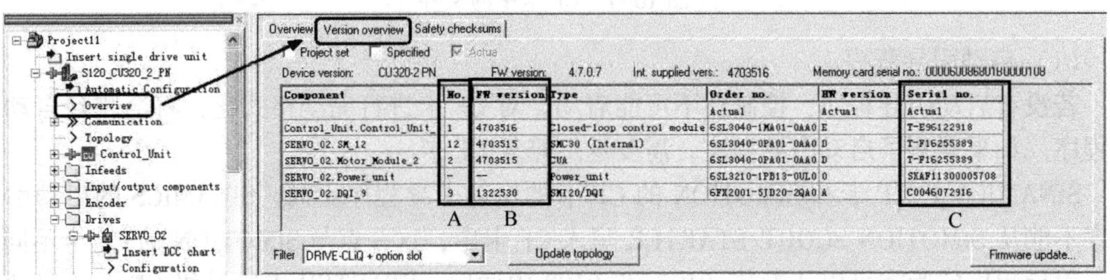

图 10-4 通过 STARTER 项目树的 Overview 查看版本号

A—组件号 B—固件版本号 C—序列号

说明：

CF 卡中可能没有 KEYS 文件夹。

建议对 CF 卡的内容进行备份，尤其是 KEYS 文件夹。

若 CF 卡在写入数据期间突然掉电，或者 CF 卡因中毒而无法正常使用。可先尝试删除 CF 卡上的数据，再将备份的数据复制回来。如果仍无法正常使用，可尝试格式化该 CF 卡。格式化时，需要选择 FAT 文件系统，并需要进行快速格式化。

注意：

容量小于 64 MB 的 CF 卡在快速格式化时，可能导致启动引导程序受损。

由于系统的固件存储于 CF 卡中，因此可以很方便地更新固件，具体操作步骤如下：

1）将 CF 卡插入读卡器。

2）启动 Windows 资源管理器。

3）进行全卡备份，至少进行 KEYS 目录备份。

4）删除 CF 卡的内容。

5）将固件文件复制到 CF 卡。

6）将 KEYS 文件夹重新传输回 CF 卡。

说明：

固件文件可从西门子官网或其他 CF 卡中获得。

注意：

第一代 CU 与第二代 CU 的 CF 卡不通用。

3. 项目文件升级

在下列两种情况下，需要对项目文件进行升级：

1）将 CU310、CU320 等升级为 CU320-2DP 或 CU320-2PN 时，需要升级。

2）CF 卡的固件升级后，项目文件也要进行升级，例如从 V4.4 升级成 V4.7。

项目文件升级的具体操作过程如下：

在 STARTER 离线的状态下，右键单击驱动单元，在弹出的快捷菜单中，按照图 10-5 所示的方式选择“Target device”→“Upgrade device version/characteristic”命令，便会打开图 10-6 所示的对话框。

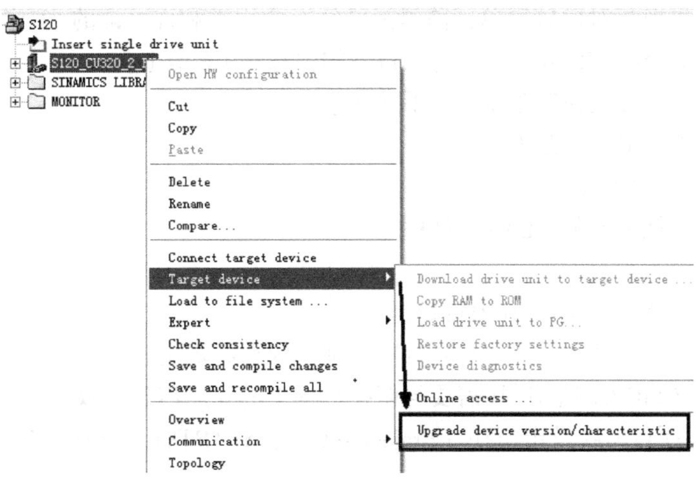

图 10-5　项目文件升级对话框的打开过程

图 10-6 中 A 处列出了当前 CU 的类型与版本，B 处用来选择可升级的 CU，C 处用来选择可升级的项目文件版本，选好后，单击 D 处进行升级。

升级前会出现类似图 10-7 所示的保存项目提示，单击“Yes”按钮即可。

升级时会显示出类似图 10-8 所示的进度。

由于更高版本的 CU 需要更高版本的 STARTER，因此必要时还需要对 STARTER 软件进行升级。

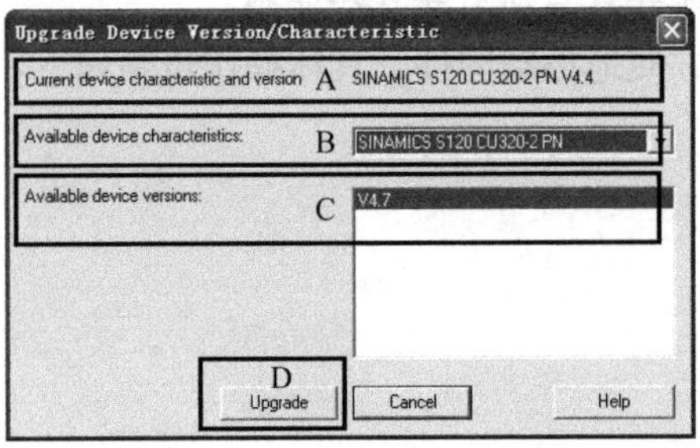

图 10-6　项目文件升级的设定

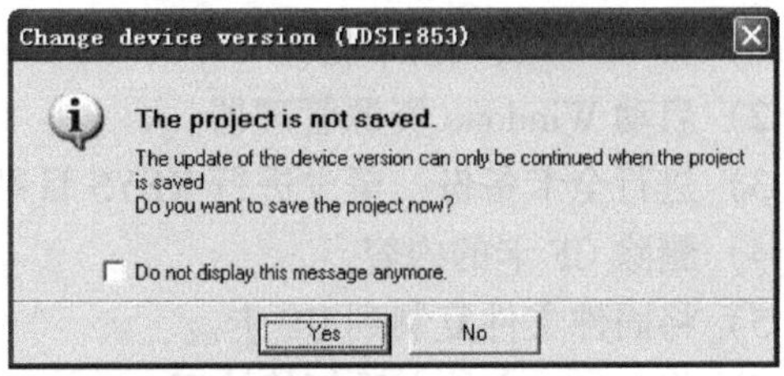

图 10-7　升级前的保存项目提示

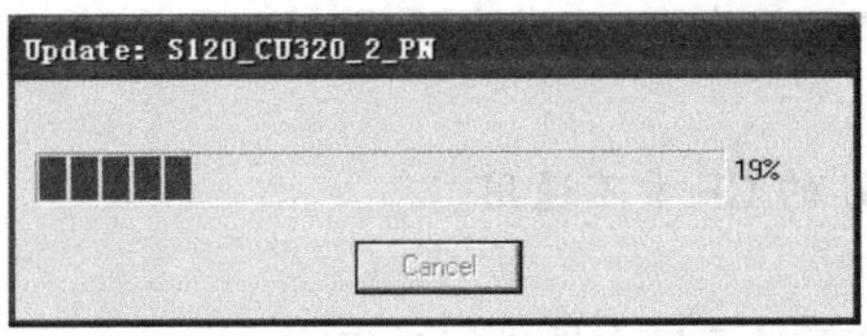

图 10-8　项目升级过程

注意：

若 CU 的在线、离线版本不一致，将无法进行“转至在线”的操作。

10.1.2　案例 30——更换备件

当有组件损坏时，需要更换备件，一般需要更换为相同订货号的备件。

S120 的备件更换相对比较简单，前提是已经有含固件和许可证的 CF 卡，以及调试之后已经使用“Copy RAM to ROM”功能将项目数据保存在 CF 卡上。

更换损坏的 CU320 模块时的操作步骤如下：

1）拆下损坏的 CU320 模块。

2）安装新的 CU320 模块。

3）将原 CF 卡插入新的 CU320 模块中。

4）接通电源。

5）CU320 自动地加载固件和项目数据。

除了上述的操作步骤以外，在安装新模块时，特别需要注意的是 DRIVE-CLiQ 的拓扑一致性，即 DRIVE-CLiQ 的实际连接需要与拓扑结构中的互连信息一致。

图 10-9 中，项目离线设定拓扑（Project set）是 STARTER 项目中的当前拓扑（PG/PC 的 RAM）。

设定拓扑（Specified，有的版本中叫 set）是控制单元 RAM 中的拓扑。

实际拓扑（Actual）是实际的 DRIVE-CLiQ 布线连接。启动驱动系统的组件时，通过 DRIVE-CLiQ 自动检测实际拓扑。

当设定拓扑与实际拓扑相同时系统才能正常启动。

在线设定拓扑可以使用以下两种方法生成，并保存在 CF 卡上：

1）通过 STARTER 创建离线组态，并将其下载至驱动。

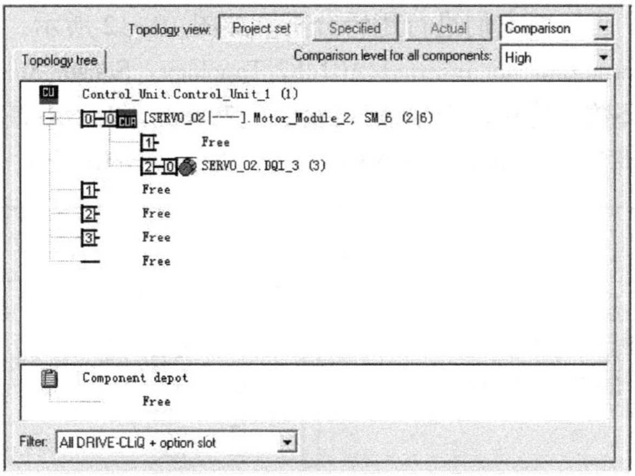

图 10-9　STARTER 中的拓扑视图

2）通过快速调试（自动组态），读出实际拓扑生成，并将在线设定拓扑写入 CF 卡中。

如果已组态的互联信息与实际互联信息不同，则会出现拓扑不一致。这种情况下驱动对象可能无法正常工作，需要予以纠正。拓扑不符在报警窗口中通过相应的错误消息进行显示。

拓扑不符的典型错误有以下三种：

1. 增加组件，但未进行设定

启动期间，若检测到无法分配的组件，则其编号会在实际拓扑中显示为大于 200 的数字（编号大于 200 的组件无效），如图 10-10 所示为在系统中多插入一个 CUA32 以及带 SMI 的电动机，而并未对其进行任何设定的拓扑视图。

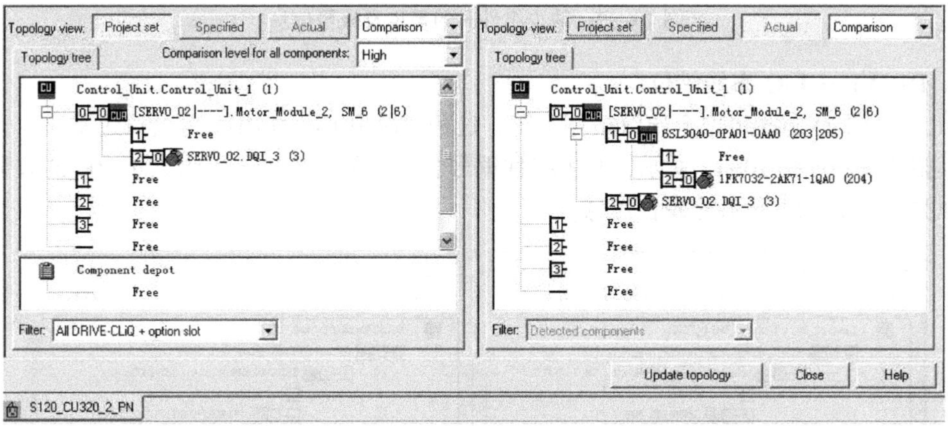

图 10-10　增加组件，但未进行设定时的拓扑视图

此时，CU 的 RDY 灯绿色常亮。

2. 缺少组件

缺少组件会导致拓扑不符，这种情况下 CU 的 RDY 灯会呈红色闪烁，驱动对象无法正常工作，必须予以纠正。

其拓扑视图如图 10-11 所示，其中缺少组件 3、4 和 7。

出错时，由于错误可能有多种影响作用，因此系统通常会生成多个报警或故障信息，这些信息都带有时间戳，可以对它们进行逻辑分析。如图 10-12 所示，先报警有组件未插入（A01481 Topology：power unit not inserted/A01482 Topology：Sensor Module not inserted），后来因为无法建立起循环数据传送而产生故障信息（F30885：CU DRIVE-CLiQ（CU）：Cyclic data transfer error/F31885：Encoder 1 DRIVE-CLiQ（CU）：Cyclic data transfer error）。

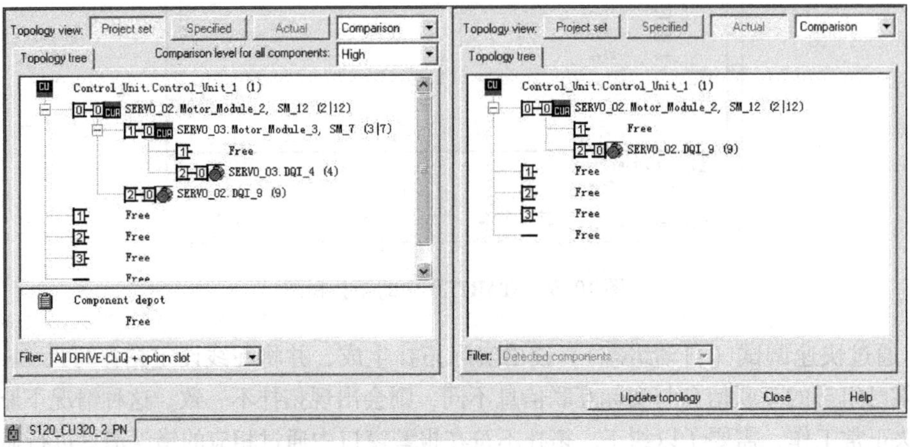

图 10-11　缺少组件时的拓扑视图

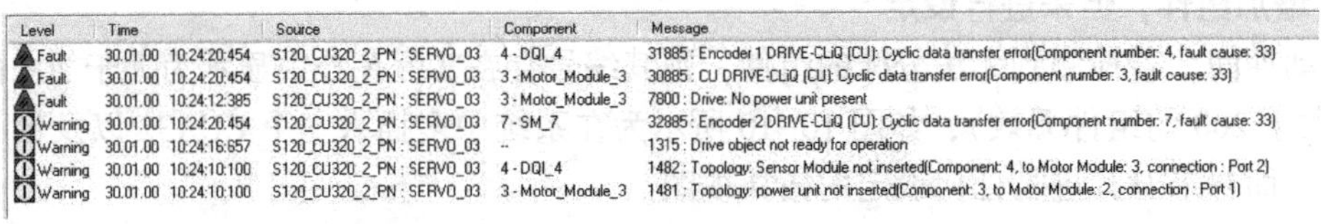

Level	Time	Source	Component	Message
Fault	30.01.00 10:24:20:454	S120_CU320_2_PN : SERVO_03	4 - DQI_4	31885 : Encoder 1 DRIVE-CLiQ (CU): Cyclic data transfer error(Component number: 4, fault cause: 33)
Fault	30.01.00 10:24:20:454	S120_CU320_2_PN : SERVO_03	3 - Motor_Module_3	30885 : CU DRIVE-CLiQ (CU): Cyclic data transfer error(Component number: 3, fault cause: 33)
Fault	30.01.00 10:24:12:385	S120_CU320_2_PN : SERVO_03	3 - Motor_Module_3	7800 : Drive: No power unit present
Warning	30.01.00 10:24:20:454	S120_CU320_2_PN : SERVO_03	7 - SM_7	32885 : Encoder 2 DRIVE-CLiQ (CU): Cyclic data transfer error(Component number: 7, fault cause: 33)
Warning	30.01.00 10:24:16:657	S120_CU320_2_PN : SERVO_03	--	1315 : Drive object not ready for operation
Warning	30.01.00 10:24:10:100	S120_CU320_2_PN : SERVO_03	4 - DQI_4	1482 : Topology: Sensor Module not inserted(Component: 4, to Motor Module: 3, connection : Port 2)
Warning	30.01.00 10:24:10:100	S120_CU320_2_PN : SERVO_03	3 - Motor_Module_3	1481 : Topology: power unit not inserted(Component: 3, to Motor Module: 2, connection : Port 1)

图 10-12　缺少组件时的警告及报警信息

3. DRIVE-CLiQ 布线错位

DRIVE-CLiQ 布线错位会导致拓扑不符，这种情况下 CU 的 RDY 灯会黄色常亮。

其拓扑视图如图 10-13 所示，其中组件编号会在实际拓扑中显示为大于 200 的数字，并会出现类似图 10-14 所示的警告信息。

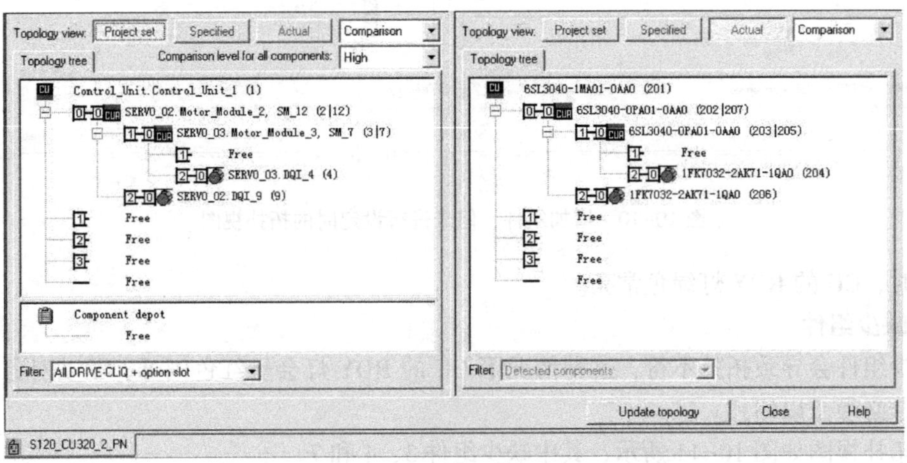

图 10-13　DRIVE-CLiQ 布线错位时的拓扑视图

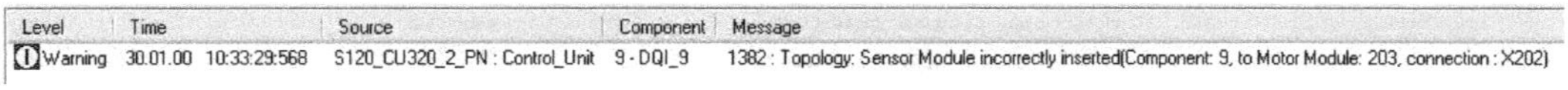

图 10-14　DRIVE-CLiQ 布线错位时的警告信息

10.1.3　案例 31——备件信息查询

采购备件时，如果有备件清单可以参考，选型会非常轻松。如果没有备件清单，也可以自行到西门子官方网站上查询相关的备件信息，网址为：https://www.sow.siemens.com/Home/，打开网页后，输入订货号和序列号，如图 10-15 所示。

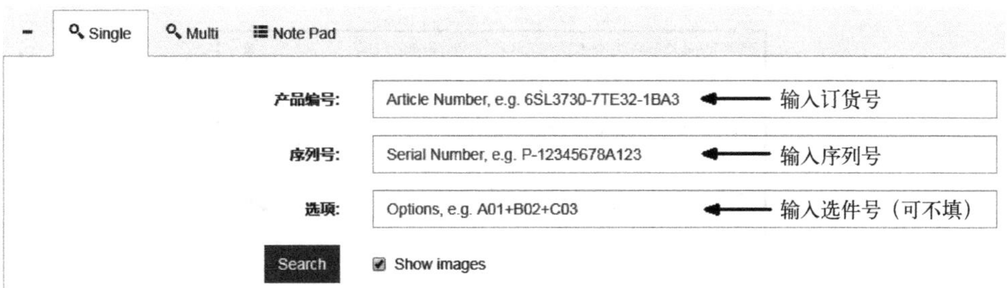

图 10-15　在官方网站上查询备件信息

模块的订货号和序列号可以从其铭牌标签上找到，如图 10-16 所示为一款 SLM 的铭牌标签。其中订货号在其第二行，序列号在其第三行。

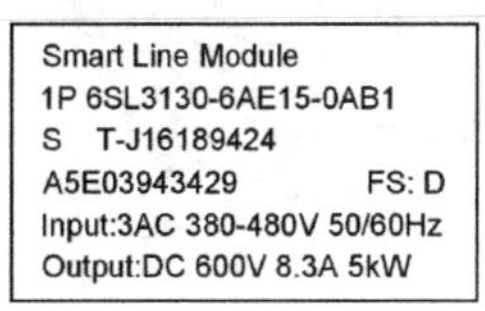

Smart Line Module
1P 6SL3130-6AE15-0AB1
S　T-J16189424
A5E03943429　FS: D
Input:3AC 380-480V 50/60Hz
Output:DC 600V 8.3A 5kW

图 10-16　模块标签上的订货号和序列号等信息

将订货号和序列号输入到在线查询系统中，然后单击搜索（Search）按钮，即可列出相关的备件信息，如图 10-17 所示。单击图中 A 处的按钮，可以跳转到全球技术资源库，并会自动搜索与该模块相关的手册、应用与工具、常见问题等信息。图中 B 处列出了相关备件的订货号、说明、数量和图像等基本信息。单击图中 C 处可以将备件信息导出成 Excel 文件。

知识拓展 6——【西门子模块的生命周期查询】

采购西门子系统或备件时应避免选择已经宣布淘汰或停产的模块，可以通过在线查询西门子模块生命周期查看备选模块是否已经宣布淘汰或停产。需要查询时，首先登录西门子工业支持中心网站的主页，网址为：https://support.industry.siemens.com/cs/start?lc=zh-CN。

在其右上角的搜索栏中输入待查模块的订货号，如图 10-18 所示。

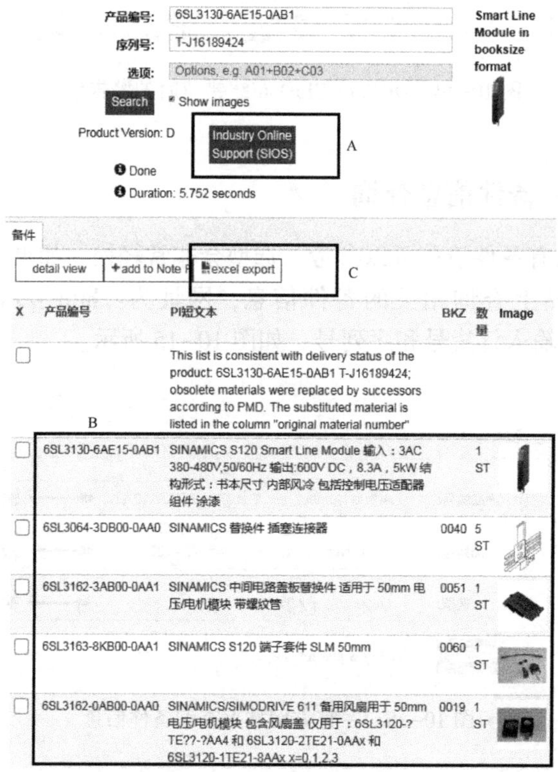

图 10-17　备件信息的搜索结果

图 10-18　在西门子工业支持中心主页输入订货号搜索

在搜索结果的产品链接中，单击该订货号对应的产品，如图 10-19 所示。

然后单击“产品信息”，如图 10-20 所示。

西门子工业产品的生命周期一般分为销售发布、交付放行、宣布产品淘汰、产品取消以及产品停产五个阶段。如果某个阶段下方有具体的时间，则说明在此时间点该阶段已达到。图 10-21 中的 CU320 已于 2011 年 10 月 1 日宣布产品淘汰，并于 2012 年 10 月 1 日宣布产品取消，因此采购时就不要选择该模块了，而应该选择在宣布产品淘汰、产品取消和产品停产三个阶段下方没有具体时间的模块。

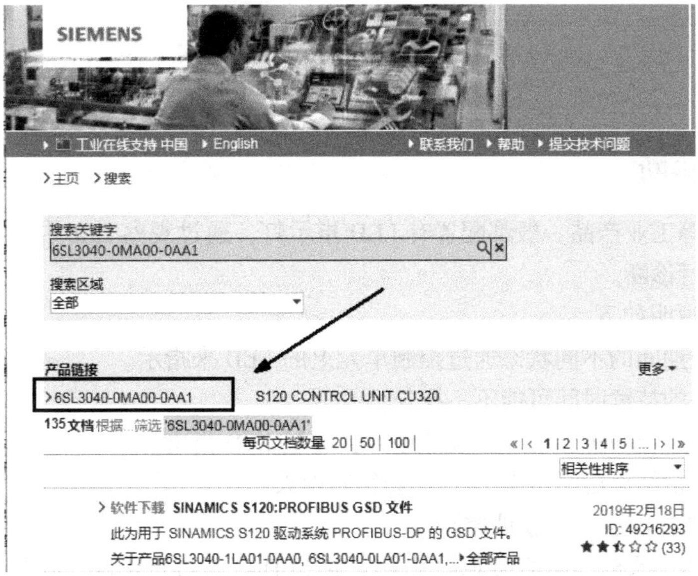

图 10-19　在搜索结果中单击产品链接

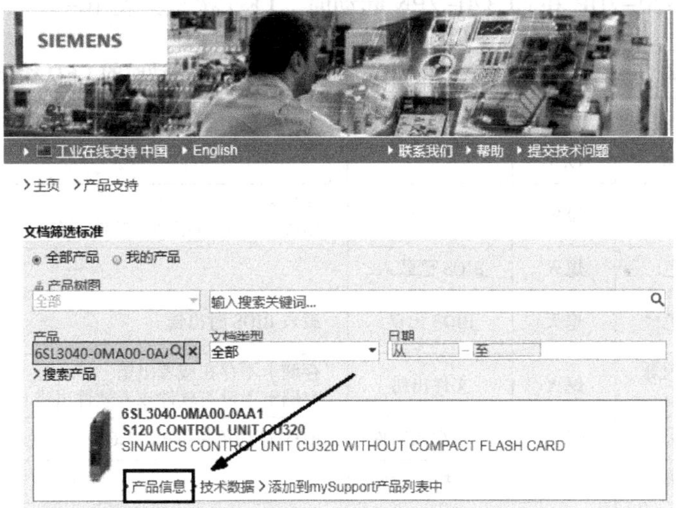

图 10-20　单击“产品信息”

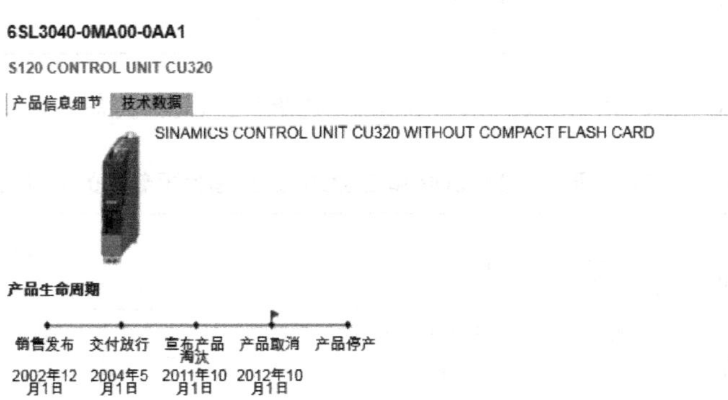

图 10-21　产品的生命周期显示

10.2 诊断

10.2.1 LED 诊断

驱动、PLC 等工业产品一般都配置有 LED 指示灯，通过观察 LED 指示灯的状态，可以方便地对设备进行诊断。

LED 状态的说明如下：

1）设备起动期间的不同状态通过控制单元上的 LED 来指示。

2）各个状态的持续时间可能不一样长。

3）发生故障时起动将会中断，故障原因会通过 LED 指出。

4）在起动正常结束后，所有 LED 都会暂时熄灭。

5）起动后 LED 由载入的软件控制。

当装置工作不正常时，可直接观察装置上的 LED 状态进行诊断，这样可以快速进行故障的诊断。

控制单元 CU320-2DP 和 CU320-2PN 起动时，LED 状态见表 10-3。

表 10-3 控制单元 CU320-2DP 和 CU320-2PN 起动时的 LED 状态

LED			状　态	注　释
RDY	COM	OPT		
红色	橙色	橙色	复位	硬件复位 RDY 灯红色持续亮，其他所有 LED 灯橙色持续亮
红色	红色	熄灭	BIOS 已载入	—
红色闪烁 2 Hz	红色	熄灭	BIOS 出错	载入 BIOS 时出错
红色闪烁 2 Hz	红色闪烁 2 Hz	熄灭	文件出错	存储卡不存在或者出错 存储卡上没有软件或者软件出错
红色	橙色闪烁	熄灭	正在载入固件	RDY 灯红色持续亮，COM 灯橙色闪烁（无固定闪烁周期）
红色	熄灭	熄灭	固件已装载	—
熄灭	红色	熄灭	固件已校验（无 CRC 错误）	—
红色闪烁 0.5 Hz	红色闪烁 0.5 Hz	熄灭	固件已校验（CRC 错误）	CRC 出错

控制单元 CU320-2DP 和 CU320-2PN 的固件更新时，LED 状态见表 10-4。

表 10-4 控制单元 CU320-2DP 和 CU320-2PN 固件更新时的 LED 状态

LED			状　态	注　释
RDY	COM	OPT		
橙色	熄灭	熄灭	初始化	—
不断变化			运行	参见表 10-3

控制单元 CU320-2DP 和 CU320-2PN 运行时，LED 状态见表 10-5。

表 10-5　控制单元 CU320-2DP 和 CU320-2PN 运行时的 LED 状态

LED	颜色	状态	描　　述	解决方法
RDY (READY)	—	熄灭	缺少电子电源或者超出了所允许的公差范围	检查电源
	绿色	持续亮	组件准备就绪并启动循环 DRIVE-CLiQ 通信	—
		闪烁 0.5 Hz	调试/复位	—
		闪烁 2 Hz	正在写入到 CF 卡	—
	红色	闪烁 2 Hz	一般错误	检查参数和配置
	红色/绿色	闪烁 0.5 Hz	控制单元就绪 但是缺少软件授权	获取授权
	橙色	闪烁 0.5 Hz	所连接的 DRIVE-CLiQ 组件正在进行固件升级	
		闪烁 2 Hz	DRIVE-CLiQ 组件固件升级完成，等待给完成升级的组件重新上电	执行组件上电
	绿色/橙色 或 红色/橙色	闪烁 2 Hz	“通过 LED 识别组件”激活（p0124[0]） 提示：这两种情况取决于激活 p0124[0]=1 时 LED 的状态	—
COM (网络通信诊断)	—	熄灭	循环通信还未开始，提示：当控制单元准备就绪时（参见 LED RDY），PROFIdrive 也已做好通信准备	—
	绿色	持续亮	循环通信开始	—
		闪烁 0.5 Hz	循环通信还未完全开始，可能的原因： • 控制系统没有发送设定值 • 在等时同步运行时，控制器没有传输或者传输率错误的全局控制（Global Control，GC） • “Shared Device”被选择（p8929=2）且只连接至一个控制器	—
	红色	闪烁 0.5 Hz	总线故障 参数配置错误	调整控制器和设备之间的配置
		闪烁 2 Hz	循环总线通信已中断或无法建立	消除故障
OPT (选件)	—	熄灭	无电源供电或者超出允许公差范围： • 组件没有准备就绪 • 选件板不存在或者没有创建相应的驱动对象	检查电源和/或组件
	绿色	持续亮	选件板未准备就绪	—
		闪烁 0.5 Hz	取决于所安装的选件板	—
	红色	闪烁 2 Hz	该组件中至少存在一个故障 选件板未就绪（例如在上电后）	排除并应答故障
RDY 和 COM	红色	闪烁 2 Hz	总线故障——通信已中断	消除故障
RDY 和 OPT	橙色	闪烁 0.5 Hz	所连接的选件板正在进行固件升级	—

控制单元 CU310-2DP 和 CU310-2PN 起动时，LED 状态（装载软件）见表 10-6。

表 10-6 控制单元 CU310-2DP 和 CU310-2PN 起动时，LED 状态（装载软件）

LED				描 述	注 释
RDY	COM	OUT>5V	MOD		
橙色	橙色	橙色	橙色	上电起动	所有的 LED 灯持续亮 1 s
红色	红色	熄灭	熄灭	硬件重启	在按下 RESET 按钮 1 s 后，LED 灯亮起
红色	红色	熄灭	熄灭	BIOS 装载	—
红色闪烁 2 Hz	红色	熄灭	熄灭	BIOS 错误	装载 BIOS 时发生错误
红色闪烁 2 Hz	红色闪烁 2 Hz	熄灭	熄灭	文件错误	CF 卡错误或没有插入
红色	橙色	熄灭	熄灭	固件加载	COM 灯闪烁，无固定频率
红色	熄灭	熄灭	熄灭	已载入固件	—
熄灭	红色	熄灭	熄灭	固件校验（无 CRC 错误）	—
红色闪烁 0.5 Hz	红色闪烁 0.5 Hz	熄灭	熄灭	固件校验（CRC 错误）	CRC 有错误
橙色	熄灭	熄灭	熄灭	固件初始化	—

控制单元 CU310-2DP 和 CU310-2PN 起动时，LED 状态（加载固件）见表 10-7。

表 10-7 控制单元 CU310-2DP 和 CU310-2PN 起动时的 LED 状态（加载固件）

LED				描 述	注 释
RDY	COM	OUT>5V	MOD		
红色	橙色	熄灭	熄灭	固件加载	COM 灯闪烁，无固定频率
红色	熄灭	熄灭	熄灭	已载入固件	—
熄灭	红色	熄灭	熄灭	固件校验（无 CRC 错误）	—
红色闪烁 0.5 Hz	红色闪烁 0.5 Hz	熄灭	熄灭	固件校验（CRC 错误）	CRC 有错误
橙色	熄灭	熄灭	熄灭	固件初始化	—

控制单元 CU310-2DP 和 CU310-2PN 运行时，LED 状态见表 10-8。

表 10-8 控制单元 CU310-2DP 和 CU310-2PN 运行时的 LED 状态

LED	颜色	状态	描 述	解决方法
RDY (READY)	—	熄灭	缺少电子电源或者超出了所允许的公差范围	检查电源
	绿色	持续亮	组件准备就绪并启动循环 DRIVE-CLiQ 通信	—
		闪烁 0.5 Hz	调试/复位	—
		闪烁 2 Hz	正在写入到 CF 卡	—
	红色	闪烁 2 Hz	一般错误	检查参数和配置
	红色/绿色	闪烁 0.5 Hz	控制单元就绪 但是缺少软件授权	获取授权

（续）

LED	颜色	状态	描　述	解决方法
RDY（READY）	橙色	闪烁 0.5 Hz	所连接的 DRIVE-CLiQ 组件正在进行固件升级	—
		闪烁 2 Hz	DRIVE-CLiQ 组件固件升级完成，等待给完成升级的组件重新上电	执行组件上电
	绿色/橙色 或 红色/橙色	闪烁 2 Hz	“通过 LED 识别组件”激活（p0124[0]） 提示：这两种情况取决于激活 p0124[0]=1 时 LED 的状态	—
COM	—	熄灭	循环通信还未开始，提示：当控制单元准备就绪时（参见 LED RDY），PROFIdrive 也已做好通信准备	—
	绿色	持续亮	循环通信开始	—
		闪烁 0.5 Hz	循环通信还未完全开始，可能的原因： ● 控制系统没有发送设定值 ● 在等时同步运行时，控制器没有传输或者传输率错误的全局控制（Global Control，GC）	—
	红色	闪烁 0.5 Hz	总线故障 参数配置错误	调整控制器和设备之间的配置
		闪烁 2 Hz	循环总线通信已中断或无法建立	消除故障
MOD	—	熄灭	—	—
OUT>5V	—	熄灭	—	—
	橙色	持续亮	测量系统的电源电压是 24 V	—

整流单元、功率单元、逆变单元上的 LED 状态见表 10-9。

表 10-9　整流单元、功率单元、逆变单元上的 LED 状态

LED 状态		描　述
READY	DC LINK	
熄灭	熄灭	缺少电子电源或者超出了所允许的公差范围
绿色	熄灭	组件准备就绪并且循环 DRIVE-CLiQ 通信启动
	橙色	组件准备就绪并且循环 DRIVE-CLiQ 通信启动。存在直流母线电压
	红色	组件准备就绪并且循环 DRIVE-CLiQ 通信启动。直流母线电压过高
橙色	橙色	正在建立 DRIVE-CLiQ 通信
红色	—	该组件上至少存在一个故障
绿色/红色 闪烁 0.5 Hz	—	正在进行固件下载
绿色/红色 闪烁 2 Hz	—	固件下载已结束，等待上电
绿色/橙色 或红色/橙色 闪烁 2 Hz	—	“通过 LED 识别组件”激活（p0124） 提示：这两种情况与通过 p0124=1 进行激活时的 LED 状态有关

中央制动柜的 LED 状态见表 10-10。

表 10-10 中央制动柜的 LED 状态

LED	状态	描述
ME“准备就绪”	熄灭	直流母线电压不存在
	持续亮	准备就绪
MUI“过电流”	熄灭	正常状态
	持续亮	短路/接地故障
MUL“过载”	熄灭	正常状态
	持续亮	过载：超过了所设置的制动接通时间
MUT“过温”	熄灭	正常状态
	持续亮	过温

TM/SM 模块 LED 状态见表 10-11。

表 10-11 TM/SM 模块 LED 状态

LED	颜色	状态	描述
RDY (READY)	—	不亮	缺少电子电源或者超出了所允许的公差范围
	绿色	持续亮	组件准备就绪并且循环 DRIVE-CLiQ 通信启动
	橙色	持续亮	正在建立 DRIVE-CLiQ 通信
	红色	持续亮	该组件上至少存在一个故障
	绿色/红色	闪烁 0.5 Hz	正在进行固件下载
		闪烁 2 Hz	固件下载已结束，等待上电
	绿色/橙色 或者 红色/橙色	闪烁	“通过 LED 识别组件”激活（p0144） 提示：激活 p0144=1 时两种可能性取决于 LED 的状态
OUT>5V	—	熄灭	缺少电子电源或者超出了所允许的公差范围。供电电压小于或等于 5 V
	橙色	持续亮	用于测量系统的电子电源是否存在，测量系统供电电压大于 5 V 注意： ● 必须确保所连接的编码器允许在 24 V 供电电压下工作 ● 在 5 V 电压下工作的编码器如果接在 24 V 电压上将导致编码器的电子部件损毁

10.2.2 驱动状态信息查询

通过参数 r0002 可以查看出当前设备的工作状态，根据工作状态的信息可以进一步分析装置的运行和故障情况。

参数 r0002 状态值见表 10-12。

每个设备组件对应的 r0002 状态值见表 10-13。

表 10-12　参数 r0002 状态值列表

r0002 状态值	含　义	r0002 状态值	含　义
0	运行：一切就绪	32（整流单元）	接通就绪：设置“ON/OFF1”＝“0/1”（p0840）
10（控制单元）	准备状态		
10	运行：设置“速度设定使能”＝“1”（p1142，p1152）	33	消除/复位拓扑结构错误
		34	退出调试模式
11	运行：设置“速度控制器使能”＝“1”（p0856）	35	执行初始调试
		40	模块不处于循环运行状态下
12	运行：斜坡发生器冻结，设置“斜坡发生器开始”＝“1”（p1141）	41	接通禁止：设置“ON/OFF1”＝“0”（p0840）
13	运行：设置“使能斜坡发生器”＝“1”（p1140）	42	接通禁止：设置“OC/OFF2”＝“1”（p0844，p0845）
14	运行：MotID，励磁，运行或抱闸打开，SS2，STOP C	43	接通禁止：设置“OC/OFF3”＝“1”（p0848，p0849）
15	运行：打开抱闸（p1215）	44	接通禁止：给端子 EP 连接 24V 电压（硬件）
16	运行：通过“ON/OFF1”＝“1”取消 OFF1 制动		
		45	接通禁止：纠正故障，复位故障，STO
17	运行：只能通过 OFF2 中断 OFF3 制动	46	接通禁止：退出调试模式（p0009，p0010）
18	运行：在故障时制动，消除故障，复位故障	50	报警
		60	驱动对象禁用/不可运行
19	运行：电枢短路/直流制动生效（p1230，p1231）	60（HUB 模块）	故障
		70	初始化
20	等待启动	80	正在复位
21	运行就绪：设置“使能运行”＝“1”（p0852）	99	内部软件错误
		101	设定拓扑结构
22	运行就绪：正在去磁（p0347）	111	插入驱动对象
23	运行就绪：设置“整流单元运行”＝“1”（p0846）	112	删除驱动对象
		113	修改驱动对象号
25	等待 DRIVE-CLiQ 组件自动固件升级	114	修改组件号
		115	执行参数下载
31（逆变单元）	设置“ON/OFF1”＝“0/1”（p0840）	117	删除组件
31（整流单元）	接通就绪：预充电正在进行（p0857）	120	模块禁止
		200	等待启动/子系统启动
31（控制单元）	正在下载调试软件	250	设备报告拓扑结构错误

表 10-13　每个设备组件对应的 r0002 状态值列表

r0002 状态值	BLM	SLM/ALM	CU	VECTOR	ENC	TB30	TM 模块 (如 TB31)	TM41	HUB
0	√	√	√	√	√	√	√	√	√
10			√	√				√	
11				√					
12				√				√	
13				√				√	
14				√					
15				√					
16				√					
17				√					
18				√				√	
19				√					
20			√						
21		√		√				√	
22				√					
23				√					
25			√						
31	√	√	√	√				√	
32	√	√							
33			√						
34			√						
35	√	√	√	√	√				
40						√	√		√
41	√	√		√				√	
42	√	√		√				√	
43				√				√	
44	√	√		√					
45	√	√		√	√			√	
46	√	√		√	√			√	
50							√		√
60	√	√		√	√	√	√		√
70	√	√	√	√		√	√	√	√
80			√						
99			√						
101			√						
111			√						

（续）

r0002 状态值	BLM	SLM/ALM	CU	VECTOR	ENC	TB30	TM 模块（如 TB31）	TM41	HUB
112			√						
113			√						
114			√						
115			√						
117			√						
120						√	√	√	√
200	√	√		√	√	√	√	√	√
250	√	√		√	√	√	√	√	√

10.2.3　STARTER 故障诊断

STARTER 软件中配备了丰富的故障诊断功能，其中每个驱动对象中都有自己的诊断文件夹，在详细列表区还会显示出故障和报警信息。

在 STARTER 在线的状态下，选择图 10-22 中的 A 处，即可打开该驱动的控制字与状态字诊断窗口，可以通过图中 B 处切换各种控制字与状态字。

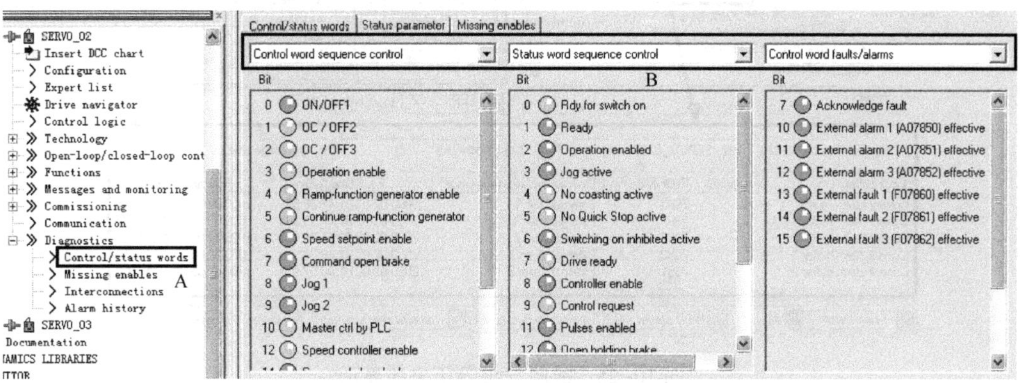

图 10-22　利用控制字或状态字进行诊断

通过“Missing enables”选项，可以在驱动无法启动时诊断出哪些使能条件仍缺失，如图 10-23 所示，仍有 3 个使能条件缺失。

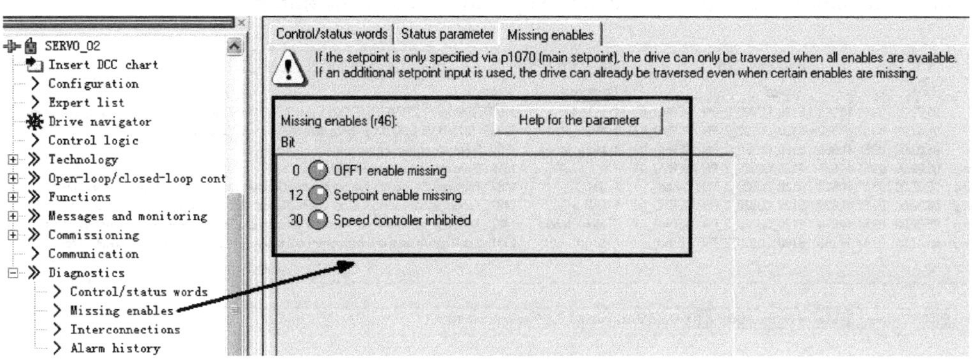

图 10-23　缺失的使能条件显示

通过“Interconnections”选项，可以查看所有 BICO 互联情况（包括驱动间的 BICO 连接），如图 10-24 所示。

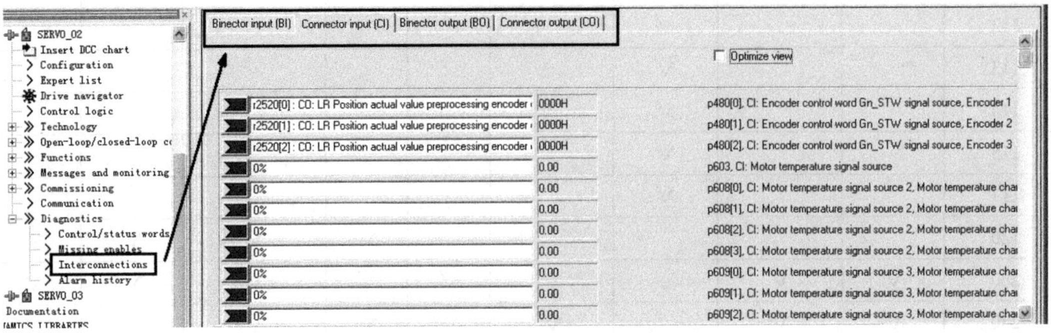

图 10-24　BICO 互联汇总显示

通过在 STARTER 下方信息栏的“Alarm history”选项，可以查询报警及故障历史记录信息，如图 10-25 所示。

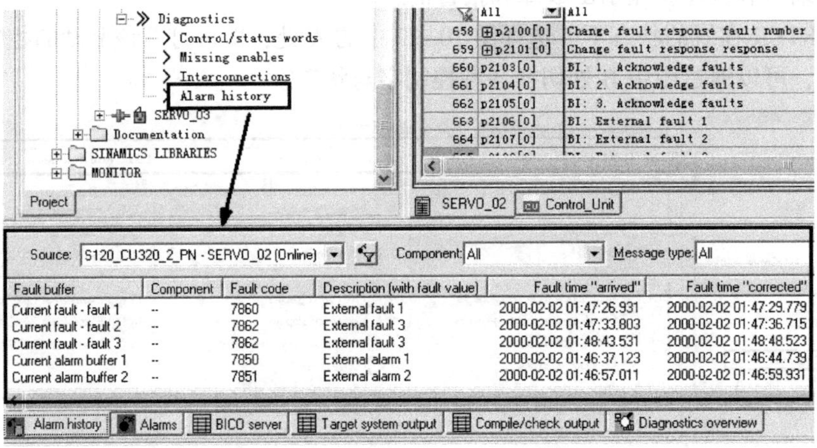

图 10-25　故障与报警历史的显示

在 STARTER 下方信息栏中的“Alarms”选项卡中，监视是否有报警和故障信息出现，如图 10-26 所示。如果有，则需要利用“Help for event”按钮查出故障和报警的原因。排除后，单击“Acknowledge”或者“Acknowledge all”按钮，清除故障。

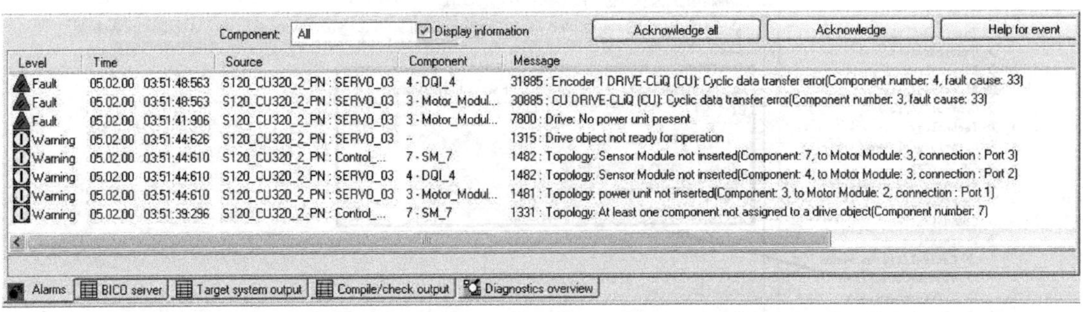

图 10-26　STARTER 详细列表区的报警和故障信息

STARTER 中还有一个非常重要的诊断工具——诊断缓冲区。

诊断缓冲区被设计为 SINAMICS 中的一个环形、缓存存储区域，其打开方法如图 10-27 所示。该缓冲区按事件发生顺序显示全部诊断事件以及编号、时间和日期等信息，如图 10-28 所示。最多可以存储 100 条时间记录。

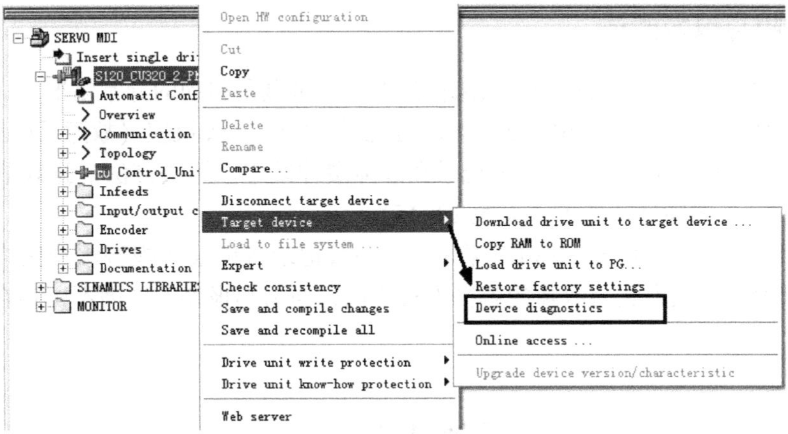

图 10-27　S120 诊断缓冲区的打开

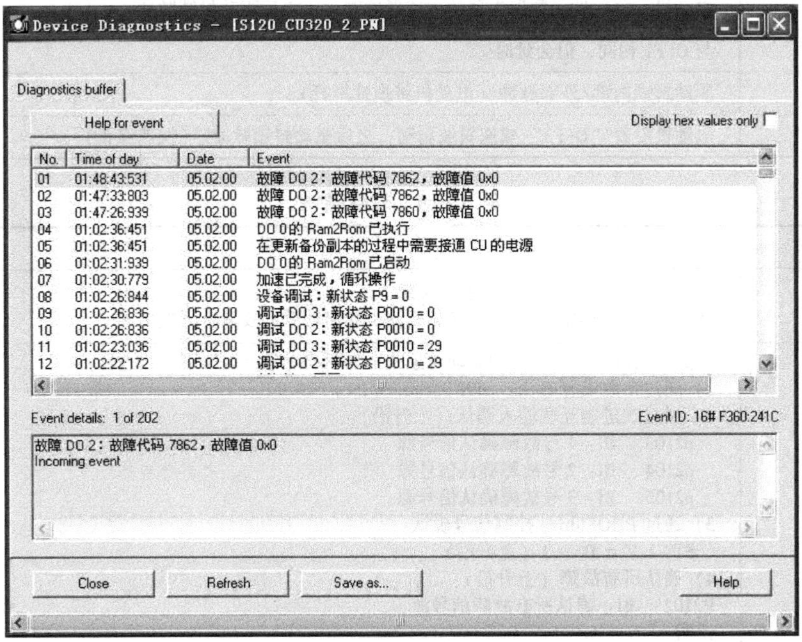

图 10-28　S120 的诊断缓冲区

对 CPU 进行内存复位时，这些记录并不会被删除。在编程设备上，可以读出该诊断缓冲区，并按事件发生顺序以文本格式显示全部事件。

可能的诊断事件有：

1）关键的驱动报警。STARTER 的 Alarms 窗口和 HMI 设备上也会显示这些报警信息。

2）控制单元的系统错误，例如，内存错误、无许可证等。

3）选择一个事件之后，窗口下半部分将显示该事件的详细信息。

10.3　故障与报警

10.3.1　故障与报警概述

驱动装置通过发出相应的报警或故障信息的方式来显示驱动的异常情况。

故障与报警是有区别的，当出现故障时，会触发相应的故障反应（故障反应见表 10-14）、状态信号 ZSW1.3 将置 1，以及将故障记录在故障缓冲区中。解决方法是排除故障原因和确认（应答）故障（故障确认的方式见表 10-15）。

当出现报警时，状态信号 ZSW1.7 将置 1，报警记录将记录在报警缓冲区中，并没有其他的反应。报警的解决方法与故障的解决方法不同，当引起报警的原因不再存在时，报警会自行清除。

表 10-14　故障反应

反应类型	反　应
OFF1	电动机沿着斜坡函数发生器的减速斜坡制动，之后驱动封锁脉冲
OFF1 延时	与 OFF1 相同，但会延时
OFF2	驱动封锁内部/外部脉冲（电动机将惯性滑行）
OFF3	电动机沿着“OFF3”减速斜坡制动，之后驱动封锁脉冲。(快速停止)

表 10-15　故障确认

确认方式	说　明
上电	通过上电确认故障（关闭/接通驱动） 如果还没有排除故障，则在接通驱动引导启动后，故障将再次出现
立即	故障确认可在一个单独的驱动对象或全部驱动对象上按以下方式进行： 1）通过参数设置确认：p3981 = 0 → 1 2）通过二进制互联输入确认（上升沿）： p2103　BI：1 号故障确认信号源 p2104　BI：2 号故障确认信号源 p2105　BI：3 号故障确认信号源 3）通过 PROFIdrive 控制信号确认： STW1.7 = 0 → 1（上升沿） 4）确认所有故障（上升沿）： P2102　BI：确认所有故障信号源 说明： 1）可以通过重新上电确认这些故障 2）可以在 STARTER 的详细列表区手动确认这些故障 3）如果故障原因尚未排除，在确认后故障信息仍保留，不会被清除 4）出现 Safety Integrated 的故障时，需要在确认之前将“STO：Safe Torque Off”（安全转矩关闭）功能取消
脉冲禁用	故障只可在脉冲禁用（r0899.11 = 0）时确认，确认方式同立即确认

说明：

表 10-14 和表 10-15 摘自于《SINAMICS S120/S150 参数手册》，更多信息请翻阅该手册。

如图 10-29 所示为某故障信息的说明，该故障会触发 OFF2 故障反应，排除故障原因后可参考表 10-15 所示的“立即”或“上电”方式进行故障的确认（应答）。该说明中还包含了该故障会发生于哪种驱动对象、触发该故障的硬件组件的类型、该故障产生的原因以及建议的处理方式等。

F01692	**SI 运动 P1（CU）：无编码器时参数值错误**		
信息值：	参数：%1		
信息类别：	参数设置 / 配置 / 调试过程出错（18）		
驱动对象：	SERVO，SERVO_AC，SERVO_I_AC，VECTOR，VECTOR_AC，VECTOR_I_AC		
组件：	无	传播：	GLOBAL
反应：	OFF2		
应答：	立即（上电）		
原因：	在 p9506 中选择了无编码器的运动监控功能时，某个参数的设置错误。 注释： 此故障不会导致安全停止反应。 故障值（r0949，十进制）： 参数值错误的参数号。 参见：p9501（SI 运动安全功能的使能（控制单元））		
处理：	- 修改在故障值中给定的参数。 - 必要时取消无编码器运动监控功能（p9506）。 参见：p9501（SI 运动安全功能的使能（控制单元））		

图 10-29　参数手册中的故障信息说明

说明：

图 10-29 来自于《SINAMICS S120/S150 参数手册》。

1）部分故障可以修改故障反应。

在参数 p2100[0…19] 中输入故障代码，在 p2101[0…19] 中输入相应的故障反应方式即可进行修改，使用此参数可以屏蔽部分运行中产生的故障。

2）部分故障可以改变确认方式。

在 p2126[0…19] 中输入故障代码，在 p2127[0…19] 中输入相应的故障确认方式即可修改。

3）部分故障和报警信息的类型也可以更改。

在 p2118[0…19] 中输入故障/报警代码，在 p2119[0…19] 中输入故障或报警信息的类型：1=Fault(F)，2=Alarm(A)，3=No message(N)，便可将某故障或报警信息的类型进行修改。

是否允许更改故障反应方式、故障确认方式及故障或报警信息的类型，需要参照参数手册中关于故障和报警的详细描述。

故障和报警状态字可以自定义。

在 p2128[0…15] 中输入故障/报警代码，在 r2129 中输入故障/报警触发状态字；比如：令 p2128[0]=7860（F7860 外部故障），当传动对象发生此故障时，则 r2129.0 被置 1，这样通过观察 r2129 的状态，就可以知道发生了什么故障。

10.3.2　故障与报警信息的查询

设备对象出现故障后，如要获取具体的故障和报警信息，可以通过以下方式进行查询：

1）通过在线运行中的 STARTER/SCOUT 软件进行查看。

2）通过显示和操作单元进行查看，例如 BOP 或 AOP。

3）通过故障缓冲区查看。

本小节介绍故障缓冲区的内容的查看方法，故障缓冲区的内容见表 10-16。

表 10-16　故障缓冲区

故障缓冲区参数	r0945 [0…63]	r0947 [0…63]	r0949 [0…63] [Int32] r2133[0…63] [Float]	r0948[0…63] [ms]，毫秒 r2130[0…63]，天	r2109[0…63] [ms]，毫秒 r2136[0…63]，天	r3115 [0…63]
参数描述	显示故障代码	显示故障代码	显示故障值	显示故障发生时间	显示故障取消时间	显示触发故障的传动对象号
报警缓冲区参数	r2122 [0…63]	—	r2124 [0…63] [Int32] r2134[0…63] [Float]	r2123[0…63] [ms] r2145[0…63]，天	r2125[0…63] [ms] r2146[0…63]，天	—
参数描述	显示报警代码	—	显示报警值	显示报警发生时间	显示报警取消时间	—

注意：故障和报警的发生和取消时间是以系统运行时间 CU：p0969 为基准的

清除故障缓冲区的方法如下：

1）CU：p2147=1。清除所有传动对象的故障缓冲区。

2）p0952=0，可以清除指定对象的故障缓冲区。

3）如果恢复出厂设置，会自动清除故障缓冲区。

4）在装载参数值后重新上电，会自动清除故障缓冲区。

5）升级 Firmware。

6）下载经过修改的项目。

参 考 文 献

[1] 梁岩 . 西门子自动化产品应用技术 [M]. 沈阳：东北大学出版社，2018.
[2] Siemens AG. SINAMICS S120 驱动功能手册 [Z]. 2016.
[3] Siemens AG. SINAMICS S120/S150 参数手册 [Z]. 2016.
[4] Siemens AG. 高性能多机传动变频调速器产品目录 [Z]. 2010.
[5] Siemens AG. SINAMICS S120 和 SIMOTICS 产品样本 [Z]. 2017.
[6] Siemens AG. SINAMICS S120 控制单元和扩展系统组件设备手册 [Z]. 2016.
[7] Siemens AG. SINAMICS S120 书本型功率部件设备手册 [Z]. 2016.
[8] Siemens AG. SINAMICS S120 Startdrive 调试手册 [Z]. 2018.
[9] 徐清书 . SINAMICS S120 变频控制系统应用指南 [M]. 北京：机械工业出版社，2014.
[10] 西门子股份公司 . 2014 西门子工业专家会议论文集：下册 [M]. 北京：机械工业出版社，2014.